·中山大学人类学文库·

罗 马
永恒之城早期的空间结构

周繁文◎著

图书在版编目（CIP）数据

罗马：永恒之城早期的空间结构 / 周繁文著.
北京：商务印书馆，2024. --（中山大学人类学文库）.
ISBN 978-7-100-24439-8

Ⅰ. TU984.546

中国国家版本馆CIP数据核字第20240Y3Q51号

权利保留，侵权必究。

中山大学人类学文库
罗马
永恒之城早期的空间结构
周繁文　著

商　务　印　书　馆　出　版
（北京王府井大街36号　邮政编码100710）
商　务　印　书　馆　发　行
北京市白帆印务有限公司印刷
ISBN 978-7-100-24439-8

2024年11月第1版　　　开本 710×1000　1/16
2024年11月北京第1次印刷　印张 24½　插页 2
定价：110.00元

目　　录

绪论 ··· 1
　　第一节　建城以前的意大利中部聚落 ··· 1
　　第二节　帝国以前的罗马城 ··· 6
　　第三节　帝国早期的罗马城 ·· 13
　　第四节　考古发现与研究史 ·· 17
　　第五节　现存问题及研究展望 ··· 27

第一章　罗马城区的边界及地形 ·· 41
　　第一节　界石 ·· 41
　　第二节　城墙 ·· 51
　　第三节　城区的边界问题 ··· 52
　　第四节　城区的自然地形 ··· 53

第二章　罗马城区的高地空间布局 ·· 64
　　第一节　帕拉蒂诺山 ··· 64
　　第二节　坎匹多伊奥山 ·· 66
　　第三节　埃文蒂诺山 ··· 68
　　第四节　切利奥山 ·· 68
　　第五节　维利亚山、俄斯奎里诺山 ··· 71
　　第六节　维米那勒山、奎里那勒山、平齐奥山 ·· 72

第三章　罗马城区的低地空间布局 ·· 90
　　第一节　广场谷 ··· 90
　　第二节　穆尔奇亚谷、苏布拉与斗兽场谷 ·· 97
　　第三节　埃文蒂诺山南原地 ·· 99
　　第四节　战神原 ··· 100
　　第五节　台伯岛及台伯河西岸 ··· 103

第四章　罗马城郊的空间布局 ················· 125
第五章　罗马城的基础设施分布 ··············· 135
　第一节　交通设施 ··························· 135
　第二节　水利设施 ··························· 138
　第三节　消防设施 ··························· 143
　第四节　公共卫生设施 ······················· 144
第六章　罗马城的功能分区 ··················· 150
　第一节　居住区 ····························· 150
　第二节　公共休闲区 ························· 154
　第三节　政治区与军事屯戍区 ················· 156
　第四节　经济功能区 ························· 159
　第五节　公共宗教区 ························· 161
　第六节　墓葬区 ····························· 178
　第七节　罗马城的功能区分布 ················· 180
第七章　罗马城的空间结构 ··················· 189
　第一节　帝国早期的城市空间转型 ············· 189
　第二节　都城空间区划的认知与管理 ··········· 190
　第三节　罗马的城市空间结构分析 ············· 195
结语 ······································· 203

附录一　帝国以前拉齐奥地区的考古学文化 ····· 208
附录二　罗马帝国早期的地方城市体系 ········· 227
附录三　比较的视角：亚欧大陆中西部的都城模式 ··· 318
附录四　丝绸之路西段的发端：公元3世纪以前地中海的
　　　　丝绸消费及丝织业考 ··················· 337

译名对照表 ································· 364

后记 ······································· 386

绪　　论[*]

古罗马城的范围与今天作为意大利首都的罗马市基本重合，地处亚平宁半岛中部的第勒尼安海畔、阿布鲁佐亚平宁山脉和台伯河之间，分布在原地上的帕拉蒂诺山、坎匹多伊奥山、奎里那勒山、维米那勒山、切利奥山、埃文蒂诺山和俄斯奎里诺山等山丘之间。

罗马是典型的古今重叠型城市，是王政时代、共和国时代、早期罗马帝国时代的都城，尤其是卡匹托利尼丘和帕拉蒂诺山一带，自青铜时代出现聚落后，至今仍是城市的中心区域。

第一节　建城以前的意大利中部聚落

罗马所属的拉齐奥地区自旧石器时代起就有人类栖息[1]，但在铁器时代之前，比起波河河谷、托斯卡纳、坎帕尼亚等地，拉齐奥地区的发展相对滞后，一直不是亚平宁半岛上人口最密集、文化最繁荣的核心区域。由于这一时期拉齐奥地区的聚落材料较少，故将考察范围扩大到意大利中部。

一、石器时代的栖居形态
（一）新石器早期

约公元前6000年，拉齐奥地区进入新石器时代。随后，流行于环第勒尼安海岸的贝壳戳印纹陶文化（前5600—前5200年）和流行于意大利中部西海岸地区的萨索文化（前5500—前4400年）有相当长

---

[*] 绪论主要内容已发表，收入本书时进行了较多修改，参见周繁文：《帝国以前的罗马城——从聚落到都城的考古学观察》，《中山大学学报》（社会科学版）2018年第6期。

的一段时间在拉齐奥地区并存。[2]

不同地貌单元中的栖居形态存在差异。海岸地带主要是洞穴[3]，如维泰博的维纳斯山洞穴，自公元前6000年就开始有人类居住，发现有贝壳戳印纹陶器和生活遗迹。[4]内陆地区的居址则主要是近河或环湖的房屋建筑，遗迹包括疑似棚屋（hut）基址、沟渠、柱洞、灰坑以及人工制品等。[5]这一时期只能见到单个居址的相关遗迹，居址间的关系并不十分明确。

（二）新石器中期

约公元前5000—前4300年，今托斯卡纳到拉齐奥一带的近海岸地带兴起棕彩陶器文化。大致与此同时，意大利中部和南部都被塞拉达尔托文化（前4700—前4000年）控制。公元前4500年，意大利中北部还出现了利波里文化。[6]拉齐奥正处于这三种文化的交叉地带。

此时的意大利中部仍然延续前一阶段因地制宜的栖居模式，但在洞穴遗址中出现了空间的功能区分，部分遗址明显不属于日常居住的性质，而与信仰或经济活动相关。亚平宁山脉的高地洞穴遗址如皮齐奥尼洞、阿布鲁佐的博洛尼亚以及托斯卡纳的切托纳山，洞内堆积似与信仰活动相关。意大利中西部的地下洞穴，如贝拉洞、翁布里亚的皮亚纳洞、拉塔伊亚洞、撒尔特亚诺、托斯卡纳阿夏诺的拉洛米塔和拉齐奥的帕特里兹-萨索·弗巴拉洞等都发现有畜牧和狩猎活动的遗存以及与信仰有关的堆积。[7]

内陆的近河与环湖聚落出土的遗迹仍多与日常居住有关。近河型聚落包括阿布鲁佐的卡蒂尼亚诺和莫利塞的玛乌罗山。卡蒂尼亚诺发现有五座半圆形的建筑基址，环绕着石壁炉、窖穴、灶，另有带半圆间的长方形棚屋，约50平方米。[8]环湖型聚落包括萨包迪亚湖区的塞特维拉·迪圭多尼亚、拉波特。布拉齐阿诺湖区的拉玛摩尔塔发现了湖泥中保存着的木桩和连接结构。[9]

（三）新石器晚期

新石器晚期，拉齐奥地区并存着两支考古学文化，一支是利波里文化的晚期类型，一直延续至公元前 3000 年；另一支则是广泛流行于意大利中部和南部的狄安娜-贝亚维斯塔文化。[10]

这一时期在意大利中部的东海岸出现大型环壕聚落。关于壕沟的作用，有界限、防御设施、圈卫牧群、集水、排水、停尸处等多种解释。[11]阿布鲁佐的利波里遗址地处河流阶地，壕沟的围合面积约 3.6 万平方米。聚落内部区分出生活区和墓葬区，共发

1

2

3

图一　亚平宁半岛及周边岛屿新石器时代主要考古学文化分布示意图
1. 新石器早期　2. 新石器中期　3. 新石器晚期

（底图来自 Caroline Malone, "The Italian Neolithic: A Synthesis of Research." *Journal of World Prehistory*, 2003, Vol.17, No.3, fig. 5-7, pp.251-253）

现50余座半地穴式棚屋，3—5座为一组，有居室葬的现象。[12]其它的利波里文化聚落，如圣安吉罗城遗址也发现有环壕，佛萨切西亚和塞尔瓦的圣玛利亚聚落内的房址规模存在差异。托尔托雷托的匹亚纳齐奥有超过80个成排分布的半地穴式棚屋房址，直径1.2—5.0米不等。帕特尔诺、蒂涅罗山和波波利的圣卡里斯托遗址都发现有壁炉遗迹和火烧面。翁布里亚的诺奇亚发现有棚屋基址和生活垃圾。少数遗址中出现了专门的手工业区域，如塞迪丰蒂的一些棚屋遗址可能与制陶有关，托尔·斯帕卡塔遗址发现有与黑曜石制作有关的遗迹。[13]

如果壕沟在当时代表着界线，那么新石器晚期意大利中部的聚落具有一定的封闭性，单个聚落的规模更大，空间的功能分区更明显，有生活、墓葬和手工业区域，且在同一聚落内存在房址大小的差异。

二、青铜时代的聚落形态

约公元前3000—前2300年为"铜石并用时代"或"红铜时代"。公元前2300年左右，亚平宁半岛逐渐进入青铜时代，大致分为三期：早期（前2300—前1700年）、中期（前1700—前1325/1300年）、晚期（前1325/1300—前950/925年）。[14]拉齐奥地区的相关发现较少，未能构建起青铜时代完整的考古学文化序列，仅知从青铜时代中期起，意大利中北部的考古学文化持续南下对这里产生重要的影响，先是亚平宁文化[15]，而后是"先维拉诺瓦文化"[16]。公元前13—前12世纪，爱琴海迈锡尼文化的陶器也到达了意大利中部。[17]

青铜时代早期，罗马的圣奥莫波诺（即所谓的维拉布洛一带，后来的油广场所在地）一带可能有一个低地遗址，但稳定的聚落应该是从青铜时代中期开始。阿尔贝托·卡泽拉认为此时罗马的聚落应当局限在卡匹托利尼丘南部，规模不超过1公顷，人口约为200人；安德烈·卡兰蒂尼则认为罗马早期遗址普遍破坏严重，所以很有可能此时的聚落已经包括整座卡匹托利尼丘，占地7—8公顷。[18]

青铜时代晚期，原先卡匹托利尼丘的聚落可能扩展到了帕拉蒂诺山[19]，有学者认为应该也包括北边的山谷（即广场谷）。[20] 到公元前12—前10世纪，卡匹托利尼丘的聚落已扩展到约14公顷，帕拉蒂诺山的聚落可能约占23公顷。[21] 安德烈·卡兰蒂尼则认为此时的奎里那勒山也有人居住。[22]

整个青铜时代，以卡匹托利尼丘为中心的聚落逐步扩大，帕拉蒂诺山及其北边的山谷也先后被纳入聚落内。但由于考古学证据的匮乏[23]，对这一时期聚落的具体形态和空间布局尚不甚清楚。

三、铁器时代早期的聚落融合

拉齐奥文化Ⅰ期，罗马广场和俄斯奎里诺山均发现以火葬墓为主的墓葬群[24]，但聚落的情况不太清楚。[25] 到拉齐奥文化ⅡA期，康奈尔等学者认为此时罗马一带的中心聚落在帕拉蒂诺山，面积不超过20公顷，广场谷（即罗马广场所在地）发现的墓地可能属于这个聚落。[26] 但弗兰切丝卡认为此时的中心聚落有两个，分别在卡匹托利尼丘和帕拉蒂诺山，并各朝奎里那勒山和俄斯奎里诺山的方向有所扩展。拉齐奥文化ⅡB期，聚落继续向东北方向扩展。卡匹托利尼丘-奎里那勒丘（奎里那勒山东北部）的聚落可能有54公顷。帕拉蒂诺山的聚落可能有37公顷，如果包括俄斯奎里诺山墓葬群，可能达到60公顷。[27]

虽然学界对铁器时代早期罗马聚落的具体情况仍存在争议，但可以明确的是，此时的罗马聚落结合地貌特征对功能进行了空间上的区分，大体呈现高地居住、低地埋葬的特征。

从这一时段意大利中部其它地区的普遍情况来看，小型的山顶聚落开始融合形成大型的中心聚落，这一进程在埃特鲁里亚南部尤其明显。拉丁姆地区虽未发现如此清晰的演进链条，但似乎也有类似的过程，大约在拉齐奥文化ⅡB期，之前被分散的小型聚落占据的遗址上出现了集中的大型聚落，但具体布局不清，只知道由大量棚屋组成，并无证据表明有空间规划或组织结构。[28]

新石器时代开始，拉齐奥地区间断性地出现了一些居址，但罗马城所在地直到青铜时代中期才出现长期性的聚落，此后逐步扩展，直到铁器时代早期，聚落之间相互融合，成为城市化进程的基础。

对比起亚平宁半岛其它区域来说，拉齐奥地区从石器时代到青铜时代早中期都并未发展出具有跨地域影响力的考古学文化，处于几支强势文化的边缘或者说交叉地带。到青铜时代晚期，亚平宁半岛中北部的埃特鲁里亚开始发展，希腊文明抵达后又带动了半岛南部的发展，罗马东南的阿勒巴诺山区由于处在半岛南北交流的要道上，成为埃特鲁里亚南部与坎帕尼亚交流网络的中心。随着铁器时代的到来，拉丁姆地区与埃特鲁里亚的铁矿产地托尔法-阿鲁米俄勒火山区（在罗马西北，今属拉齐奥大区）在考古学文化上产生紧密的联系。或许正因为罗马所在之地充当了铁器生产与流通过程中的重要中转站，拉丁姆地区在这个时期得到了发展，聚落明显增多，规模扩大，从拉齐奥文化Ⅱ期开始，墓葬和随葬品的数量也显著增加。[29] 这些现象意味着，与技术变革、聚落规模扩张同时，拉丁姆地区呈现人口与物质文化的双重飞跃，在此过程中原本滞后的地区如罗马也得到了发展，但同时期的阿勒巴诺山区依然保持小型的分散聚落，并未观察到类似的人口增长趋势。虽然这其中的原因仍有待探讨，但能够确定的是，在铁器时代早期，罗马取代阿勒巴诺山区成为埃特鲁里亚与南部交流的节点。[30]

第二节　帝国以前的罗马城

一、城市初创期

（一）城市起源理论

最迟在奥古斯都时代就已流传着罗马建城的传说。最通行的版本是被母狼抚养长大的孪生子之一罗慕路斯于公元前753年建立罗马城，成为罗马的首任国王。[31] 文献中对建城的具体年代存在争议：公元前3世纪的埃拉托斯特内记载为公元前1184年[32]，西西里历史学家提密欧则认为当在公元前814年[33]。

据李维记载,从建城到共和国以前,罗慕路斯(前753—前717年)、努玛·庞匹留斯(前716—前674年)、图路斯·赫斯提利乌斯(前673—前642年)、安库斯·玛尔奇乌斯(前641—前617年)、塔尔奎尼乌斯·普里斯库斯(前616—前578年)、塞尔维乌斯·图里乌斯(前578—前534年)、塔尔奎尼乌斯·苏佩尔布斯(又称"高傲者塔尔奎努斯",前534—前509年)七位王先后统治着罗马。[34]蒙森认为,早期文献关于王政世系和历史事件的记述不尽可信,但其中关于社会制度和结构的记述则可信度较高。[35]蒂姆·康奈尔进而认为,罗慕路斯应是神化或半神化的人物。塞尔维乌斯·图里乌斯在文献中更像是位共和制的大法官而非国王,但他的部分事件又似乎是史实。其他王的可信度则较高,应是真实的历史人物。[36]

但从考古学的角度来看,建城的起始时间很大程度上取决于研究者对"建城"的定义。总结以往的研究,关于罗马城起源的理论主要有如下三种:

第一种观点认为"城市"是一种革新性的突变,与短时性的营造行为有关,对应着进行空间规划和调动大规模资源的权力生成,将修筑具有象征意义的大型建筑设施如广场或城墙视为建城的标志。耶尔斯塔德认为,公元前575年左右罗马广场开始铺设地板即是"城市化"的象征。[37]但他对绝对年代的认识与今天对罗马广场的考古研究成果之间存在偏差,按照今天的分期,假如用"广场开始铺设地板"作为标志,那么年代应当在公元前7世纪。卡兰蒂尼则将建城的行为指向帕拉蒂诺山东北坡发现的墙址,他认为这道建成于公元前8世纪后半期的设施,可以解释为具有防御功能,但也可解释为出于自觉性政治行为分隔空间的界限。[38]这背后隐含的是界限内外空间有别的共识,以及调动资源建成这道围墙的权力的生成,而这或许就指向了城市的产生。

第二种观点以穆勒-卡培为代表,他们更倾向于用渐进的发展过程取代"城市革命"理论,也就是说并不存在一个短时间的、突然的建城行为,传统文献中的罗慕路斯建城传说并不可信,罗马城应当是逐渐从帕拉蒂诺山的原始居住中心发展而来的，在铁器时代扩展到其它山丘。[39]

第三种观点则强调"城邦"而非"城市"的概念，将对整体空间的规划和建筑技术的发展视为其形成的标志。蒂姆·康奈尔从罗马城的考古学材料着手，指出这个过程应当发生在公元前625年前后十年。因此，他认为罗马建城的史实比传说稍晚。[40]

不同的理论模式对考古材料有不同的解释。蒂姆·康奈尔的观点显然更为合理，假如将"建城"视为一个关键的历史节点，那么它应当对应着社会组织和制度的深层次变革，而整体规划的实施，显然代表着广泛空间内唯一权力中心的生成。但是，就作为建筑群体组合的"城市"而言，罗马所在地自史前以来就有人类连续居住，并非全新修建的城市，因此旧的聚落并不能即时被完全取代。也就是说，罗马城的建成应当是"二元结构性"的：权力空间和公共空间的短时性革新与私人空间的渐进式发展。

（二）文献学角度的观察

王政时代是罗马城的初创期，从国王的出身可将这个时代分为两个阶段：拉丁王治时期（约前753—前600年）和埃特鲁里亚王治时期（约前600—前509年）。[41]而罗马城的建设可分为四个发展阶段[42]：

（1）"罗马方城"或称"帕拉蒂诺山城"阶段，大约是公元前8世纪早期，占地面积约50公顷。帕拉蒂诺山东北面的城墙与相邻山丘的防御设施连接后围成所谓的"罗马方城"，其范围主要包括帕拉蒂诺山和俄斯奎里诺山的一部分。城内出现砖石结构的"永久性"建筑。[43]

（2）"七丘之城"阶段，大约是公元前8世纪晚期，占地面积约80公顷，包括帕拉蒂诺山的两个山头（帕拉蒂姆丘和塞玛路斯丘）、维利亚山、切利奥山和俄斯奎里诺山的三个山头（齐斯皮乌斯丘、法古塔丘、欧匹奥丘）。[44]不确定当时由一套防御设施包围的是统一城市，还是七个自治聚落组成的联盟。

（3）"四区之城"阶段，公元前7世纪（蒂姆·康奈尔的观点是公元前6世纪半），占地面积约285公顷，包括帕拉蒂诺区、苏布拉区、俄斯奎里纳区、科里纳区。城市向北扩张，增加了奎里那勒山、维米那勒山和广场谷的部分。但卡匹托利尼丘、埃文蒂诺山尚未包括进来，或未被划入城界内。

（4）"塞维鲁城"阶段，占地约427公顷。公元前6世纪，卡匹托利尼丘也被纳入城市范围。埃文蒂诺山直到公元前5世纪中叶才有人居住。

此外，乔治亚·帕斯夸里还提出公元前6世纪是"塔尔奎利尼的大罗马"阶段一说。[45]安德鲁·奥弗迪却认为罗马此时仍是埃特鲁里亚人的附庸，不赞成此说。[46]但到20世纪末，学界普遍同意帕斯夸里的说法，认为罗马到公元前6世纪末已经是一个大城。[47]

（三）考古学角度的观察

1. 王政时代早期

王政时代早期相当于考古学中的东方化时代早期（拉齐奥文化ⅢB期到ⅣB期早段），时间大致从公元前8世纪到前7世纪末。帕拉蒂诺山上出现第一道墙，奎里那勒山、维米那勒山、俄斯奎里诺山的墓地仍继续使用，但切利奥山的人类活动迹象不明显，推测此时罗马扩展到了275公顷，如果不包括切利奥山则是210公顷。[48]

此时埃特鲁里亚是半岛上最早出现文明的地区。[49]坎帕尼亚地区则有优渥的农业耕作条件，公元前770年、前750年希腊人在此先后建立伊斯奇亚、库迈殖民地，接着在半岛南部海岸和西西里岛建立一系列殖民据点。以这些据点为基础，希腊文明和近东文明对整个亚平宁半岛产生了深刻的影响。从墓葬材料观察，公元前8世纪半岛上出现了社会分层的现象。整个半岛在政治、文化和宗教等各方面都产生了深刻变革。[50]处于埃特鲁里亚和坎帕尼亚之间的罗马地区，在这一时期开始壮大。[51]

在罗马的建筑活动中，可以观察到变革式的发展。公元前7世纪中期，位于后来罗马广场中央空地区的棚屋群被毁，形成露天踩踏面。大约公元前625年，广场谷的沼泽被排干，修建了最早的下水道[52]，随后在地面填充土石并铺设地板，周围逐渐集中了维斯塔神庙、贞女居等建筑，出现了瓦顶的石质房屋。[53]

帕拉蒂诺山东北角发现了公元前8世纪末到前7世纪初的道路遗

迹以及两座沿用至帝国早期的建筑遗址。公元前7世纪初，该山东北部的城墙被毁，局部被墓葬或人牲坑打破，似乎举行过城墙废弃的仪式。约前625—前600年，第二道新墙被建在旧墙之上。弗尔米南特认为，帕拉蒂诺山城墙的象征意义更甚于实用功能。[54]

福塞斯认为这些建筑活动有五个明显的特征：一是以广场为中心的政治-宗教建筑群、以坎匹多伊奥山为中心的宗教建筑群、以帕拉蒂诺山为中心的政治建筑群、穆尔奇亚谷的公共活动建筑群、台伯河东岸的商业建筑群初具雏形，在较为广阔的区域内结合地形对空间进行了功能的划分与整合；二是广场作为最具象征意义的区域，同时兼具世俗-神圣双重功能；三是具有政治、宗教和象征意义的区域均是"近尊"，即是毗邻离当时权力中心者的活动区域，在空间位置上，将城市的中心等同于权力的中心；四是建筑类型的转变——自公元前7世纪中期开始，土木结构的棚屋逐渐被砖石结构的房屋取代；五是公元前7世纪的城市布局表明统治阶层的存在以及社会共同体的存在。[55]这个过程意味着政治中心区成型，公共基础设施逐步完善，在一定范围的空间内出现了整体规划的迹象。

2. 王政时代晚期

王政时代晚期相当于东方化时代晚期（拉齐奥文化ⅣB期晚段）到古风时代，大约为公元前6世纪，此时切利奥山亦被纳入罗马城的范围。罗马城的面积扩展到了310—320公顷，不含埃文蒂诺山。[56]

罗马所在的范围内可观察到大规模的建筑活动：（1）台伯河上的苏布利其奥桥、台伯河入海口的奥斯蒂亚码头等基础设施陆续建成；（2）广场上修建了王宫建筑群，并一直延续使用；（3）部分区域的功能专门化加强——卡匹托利尼丘成为天神朱庇特神庙（即后来的至高无上朱庇特神庙）等主要宗教建筑的所在[57]，穆尔奇亚谷被辟为赛马等竞技活动的场所，商业活动逐渐集中在维拉布洛；（4）公元前6世纪中期以后，帕拉蒂诺山修建了第三道墙，约前530年，墙的一部分被并入一座石结构的宅邸[58]，山上还发现了公元前530—前520年的四座高台建筑遗迹（表1）。[59]

表 1　王政时代至共和国早期罗马城的主要考古发现

年代（公元前） 遗址	拉齐奥文化 ⅢB 800/775—750/725 罗慕路斯 753—717	ⅣA1 750/725—670/660 努玛 716—674	ⅣA2 670/660—630/620 图路斯·赫斯提利乌斯 673—642	ⅣB 630/620—580 安库斯·玛尔奇乌斯 641—617 / 老塔尔奎尼乌斯 616—578	古风时代 早期 580—540/530 塞尔维乌斯·图里乌斯 578—534	晚期 540/530—509 塔尔奎尼乌斯·苏佩尔布斯 534—509	共和国早期 509—400
罗马广场贞女居	棚屋、道路						
罗马广场维斯塔神庙	非祭祀性遗迹（Ollae、宽口陶瓷）		石质基址	夯土遗基		建筑遗址	
罗马广场东南角	道路			祭品遗迹	道路、建筑遗址、祭祀遗迹		
罗马广场公共别墅	房屋 1	房屋 2	房屋 3	房屋 4	房屋 5、带庭院和门厅		
罗马广场王宫		棚屋、道路		洪水堆积、废弃堆积、道路遗迹	王宫一、二期、道路	王宫三期、道路	王宫四期、王宫五期、道路
罗马广场家神庙		炉址 1、2	炉址 3	炉址 4、片坑			仓址
罗马广场中央空地		墓葬	双耳瓶（doliola）			凝灰岩地面、大下水道	
帕拉蒂诺山北坡	第一道墙（土质）、道路	第一道墙拆毁、墓葬	第二道墙（土质）、道路	第三道墙（凝灰岩）、道路		贵族宅邸、神圣大道	排水设施

12　罗马：永恒之城早期的空间结构

续表

年代（公元前）／遗址	ⅢB 800/775—750/725 (罗慕路斯 753—717)	ⅣA1 750/725—670/660 (努玛 716—674)	拉齐奥文化 ⅣA2 670/660—630/620 (图路斯·赫斯提利乌斯 673—642)	ⅣB 630/620—580 (安库斯·玛尔奇乌斯 641—617, 老塔尔奎尼乌斯 616—578)	古风时代 早期 580—540/530 (塞尔维乌斯·图里乌斯 578—534)	晚期 540/530—509 (塔尔奎尼乌斯·苏佩尔布斯 534—509)	共和国早期 509—400
帕拉蒂诺山棚屋群	棚屋、灰坑						
帕拉蒂诺山翠贝尔神殿			祭品遗迹			凝灰岩基址	祭祀遗迹
卡匹托利尼丘顶部	祭品遗迹		祭品遗迹、灰坑	灰坑、排水设施	赤陶、水池	平台、地下室、占卜室	占卜室、水池
卡匹托利尼丘至高无上朱庇特神庙	塞茔群、冶金遗迹(?)	青少年墓、有顶建筑		青少年墓、冶金遗迹、建筑基槽	青少年墓、冶金遗迹、建筑遗迹	青少年墓、冶金遗迹、建筑遗迹	青少年墓、冶金遗迹、神庙
圣奥莫波诺神殿区（油广场）				祭祀性的棚屋、埃特鲁里亚铭文	玛特·玛图塔神庙一、二期、幸运女神神庙	玛特·玛图塔神庙二期、建神庙	玛特·玛图塔神庙二期、幸运女神神庙
塞维鲁城墙					卡佩拉奇奥凝灰岩		

（原表出自 Francesca Fulminante, *The Urbanisation of Rome and Latium Vetus: From the Bronze Age to the Archaic Era*, Cambridge: Cambridge University Press, 2014, table 8, p.98, 略有修订）

二、共和变革期

自公元前509年起,执政官、元老院和百人团会议共同行使政权,是为共和制的开端。[60] 为与新的政治体制相适应,王政时代的政治中心区几乎被完全重建,王宫建筑群被改造成包括维斯塔神庙、家神与宅神神庙、玛尔斯与丰产女神圣所、神圣王室(即后来的公共别墅)在内的公共祭祀中心。[61] 罗马广场成为公共政治、经济和宗教中心,纪念建筑得到发展,露天空间经过规划。[62]

公元前5世纪至公元前4世纪,共和国内部的社会形势不稳,加上北方的高卢人入侵,罗马城的建筑活动因而基本停滞,其间最主要的工程是执政官对塞维鲁城墙进行了重修和延长。[63]

公元前3世纪以后,伴随着共和国统一亚平宁半岛乃至地中海世界的进程,罗马城的建筑活动变得频繁。作为都城的罗马,城市布局逐渐定型。在罗马广场、坎匹多伊奥山和战神原等城内的主要区域,贵族竞相营造剧场、神庙等各种大型公共建筑,以此作为自身威望和实力的表现,吸纳更多的依附者和政治资源,也将这些区域赋予了纪念化和公共化的特性。另外,以执政官为主导,在城内外各处大量增建水渠、道路、桥梁、港口和仓库等基础设施,以满足人口增长的实际需求。[64]

第三节 帝国早期的罗马城

虽然传统观点认为罗马帝国始于公元前27年屋大维被授予"奥古斯都"称号,但就城市建设而言,帝国化的进程却是从凯撒独裁时期开始的。他在广场谷、战神原等区域展开大规模的建筑工程。他去世后,未完成的工程由"后三头同盟"共同继续。

从公元前36年掌权起,奥古斯都在位期间是罗马帝国建筑活动最频繁的时代之一。这一时期的建筑活动集中在广场谷、战神原和帕拉蒂诺山等区域，建筑类型以神庙、拱门、剧场、斗兽场和浴场等公共设施和基础设施为主。奥古斯都基本保留了罗马城在共和国时期形成的布局，但是对原先的中心区域进行了建筑景观和性质的调整，呈现出皇帝家族对政治中心区的独占，逐渐形成与帝国体制相应的新特点。至此，罗马城由拉齐奥的地方城邦发展为亚平宁半岛的中心，再到地中海帝国的中心，从王制的都城到共和制的都城，再变为帝制的都城。

奥古斯都以后，罗马城的建筑活动与社会政治经济形势、皇帝个人意志紧密相关，最大的特点是城市空间的拓展、皇帝私人空间的膨胀以及皇帝对城市建设决定权的独占。根据建筑活动的整体特征大致可分为七个阶段：

第一阶段：公元前2年以后，建筑活动明显减少，大致延续奥古斯都时期的布局，兴建公共工程、修复和重建神庙等纪念建筑。49年克劳狄奥皇帝扩展了城界。

第二阶段：尼禄后期（64—68年），城市规划趋向整齐化。64年大火灾[65]后，尼禄重建的新城区外观规整，道路拓宽，两侧是柱廊；较重要的公共建筑布局趋向规整化，如大市场和尼禄浴场；建筑的防火性能加强，在重要建筑周围留出空白地带，不同的建筑禁止公用外墙，限制建筑高度，更广泛地应用砖石等耐火材料。[66]这个时期，城市中心的大部分区域如帕拉蒂诺山、俄斯奎里诺山、切利奥山等被皇帝的私宅黄金屋占用。

第三阶段：维斯帕、提多统治时期（69—81年），以内战、火灾后的城市重建以及"反尼禄"为特征。城区的重建基本延续了尼禄时期的规划理念。后一特征则指将尼禄私人侵占的土地重新回归公共用途，如黄金屋的一部分被并入提多宅，其余大部分则被拆除或改建为公共设施。75年，维斯帕扩张了城界。

第四阶段：图密善时期（81—96年），以建筑活动频繁、皇宫的规制化为特征。在广场谷、坎匹多伊奥山和战神原等重要区域，他一面大规模修缮或重建旧的公共建筑，一面大举修造宫殿、广场、神庙、体育场和音乐厅等各类新建筑。他在帕拉蒂诺山上修建的奥古斯塔纳宫，首次将皇帝居处固定，并形成朝寝功能分离的规整布局。[67]

第五阶段：安东尼王朝到塞维鲁王朝，城市建设带有实用化、规范化的特征。2世纪初，大量营造市场、仓库、浴场、港口等公共实用建筑以及多层公寓。图拉真广场和纪功柱等新修建筑则是对图拉真显赫军功的物质呈现。[68]哈德良大举修缮或重建奥古斯都时期的公共建筑，但较少在建筑题献铭文中留名（如他主持重建的万神殿）。从123年起，他规定在建筑砖瓦上使用执政官年号戳记。[69]此外他还修建了新的皇陵，并在蒂沃利营建了离宫。[70]这个时期新建的重要建筑还有卡拉卡拉浴场、帕拉蒂诺山的埃拉伽巴洛神庙、战神原的太阳神庙以及奎里那勒山的塞拉匹斯神庙等，环地中海区域的文化因素大量出现在都城。[71]

第六阶段：由于激烈的社会和经济危机，3世纪的建筑活动明显放缓，甚至几乎停滞。为增强罗马城的防御能力，奥勒良扩展城界并建新城墙。[72]283年火灾波及面很广，灾后迅速重建了广场谷、战神原的重要建筑。[73]

第七阶段：4世纪起罗马城不再作为帝国都城，加上410年西哥特人的劫掠，广场谷、帕拉蒂诺山等城市中心区渐渐废弃，部分公共建筑被贵族占为己有，部分被拆除、改建。个别统治者也试图重建罗马，如5世纪末特奥多立克对庞培剧场、罗马广场、斗兽场和水渠进行修缮。但接下来几个世纪，建筑活动基本停滞，直到11世纪初才恢复。

16　罗马：永恒之城早期的空间结构

图二　公元4世纪的罗马城区遗址平面示意图

(底图来自 *Guide Archeologiche: Roma*, pp.12-13)

1. 三城门　2. 拉威尔娜门　3. 青铜门　4. 纳维亚门　5. 卡佩纳门　6. 卡厄利蒙塔纳门　7. 奎尔奎图拉纳门　8. 俄斯奎里诺门　9. 维米那勒门　10. 科里纳门　11. 奎里那勒门　12. 健康门　13. 桑库斯门　14. 泉之门　15. 卡尔蒙塔门　16. 江河门　17. 凯旋门　18. 科尔涅里亚门　19. 弗拉米尼奥门　20. 平齐奥门　21. 盐路门　22. 诺曼图姆门　23. "封闭门"　24. 提布尔门　25. 普拉俄涅斯特门　26. 阿西纳里亚门　27. 麦特罗维亚门　28. 拉丁纳门　29. 阿匹亚门　30. 阿尔德阿门　31. 奥斯蒂亚门　32. 波尔图恩瑟门　33. 奥勒留门　34. 塞提米阿纳门　35. 卡匹托利姆　36. 阿克斯丘　37. 罗马广场　38. 马森兹奥会堂　39. 维纳斯与罗马神庙　40. 朱利奥广场　41. 奥古斯都广场　42. 和平神庙　43. 过渡广场　44. 图拉真广场　45. 奥古斯都府与阿波罗神庙　46. 提比略府　47. 弗拉维宫与奥古斯塔那宫　48. 塞维鲁府　49. 埃拉伽巴洛神庙　50. 斗兽场　51. 大竞技营　52. 克劳狄奥神庙　53. 新精锐骑兵营　54. 宫廷角斗场　55. 塞索尔里姆宫　56. 爱莲娜浴场　57. 瓦里乌斯马戏场　58. 圣克莱蒙特教堂的密特拉神殿　59. 黄金屋　60. 提多浴场　61. 图拉真浴场　62. "七室"　63. 莉维亚围廊　64. 莉维亚市场　65. 麦切纳斯园　66. 亚历山大·塞维鲁水神殿（"马里奥胜利纪念碑"）67. 医疗密涅瓦神庙（利齐尼奥园的大厅）68. 塞拉匹斯神庙　69. 康斯坦丁浴场　70. 戴克里先浴场　71. 撒路斯提奥园　72. 禁军营　73. 克劳狄奥拱门

与维尔勾渠 74.哈德良时期的多层公寓 75.太阳神庙 76.葡萄牙拱门 77.路库路斯园 78.马塞留剧场 79.阿波罗神庙与贝罗娜神庙 80.弗拉米尼奥马戏场 81.屋大维围廊 82.菲利普围廊 83.海神庙 84.旧米农奇奥围廊(银塔广场) 85.米农奇奥小麦围廊 86.巴勒伯剧场与柱廊 87.庞培剧场与围廊 88.哈德良火葬堆 89.赛车场 90.塔兰托 91.阿格里帕浴场 92.万神殿 93.朱利奥选举围廊 94.伊西斯与塞拉匹斯神庙 95.神圣围廊 96.图密善体育场 97.图密善音乐厅 98.尼禄浴场 99.玛提娅神庙 100.哈德良神庙 101.马可·奥勒留纪功柱 102.安东尼诺·皮奥火葬堆与纪功柱 103.马可·奥勒留火葬堆 104.和平祭坛 105.奥古斯都日晷 106.奥古斯都陵墓 107.油广场 108.圣奥莫波诺区 109.牛广场 110.大马戏场 111.狄安娜神庙与密涅瓦神庙 112.苏拉浴场 113.圣普利斯卡教堂的密特拉神殿 114.德齐奥浴场 115.卡拉卡拉浴场 116.市场码头 117.艾米利亚围廊 118.加尔巴仓库 119.洛里亚纳仓库 120.特斯塔奇奥山 121.盖伊奥·切斯提奥金字塔 122.波尔图恩瑟门居住区 123.俄利奥波利斯城的朱庇特神殿 124.法尔涅瑟宅 125.卡里古拉马戏场 126.罗慕路斯喷泉 127.梵蒂冈墓地 128.哈德良陵墓 129.席匹奥涅墓

第四节 考古发现与研究史

一、文献资料

共和国时期,历代大祭司长负责记录历任执法官包括建筑工程在内的各项重要公共事务。公元前130—前115年在任的大祭司长普布里乌斯·穆其乌斯·斯卡厄沃拉(Publius Mucius Scaevola)将多代大祭司长的记录编纂成集,即所谓的《大编年记》(Annales maximi)。蒂姆·康奈尔认为该书涉及的时间段是从公元前5世纪至前2世纪。[74]

帝国时期,记述当朝执政者在都城内建筑活动的文献更为丰富。奥古斯都时期的《神圣奥古斯都行状》记载了他一生修建和重建的公共建筑名录,这些建筑大部分都在罗马城内。[75]维特鲁威《建筑十书》(De architectura)系统总结了迄至帝国早期的地中海世界的建筑实践经验,详细记录了城市规划、建筑设计的基本原理和行业准则,是理解罗马城规划和布局的重要依据。[76]

73年,维斯帕和提多可能进行了罗马城的财产和地界调查,并依据调查结果绘制成地籍式的平面图,镌刻于帝国广场上的和平神庙图书馆北墙的150块大理石上。塞维鲁王朝时期在火灾后进行了重绘,因此该图又称《罗马城平面图》(*Forma Urbis Romae*)或《塞维鲁罗马城平面图》(*Severan Marble Plan*)。[77] 16世纪至今已发现这幅平面图10%—15%的残块。文艺复兴时期，多位学者便设法识别残块并将其与具体遗址相对应。19世纪末以来，亨利·佐丹[78]、基佩特和胡森[79]、罗德里格斯-阿尔梅达[80]、兰切亚尼等学者都先后对大理石平面图进行了复原研究。其中，兰切亚尼所著的《古罗马城图志》广泛参考其它同时期古代城市制图学的成果，迄今仍被公认为是最具影响力且最全面的复原图。[81] 2002年斯坦福大学启动了"数字化罗马城平面图项目"，利用三维匹配技术拼对并复原平面图(http://formaurbis.stanford.edu/index.html)。

涅尔瓦时期（96—98年）的水务官弗朗提努斯的《罗马水渠志》一书，详细记录了1世纪末罗马城内各条水渠的相关信息，包括距离、走向、供水量和供水点等。[82]

可能编纂于戴克里先时期（284—305年）的《地区志》(*Cataloghi Regionari*，缩写为 Reg.)包括"*Curiosum Urbis Romae Regionum XIIII*"（缩写为 *Cur.*）和"*Notitia Urbis Romae*"（缩写为 *Not.*）两个版本，详录罗马城十四区各区的面积，以及重要公共设施、公共建筑和私人建筑的名称与数量。但该书选录建筑的标准不明，似乎并非出于管理目的，应该是有所本的文献。[83]

4世纪的帝国不再以罗马为都城，但仍有众多朝圣者到来，最早关于帝国早期罗马城布局和建筑的记载就是为他们编撰的导游指南。8世纪或9世纪的《安西埃戴恩路线图》(*L'itinerario di Einsiedeln*)详细描述城墙走向、建筑结构和附属设施，并收录了纪念建筑上的铭文。[84] 10—12世纪的一些朝圣新指南被统称为《罗马圣迹》，虽然大量涉及超现实的内容，但直到16世纪都被作为古罗马城布局和重要建筑的常识，并被广泛传抄。[85]

共和国至帝国时期的大量铭文留存至今，其中的政令、书信、公文、墓志铭、建筑铭文、砖瓦铭记和器物铭文等文字材料提供了关于罗马城建筑活动和城市布局的丰富信息。这些铭文被汇集于《拉丁铭文集成》（*Corpus Inscriptionum Latinarum*，缩写为 *CIL*）中。[86]

罗马共和国和帝国时期发行的钱币，正面币图多为人物肖像或神像，背面币图则非常丰富，其中有一种类型为"建筑图像"，一般为某座重要公共建筑的落成而发行，如斗兽场就有其专属的钱币，这成为复原古代建筑外观的重要依据。科恩将罗马帝国时期发行的钱币汇编成《帝国钱币》一书。[87]

除了直接涉及罗马城建筑活动的一手史料以外，共和国至帝国时期还有不少经过整理和编纂的历史文献，主要包括波利比乌斯的《历史》[88]、西塞罗的《论共和国》[89]、提图斯·李维的《建城以来史》（*Ab Urbe Condita*）[90]、哈利卡纳苏斯的狄奥尼修斯的《罗马古迹》（*Ρωμαϊκὴ Ἀρχαιολογία*）[91]、西西里的狄奥多鲁斯的《历史丛书》[92]、斯特拉博的《地理》[93]、普鲁塔克的《希腊罗马名人传》（*Vite Parallele*）[94]、塔西佗的《历史》（*Histories*）[95]和《编年史》（*Annals*）[96]、阿庇安的《罗马史》（*Historia Romana*）[97]、苏维托尼乌斯的《罗马十二帝王传》（*De vita Caesarum*）[98]、卡西乌斯·狄奥（或称狄奥·卡西乌斯）的《罗马史》（*Historia Romana*）[99]、埃利乌斯·斯巴提亚努斯等的《罗马君王传》[100]、尤特罗庇乌斯的《罗马国史大纲》（*Breviarium historiae Romanae*）[101]等，为研究和复原帝国早期的罗马城提供了相关信息和历史背景。

二、调查与发掘

由于帝国时期的罗马城建筑以砖石结构为主，又因其历史地位和宗教地位特殊而被赋予了"纪念性"的特征，所以城市景观保存良好，调查和记录工作也开始得很早。12 世纪以来，教廷、贵族乃至平民对古罗马进行探究的兴趣浓厚，由此逐渐孕育了科学和实证的古迹研究。14 世纪，科拉·迪·利恩佐对罗马城内的大理石雕塑铭文进行释读。[102] 乔万尼·东迪在《罗马游记》中也摒弃以往掺杂非现实内容的研究方法，对古代建筑进行客观考证。[103]

作为古典考古学研究的重镇,罗马城的发掘和研究以多国学术力量的共同介入为特点。自 15 世纪正式开展发掘、调查工作以来,大致可以分为四个阶段。

(一) 以古物学为导向的探究:15—18 世纪

这四个世纪,对罗马城的调查和发掘在古物学的影响下陆续开展,但整体缺乏科学系统的准则、专业的技术手段和完备的记录体系,所编纂的记录多属于建筑遗迹的目录集,对遗迹性质的辨认存在不少谬误。其间罗马城经历了 1527 年德西联军的劫掠、大规模基建工程的破坏,许多遗迹均遭到不同程度的破坏,部分以收藏或变卖为目的的所谓"发掘"亦致使大批建筑构件和饰件流散至欧洲各国,给后世的研究带来了一定的难度。

这期间比较重要的主动性调查和发掘工作多在教皇或贵族的主导下进行。16 世纪,法尔涅瑟家族(Farnese, 1545—1731 年统治帕尔马和皮亚琴察公国)出资对卡拉卡拉浴场进行发掘。教皇尤里乌斯三世(1550—1555 年在位)为装饰行宫而发掘了部分古罗马贵族园宅。其后的基础建设工程中,陆续发现了尼禄黄金屋、奥古斯都陵、大理石《塞维鲁罗马城平面图》、和平祭坛等建筑遗迹。18 世纪的考古工作主要集中在帕拉蒂诺山和阿匹亚大道。德·桑蒂和苏扎尼伯爵从 1720 年起对帕拉蒂诺山进行了全面调查,并对东南坡的弗拉维宫遗址进行局部发掘,但出土的建筑构件和雕塑几乎被劫掠一空。1780 年,在阿匹亚城门附近发现席匹奥涅家族墓地,除巴尔巴图斯石棺和墓碑(现藏梵蒂冈博物馆)以外的大量石棺被毁、随葬品被变卖。各国的文物爱好者也纷纷参与发掘,苏格兰画家加文·汉密尔顿、画商兼文物商人托马斯·詹金斯在 1767 年和 1771 年先后发掘了哈德良离宫和阿匹亚大道。[104]

这些调查和发掘的结果仅有少数被详细记录。齐利阿克·皮兹克里(Ciriaque Pizzicolli)记录了遗址情况并抄录相关的古代典籍。[105] 利格里奥将在哈德良离宫的调查结果编成《哈德良的蒂沃利别墅全貌》

一书。[106] 1593 年安东尼奥·波西奥开始调查和研究地下墓室，最终出版《地下罗马》（*Roma sotterranea*），全面记录了墓葬形制、营建技术、壁画铭文等信息。[107]

（二）以古典学为指导的发掘：19 世纪—20 世纪初[108]

18 世纪末古典学科正式创立，罗马城考古自此开启了新的阶段，在理念、程序、方法和技术上都确立了更为科学和系统的原则，开始注重对遗址的整体性和研究性的发掘，初步建立考古记录的规程。1802 年，庇护七世将核准发掘权收归教皇，并首次确立国家层面的文化遗产保护措施。拿破仑执政（1809—1814 年）后，法国与意大利联合设立相关机构负责保护遗址，后又将考古发掘的核准和监管等权力、文物所有权都收归地方政府。虽然文化遗产的保护理念在这一时期并未一以贯之，不乏变卖或破坏文物的例子，但间断实施的保护措施仍为罗马城址的留存起到了积极的作用。

这个时期进行的大规模系统发掘主要集中在城内的罗马广场、帕拉蒂诺山和城郊的阿匹亚大道等区域。卡尔洛·费阿（Carlo Fea）、安东尼奥·尼比（Antonio Nibby）等学者相继在罗马广场发掘了塞维鲁凯旋门、君士坦丁凯旋门、和睦女神神庙、安东尼诺皇帝夫妇神庙、国家档案馆、十二主神围廊、维纳斯与罗马神庙等遗址，并拆除了部分遗址之上或周边的后古典时期建筑，以恢复其在帝国时期的原始面貌。皮埃特罗·罗沙在帕拉蒂诺山发掘出莉维亚府和阿波罗神庙的一部分，以及各代皇宫的遗迹。[109] 路易吉·卡尼纳（Luigi Canina）发掘了阿匹亚大道，并对道路原貌和路旁的墓葬进行复原，虽然一百年后的发掘工作证明他的复原方案不准确，但对道路大致走向的推测基本无误。劳伦佐·佛尔图纳迪（Lorenzo Fortunati）发掘了拉丁大道及路旁的墓葬。皮特罗·埃尔科莱·维斯孔蒂（Pietro Ercole Visconti）对市场码头进行了发掘。除了考古学者外，建筑师也积极参与发掘、测绘、建筑复原和保护工作，且提出新的发掘原则，即要清出建筑的地基，对建筑群整体进行分析，从而复原遗址的完整结构。费阿据此标准大规模发掘罗马的"卫星城"奥斯蒂亚。建筑师朱塞佩·瓦拉迪埃（Giuseppe Valadier）参与拆除图拉真纪功柱旁的近代建筑、整建万神庙广场等工程。

这一时期的罗马城考古还开辟了基督教地下墓室研究新领域。朱塞佩·马尔奇在1844年所著的《基督教都城的早期基督教仪式纪念建筑》对早期基督教徒的丧葬仪式、墓葬铭文和壁画等进行了探讨。[110] 而他在罗马学院的弟子乔凡·巴蒂斯塔·德·罗西则致力于绘制各个地下墓室的平面图，1863年起出版《基督教考古学通报》。[111]

1871年意大利王国完成统一，设立发掘与保护罗马省境内古建筑的总监部，并创建意大利考古学院。1873年，法国人也创建法国罗马学院。一系列管理和学术机构的设置，使罗马城的考古发掘得到系统化的规划，研究力量得以集中，促进了城市考古学的发展。罗马广场、斗兽场等传统遗址的发掘继续开展，并严格依据年代学的原则记录。另外，大规模基础建设活动为考古发掘提供了契机，新的出土材料激增，包括图密善体育场，俄斯奎里诺山、奎里那勒山和维米那勒山的房屋和墓地、台伯河岸码头遗址、塞维鲁城墙遗址（特米尼火车站段）等。

这一时期的一个重要特点是发掘水平、方法和技术以及信息记录的手段得到提高和完善，发掘过程中开始运用地层学方法，而对遗址的记录除了文字、绘图外，英国考古学家帕克1870年前后首先将摄影应用于考古研究。伯尼从热气球上拍摄罗马广场则开创了最早的"航拍"记录方法。最后值得一提的是，虽然当时仍不乏有被现代化建设破坏的遗址和文物，但对文化遗产进行保护的意识已有所加强，大量文物被系统收藏到博物馆中，对发掘方法没有把握时则停止对遗址的过度发掘，政府立法保护古代城市景观，建设了阿匹亚大道沿路的大型考古公园。

20世纪之前，多数考古发现仍集中关注罗马帝国时期或共和国末期。20世纪开始，也渐渐关注共和国以前的罗马，罗马广场的"黑石"、奎里那勒山和帕拉蒂诺山的铁器时代早期墓葬群等新发现引发对早期罗马史的争论和新认识。但由于知识储备不足，很多早期遗址未展开进一步的精细发掘。

（三）科学发掘的中断期：20世纪30—50年代[112]

在墨索里尼的授意下，考古学界对战神原、广场谷和维拉布洛等区域的建筑群遗址以及台伯河口的奥斯蒂亚城展开了发掘、清理（拆除周边的后帝国时期建筑）和修复。但此时的考古工作目的性很强，通常只关注遗址中主要时期的面貌，其它时期的遗迹大多被摧毁和忽略。因此，奥古斯都广场和图拉真广场的后帝国时期建筑史资料大部分遗失，帝国广场大道、维多利亚·艾玛努埃勒二世大道以及凯旋宫施工期间发现的建筑遗址也仅有部分共和国至帝国时期的房址被简单记录，维利亚山顶的早期聚落资料就此缺失。由于当时的发掘成果主要是作为政绩的展示，又常常过于追求速度，不按规程操作，也不做或少做记录，许多遗址的发掘报告没有出版。现代学者只能将图拉真广场、战神原南部银塔广场神庙群等零散的档案整理出版。此外，马塞留剧场、图拉真市场等遗址上还被加刻了法西斯纪念铭文，造成极大的破坏。

（四）技术与理念的革新期：1960年代以后

1960年代，由于在罗马周边大量开展考古发掘，对铁器时代和王政时代的罗马因而有更多的了解。80年代初，在阿德里阿诺·拉·热吉纳的倡导下，建筑遗址上覆盖的脚手架和绿网被拆除，学者因而能直接对其进行研究，而不必再依靠图版、照片和望远镜。这一时期开始了新的发掘项目，并形成了考古工作规程和发掘报告等出版物规范，其中较重要的是对帝国广场大道沿线的发掘，以及1988年卡拉蒂尼对罗马广场的一段公元前8世纪的塞维鲁城墙的发掘。[113]至于21世纪以来的最新发现和研究，帕特逊有综合性的回顾和评述。[114]虽然罗马城的考古发掘至此已经开展了数个世纪，但目前仍陆续开展小规模、精细化的发掘。

三、复原与研究

15世纪中期，学者们开始综合运用典籍、铭文和考古遗迹复原罗马城的布局和环境，这一学科分支被称为地形学。弗拉维·比昂多的《重建罗马》从地形学和类型学序列、功能分区、纪念建筑单体三方面对罗马城当时所存的遗址进行了系统化的研究。[115]布拉齐奥利尼的《罗马城变迁史》（1431—1448年间成书）着重建立各类遗迹的年代序列，如根据建筑技术和结构对奥勒良城墙遗迹进行分期。[116]贝纳尔多·卢切拉伊（1448—1514）则在《罗马城》中将城市研究与碑文研究相结合。[117]勒托对罗马城的测量记录及其遗作《普布里奥·维克托勒与法比奥的古城》（De Vetustate Urbis ex Publio Victore et Fabio）被后世视为15世纪最杰出的地形学著作。[118]

同时，建筑学者在研究中开始通过制图方式复原罗马城布局、标注城内所获新发现。阿尔伯蒂（1404—1472）在维特鲁威《建筑十书》的基础上对遗址进行测量和记录，并结合坐标系和航海图标示其地理位置，绘制的城市平面图与现代测量结果相近。他在《罗马图景》（Descriptio urbis Romae）中复原建筑遗址的外观，还对其结构进行建筑学分析。[119]1474年亚历山大·斯特罗兹绘制《罗马平面图》，将新的考古发现也标注其上。[120]16世纪，拉斐尔等人决定制作一张反映古罗马原貌的考古地图，但直至拉斐尔去世后，成果才陆续出版，1527年法比奥·卡勒沃发表《罗马地图》[121]，弗勒维奥则发表《罗马文物》[122]。1534年巴托罗涅奥·玛利阿诺着手编写《古罗马地形学》，首次尝试科学地描述古代城市，他结合山志学和水文学知识，以正交绘图法将主要的纪念建筑描绘在地形背景中，但他对罗马广场确切位置的认识存在谬误。[123]此后，1551年里奥纳多·布法里尼[124]和1593年安东尼奥·滕佩斯塔[125]各绘制了一幅《罗马地图》。1561年皮罗·利格里奥绘制的《罗马城考古地图》则详尽复原了古罗马城的各类建筑物和整体布局。[126]17世纪开始，学界在复原研究中加入了对《塞维鲁罗马城平面图》的研究成果，如皮特罗·森特·巴托利和乔万尼·皮特罗·贝罗利[127]所著的《令人敬仰的古罗马与雕塑品》。威尼斯画家乔万尼·巴提斯塔·皮拉涅斯相继绘制了《古代罗马》（*Le Antichità Romane*, 1756）、《罗马全景》（*Vedute di Roma*, 1748—1778）和《战神原》（*Campo Marzio*, 1762）等遗址图，其中《哈德良离宫图》（*Pianta delle fabbriche esistenti nella Villa Adriana*, 1781）的学术价值尤高。[128]

19世纪起，学界开始整合既往的考古材料，并在此基础上结合文献学、文物学、建筑学、地形分析、遗址结构等相关研究对古代罗马城的整体布局和重要建筑及建筑群进行复原和分期，产生了一系列至今影响深远的基础研究。1872年起担任罗马市考古委员会秘书的罗道尔夫·兰切亚尼编撰的《罗马发掘史及罗马古物报告》详细记录了中世纪至庇护九世去世（1000—1878年）近九百年间的考古发现，虽是着重对材料的描述而非分析，却是首部罗马城考古遗址发掘情况的汇集。[129]他的另一本重要著作即上文提到的依据《塞维鲁罗马城平面图》撰成的《古罗马城图志》。德国古典学界也陆续产出了古罗马城复原研究方面的重要著作：亨利·约尔丹通过考辨《地区志》等古文献，于1871—1885年间著成《古罗马城地形》。[130]克里斯蒂安·胡森利用图样、文献和碑文，对罗马广场、帕拉蒂诺山等重要区域和建筑群进行了奠基性的分析研究。[131]

1929年萨缪尔·波尔·普拉纳编撰《古罗马地形学志》，汇集并梳理了罗马城内几乎所有古代遗址的文献记载和考古资料，他去世后这一工作由托马斯·阿什比完成。[132]1937年的"奥古斯都时代的罗马文化展览会"集中了分散于世界各地的材料，展出罗马的地图、图画和照片，以及罗马帝国三百多栋著名建筑物的模型。[133]20世纪中期，埃纳·耶尔斯塔出版了六册《早期罗马》，汇集1870年以来的罗马城的考古发现，但他更倾向于关注当代考古学的开端而非现状，因此较为关注早期的考古成果。[134]1992年L.理查德森编写《古罗马地形学新志》，沿用普拉纳和阿什比的体例，继续汇集新的考古发现和研究成果。[135]1993—2002年由E. M. 斯泰比主编的《古罗马地形学典》(简称LTUR)旨在对《古罗马地形学志》《古罗马地形学新志》进行订正和补充,而非将其取代。[136]阿德里亚诺·拉·热吉纳则编撰了《古罗马郊区地形学典》(简称LTURS),以相同的体例收录了罗马城郊的考古发现和研究成果。[137]2004—2006年,菲利普·科阿勒里对1878—1975年间罗马城的考古发掘情况进行了汇总[138],卡尔洛·帕瓦利尼则根据考古发现和文献记载对罗马城十四区中的二区(切利奥区)进行了全面复原。[139]这些著作都作为《古罗马地形学典》的增订本分册出版,成为罗马城考古研究的基础。

此后,学界一方面集中对古代城市的重要区域进行专精的讨论,如菲利普·科阿勒里[140]、安德森[141]等人的研究结束了对罗马广场、帝国广场建筑群布局和景观等重要问题的争论;另一方面则致力于推动对罗马城整体布局的重建。20世纪后半期,罗马大学古地形学研究中心的费尔迪南多·卡斯塔尼奥利从城市规划和古代建筑等着手,在《古代罗马:城市化进程》中对罗马城发展的关键时期(王政时期和共和国中期)有全面的把握和深入认识,此外他对于罗马广场、战神原和帕拉蒂诺山等局部区域也有独到的研究。[142] O. F. 罗宾逊所著的《古罗马城:城市布局与管理》[143]、阿德里亚诺·拉·热吉纳编辑的《罗马城考古导论》[144]、菲利普·科阿勒里编撰的《考古学导论:罗马城》[145]、阿曼达·克拉里奇编撰的《罗马城:牛津考古导论》[146]都结合自然地形对罗马城的布局和重要建筑的相关考古发现进行了综述性的介绍。

随着科技发展、学科观念的发展,自20世纪末以来,对罗马城的复原和研究以包括新技术在内的多学科介入为特征。1996年美国弗吉尼亚大学人类技术发展研究所的伯纳德·弗里舍(Bernard Frischer)在UCLA着手研发"Rome Reborn 1.0"软件,在美国洛杉矶加州大学、意大利、德国相关机构的考古学家、建筑学家和电脑工程师等的协助下,于2007年6月研制成功,以3D形式再现君士坦丁统治期间

（公元320年）罗马城的布局，包括7000多座建筑，其中250座细节详尽（31座建筑基于UCLA建立的1:1数字模型），2008年由"谷歌地球"推广到互联网上。与此同时，他们继续开发"Rome Reborn 2.0"软件，可展示各时期的罗马城。[147] 詹姆斯·提斯则利用地理信息系统（GIS）技术将兰切亚尼的《古罗马图志》制作成分层的图形系统，并计划将来在此基础上建立交互式的动态地理数据库。[148] 美国亚利桑那大学的大卫·吉尔曼·罗曼诺（David Gilman Romano）等学者在既往研究的基础上建设了"数字奥古斯都罗马城"（Digital Augustan Rome）的地理信息数据网站。[149]

在当前的城市研究中，由于多学科视野和方法的加入，欧美学界对罗马城的城市空间布局、人口构成、供应系统运作等各个方面都有了十分全面的研究。埃利奥·罗·卡西奥编辑的《帝国罗马：一个古代都市》[150] 和安德烈·吉尔蒂纳编辑的《古代罗马》[151] 都分专题对罗马城考古遗址所体现的社会生活进行了全方位的深入讨论。2000年，都柏林三一学院地中海及近东研究中心的乔恩·科尔斯顿和黑兹尔·道奇主编的《古代罗马：永恒之城的考古学》首先分时段概述从史前到帝国时期的罗马城，之后分为建筑、供粮和供水体系、娱乐活动、住宅与墓葬、宗教信仰几个专题对罗马城进行了研究。[152] 查理斯·盖茨于2003年出版《古代城市：古代近东、埃及、希腊与罗马城市生活的考古学》，后在2011年又进行了增订，分别梳理了近东与地中海东部、希腊和罗马三个区域史前至古典时期的城市模式及生活。[153] 卡兰蒂尼和卡拉法在2017年主编的《古罗马地图集：城市文献与图像》汇集了史前至中世纪早期罗马城建筑遗址的最新测绘成果，包括平面图、照片和3D重建模型等。[154]

第五节　现存问题及研究展望

目前关于帝国早期罗马城市空间布局研究的主要趋势有三：一是

传统的地形学研究，利用考古、文献和图像资料对单个遗址、建筑群、局部区域和城市整体进行性质认定、分期断代、结构分析和复原，进而结合地理环境对古罗马城的空间布局进行全面复原，也包括利用新兴技术手段的数字重建；二是在分期研究的基础上，从历时性角度对古罗马城的建城史以及城市模式进行分析，推演从史前时代至帝国时代（尤其是自共和国以来）的空间演进模式，发现不同政治体制、社会形势和历史阶段中都城的空间布局特征；三是结合各学科知识和技术从不同角度对古罗马城进行的空间分析，并加以整合，如都城的人口构成和分布、经济支柱和地理特征等。

尽管如此，对罗马城的整体空间结构模式仍有可以深化的空间。笔者在对汉长安城和罗马城的比较研究中，就曾沿用传统观点认为帝国时期的罗马城布局具有各社会阶层镶嵌分布的特点，并认为这是分权制的重要体现。[155]但现在看来，由于未能结合自然地形进行精细的空间分析，这个观点显然并不准确。科阿勒里、克拉里奇等学者虽都曾有关于罗马城整体布局的著作，本研究也沿用了他们按照地理单元梳理一定时段内考古发现和文献记载的体例，但他们的著作都仅限于介绍相关考古发现、铭文记述和文献记载，缺乏系统梳理和深入分析。

中国考古学的研究主体是一个连续发展的广域文明，这使其研究视角相较于欧美考古学而言，更具有整体性、系统性、宏观性的特点。环地中海区域历史上置于同一政权统辖下的时间段极其有限，因此，在欧美学界既往的研究里，即便在对泛地域的城市丛体进行考察时，也较少关注整体性、规律性、制度性、层级性的考察。虽然罗马帝国崩溃之后，环地中海区域走向了政体林立的局面，但自前帝国时期到帝国时期的历史轨迹，却是由分离走向一统的过程。因此，对帝国早期这一时间段的罗马城进行研究，实际上也是揭示其由独立发展走向整合的过程中，作为政权中心的都城，其空间结构是如何运作和演进的，此时具有如中国考古学般的整体性、系统性视野也就尤为重要。

综上所述，本研究尝试运用中国考古学整体性和系统性的理念，考察罗马城在帝国早期（即从尤里安-克劳狄奥王朝到塞维鲁王朝）的城市空间结构和演进模式，但考虑到城区的边界问题以及便于描述遗迹位置等因素，也将奥勒良城墙纳入。

根据城市空间结构研究的理论，一座城市主要包含以下要素：市民集聚的实体空间是为节点；从核心节点到外缘形成空间梯度；节点之间则形成人、物、技术和资金等的多向性流通通道，进而相互交汇为网络系统；网络的边界生长成为城市的社会区和功能区。[156]古代城市研究也可借鉴这套理论，将城市视为一套复杂的适应性系统，将其空间布局视为各种关系和流通通道交织形成的网络系统，但囿于城市性质和发展阶段的不同以及考古发现的碎片化特征，就罗马城而言，在研究方法上应当有所调整：首先，要明确城区和城郊的范围和布局；其次，按功能对建筑遗迹的空间分布进行聚类分析；最后，通过分析功能地域的大致形态和配置组合关系，结合空间结构要素和流动模式，推演其城市空间结构模式。由于罗马城的延续性很强，在研究中还将涉及部分空间从共和国至帝国的重构与转型。

注　释

[1] M. Cary and H. H. Scullard, *A History of Rome: Down to the Reign of Constantine,* London and Bastingstoke: The Macmillan Press Ltd, 1975（3rd ed.）, p.7.

[2] Caroline Malone, "The Italian Neolithic: A Synthesis of Research," *Journal of World Prehistory*, 2003, Vol.17, No.3, pp.242-243.

[3] John Robb, *The Early Mediterranean Village: Agency, Material Culture, and Social Change in Neolithic Italy*, Cambridge: Cambridge University Press, 2007, p.76.

[4] F. Delpino and M. A. Fugazzola Delpino, "La 'facies' di Monte Venere nell'ambito della Cultura del Sasso," in *Atti della XXVI Riunione Scientifica della Istituto Italiano di Preistoria e Protostoria*, 1987, pp.671-680.

[5] Caroline Malone, "The Italian Neolithic: A Synthesis of Research," *Journal*

    of World Prehistory, 2003, Vol.17, No.3, p.258.
[6] Ibid.
[7] Ibid.
[8] C. Ozzi e B. Zamagni (a cura di) , *Gli scavi nel villaggio neolitico di Catignano (1971 – 1980)* , Firenze: Istituto italiano di preistoria e protostoria, 2003.
[9] M. A. Fugazzola Delpino.G. D'Eugenio and A. Pessina, "'La Marmotta' (Anguil lara Sabazia, RM). Scavi 1989. Un abitato perilacustre di età neolitica," in *Bullettino di Paletnologia Italiana*, 1993, vol.48, nuovo serie Ⅱ, pp.181–342; M. A. Fugazzola Delpino and M. Mineo, "La piroga neolitica del lago di Bracciano ('La Marmotta 1')," in *Bullettino di Paletnologia Italiana*, 1995, vol.86, nuovo serie Ⅳ, 1995, pp.197–266.
[10] Caroline Malone, "The Italian Neolithic: A Synthesis of Research," *Journal of World Prehistory*, 2003, vol.17, No.3, pp.242–243.
[11] John Robb, *The Early Mediterranean Village: Agency, Material Cultare, and Social Change in Neolithic Italy*, Cambridge: Cambridge University Press, 2007, pp.93–94.
[12] Giuliano Cremonesi, "Il villaggio di Ripoli alla luce dei recenti scavi," *Rivista di scienze preistoriche*, 1965, Número 20, Fascículo: 1, pp.85–155.
[13] Caroline Malone, "The Italian Neolithic: A Synthesis of Research," *Journal of World Prehistory*, 2003, Vol.17, No.3, p.261.
[14] Francesca Fulminante, *The Urbanisation of Rome and Latium Vetus: From the Bronze Age to the Archaic Era*, Cambridge: Cambridge University Press, 2014, pp.26–27.
[15] T. J. Cornell, *The Beginnings of Rome: Italy and Rome from the Bronze Age to the Punic Wars*, London and New York: Routledge, 1995, p.48.
[16] R. Ross Holloway, *The Archaeology of Early Rome and Latium*, pp.14–17; Gary Forsythe, *A Critical History of Early Rome: From Prehistory to the First Punic War*, pp.12–25.
[17] Gary Forsythe, *A Critical History of Early Rome: From Prehistory to the First Punic War*, Oakland: University of California Press, 2005, p.21.
[18] Francesca Fulminante, *The Urbanisation of Rome and Latium Vetus: From the Bronze Age to the Archaic Era*, Cambridge: Cambridge University Press, 2014, pp.67–69.

[19] Ibid., pp.69-70.

[20] A. P. Anzidei e altri, *Roma e il Lazio dall'età della pietra alla formazione della città*, Roma: Edizioni Quasar, 1985; R. Peroni, *Introduzione alla protostoria italiana*, Roma-Bari: Editori Laterza, 1994.

[21] Francesca Fulminante, *The Urbanisation of Rome and Latium Vetus: From the Bronze Age to the Archaic Era*, Cambridge: Cambridge University Press, 2014, pp.70-72.

[22] Andrea Carandini, *Sindrome occidentale: Conversazioni fra un archeologo e un storico sull'origine a Roma del diritto, della politica e dello stato*, Genova: Il Nuovo Melangolo, 2007 (2nd ed.).

[23] 近代的工程建设和法西斯的发掘计划都忽视前罗马时期的遗址，造成大量考古学材料的丢失。

[24] 火葬墓在这一时期流行于拉丁姆地区，如阿勒巴诺山、海边的普拉提卡、费卡纳，以及萨宾人的帕隆巴拉·萨宾和雷亚蒂诺原地区。T. J. Cornell, *The Beginnings of Rome: Italy and Rome from the Bronze Age to the Punic Wars*, London and New York: Routledge, 1995, p.48.

[25] Christopher Smith, "Early and Archaic Rome," in *Ancient Rome: The Archaeology of the Eternal City*, Oxford: Oxford University Press, 2000, pp.18-19.

[26] Pierre Gros e Mario Torelli, *Storia dell'urbanistica: il mondo romano*, Roma-Bari: Editori Laterza, 1988, pp.5-36; Tim Cornell, "La Prima Roma," in Andrea Giardina (a cura di), *Roma Antica*, Bari: Editori Laterza, 2000, pp.3-22.

[27] Francesca Fulminante, *The Urbanisation of Rome and Latium Vetus: From the Bronze Age to the Archaic Era*, Cambridge: Cambridge University Press, 2014, pp.72-77.

[28] T. J. Cornell, *The Beginnings of Rome: Italy and Rome from the Bronze Age to the Punic Wars*, London and New York: Routledge, 1995, pp.92-97.

[29] Christopher Smith, "Early and Archaic Rome," in *Ancient Rome: The Archaeology of the Eternal City*, Oxford: Oxford University Press, 2000, pp.18-19.

[30] T. J. Cornell, *The Beginnings of Rome: Italy and Rome from the Bronze Age to the Punic Wars*, London and New York: Routledge, 1995, p.55.

[31] M. Cristofani (a cura di), *La grande Roma dei Tarquini*, Roma: L'Erma

di Bretschneider, 1990, p.145; Cécile Dulière, *Lupa Romana*, Bruxelles-Rome: Institut historique belge de Rome, 1979; T. P.Wiseman, *Remus: A Roman Myth*, Cambridge: Cambridge University Press, 1995, pp.63−65; T. J. Cornell, *The Beginnings of Rome: Italy and Rome from the Bronze Age to the Punic Wars*, London and New York: Routledge, 1995.

[32] Felix Jacoby, *Die Fragmente der Griechischen Historiker*, Leiden: Brill, 2004, 241 F. 1, F. 45.

[33] Ibid., 566 F. 60.

[34] B. O. Foster (translated by), *Livy*, Book I, Massachusetts: Harvard University Press, 1967.

[35] 特奥多尔·蒙森著、李稼年译:《罗马史》,商务印书馆 1994−2014 年版。

[36] T. J. Cornell, *The Beginnings of Rome: Italy and Rome from the Bronze Age to the Punic Wars*, London and New York: Routledge, 1995, pp.119−121.

[37] Einar Gjerstad, *Early Rome*, Ⅰ-Ⅵ, Lund: Gleerup, 1953−1973.

[38] Andrea Carandini, "Le mura del Palatino.nuova fonte sulla Roma di età regia," in *Bollettino di archeologia 16−18*, 1992, pp.1−18.

[39] Hermann Müller-Karpe, *Vom Anfang Roms*, Heidelberg: F. H. Kerle, 1959.

[40] Tim Cornell, "La Prima Roma," in *Roma Antica*, Bari: Editori Laterza, 2000, pp.3−22.

[41] Charles Gates, *Ancient Cities: The Archaeology of Urban Life in the Ancient Near East and Egypt, Greece, and Rome*, London and New York: Routledge, 2011 (2nd ed.), p.329.

[42] 科瓦略夫著、王以铸译:《古代罗马史》,生活·读书·新知三联书店 1957 年版,第 53—54 页。四个阶段的城市面积数据估算皆来自: T. J. Cornell, *The Beginnings of Rome: Italy and Rome from the Bronze Age to the Punic Wars*, London and New York: Routledge, 1995, pp.202−204。

[43] Alexandre Grandazzi, "La Roma quadrata: mythe ou réalité," *Mélanges de l'école française de Rome. Antiquité*, 1993, tome 105, n°2, pp.493−545; Maria Antonietta Tomei, "La Roma Quadrata e gli scavi palatini di Rosa," *Mélanges de l'école française de Rome. Antiquité*, 1994, tome 106, n°2, pp.1025−1072.

[44] *Festus*, 458L and 474−476L; Gary Forsythe, *A Critical History of Early Rome: From Prehistory to the First Punic War*, University of California Press, 2005, p.85.

[45] Giorgio Pasquali, *Terze pagine stravaganti*, Florence: Sansori Editore, 1942, pp.1-24.

[46] Andrew Alföldi, *Early Rome and the Latins*, Michigan: University of Michigan Press, 1971 (2nd edition).

[47] T. J. Cornell, *The Beginnings of Rome: Italy and Rome from the Bronze Age to the Punic Wars*, London and New York: Routledge, 1995, pp.208-210; Giuseppe M. Della Fina (a cura di), *La grande Roma dei Tarquini*, Roma: Edizioni Quasar, 2010.

[48] Francesca Fulminante, *The Urbanisation of Rome and Latium Vetus: From the Bronze Age to the Archaic Era*, Cambridge: Cambridge University Press, 2014, pp.80-82.

[49] Gary Forsythe, *A Critical History of Early Rome: From Prehistory to the First Punic War*, University of California Press, 2005, p.9.

[50] T. J. Cornell, *The Beginnings of Rome: Italy and Rome from the Bronze Age to the Punic Wars*, London and New York: Routledge, 1995, pp.86-92; 关于埃特鲁里亚"希腊化"或"东方化"的研究范式发展始末，参见 Corinna Riva, "The Freedom of the Etruscans: Etruria Between Hellenization and Orientalization," *International Journal of the Classical Tradition*, 2018, Vol.25, pp.101-126。

[51] 埃特鲁里亚以现代托斯卡纳大区为主，亚平宁半岛上坎帕尼亚大区以南包括西西里岛在内的区域亦有"大希腊"（Magna Grecia）的古称。它们与早期罗马的关系讨论，参见 R. M. Ogilvie, *Early Rome and the Etruscans*, London: Collins/Fontana, 1976; Sinclair Bell and Helen Nagy (edited), *New Perspectives on Etruria and Early Rome*, Madison: University of Wisconsin Press, 2009; Luca Cappuccini, Leypold Christina, Mohr Martin (edited), *Fragmenta Mediterranea: Contatti, tradizioni e innovazioni in Grecia, Magna Grecia, Etruria e Roma: Studi in onore di Christoph Reusser*, Sesto Fiorentino. All'Insegna del Giglio s. a. s., 2017。

[52] Front. *Aq.* 111; Strabo 5.8; Pliny, *NH* 36.108; Thomas Ashby, *The Acqueducts of Rome*, Oxford: The Clarendon Press, 1935, p.46; *LTUR* I: pp.288-290.

[53] Einar Gjerstad, *Early Rome.* III, Lund: Gleerup, 1962, pp.217-223; Filippo Coarelli, *Il Foro Romano I*, Roma: Quasar, 1983, pp.119-130, 161-199; Albert J. Ammerman, "On the Origins of the Forum Romanum," *American Journal of Archaeology*, 1994, pp.627-645; Gary Forsythe, *A Critical*

History of Early Rome: From Prehistory to the First Punic War, University of California Press, 2005, pp.87–88.

[54] Francesca Fulminante, *The Urbanisation of Rome and Latium Vetus: From the Bronze Age to the Archaic Era*, Cambridge: Cambridge University Press, 2014, pp.83–95.

[55] Gary Forsythe, *A Critical History of Early Rome: From Prehistory to the First Punic War*, University of California Press, 2005, pp.86–92.

[56] Francesca Fulminante, *The Urbanisation of Rome and Latium Vetus: From the Bronze Age to the Archaic Era*, Cambridge: Cambridge University Press, 2014, pp.80–82, 96.

[57] Charles Gates, *Ancient Cities: The Archaeology of Urban Life in the Ancient Near East and Egypt, Greece, and Rome*, London and New York: Routledge, 2011 (2nd edition), pp.329–331.

[58] Francesca Fulminante, *The Urbanisation of Rome and Latium Vetus: From the Bronze Age to the Archaic Era*, Cambridge: Cambridge University Press, 2014, pp.83–95. 具体考古材料出处详见后文。

[59] Einar Gjerstad, *Early Rome. I*, Lund: Gleerup, 1953, p.139; R. Ross Holloway, *The Archaeology of Early Rome and Latium*, London and New York: Routledge, 1994, p.55; Maura Cristofani (a cura di), *La grande Roma dei Tarquini*, Roma: L'Erma di Bretschneider, 1990, pp.97–99.

[60] 宫秀华:《罗马：从共和走向帝制》,高等教育出版社2006年版,第5—15页。

[61] Filippo Coarelli, *Il Foro Romano I*, Roma: Quasar, 1983, pp.56–78.

[62] Einar Gjerstad, *Legends and Facts of Early Roman History*, Lund: Gleerup, 1962. p.33.

[63] Filippo Coarelli, *Guide Archeologiche: Roma*, Milano: Mondadori Electa S. P. A., 2008, pp.7–16.

[64] Ibid., pp.20–24; G. Säflund, "Le mura di Roma repubblicana," in *Acta Instituti Romani Regni Sueciae I*, 1932; Angela Giovagnoli, *Le Porte di Roma*, Roma: Edizioni del Pasquino.1973.

[65] Francesca De Caprariis e Fausto Zevi, "L'edilizia pubblica e sacra," in *Roma Imperiale: Una Metropoli Antica*, Roma: Carocci Editore, 2000, pp.289–290.

[66] Filippo Coarelli, *Guide Archeologiche: Roma*, Milano: Mondadori Electa S.

[67] Francesca De Caprariis e Fausto Zevi, "L'edilizia pubblica e sacra," in *Roma Imperiale: Una Metropoli Antica*, Roma: Carocci Editore, 2000, pp.249-314.

[68] Ibid.

[69] 卡拉卡拉去世后停止使用砖瓦戳记，直到戴克里先时期才短暂恢复。

[70] Francesca De Caprariis e Fausto Zevi, "L'edilizia pubblica e sacra," in *Roma Imperiale: Una Metropoli Antica*, Roma: Carocci Editore, 2000, pp.249-314.

[71] Federico Guidobaldi, "Architettura e urbanistica: dalla città-museo alla città santa," in *Roma Imperiale: Una Metropoli Antica*, Roma: Carocci Editore, 2000, pp.315-352.

[72] *Hist. Aug. Aurel.* 21, 39.

[73] Federico Guidobaldi, "Architettura e urbanistica: dalla città-museo alla città santa," in *Roma Imperiale: Una Metropoli Antica*, Roma: Carocci Editore, 2000, pp.315-352.

[74] T. J. Cornell, *The Beginning of Rome*, Oxon: Routledge, 1995, pp.12-16.

[75] 被称为 *Res Gestae Divi Augusti* 或 *Index rerum gestarum*，是对奥古斯都政治生涯的记载，发现于安西拉（今土耳其的安卡拉）一座罗马与奥古斯都神庙的墙上，原文为拉丁语，并附有希腊语译文。P. A. Brunt and J. M. Moore (introduction and commentary by), *Res Gestae Divi Augusti*, Oxford University Press, 1967.

[76] ［古罗马］维特鲁威著、高履泰译：《建筑十书》，知识产权出版社2001年版。

[77] Francesca De Caprariis, e Fausto Zevi, "L'edilizia pubblica e sacra," in *Roma Imperiale: Una Metropoli Antica*, Roma: Carocci Editore, 2000, p.293.

[78] Henri Jordan, *Topographie der Stadt Rom in Altertum*, Vol. I, Parts 1, 2; Vol. II, Berlin: Weidmann, 1871-1885; Henri Jordan, *Topographie der Stadt Rom in Altertum*, Vol. I, Part 3, Berlin: Weidmann, 1906.

[79] Kiepert and Hülsen, *Formae Urbis Romae Antiquae*, Berlin, 1912 (ed. 2).

[80] Emilio Rodríguez-Almeida, *Forma Urbis Marmorea. Aggiornamento Generale 1980*, Rome: Edizione Quasar, 1981, p.115.

[81] Rodolfo Lanciani, *Forma Urbis Romae*, Roma: Edizioni Quasar, 1990-

2007.

[82] R. H. Rodgers(edited and commentary), *FRONTINUS De Aquaeductu Urbis Romae*, Massachusetts: Cambridge University Press, 2004.

[83] Heinrich Jordan, *Topographie der Stadt Rom im Alterthum*, Vol.2, Berlin: Weidmann, 1871, pp.539-574.

[84] 安西埃戴恩是一座瑞士修道院,该路线图即发现于此。Rodolfo Lanciani, "L'Itinerario di Einsiedeln e l'Ordine di Benedetto Canonico," in *Monumenti antichi della Reale Accademia dei Lincei I*, 1890, pp.438-552.

[85] Maria Accame e Emy Dell'Oro(a cura di), *I Mirabilia urbis Romae*, Roma: Tored, 2004.

[86] *Corpus Inscriptionum Latinarum*, Berlin, 1863-?;世界各地部分古典学研究机构建设了不同的 CIL 数据库,其中较常用的为 Epigraphische Datenbank Clauss-Slaby(http://www.manfredclauss.de/gb/index.html)。

[87] H. Cohen, *Monnaies frappees sous l'Empire*, Paris, 1880-1892(2nd ed.).

[88] W. R. Paton(translated by), *POLYBIUS The Histories*, Massachusetts: Harvard University Press, 1998.

[89] G. W. Featherstonhaugh(translated by), *The REPUBLIC of Cicero*, New York: G. & C. Carvill, 1829.

[90] B. O. Foster(translated by), *livy*, Massachusetts: Harvard University Press, 1967.

[91] Earnest Cary(translated by), *DIONYSIUS OF HALICARNASSUS Roman Antiquities*, Massachusetts: Harvard University Press, 1937.

[92] C. H. Oldfather(translated by), *DIODORUS SICULUS Library of History*, Massachusetts: Harvard University Press, 1933.

[93] H. C. Hamilton, W. Falconer(translted by), *The Geography of Strabo*, London: George Bell & Sons, 1903.

[94] Bernadotte Perrin(translted by), *Plutarch's Lives*, Massachusetts: Harvard University Press, 1967.

[95] 王以铸、崔妙因译:《塔西佗历史》,商务印书馆 1981 年版。

[96] 王以铸、崔妙因译:《塔西佗〈编年史〉》,商务印书馆 1981 年版。

[97] Horace White(translted by), *APPIAN'S Roman History*, Massachusetts: Harvard University Press, 1972.

[98] [古罗马]苏维托尼乌斯著、张竹明等译:《罗马十二帝王传》,商务印书馆 1995 年版。

[99] Earnest Cary(translated by), *Dio's Roman History*, Massachusetts: Harvard University Press, 1955.

[100] David Magh(translted by), *Historia Augusta*, Massachusetts: Harvard University Press, 1998.

[101] [古罗马]尤特罗庇乌斯著、谢品巍译:《罗马国史大纲》,上海人民出版社2011年版。

[102] Tommaso Di Carpegna Falconieri, *Cola di Rienzo*, Roma: Salerno Editrice, 2002.

[103] Giovanni Dondi, "Iter Romanum," in Roberto Valentini e Giuseppe Zucchetti [a cura di]," *Codice topografico della città di Roma* IV, Roma: Tipografia del senato, 1940–1953, pp.68–73.

[104] [法]Claude Moatti 著、郑克鲁译:《罗马考古——永恒之城重现》,上海书店出版社1998年版,第30—84页。

[105] J. Colin, *Cyriaque d'Ancône: le voyageur, le marchand, l'humaniste*, Paris: Maloine, 1981.

[106] Pirro Ligorio, *Pianta della villa tiburtina di Adriano Cesare*, Roma: Stamperia di Apollo, 1751.

[107] S. Ditchfield, "Text before trowel: Antonio Bosio's Roma sotterranea revisited," in *Studies in Church History*, Vol.33, 1997, pp.343–360.

[108] [法]Claude Moatti 著、郑克鲁译:《罗马考古——永恒之城重现》,上海书店出版社1998年版,第85—140页。

[109] Pietro Rosa, *Scavi del Palatino*. in AnnInst, 1865; Maria Antonietta Tomei, "La Roma Quadrata e gli scavi palatini di Rosa," *Mélanges de l'école française de Rome . Antiquité*, 1994, tome 106, n°2, pp.1025–1072; Maria Antonietta Tomei, *Scavi francesi sul Palatino.le indagini di Pietro Rosa per Napoleone III (1861–1870)*, Rome : Ecole française de Rome. Soprintendenza archeologica di Roma, 1999.

[110] Giuseppe Marchi, *Monumenti delle arti cristane primitive nella metropoli del cristianesimo*, Berlin: Nabu Press, 2012.

[111] Giovan Battista De Rossi, *Bulletino di Archeologia Cristiana*, Roma: Salviucci, 1863–1894.

[112] [法]Claude Moatti 著、郑克鲁译:《罗马考古——永恒之城重现》,上海书店出版社1998年版,第141—143页;Jon Coulston and Hazel Dodge (eds.), *Ancient Rome: The Archaeology of the Eternal City*, Oxford:

Oxford University School of Archaeology, 2000, pp.8-9.

[113] Jon Coulston and Hazel Dodge(eds.), *Ancient Rome: The Archaeology of the Eternal City*, Oxford: Oxford University School of Archaeology, 2000, p.9.

[114] John R. Patterson, "The City of Rome Revisited: From Mid-Republic to Mid-Empire," *The Journal of Roman Studies*, 2010, Vol.100, pp.210-232.

[115] Flavio Biondo, *Roma instaurata*, Italy, 1450. 该书影印本现藏 Beinecke Rare Book and Manuscript Library(https://pre1600ms.beinecke.library.yale.edu/docs/MS779.pdf)。

[116] Poggio Bracciolini, "De Fortunae Varietate Urbis Romae," in Roberto Valentini e Giuseppe Zucchetti(a cura di), *Codice topografico della città di Roma*, Vol.Ⅳ, Roma: Tipografia del senato, 1953, pp.219-245.

[117] Bernardo Rucellai, "De urbe Roma," in *Rerum Italicarum Scriptores ab anno aerae christ. Millesimo ad millesimum sexcentesimum*, Florença, 1770, Ⅱ.

[118] Giulio Pomponio Leto, *De romanis magistratibus, sacerdotiis, iurisperitis, et legibus ad M. Pantagatum libellus & De vetustate urbis ex Publio Victore et Fabio*, Soveria Mannelli: Rubbettino, 2003.

[119] Francesco P. Fiore, *La Roma di Leon Battista Alberti. Umanisti, architetti e artisti alla scoperta dell'antico nella città del Quattrocento*, Milano. Skira, 2005.

[120] *Pianta di Roma*, 现藏于佛罗伦萨的美第奇·劳伦兹阿纳图书馆（Biblioteca Medicea Laurenziana）。

[121] Marco Fabio Calvi, *Antiquae Urbis Romae cum regionibus simulachrum*, Romae: Ludovicus Vicentinus impressit, 1527.

[122] Andrea Fulvio, *Antiquitates Urbis per Andre Am Fulvium Antiquarium. Ro. Nuperrime Aeditae*, London: Forgotten Books, 2018（Classic Reprint）.

[123] Bartolomeo Marliano.*Urbis Romae Topographia*, Basilea: Johann Oporin, 1550.

[124] Leonardo Bufalini, *La pianta di Roma di Leonardo Bufalini del 1551*, Rome: Danesi Editore, 1911.

[125] Antonio Tempeste, *Pianta di Roma*, National Library of Sweden.

[126] Pirro Ligorio, *Anteiquae Urbis Imago*, Lossi reprint, 1773.

[127] Pietro Santi Bartoli, Giovanni Pietro Bellori, *Admiranda Romanarum antiquitatum ac veteris sculpturae vestigia anaglyphico opere elaborata*, Rome: Johannes de Rubeus, 1693.

[128] Hylton Thomas, *The Drawings of Giovanni Battista Piranesi*, New York: Beechhurst Press, 1954.

[129] Rodolfo Lanciani, *Storia degli scavi di Roma e Notizie intorno le Collezioni Romane di Antichità (I-Ⅵ)*, Roma: Edizioni Quasar, 1989–2000.

[130] Henri Jordan, *Topographie der Stadt Rom im Altertum*, Herausgeber: Inktank-Publishing, 2019.

[131] Ch. Hulsen, Translated by Jesse Benedict Carter, *The Roman Forum*, Rome, 1909 (2nd edition); Kiepert and Hulsen, *Formae Urbis Romae Antiquae*, Berlin, 1912 (2nd edition); Ch. Hulsen, translated by H. H. Tanzer, *The Forum and the Palatine*, New York, 1928.

[132] Samuel Ball Platner and Thomas Ashby, *A Dictionary Topographical Dictionary of Ancient Rome*, London: Oxford University Press, 1929.

[133] [法] Claude Moatti 著、郑克鲁译:《罗马考古——永恒之城重现》,上海书店出版社1998年版,第132页。

[134] Einar Gjerstad, *Early Rome. Ⅰ-Ⅵ*, Lund: Gleerup, 1953–1973.

[135] L. Richardson, *A New Topographical Dictionary of Ancient Rome*, London: The Johns Hopkings University Press, 1992.

[136] Eva Margareta Steinby (a cura di), *Lexicon Topographicum Urbis Romae*, Roma: Edizioni Quasar, 1993–2008.

[137] Adriano La Regina (a cura di), *Lexicon Topographicum Urbis Romae-Suburbium*, Roma: Edizioni Quasar, 2001–2008.

[138] Filippo Coarelli, *Gli Scavi di Roma (1878–1921)*, Roma: Edizioni Quasar, 2004; Filippo Coarelli, *Gli Scavi di Roma (1922–1975)*, Roma: Edizioni Quasar, 2006.

[139] Carlo Pavolini, *Archeologia e Topografia della Regione Ⅱ (Celio)*, Roma: Edizioni Quasar, 2006.

[140] Filippo Coarelli, *Il foro Romano. Periodo Arcaico*, Rome: Edizioni Quasar, 1983; Filippo Coarelli, *Il foro romano: periodo repubblicano e augusteo*, Rome: Quasar, 1985.

[141] James C. Anderson, *The Historical Topography of the Imperial Fora*,

Brussels: Latomus, 1984, p.200, 51 figs.

[142] Ferdinando Castagnoli, *Roma antica: Profilo urbanistico*, Roma: Jouvence, 1978.

[143] O. F. Robinson, *Ancient Rome: City Planning and Administration*, London and New York: Routledge, 2005.

[144] Adriano La Regina, *Archaological Guide to Rome*, Milano.Mondadori Electa S. p.A., 2007（new update edition）.

[145] Filippo Coarelli, *Guide Archeologiche: Roma*, Milano.Mondadori Electa S. p.A., 2008.

[146] Amanda Claridge, *Rome: An Oxford Archaeological Guide*, Oxford: Oxford University Press, 2010（2nd edition）.

[147] 该项目网站：http://www. romereborn. virginia. edu/。

[148] James Tice, "The GIS Forma Urbis Romae Project: Creating a Layered History of Rome," *Humanist Studies & the Digital Age*, 2013, Vol.3, no.1, pp.70 – 85.

[149] 该项目网站：https://www. digitalaugustanrome. org/。

[150] Elio Lo Cascio（a cura di）, *Roma Imperiale: Una Metropoli Antica*, Roma: Carocci Editore, 2000.

[151] Andrea Giardina（a cura di）, *Roma Antica*, Bari: Editori Laterza, 2000.

[152] Jon Coulston and Hazel Dodge（eds.）, *Ancient Rome: The Archaeology of the Eternal City*, Oxford: Oxford University School of Archaeology, 2000.

[153] Charles Gates, *Ancient Cities: The Archaeology of Urban Life in the Ancient Near East and Egypt, Greece, and Rome*, London and New York: Routledge, 2011（2nd edition）.

[154] A. Carandini and P.Carafa（eds.）, *The Atlas of Ancient Rome: Biography and Portraits of the City*, Princeton and Oxford: Princeton University Press, 2017.

[155] 周繁文：《长安城与罗马城——东西方两大文明都城模式的比较研究》，社会科学文献出版社 2017 年版。

[156] 顾朝林、甄峰、张京祥：《集聚与扩散——城市空间结构新论》，东南大学出版社 2000 年版，第 18—19 页。

第一章　罗马城区的边界及地形

古拉丁文献对罗马城有"城区"（Urbis）[1]和"城郊"（Suburbium）[2]之分。瓦罗认为界石之内才称"城区"。[3]苏维托尼乌斯则将奥古斯都十四区都称为"城区"。[4]2—3世纪的拉丁铭文中也有"14城区"[5]或"14神圣城区"[6]之称。现代学者多认为城界与城墙皆是罗马城区的界线，但具有不同的性质和功能。[7]也就是说，帝国早期的罗马城区最初有城界和塞维鲁城墙两道界线，到3世纪时又增加了一道奥勒良城墙。

第一节　界石[8]

《论拉丁语》[9]、《建城以来史》[10]都提及罗马城界由界石标记。《阿提卡之夜》称城界系由鸟占术确定，位置在城墙之后。[11]李维则认为在城墙两侧。[12]《希腊罗马名人传》将城界的起源追溯到罗慕路斯时代。[13]至于其最初的走向，据塔西佗《编年史》所载，从帕拉蒂诺山西麓的台伯河岸一直延伸到广场谷。[14]

此后未见关于城界变动的记载。公元前6世纪修建塞维鲁城墙时，城界也并未扩展，俄斯奎里诺山和埃文蒂诺山虽已在城墙内，但仍在城界外。[15]共和国晚期，苏拉、凯撒先后扩张城界。[16]以拉布鲁斯为代表的多位学者推测扩展后的城界走向几乎紧贴塞维鲁城墙的外侧，两者仅在部分地点存在区别：埃文蒂诺山在城界外、城墙内，俄斯奎里诺山的欧匹奥丘东部则在城界内、城墙外。[17]

进入帝国时期，塔西佗[18]、卡西乌斯·狄奥[19]及《罗马君王传》[20]皆称奥古斯都曾扩展过城界，但《奥古斯都神圣行状》[21]、

《维斯帕谕令权法》[22]、《罗马十二帝王传》等文献却未提及此事。拉弗朗奇根据币图认为奥古斯都确曾在公元前27年、前18年和前8年三次扩展城界。[23] 奥利弗认为币图的证据不确,补充了考古学的证据,提出奥古斯都时期的大量建筑叠压在城界上,这意味着旧城界已被废置,反证了城界扩展行为的存在。[24] 但博特赖特通过细致梳理文献和界石铭文,认为所谓的奥古斯都扩界之举应当是克劳狄奥时期的有意虚构,并强调了"城界"的非连续性存在和非实体性特质。[25] 因此奥利弗援引的材料不足为据。此后学界基本沿用这一观点。[26] 结合文献记载和钱币、界石(表2)的发现,帝国早期能确认的城界扩张行为仅有两次:

第一次是公元49年克劳狄奥当政期间。[27] 所立界石中的9块(a-i)[28] 已被发现,均为方首、长方体、凝灰岩质,顶端刻"pomerium"(城界)一词,正面铭文记录扩界之事。其中4块界石(a-d)发现于原址或附近,所刻编号依次是"Ⅷ"(8)、"XXXV"(35)、"CXIX"(119)和"CXXXIX"(139),标示着次序以及与起点之间的距离。普拉纳等认为此时的城界起点在界石a南边、埃文蒂诺山南麓的台伯河岸(即后来奥勒良城墙起始处),界石间距为240罗马步(约合71米),东段走向几近于后来的奥勒良城墙,北段在奥勒良城墙以北的平齐奥山一带,西段走向不清,最后可能从界石d的位置笔直通向台伯河岸,根据距离估算应该还有3或4块界石,也就是说,这一时期共设立142或143块界石。[29] 拉布鲁斯则认为此时的城界走向大体接近塞维鲁城墙,不过南段更接近于后来的奥勒良城墙且在城墙内侧,北段则在奥勒良城墙北面。[30] 科阿勒里认为起点应在牛广场,亦即界石a北边的台伯河岸,界石间距约为260米,因此城界的南段较前述两种复原方案都偏北,西段则与今拉丁大道走向接近,埃文蒂诺山、战神原西部和北部都在城界之外。[31]

第二次在75年维斯帕和提多共治期间。[32] 新立的界石中有四块(i-m)已被发现,其中编号为"XLVII"(k)、"CLVIII"(i)的两块均发现于原址。推测此时的北段城界已穿过战神原中部,将原地北部留在界外。台伯河西岸可能也有一段城界。

据文献记载，尼禄、图拉真都曾扩展过城界。[33] 图拉真时期的币图中出现了不同于以往的"双边槽"（in two contorniates）类型的界石图像[34]，不排除是在新的拓界行动中所立。[35] 但相关实物尚未发现，具体情况不明。哈德良于121年所立的四块界石（n-q）已被发现，但铭文表明这是一次重修。[36]

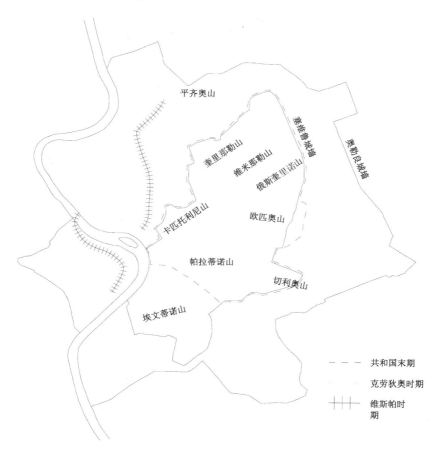

图三　共和国末期至帝国早期罗马城界示意图

（底图来自 Michel Labrousse, "Le pomerium de la Rome impériale: notes de topographie romaine," in *Mélanges de l'école française de Rome*, Vol.54, 1937, p.169）

表 2　帝国前期界石出土情况一览表 *

时期	《古罗马地形学志》编号	《拉丁铭文集成》(CIL) 编号	出土位置	界石铭文及译文
克劳狄奥	a	Ⅵ.01231a＝31537d**	特斯塔齐奥山东南	Ⅷ // Pomerium // Ti（berius）Claudius / Drusi f（ilius）Ca<e=I>sar / Aug（ustus）Germanicus / pont（ifex）max（imus）trib（unicia）pot（estate）/ Ⅷ imp（erator）Ⅻ co（n）s（ul）Ⅲ / censor p（ater）p（atriae）/ auctis populi Romani / finibus pomerium / ampliavit terminavitq（ue） 八 // 城界 // 提比利乌斯·克劳狄乌斯·德鲁斯之子·凯撒 / 奥古斯都·杰尔玛尼库斯 / 大祭司长，九次任保民官，十六次任最高统帅，四次任执政官，监察官，国父 / 为罗马人民增加 / 城界领土 / 扩界
	b	Ⅵ.01231b＝31537b＝37022a	麦特罗维亚门内侧附近	ⅩⅩⅩⅤ // Pomerium // Ti（berius）Claudius / Drusi f（ilius）Ca<e=I>sar / Aug（ustus）Germanicus / pont（ifex）max（imus）trib（unicia）pot（estate）/ Ⅷ imp（erator）Ⅻ co（n）s（ul）Ⅲ / censor p（ater）p（atriae）/ auctis populi Romani / finibus pomerium / ampliavit terminavitq（ue） 三十五 // 城界 // 提比利乌斯·克劳狄乌斯·德鲁斯之子·凯撒 / 奥古斯都·杰尔玛尼库斯 / 大祭司长，九次任护民官，十六次任最高统帅，四次任执政官，监察官，国父 / 为罗马人民增加 / 城界领土 / 扩界

续表

时期	《古罗马地形学志》编号	《拉丁铭文集成》(CIL) 编号	出土位置	界石铭文及译文
克劳狄奥	c	Ⅵ.37023	盐路门以北，盐路大道以西	Pomerium // CIIX // Ti（berius）Claudius / Drusi f（ilius）Ca<e=I>sar / Aug（ustus）Germanicus / pont（ifex）max（imus）trib（unicia）pot（estate）/ VIIII imp（erator）XVI co（n）s（ul）IIII / censor p（ater）p（atriae）/ auctis populi Romani / [fi]nibus pomerium / ampliavit terminavitq（ue）城界 // 一百一十九 // 提比利乌斯·克劳狄乌斯·德鲁斯之子·凯撒·奥古斯都·杰尔玛尼库斯/大祭司长，九次任护民官/十六次任最高统帅/四次任执政官/监察官，国父/为罗马人民增加/城界领土/扩界
克劳狄奥	d	Ⅵ.40852	人民门以北，弗拉米尼奥大道以西	Ti（berius）Claudius / Drusi f（ilius）Ca<e=I>sar / Aug（ustus）Germanicus / pont（ifex）max（imus）trib（unicia）pot（estate）/ VIIII imp（erator）XVI co（n）s（ul）IIII / censor p（ater）p（atriae）/ auctis populi Romani / finibus pomerium / ampliavit terminavitq（ue）// Pomerium // CXXXIX 提比利乌斯·克劳狄乌斯·德鲁斯后裔·凯撒·奥古斯都·杰尔玛尼库斯/大祭司长，九次任护民官/十六次任最高统帅/四次任执政官/监察官，国父/为罗马人民增加/城界领土/扩界 // 一百三十九
克劳狄奥	e	Ⅵ.37024	三拱门附近，大城门北边	Ti（berius）Claudius] / [Drusi f（ilius）Caesar] / [Aug（ustus）Germanicus / [pont（ifex）max（imus）] t]rib（unicia）[pot（estate）] 提比利乌斯·克劳狄乌斯·德鲁斯后裔·凯撒·奥古斯都·杰尔玛尼库斯/大祭司长，护民官

续表

时期	《古罗马地形学志》编号	《拉丁铭文集成》(CIL)编号	出土位置	界石铭文及译文
	f	VI.1231c=31537c	盐路门外	Pomerium // Ti(berius)Claudius / Drusi f(ilius)Ca<e=I>sar / Aug(ustus)Germanicus / pont(ifex)max(imus)trib(unicia)pot(estate)/ VIIII imp(erator)XVI co(n)s(ul) III / censor p(ater)p(atriae)/ auctis populi Romani / finibus pomerium / ampliavit terminavitq(ue) 城界 // 提比利乌斯·克劳狄乌斯·德鲁斯之子·凯撒·奥古斯都·杰尔马尼库斯/大祭司长,九次任护民官,十六次任最高统帅/四次任执政官/监察官,国父/为罗马人民增加/城界领土/扩界
克劳狄奥	g	VI.37022b	不明	/[T]i(berius)Cl[audius] / Drusi f(ilius)Ca<e=I>sar / Aug(ustus)Germanicus / pont(ifex)max(imus)trib(unicia)pot(estate)/ VIIII imp(erator)XVI co(n)s(ul) III / censor p(ater)p(atriae)/ auctis populi Romani / finibus pomerium / ampliavit terminavitq(ue) 提比利乌斯·克劳狄乌斯·德鲁斯后裔·凯撒/奥古斯都·杰尔马尼库斯/大祭司长·九次任护民官/十六次任最高统帅,四次任执政官/监察官,国父,为罗马人民增加,城界领土//扩界
	h	VI.40853	皮奥门外	Pomerium 城界

续表

时期	《古罗马地形学志》编号	《拉丁铭文集成》(CIL)编号	出土位置	界石铭文及译文

维斯帕	i	Ⅵ.31538a	平齐奥门外	[Imp(erator)Caesar] / [Vespasianus Aug(ustus)pont(ifex)] / [max(imus)trib(unicia)pot(estate)Ⅵ im[p(erator)XIV] / [p(ater)p(atriae)censor co(n)s(ul)Ⅵ desig(natus)Ⅶ et] / [T(itus)]Caesar Aug(usti)[f(ilius)] / Vespasianus imp(erator)Ⅵ pont(ifex) / trib(unicia)pot(estate)Ⅳ censor co(n)s(ul)Ⅳ desig(natus)Ⅴ auctis p(opuli)R(omani)finib(us)/ pomerium ampliaverunt / terminaveruntq(ue) // XXXI
				最高统帅·维斯帕·凯撒·奥古斯都·大祭司长 / 六次任执政官并第七次被指派 / 国父，监察官，奥古斯都之子，监察官，四次任执政官并第五次被指派，为罗马人民增加 / 城界领土 / 扩 / 界 / 三十一

维斯帕	k	Ⅵ.1232 =31538b	奥斯蒂亚门内，距界石(a)60米	[Imp(erator)Caesar] / [Vespasianus Aug(ustus)pont(ifex)] / [m]ax(imus)trib(unicia)pot(estate)Ⅵ im[p(erator)XIV] / p(ater)p(atriae)censor co(n)s(ul)Ⅵ desig(natus)Ⅴ[Ⅱ et] / T(itus)Caesar Aug(usti)f(ilius) / Vespasianus imp(erator)Ⅵ pont(ifex) / trib(unicia)pot(estate)Ⅳ censor / co(n)s(ul)Ⅳ desig(natus)Ⅴ auctis p(opuli)R(omani) / finibus pomerium ampliaverunt terminaveruntq(ue) // XLVII // P(edes) CCCXLVII
				最高统帅·凯撒·维斯帕·奥古斯都·大祭司长·六次任执政官 / 十四次被指派高统帅 / 国父，监察官，奥古斯都之子，维斯帕，八次任执政官·高统帅，祭司长，四次任护民官，四次任执政官并第五次被指派，为罗马人民增加 / 城界领土 / 扩 / 界 // 四十七 // 三百四十七步

续表

时期	《古罗马地形学志》编号	《拉丁铭文集成》(CIL)编号	出土位置	界石铭文及译文
维斯帕	I***	VI. 40854	战神原大道与特雷塔大道之间	CLVIII // [I]mp(erator)Cae[sar] / Ve(s)pasianu[s] / Aug(ustus) pont(ifex)max(imus) / trib(unicia)pot(estate)VI imp(erator) XI[V] / p(ater)p(atriae)censor / co(n)s(ul)VI desig(natus) VII / T(itus)Caesar Aug(usti)f(ilius) / Vespasianus imp(erator) VI / pont(ifex)trib(unicia)pot(estate)IV / censor co(n)s(ul)IV desig(natus)V / auctis p(opuli)R(omani)finibus / pomerium ampliaverunt / terminaveruntque // CCX[L] 一百五十八 // 最高统帅・凯撒・维斯帕・奥古斯都・大祭司长・六次任护民官，十四次任最高统帅并第七次被指派・提多・凯撒・奥古斯都之子，维斯帕，最高统帅/祭司长，四次任护民官并第六次任执政官并第五次被指派，为罗马人民增加/城界领土・扩界//两百四十(步)
维斯帕	m	VI. 31538c	河对岸的圣塞西莉亚教堂下	[Imp(erator)Cae]sar / [Vespasi]anus / Aug(ustus)pont(ifex) max(imus) / trib(unicia)pot(estate) VI imp(erator)XIV p (ater)p(atriae)censor co(n)s(ul)VI desig(natus)VII / T (itus)Caesar Aug(usti)f(ilius) / Vespasianus imp(erator)VI / pont(ifex)trib(unicia)pot(estate)IV censor / co(n)s(ul)IV desig(natus)V / auctis p(opuli)R(omani)finibus / [pomerium amp-liaverunt] / [terminaveruntq(ue)]] // p(edes)[最高统帅・维斯帕・奥古斯都・大祭司长/六次任护民官，十四次任最高统帅，次被指派・提多・凯撒，奥古斯都之子，维斯帕，统帅/祭司长，四次任护民官，六次任执政官并第五次被指派，为罗马人民增加/城界领土・扩界//……步

续表

时期	《古罗马地形学志》编号	《拉丁铭文集成》(CIL)编号	出土位置	界石铭文及译文
哈德良	n	Ⅵ.01233a=31539a	斯弗尔扎·凯撒利尼广场下	Ⅵ//[Ex s(enatus)] c(onsulto) collegium / augurum auctore / Imp(eratore) Caesare divi / Traiani Parthici f(ilio) / divi Nervae nepote / Traiano Hadriano / Aug(usto) pont(ifice) max(imo) / trib(unicia) / pot(estate) Ⅴ co(n)s(ule) Ⅲ proco(n)s(ule) / termino.pomerii / restituendos curavit // P(edes) CCCLXXX 六//元老院议员/占卜发起人·神圣凯撒·图拉真·帕尔西奇之子/神圣涅尔瓦之侄·哈德良·奥古斯都·大祭司长/五次任护民官，三次任执政官/总督/城界石/重建//四百八十步
	o	Ⅵ.31539b	卡克的圣斯蒂凡诺教堂附近	Ex s(enatus) c(onsulto) collegium / augurum auctore / Imp(eratore) Caesare divi / Traiani Parthici f(ilio) / divi Nervae nepote / Traiano Hadriano / Aug(usto) pont(ifice) max(imo) / trib(unicia) / pot(estate) Ⅴ co(n)s(ule) Ⅲ proco(n)s(ule) / termino. pomerii / restituendos curavit 元老院议员/占卜发起人·神圣凯撒·图拉真·帕尔西奇之子/神圣涅尔瓦之侄·哈德良·奥古斯都·大祭司长/五次任护民官，三次任执政官/总督/城界石/重建

续表

时期	《古罗马地形学志》编号	《拉丁铭文集成》(CIL) 编号	出土位置	界石铭文及译文
哈德良	p	VI.1233b=31539c	不明	[Ex s(enatus)] c(onsulto) collegium / augurum auctore / Imp(eratore) Caesare divi / Traiani Parthici f(ilio) / divi Nervae nepote / Traiano Hadriano / Aug(usto) pont(ifice) max(imo) trib(unicia) / pot(estate) V co(n)s(ule) Ⅲ proco(n)s(ule) / termino.pomerii / restituendos curavit 元老院议员・占卜发起人・最高统帅・神圣凯撒／图拉真・帕尔西奇之子／神圣涅尔瓦之任／图拉真・哈德良／奥古斯都・大祭司长／五次任护民官，三次任执政官／总督／城界界石／重建
哈德良	q	VI.40855	特雷塔大道，维斯帕西界石的附近	[Ex s(enatus)] c(onsulto) col[l]e[g]ium / [au]gurum auctore / [Im]p(eratore) Caesare divi / [T]raiani Parthici f(ilio) / [d]ivi Nervae nepote / [T]raiano Hadriano / Aug(usto) pontif(ice) max(imo) trib(unicia) / potest(ate) V co(n)s(ule) Ⅲ proco(n)s(ule) / termino.pomerii / restituendos curavit // CLIIX // P(edes) CCXI 元老院议员・占卜发起人・最高统帅・神圣凯撒／图拉真・帕尔西奇之子／神圣涅尔瓦之任／图拉真・哈德良／奥古斯都・大祭司长／五次任护民官，三次任执政官／总督／城界界石／重建／／一百六十／／二百一十一步

* 考古发现来自 Topographical Dictionary, pp.392–396; LTUR Ⅳ, pp.102–104。
** Topographical Dictionary (pp.392–396) 和 LTUR Ⅳ (p.102) 均作 CIL Ⅵ.31537a, 但经笔者查证，铭文内容编号与 CIL Ⅵ.31537d 一致。
*** Topographical Dictionary 未提及该界石，所以未有编号，此编号为笔者所加。

第二节　城墙

早期帝国的大部分时间内,罗马城只有一圈城墙,即公元前6世纪始建的塞维鲁城墙,但随着城市的扩张,这道城墙失去实际的防御功能,仅被作为分区界限和历史遗迹。到3世纪奥勒良皇帝在位时,帝国实力渐弱,内外形势交困,都城发展又早已超出塞维鲁城墙之外,旧城墙已无法保障安全,因此修建了新城墙。

一、塞维鲁城墙

塞维鲁城墙始建于公元前6世纪[37],公元前4世纪经过重建并延长[38],此后又经多次重建。[39]共和国晚期到帝国早期的城墙走向基本一致,总长约11千米。若以台伯河畔的牛广场为起点,城墙向东北方向沿坎匹多伊奥山西麓到奎里那勒山的西麓和北麓,然后在今天的巴贝里尼宫一带向南折,沿维米那勒山、俄斯奎里诺山、切利奥山东麓直至埃文蒂诺山东南麓,接着在卡拉卡拉浴场一带转向西北,并沿埃文蒂诺山南缘、西南缘直至西北缘的台伯河畔。城墙高约10、厚约4米,围合面积约4.26平方千米,基本囊括"罗马七丘"[40],由于顺山势而建,平面形状极不规则。墙体用凝灰岩块砌成,东北面即奎里那勒山、维米那勒山和俄斯奎里诺山之间的一段用土墙加固,并设有城壕,而西面在埃文蒂诺山到坎匹多伊奥山的一小段则利用台伯河作为天然屏障。[41]

二、奥勒良城墙[42]

奥勒良从271年开始修建新城墙,最后由普洛伯竣工。[43]城墙为混凝土结构,以旧砖砌面,厚约3.5、高约6米,全长18.837千米,以规则的间距设置塔楼、徼道、暗门等防卫设施。以战神原北部的台伯河畔(今人民广场附近)为起点,城墙向东穿过平齐奥山,并入加高的禁军营围墙,接着折向东南穿过维米那勒原,其中有一段系利用克劳狄奥渠改建而成，在普拉俄涅斯特门（今马焦雷门，或称大城门）之后折向西南，斜直地通往麦特罗维亚门后又折向东南，至拉丁纳门和阿匹亚门之间又转向西北，将小埃文蒂诺山的支脉屏障其内，而后折向西南，在并入切斯提奥金字塔后，笔直地通向台伯河岸，其后，城墙沿河岸北行了一小段，过河后围入了对岸区除今天的梵蒂冈以外的大部分地区，然后，从波尔图恩瑟门、奥勒留门到塞提米阿纳门，城墙由西北折向东北，接着回到台伯河左岸，沿河直抵凯旋门。[44]

第三节　城区的边界问题

就目前所见，涉及城界性质和功能的记载并不多。[45]凯撒曾禁止在城界内举行埃及的宗教仪式。[46]公元前7年提比略、皮索执政首日在城界外的元老院召集议院。[47]公元17年杜路苏斯离开罗马城去接掌"最高统帅"大权（imperium）。[48]71年，维斯帕和提多举行凯旋式时在进入城界前行使了鸟占术。[49]现代学者普遍认为城界是以界石标记的一条地带，是区分军事权与民事权、生与死的政治和宗教性边界。[50]城界内是一个经过落成仪式的空间，禁止武装军队进入（举行凯旋式时除外）[51]以及埋葬死者（维斯塔贞女除外）。[52]不过上述禁忌未必持续存在于各个时期。

两道城墙在功能和性质上存在较大差异。共和国中期以后，大量新修建筑已分布在塞维鲁城墙之外。奥古斯都设十四区时，三区和八区有小部分在城墙外，一、二、六、十二和十三区的大部分都在城墙外，而五、七、九、十四区则完全在城墙外，仅四区、十区和十一区完全在城墙内。加之城墙沿线未发现完备的防御设施体系，仅在部分地段设置护墙和城壕。这些都意味着塞维鲁城墙在帝国早期已失去了实际的城区界线和防御功能，但新城墙修建后非但未将其拆除，甚至多次维修和重建，也说明它应被作为分区界线和纪念建筑而保留。奥勒良城墙在修建之初便有明确的战略安全意图，基本与十四区的外围界线吻合，甚至将某些重要的民事、军事、纪念建筑加以改造后嵌入城墙墙体，沿线设置完备的防御设施体系，因此，它除了是罗马城区的实体界线以外，还具有防御功能。

城界和城墙之别尤其体现在埃文蒂诺山。此山在公元前6世纪时就已被纳入塞维鲁城墙内，但可能直到克劳狄奥时才被围入新拓的城界内。[53] 奥利弗认为原因复杂，在共和国晚期到克劳狄奥之前这个时间段，可能是由于当政者对罗姆的传说[54]和山上的大量外来宗教场所存在顾虑，因此将其排除在城界外。[55] 米戈农则认为城界象征着市民生活的界线，埃文蒂诺山作为军事屯戍区，又曾是异族的居住区，因而被隔绝在城界外。[56]

第四节 城区的自然地形

以奥勒良城墙为界，罗马城区之内台伯河自北向南纵贯，城区西部的台伯河两岸皆为平坦原地，其余部分皆是低矮山丘及镶嵌其间的山谷（图四）。

帝国早期的文献多以自然地理单元指示位置，4世纪的《地区志》则以14区为依据，可能反映了官方文件与日常生活之间或帝国早期与晚期之间对罗马城区地理空间的认知差异。由于14区的界线并非实体，且现在的推测多据帝国晚期的材料得出，因此仍按照地理单元也即九山四谷一河一岛三原地归纳城区内的空间布局。

所谓"九山"，包括原"七丘之城"阶段的帕拉蒂诺山（含帕拉蒂姆丘、塞玛路斯丘）、维利亚山、切利奥山和俄斯奎里诺山（含齐斯匹乌斯丘、欧匹奥丘、法古塔丘和卡里纳俄丘），再加上坎匹多伊奥山（含阿克斯丘、卡匹托利尼丘）、奎里那勒山（含奎里努斯丘、健康丘、穆奇阿里斯丘和拉提阿里斯丘）、埃文蒂诺山、维米那勒山、平齐奥山；"四谷"包括广场谷、穆尔奇亚谷、苏布拉谷和斗兽场谷；一河是台伯河；一岛为台伯岛；"三原地"则包括战神原、埃文蒂诺山南原地和台伯河西岸原地。高地和低地的空间布局存在较大差异。

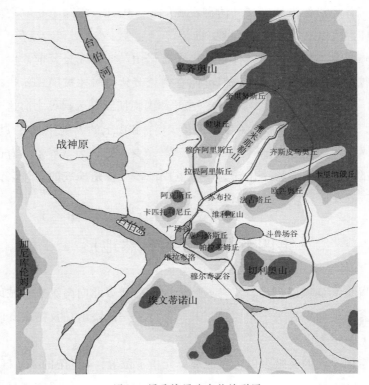

图四　罗马城周边自然地形图

（底图来自 Marc. soave, http://www.ufopedia.it/File:Roma_Septimontium_PNG.png.html#filehistory, 09:56, 15 apr 2020）

注　释

[1] Arthur Ernest Gordon, *Corpus Inscriptionum Latinarum*, Ⅵ. 10121, 32284, Berlin: Walter de Gruyter, 2006. 后文缩写为"*CIL*"。

[2] Xavier Lafon, "Le 'Suburbium'," *Pallas*, 2001, no.55, pp.199-214.

[3] "Cippi pomeri stant et circum Ariciam et circum Romam. Quare et oppida quae prius erant circumducta aratro ab orbe et urvo urb⟨e⟩s; et ideo coloniae nostrae omnes in litteris antiquis scribuntur urbes, quod item

conditae ut Roma..."［城界之界石立于阿里西亚和罗马周围。早先有犁沟环绕的镇子被称为"城"，该词系由"圈界"和"弯曲"两词组合而成。因此所有我们的殖民地在旧文献中都被称为"城"，皆因它们都是效仿罗马的建城方式而建……］Roland G. Kent（translated by）, *VARRO On the Latin Language*, Liber V. XXXII. 143, Harvard University Press, 1932, pp.134-135.

［4］ "Spatium urbis in regiones vicosque divisit instituitque, ut illas annui magistratus sortito tuerentur, hos magistri e plebe cuiusque viciniae lecti."［他将城区划分为行政区和街道，前者由每年选举出的执法官治理，后者由居民选出的街道公会执法官治理。］Suetonius, J. C. Rolfe（translated by）, *The Lives of The Caesars*, Book II. XXX, Harvard University Press, 1979, pp.168-169.

［5］ "urbis regionum XIIII," *CIL* VI. 00975, 30958.

［6］ "regionis XIIII sacrae urbis," *CIL* VI. 01646.

［7］ O. F. Robinson, *Ancient Rome: City planning and administration*, London and New York: Routledge, 2005, pp.4-6.

［8］ Samuel Ball Platner and Thomas Ashby, *A Topographical Dictionary of Ancient Rome,* London: Oxford University Press, 1929, pp.392-396. 后文缩写为 *Topographical Dictionary*.

［9］ *VARRO On the Latin Language*, Liber V. XXXII. 143, pp.134-135.

［10］ "...infelici arbori reste suspenditito; uerberato uel intra pomerium uel extra pomerium."［……将他（豪拉提乌斯）悬吊在厄运之树上，在城界内或城界外鞭打他。］B. O. Foster（translated by）, *Livy*, Book I. 26.6-7, Harvard University Press, 1967, pp.92-93.

［11］ "El pomerio es el lugar interior de un campo ritualmente consagrado（effatum）y que rodea el perímetro de toda la ciudad por detrás de los muros, delimitado por unas límite del auspicio urbano."［城界即城市周围（由鸟占）确定范围内的空间，位于城墙之后，由固定的可视性界线标记；它构成了城市鸟占术的界限。］Aulo Gelio, *Noches Áticas*, Libros 13.14.1, introducción, traducción, notas e índices Manuel-Antonio Marcos Casquero, Avelino Domínguez García, León: Universidad de León, 2006, p.73.

［12］ "Pomerium uerbi uim solam intuentes postmoerium interpretantur esse; est autem magis circamoerium, locus quem in condendis urbibus quondam Etrusci qua murum ducturi erant certis circa terminis inaugurato consecrabant, ut neque interiore parte aedificia moenibus continuarentur, quae nunc uolgo etiam coniungunt, et extrinsecus puri aliquid ab humano cultu pateret soli. Hoc spatium quod neque habitari neque arari fas erat, no.magis quod post murum esset quam quod murus post id, pomerium Romani appellarunt; et in urbis incremento semper quantum moenia processura erant tantum termini hi consecrati proferebantur."［那些仅在字义上考释的人解释道：城界在城墙后。但事实上它在城墙两侧，从前伊特鲁里亚人在建城时通过占卜用两侧的界石固定城墙位置，一方面使得城墙内的建筑物不与城墙相接——但这些建筑物现在已与城墙相接，另一方面可在城墙外延展出一块不为人使用的净土。罗马人遂将这片既不应居住也不该耕作的空地称为"城界"，因此与其说它在城墙后，不如说是城墙在它之后；而且，在扩城时，城墙向前延展多少，这些神圣界石也就跟着向前推进多少。］*Livy*, Book Ⅰ. 44.3–5, p.56.

[13] "A circular trench was dug around what is now the Comitium ...They call this trench, as they do the heavens, by the name of 'mundus'. Then, taking this as a centre, they marked out the city in a circle round it. And the founder, having shod a plough with a brazen ploughshare, and having yoked to it a bull and a cow, himself drove a deep furrow round the boundary lines, while those who followed after him had to turn the clods, which the plough threw up, inwards towards the city, and suffer no clod to lie turned outwards. With this line they mark out the course of the wall, and it is called, by contraction, 'pomerium', that is 'post murum', behind or next the wall. And where they purposed to put in a gate, there they took the share out of the ground, lifted the plough over, and left a vacant space. And this is the reason why they regard all the wall as sacred except gates; but if they held the gate sacred, to bring into and send out of the city things which are necessary, and yet unclean."［罗马人绕着现在的议事厅挖了一圈环壕……他们将这道壕沟称作"蒙杜斯"，就像对苍天的称呼。接着，他们以壕沟为中心，环绕着它一周，标记出城市范围。于是这位罗马城的创建者先给犁套上黄铜的犁铧，再套上一头公牛和一头母牛，然后赶着牛沿着城市的界线犁出了一道深深的犁沟。紧随其后的人则将犁起的土块翻到城内一边，不让任何土块堆放在城外。他们就把这条线路作为城墙的走向，缩写为"颇莫里乌姆"，就是城墙后或城墙附近的意思。在打算要开辟城门处，他们就将犁铧抽出地面，把犁抬过去，留出一块空地。他们把整个城墙看作是神圣的，唯独城门除外；如果城门也被祝圣，那么就

不能将必需却不洁之物带进或带出城市了。]Bernadotte Perrin(translated by), *Plutarch's Lives,* Romulus. XI. 2–3, Harvard University Press, 1967, pp.118–121.

[14] 王以铸、崔妙因译:《塔西佗〈编年史〉》第十二卷(24),第407页。

[15] Lisa Marie Mignone, "Rome's Pomerium and the Aventine Hill: from Auguraculum to Imperium Sine Fine," *Historia: Zeitschrift für Alte Geschichte,* 2016, Vol.65, No.4, pp.431–434.

[16] "Aveva diritto di estendere il pomerio chi avesse arricchito il popolo romano di un campo preso al nemico. Ma poi si discusse, e se ne discute anche ora, per qual ragione dei sette colli di Roma sei siano entro il pomerio e il solo Aventino, che nonè in zona lontana o poco frequentata, sia oltre il pomerio, e né il re Servio Tullio, né Silla, che chiesero l'onore di spostare il pomerio, né successivamente il divo Giulio, quando lo spostò, inclusero quel colle fra i limiti designati della città." [任何人自罗马公敌处夺得土地后皆有权扩大城界。但从古至今都有人讨论,为何罗马七丘中的六座都在城界内,唯独既非路途遥远也非人迹罕至的埃文蒂诺山却在城界之外,塞尔维乌斯·图里乌斯王、苏拉在求取改变城界走向之殊荣时皆如此,神圣朱利奥时亦如此,直至他改变城界时,才将埃文蒂诺山围入城界之内。]Aulo Gellio, Luigi Rusca(traduzione e note di), *Le Notti Attiche,* Book XIII. 14, Milano: Rizzoli Editore, 1968, pp.425–426; "凯撒还扩大了城界,因为按照古昔的风俗,帝国的疆域在扩大时,城界也有权利相应地扩大。"《塔西佗〈编年史〉》第十二卷(23),第406页; "Besides this, he(Caesar)introduced laws and extended the pomerium; in these and other matters his course was thought to resemble that of Sulla." [此外,他(凯撒)立法且扩展城界;在前述及其它一些行事上,他的风格被认为与苏拉类似。]Earnest Cary(translated by), *Dio's Roman History,* Book XLIII. 50.1, Harvard University Press, 1955, pp.50–51.

[17] Michel Labrousse, "Le pomerium de la Rome impériale," *Mélanges d'Archéologie et d'Histoire,* 1937, Vol.54, pp.165–199; Joe Park, "The Secular Games, the Aventine, and the Pomerium in the Campus Martius," *ClAnt.* 3, 1984, pp.57–81; *LTUR* IV, pp.96–105; Lisa Marie Mignone, "Rome's Pomerium and the Aventine Hill: from Auguraculum to Imperium Sine Fine," *Historia: Zeitschrift Für Alte Geschichte,* Vol.65, no.4, 2016, pp.427–449.

[18] "凯撒还扩大了城界，因为按照古昔的风俗，帝国的疆域在扩大时，城界也有权利相应地扩大。不过甚至在征服了若干强国之后，也没有任何罗马统帅行使过这项权利，例外的只有路奇乌斯·苏拉和圣奥古斯都二人。"《塔西佗〈编年史〉》第十二卷（23），第 406 页。

[19] "He enlarged the pomerium and changed the name of the month called Sextilis to August." [他（奥古斯都）扩张了城界……] *Dio's Roman History*, Book LV. 6.6, pp.394–395.

[20] "…adhibito consilio senatus muros urbis Romae dllatavit. nec tamen pomerio addidit eo tempore, sed postae. pomerio autem neminem principum licet addere nisi eum, qui agri barbarici aliqua parte Romanam rem p.locupletaverit. addidit autem Augustus, addidit Traianus, addidit Nero, sub quo Pontus Polem<o>niacus te Alpes Cottiae Romano nomini s ⟨unt⟩ tributae." [征得元老院同意后，他（奥勒良）新建了一道城墙，使罗马城范围得以拓展。但当时并未扩大城界，而是到后来才扩张的，因为只有将蛮族的一部分土地并入罗马人国家的元首才允许扩大城界。奥古斯都扩大过，图拉真扩大过，尼禄扩大过，因为尼禄在位时波勒蒙尼阿库斯——本都和阿尔卑斯——科提亚纳入了罗马治下。] David Magie (translated by), *The Scriptores Historiae Augustae*, The Deified Aurelian. XXI. 9–11, Harvard University Press, 1998, pp.234–237.

[21] P.A. Brunt and J. M. Moore (introduction and commentary by), *Ges Gestae Divi Augusti,* Oxford University Press, 1967.

[22] "lex de imperio Vespasiani," *CIL* Ⅵ. 00930.

[23] L. Laffranchi, "Gli ampliamenti del pomerio di Roma nelle testimonianze numismatiche," in *BCAR* 47, 1921, pp.16–44.

[24] James. H. Oliver, "The Augustan Pomerium," *Memoirs of the American Academy in Rome*, 1932, Vol.10, pp.145–182.

[25] M. T. Boatwright, "Tacitus on Claudius and the Pomerium, Annals 12.23.2–24," *The Classical Journal*, 1984, Vol.80, No.1, pp.36–44; M. T. Boatwright, "The Pomerial Extension of Augustus," *Historia: Zeitschrift für Alte Geschichte*, 1st Qtr., 1986, Bd. 35, H. 1, pp.13–27.

[26] 新近涉及罗马城界的研究皆持类似观点。Filippo Carlà, "Pomerium, fines and ager Romanus. Understanding Rome's 'First Boundry'," *Latomus*, 2015, T. 74, Fasc. 3, pp.599–630; Lisa Marie Mignon, "Rome's Pomerium and the Aventine Hill: from Auguraculum to Imperium Sine Fine," *Historia:*

Zeitschrift Für Alte Geschichte, 2016, Vol.65, no.4, pp.427-449; Michael Koortbojian, *Crossing the Pomerium: The Boundries of Political, Religious, and Military Institutions from Caesar to Constantine*, Princeton University Press, 2020.

[27] "现在（注：公元 49 年）由克劳狄乌斯所规定的城界已很容易确定，而且已正式记载在官报里面了。"《塔西佗〈编年史〉》第十二卷（24），第 407 页；"utique ei fines pomerii proferre, promovere, cum ex re publica censebit esse, liceat, ita uti licuit Ti. Claudio Caesari Aug. Germanico."［（维斯帕谕令权法）第 5 条：只要是他认为是为了国家，他可合法地前推并扩展城界范围，正如提比略乌斯·克劳狄奥·凯撒·奥古斯都·杰玛尼可所为。］CIL Ⅵ. 00930; "Gli auguri del popolo romano che scrissero l'opera *Sugli auspici* così definirono il significato di 'pomerium'：'pomerium è una striscia di terreno designata dagli àuguri tutto intorno alla città, fra i campi e dietro le mura, delimitata da confini precisi, e forma il limite degli auspici urbani'. Il più antico pomerio, che è stato tracciato da Romolo, finiva ai piedi del monte Palatino. Ma quel pomerio, per il crescere della città, fu spostato più volte e abbracciò molti ed elevati colli. Aveva diritto di estendere il pomerio chi avesse arricchito il popolo romano di un campo preso al nemico. Ma poi si discusse, e se ne discute anche ora, per qual ragione dei sette colli di Roma sei siano entro il pomerio e il solo Aventino, che nonè in zona lontana o poco frequentata, sia oltre il pomerio, e né il re Servio Tullio, né Silla, che chiesero l'onore di spostare il pomerio, né successivamente il divo Giulio, quando lo spostò, inclusero quel colle fra i limiti designati della città... Ma parlando del Monte Aventino non ritengo di tralasciare ciò che ho recentemente trovato nel *Commentario di Elide*, un antico grammatico, in cui è detto che l'Aventino era dapprima al di fuori del pomerio, ma poi, per iniziativa del divo Claudio, vi fu compreso e rimase entro i confini del pomerio."［著有《占卜术》一书的罗马人民的卜者如此定义"城界"："城界是城市之内由卜者制定的一条地带，它介于原野和城墙后缘之间，有精确的界线，构成了经过祝圣之城区的边界。"最早的城界止于帕拉蒂诺山脚下，可追溯至罗慕路斯的时代。但由于城市的发展，那条城界变动了多次，将高抬的山丘包围其中。任何从罗马公敌手中夺来土地之人皆有权扩大城界。但从古至今都有人讨论，为何罗马七丘中的六座都在城界内，唯独既非路途遥远也非人迹罕至的埃文蒂

诺山却在城界之外，塞尔维乌斯·图里乌斯王、苏拉在求取改变城界走向之殊荣时皆如此，神圣朱利奥时亦如此，直至他改变城界时，才将埃文蒂诺山围入城界之内。……但关于埃文蒂诺山被排除在城界外这个问题，根据我最近找到的古语法学家埃利德的一条评注，则认为埃文蒂诺山起初在城界外，神圣克劳狄奥时才首次被围入城界之内。] *Le Notti Attiche,* Book XIII. 14, pp.425-426; 4; M. T. Boatwright, "The Pomerial Extension of Augustus," *Historia: Zeitschrift für Alte Geschichte,* 1st Qtr., 1986, Bd.35, H.1, p.14.

[28] 在美国考古学会主办的 *Archaeology*（《考古》）杂志评选的"2021年度世界十大考古发现"中，其中一项为2021年6月在罗马奥古斯都陵下水道施工工程中新发现的克劳狄奥时期界石，但具体资料尚未公布，因此未有正式编号，仅从照片看到界石下端有"...ctis populi.../ finibus pomerium / ampliavit terminavitque"等字样。

[29] 普拉纳等认为，240罗马步是一亩土地的边长，也是古罗马高架水渠的拱间距，城界的界石间距可能也相同，如界石 a 的编号是"Ⅷ"（8），与起始点的距离约为570米，约是240罗马步的8倍；b 的铭文为"XXXV"（35），从 a 到 b 约1920米，约是240罗马步的27倍；c 的铭文为"CXIX"（119），d 的铭文为"CXXXIX"（139），而两者的间距为2201米，恰恰约是240罗马步的31倍。参见：*Topographical Dictionary,* pp.393-395。

[30] Michel Labrousse, "Le pomerium de la Rome impériale: notes de topographie romaine,"in *Mélanges de l'école française de Rome,* Vol.54, 1937, pp.165-199.

[31] F. Coarelli, *Campo Marzio,* Rome: Quasar, 1997, p.133; *LTUR* Ⅳ, pp.102-103.

[32] "人们认为广场和卡匹托里乌姆神殿不是被罗木路斯，而是被提图斯·塔提乌斯并入城界之内的。"《塔西佗〈编年史〉》第十二卷（24），第407页。

[33] "addidit autem Augustus, addidit Traianus, addidit Nero, sub quo Pontus Polemoniacus et Alpes Cottiae Romano nomini sunt tributae."［奥古斯都、图拉真、尼禄都曾扩展过城界，在其治下本都波利莫尼亚库斯和柯提亚阿尔卑斯皆归于罗马。］*The Scriptores Historiae Augustae,* The Deified Aurelian. XXI. 10-11, pp.236-237.

[34] Henry Cohen, *Description Historique des monnais frapées sous l'empire romain,*Trajan 539, Paris: Chez MM. Rollin & Feuardent, 1880.

[35] L. Laffranchi, "Gli ampliamenti del pomerio di Roma nelle testimonianze

numismatiche,"*Bullettino della Commissione Archeologica Comunale di Roma*,1919,pp.35-38.

[36] M. T. Boatwright,"The Pomerial Extension of Augustus," *Historia: Zeitschrift für Alte Geschichte*, 1st Qtr., 1986, Bd. 35, H. 1, p.14.

[37] "Muro quaque lapideo circumdare urbem parabat cum Sabinum bellum coeptis interuenit."［他（安库斯）还准备以石墙围城，但这一工程被萨宾战争中断。］*Livy*, Book I. 36.1, pp.130-131; "Ancus Marcius, who added Mount Caelius and the Aventine Mount with the intermediate plain, separated as these places were both from each other and from what had been formerly fortified, was compelled to do this of necessity; since he did notconsider it proper to leave outside his walls, heights so well protected by nature, to whomsoever might have a mind to fortify themselves upon them, while at the same time he was not capable of enclosing the whole as far as Mount Quirinus. Servius perceived this defect, and added the Esquiline and Viminal hills."［安库斯·马修斯在切利奥山和埃文蒂诺山之间增加了原地，将这两处与彼此还有之前修建的防御工事分开，这一被迫的举动是必要的；皆因他认为不应将具有天然防御优势的高地留在城墙外，那意味着留给了任何想以之防守的人，同时他又不能把整个直至奎里那勒山的高地封闭起来。塞维鲁察觉到了这一缺陷，又加上了俄斯奎里诺山和维米那勒山。］Horace Leonard Jones（translated by）, *The Geography of Strabo*, V. 3.7, Harvard University Press, 1960.

[38] "Aggere et fossis et muro circumdat urbem; ita pomerium profert."［他（塞维鲁）用堤、壕沟、墙围城；他拓展了城界。］*Livy*, Book I. 44.3-5, p.56; "(377B. C.)...Ut tributo novum fenus contraheretur in murum a censoribus locatum saxo quadrato faciundum."［（公元前377年）但当监察官们签合同征税修建一道凿石所砌的城墙时，滋生了更多的债务。］*Livy*, Book VI. 32.1-2, pp.304-305; "(353 B. C.)...Legionibus Romam reductis relicum anni muris turribusque reficiendis consumptum."［（公元前353年）……在该年剩下的时间里维修了城墙、塔楼以及一座题献给阿波罗的神庙。］*Livy*, Book VII. 20.9, pp.426-427.

[39] Gosta Säflund, *Le mura di Roma repubblicana*, Roma: Quasar, 1998; Angela Giovagnoļi, *Le Porte di Roma*, Roma: Edizioni del Pasquino, 1973; *Guide Archeologiche: Roma*, pp.20-24.

[40] "Ubi nunc est Roma, Septimontium nominatum ab tot montibus quos postea

urbs muris comprehendit."［现在的罗马所在处因为有七座山丘而被称为七丘，后来七丘皆被围入城墙。］*VARRO On the Latin Language*, Liber Ⅶ. 41, pp.38-39; "Dies Septimontium nomintus ab his septem montibus, in quis sita Urbs est."［"七丘节"得名于罗马城所在处的七座山丘。］*VARRO On the Latin Language*, Liber Ⅵ. 24,pp.196-197；根据瓦罗的记述，七丘包括卡匹多伊奥山、帕拉蒂诺山、埃文蒂诺山、奎里那勒山、俄斯奎里诺山、维米那勒山、切利奥山，详见 *VARRO On the Latin Language*, Liber Ⅶ. 41-Ⅸ. 56, pp.38-53。

［41］ *Guide Archeologiche: Roma*, pp.20-24.

［42］ *LTUR* III, pp.290-299; *Guide Archeologiche: Roma*, pp.25-36.

［43］ "his actis cum videret posse fieri ut aliquid tale iterum, quale sub Gallieno evenerat, proveniret, adhibito consilio senatus muros Urbis Romae dilatavit."［然后，由于所发生的一切使得类似的事情似乎有可能再次发生，就像伽里埃诺时期那样，在征得元老院同意后，他（奥勒良）扩建了罗马城的城墙。］*The Scriptores Historiae Augustae*, The Deified Aurelian. XXI. 9,pp.234-237; "muros Urbis Romae sic ampliavit, ut quinquaginta prope milia murorum eius ambitus teneant."［因此他将罗马城墙扩建为周长将近 50 里。］*The Scriptores Historiae Augustae*, The Deified Aurelian. XXXIX. 2-3, pp.270-273.

［44］ *LTUR* Ⅲ, pp.290-299; *Guide Archeologiche: Roma*, pp.25-36.

［45］ M. T. Boatwright, "The Pomerial Extension of Augustus,"*Historia: Zeitschrift für Alte Geschichte*, 1st Qtr., 1986, Bd. 35, H. 1, p.16.

［46］ "As for religious matters, he did not allow the Egyptian rites to be celebrated inside the pomerium..."［出于宗教原因，他不允许埃及的宗教仪式在城界内进行……］*Dio's Roman History*, Book LⅢ. 2.4, pp.196-197.

［47］ "Tiberius on the first day of the year（B. C. 7）in which he was consul with Gnaeus Piso convened the senate in the Curia Octavian, because it was outside the pomerium."［提比略于他与格涅乌斯·皮索执政当年的首日在屋大维元老院召集议院，皆因此处在城界之外。］*Dio's Roman History*, Book LV. 8.1, pp.398-399.

［48］ 离开罗马去重新接管统帅大权的杜路苏斯，不久便回到罗马，接受了小凯旋式。"《塔西佗〈编年史〉》第三卷（19），第 164 页。

［49］ Flavius Josephus（translated by Thackeray）, *The Wars of the Jews*, Book Ⅶ. 123, pp.157-158, Harvard University Press, 1956, pp.540-543, 550-

551.

[50] Filippo Carlà, "Pomerium, Fines and Ager Romanus. Understanding Rome's 'First Boundary'," in *Latomus*, Vol.74, No.3, 2015, p.603.

[51] Bernadette Liou-Gille, "Le pomerium," in *Museum Helveticum*, 1993, Vol.50, no.2, pp.101-103; Fred K. Drogula, *Imperium, potestas and the pomerium in the roman republic*, Historia: Zeitschrift für Alte Geschichte, Bd. 56, H. 4, 2007, p.435.

[52] Augusto Fraschetti, "La SepoLTURa delle Vestali e la città," in *Du châtiment dans la cité. Supplices corporels et peine de mort dans le monde antique. Actes de la table ronde*, Roma: Collection de l'École française de Rome, 1984, p.126.

[53] 大多数学者如下文引用的奥利弗、米戈农等均持此观点，但菲利普·科阿勒里则认为克劳狄奥拓界时也未将埃文蒂诺山纳入。这里暂从大多数学者的观点。

[54] 根据罗马建城的传说，罗慕路斯最初选定在帕拉蒂诺山建城，而罗姆则选择了埃文蒂诺山，随后兄弟俩发生争执，以罗姆身亡、罗慕路斯独揽统治权告终。参见 *Livy*, Book I. 6-7, 23-27。

[55] James H. Oliver, "The Augustan Pomerium," in *Memoirs of the American Academy in Rome*, 1932, Vol.10, pp.180-182.

[56] Lisa Marie Mignone, "Rome's Pomerium and the Aventine Hill: from Auguraculum to Imperium Sine Fine," *Historia: Zeitschrift Für Alte Geschichte*, 2016, Vol.65, No.4, pp.427-449.

第二章　罗马城区的高地空间布局

第一节　帕拉蒂诺山

　　帕拉蒂诺山位于城区中心，是都城最古老的聚居区之一。西南坡邻近台伯河岸处，有两处与帝国早期罗马建城传说有关的"历史建筑"：一处是洞穴遗址，可能即所谓"狼穴"[1]，据奥维德等人记载，洞内供奉有哺乳过建城者罗慕路斯和罗姆的母狼雕像，[2]从考古遗迹看，洞内最早的建筑活动遗迹可能属于奥古斯都时期；[3]另一处是"狼穴"西北的一组土木结构的棚屋遗迹，由于在《地区志》内提及该山上有"罗慕路斯宅"[4]，故而研究者多认为这组棚屋与其有关，但由于遗址发掘年代较早，记录无存，其始建年代并不明确。[5]这两处"历史建筑"很有可能都是帝国早期出于政治目的修建的。

　　从帝国初期开始，大部分自共和国时期便居住在山上的贵族陆续迁离，他们的宅邸或被毁弃，如安东尼宅先后归麦撒拉、阿格里帕所有，并于公元前25年被烧毁[6]；或归皇帝所有，如赫尔特希乌斯宅[7]、卡图鲁斯宅[8]于公元前29年并入奥古斯都府，杰罗提阿纳宅[9]和杰尔玛尼库斯（卡里古拉之父）宅[10]在卡里古拉时并入皇宫。根据文献记载和出土的引水管铭文，仅在该山东北坡和西南坡仍居住着少数贵族，包括公元16年的执政官希塞纳[11]、奥古斯都时期的海拉里奥以及2世纪早期住在其旧宅的巴萨（可能是提比略的侄孙女）[12]、诗人马西亚尔的朋友普罗库鲁斯[13]。

　　帕拉蒂诺山的大部分区域被逐渐改造成罗马皇帝的主要居住区。朱利奥-克劳狄奥王朝和弗拉维王朝的历任皇帝各有住处。

奥古斯都及皇后莉维亚的府邸在山顶西部，紧邻狼穴和罗慕路斯宅。奥古斯都府的建筑轴线为东北-西南向，是一组平面近"凸"字形的建筑群，大体可分为南、北两区。[14]南区布局近似于"东朝西寝"，东部的大厅为公共空间，西部则以两个主卧室为中心；北区建筑也分为东西两部分，东部为柱廊庭院，西部的建筑功能不明。莉维亚府在奥古斯都府西北，平面布局近似于东西长、南北宽的长方形，以一条东西向的廊道分为南北两区。南区的西部为餐厅，东部功能不明；北区则为类似"西朝东寝"的布局，西侧为门厅，东侧为寝室和庭院。[15]

提比略府在奥古斯都及莉维亚府的北面，卡里古拉时期向东北即罗马广场的方向扩建过[16]，64年和80年火灾后又分别由尼禄、图密善进行过局部修复。现仅发现柱廊庭院、地下拱廊等少量遗迹，北区可能在图密善时期被改建成"皇帝财政处"，后又用作仓库。[17]

尼禄为了将帕拉蒂诺山与其它山丘上的皇帝私产将麦切纳斯园、拉米亚园和洛里亚纳园等连接起来，修建了所谓的"过渡府"[18]，其遗迹在提比略府的东部，仅余少量花园、餐厅等建筑结构。[19]64年火灾后，尼禄开始修建黄金屋，一度囊括整座帕拉蒂诺山，并延伸到维利亚山、俄斯奎里诺山和切利奥山以及整个斗兽场谷，占地约2.5平方千米。弗拉维王朝时，将黄金屋的一部分改建成角斗场、神圣克劳狄奥神庙、维纳斯与罗马神庙等公共建筑，原本分布在帕拉蒂诺山上的建筑基本无存，目前仅存俄斯奎里诺山上的一组建筑。[20]

弗拉维王朝的图密善统治末期，在帕拉蒂诺山顶东南建成奥古斯提阿纳宫（或称"帕拉蒂诺宫"），由自西向东横向排列的弗拉维宫、奥古斯塔纳宫和驯马场三部分组成，形成了"公堂-私宅-花园"的规制。[21]塞维鲁时在驯马场的东南加建了花园、水池和喷泉等，并修造了"塞提佐尼奥立面"（意即"七层楼"）作为主入口。[22]奥古斯提阿纳宫开启了正式的"皇宫时代"，自此皇帝住所完成了由"府"到"宫"、由散点居住到定点居住的转变，后虽屡经重建和扩建，却直到帝国晚期都作为皇帝的固定居所。[23]

帕拉蒂诺山上的宗教场所主要分为两个信仰系统：希腊-罗马系的

阿波罗神庙、捍卫朱庇特神庙[24]、胜利朱庇特神庙/埃拉伽巴洛神庙、维斯塔祭坛[25]，以及中亚系的翠贝拉神庙。另外还有一座"神圣神庙"，似是合祭神化皇帝的场所，可能是在其单独的神庙废弃后建造，最迟在145年便已出现。[26] 关于这些神庙的位置，目前仅能确定翠贝拉和阿波罗神庙分别在奥古斯都府的西侧和东侧，埃拉伽巴洛神庙在山的东北坡（图五）。

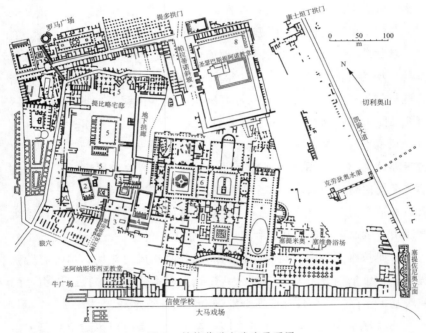

图五　帕拉蒂诺山遗迹平面图

1. 古代棚屋　2. 翠贝拉神庙　3. 奥古斯都与莉维亚府　4. 阿波罗神庙　5. 提比略宅邸　6. 奥古斯塔纳宫　7. 塞维鲁宫　8. 埃拉伽巴洛神庙

（底图来自 *Guide Archeologiche: Roma*, pp.148-149）

第二节　坎匹多伊奥山

坎匹多伊奥山有两个山头，南边的是卡匹托利尼，北边的是阿克斯。卡匹托利尼丘顶部又被称为"卡匹托利姆"，自共和国起便是罗马的国家祭祀中心,是新任执政官进行首次公共祭祀、元老院集会、收藏外交档案的场所,也是凯旋式游行的终点,是罗马统治和权力及永恒的象征。[27]该区入口处有雷神朱庇特神庙[28],主神庙是祭祀朱庇特、朱诺和密涅瓦三主神的至高无上朱庇特神庙(亦称卡匹托利姆神庙)[29],建筑轴线为西北-东南向,阶前有朱庇特祭坛。[30]西侧有丰产女神神庙[31]、誓约女神神庙(亦称罗马人民公共誓约神庙)[32],东侧可能是朱利奥皇帝家族祭坛。[33]该区内还有埃热克斯山[34]维纳斯神庙(亦称卡匹托利尼维纳斯神庙)[35]、灵感女神神庙[36]、保管朱庇特圣堂/守护朱庇特神庙[37]、复建的"罗慕路斯宅"[38],此外还有各种小神庙、圣堂、战利品和雕塑等,但具体位置不详。阿克斯丘顶部则有始建于共和国时期的钱币朱诺[39]神庙,内有造币厂。[40]而两丘之间则是始建于共和国时期的丰收神神庙[41]和国家档案馆[42]。

此外,坎匹多伊奥山上还有始建于共和国时期的战利品朱庇特神庙[43],以及帝国时期新建的复仇玛尔斯神庙[44]、归来幸运女神神庙[45]、伊西斯神庙[46]、卡匹托利尼丘图书馆[47],遗迹皆已无存,位置不可考。

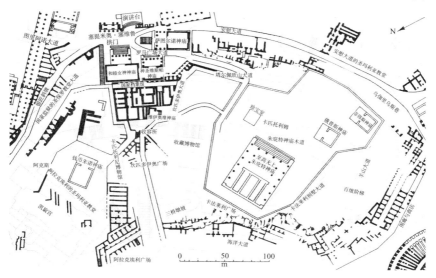

图六 坎匹多伊奥山遗迹平面图
(底图来自 *Guide Archeologiche: Roma*, p.49)

第三节　埃文蒂诺山

埃文蒂诺山海拔约46米[48]，共和国中晚期主要是平民和外来人口的居住区。到帝国时期，东北坡邻近大马戏场一带逐渐成为贵族聚居区：塞维鲁皇帝在此处至少有两座宅邸，分别赠给他的朋友塞普特[49]和203年的城市执政长官齐罗[50]；安东尼诺·皮奥时期的官员热蓬提努斯[51]、191年的执政官和水务保佐人玛乌里库斯[52]、222年第七军团副将科尔涅利阿努斯[53]的宅邸也都在这。山上还有普林尼和塔西佗的朋友鲁弗斯[54]、2世纪的皇帝被释奴克斯慕斯[55]、马可·奥勒留的妹妹及167年执政官的妻子科尔尼菲齐娅[56]、214年的执政官萨比努斯[57]、220年执政官的女儿科玛西亚[58]、240年以前的前执法官弗尔图纳图斯[59]的宅邸，以及204年执政官的妻子齐罗尼娅的园宅[60]。

山上有大量宗教场所，包括平民三主神（谷神、植物之神与植物女神）[61]、百花女神[62]、自由朱庇特[63]、密涅瓦[64]、狄安娜[65]、墨丘利[66]、战无不胜赫拉克勒斯[67]、粮食之神[68]、岩下的百果女神[69]等神庙，以及丰产幸运女神圣所[70]、水神殿[71]、创造朱庇特祭坛[72]和森林之神圣坛[73]，基本是对共和国乃至王政时期旧建筑的继承。其中谷神、植物之神与植物女神神庙始建于公元前496年，也被当做平民政治和经济活动的中心。[74]中亚系统的祭祀场所则有多利克朱庇特神庙[75]及天后朱诺神庙[76]、月亮神庙[77]和密特拉神殿[78]，大多分布在浴场等公共建筑附近（图七）。

第四节　切利奥山

切利奥山东坡为旧希望女神园[79]，可能在塞维鲁时期或至迟在埃利奥伽巴罗时期已属皇帝所有[80]（4世纪时更名为塞索尔里姆宫[81]），附近有宫廷角斗场[82]。

第二章 罗马城区的高地空间布局　69

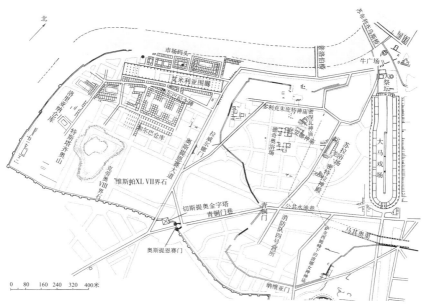

图七　埃文蒂诺山遗迹平面图
（底图来自 *Guide Archeologiche: Roma*, p.319）

　　该山中部的"拉特拉诺"区[83]分布有利奇尼·苏拉[84]、泰特里库斯（后来的泰特里库斯一世）[85]、瓦莱利[86]、西马库斯[87]、奥勒利阿努斯[88]、皮索[89]、马克里努斯[90]、帕库鲁斯[91]、瓦杰利乌斯[92]、西维利乌斯[93]、拉特拉努斯[94]等1—3世纪曾担任执政官的元老贵族以及被释奴狄阿杜门努斯[95]的宅邸。山的西坡有伊奥安涅斯与帕乌路斯宅[96]，所有者身份不清。此外，色诺芬[97]、图鲁斯[98]、玛姆拉[99]、尤尼乌斯[100]等帝国早期的贵族也都住在该山上，具体位置不详。康茂德时将安尼乌斯·维鲁斯（马可·奥勒留的祖父）[101]、小图密基娅·路其拉（马可·奥勒留的母亲）[102]和昆提利的房产并入维克提利阿纳宅[103]，山顶遂成为皇帝家族的居住区。[104]

　　切利奥山西南坡有大市场[105]、密探驻扎的异族军营及其附设的密特拉神殿[106]，东南坡则有精锐骑兵营和新精锐骑兵营[107]。高卢竞技营[108]可能也在此山上。

山上的宗教场所所知的仅有捕获密涅瓦圣堂[109]、神圣克劳狄奥神庙[110]（图八）。

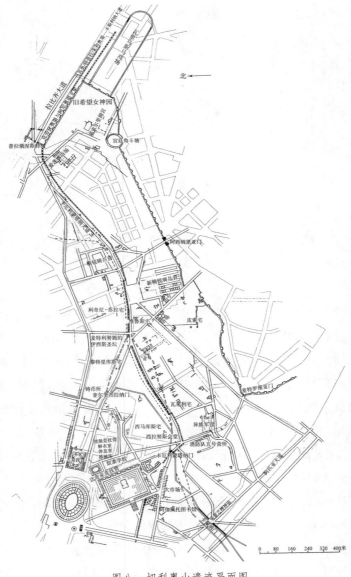

图八　切利奥山遗迹平面图

（底图来自 *Guide Archeologiche: Roma*, p.201）

第五节　维利亚山、俄斯奎里诺山

维利亚山位于帕拉蒂诺山和俄斯奎里诺山之间。山上有朱利奥-克劳狄奥王朝的执政官卡勒维努斯[111]和图密提乌斯（尼禄之父）[112]的宅邸。尼禄黄金屋也一度延伸至此。

俄斯奎里诺山由北部的齐斯匹乌斯丘、东南的欧匹奥丘、西南的法古塔丘和最西端的卡里纳俄丘组成。[113]

齐斯匹乌斯丘和欧匹奥丘原为贵族园宅区，散布着拉米亚[114]、利齐尼奥[115]、厄帕弗洛狄忒[116]、帕拉斯[117]、卡里克拉利[118]、塔乌罗[119]、洛里亚纳[120]等多座贵族园宅，在朱利奥-克劳狄奥王朝几乎都收归皇帝所有。[121]欧匹奥丘上还有公元40年的代执政官库列奥[122]、公元180年的执政官普拉俄森斯或其后代[123]、普皮恩努斯皇帝之女切瑟吉拉[124]的宅邸；有奥古斯都修建、提比略题献的莉维亚市场[125]、莉维亚围廊[126]；有弗拉维角斗场的解衣室[127]、休息室[128]、顶级器械库[129]、达奇亚竞技营[130]等附属设施，以及米森农特遣舰队营[131]这一服务于公共表演的军营[132]。

法古塔丘和卡里纳俄丘的居民社会阶层混杂，普通居民聚居在山坡和山谷，最西端则有皇家所有的麦切纳斯园[133]，以及马可·奥勒留和维鲁斯两朝帝师弗朗托[134]的宅邸。山上还有庞培旧宅（后归皇帝所有）[135]、82年的色雷斯总督奎俄图斯[136]、克劳狄奥皇帝的被释奴普洛卡慕斯[137]、涅尔瓦皇帝或其父亲[138]、127年的代执政官朱恩库斯[139]、157年的代执政官普拉俄涅斯提努斯[140]、158年的代执政官法比阿努斯[141]、180年的执政官普拉恩森斯或其后代[142]、2世纪末或3世纪初的贵族女性狄奥提玛[143]、220年执政官的女儿科玛西亚[144]的宅邸，具体位置皆不详。

俄斯奎里诺山上的宗教场所包括希腊-罗马系统的和睦女神神庙[145]、医疗密涅瓦神庙[146]、水神殿[147]、亚历山大水神殿[148]、大地女神神庙[149]、生育朱诺神庙[150]、森林之神圣坛[151]、埃及系统的伊西斯神庙[152]和贵族伊西斯圣坛[153]、中亚系统的多利克朱庇特圣堂[154]、密特拉神殿[155]、鲁菲利亚的贝罗娜神庙[156]。另外还有欧佩乌斯泉池[157]、城市执政长官官署[158]、图拉真浴场[159]、纸莎草仓库[160]等行政、休闲和实用建筑（图九）。

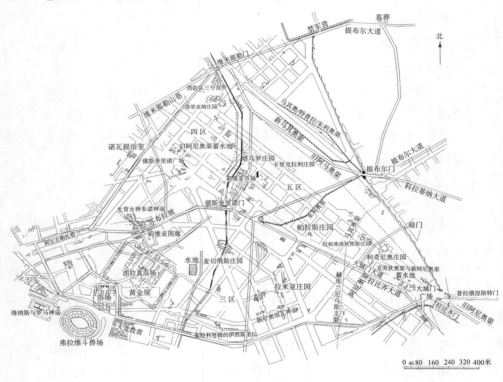

图九　俄斯奎里诺山遗迹平面图

（底图来自 Guide Archeologiche: Roma, pp.216-217）

第六节　维米那勒山、奎里那勒山、平齐奥山

维米那勒山[161]海拔50—57米，山名源于"柳树"（vimina）一

词或曾有的维米努斯朱庇特祭坛[162]。东北坡有卡拉卡拉时期毛里塔尼亚行政长官切勒苏斯[163]的宅邸,中部有塞维鲁皇帝的连襟阿维图斯的宅邸[164],西坡有狄安娜神庙[165]。此外,146 年二次执政的执政官克拉鲁斯[166]也住在此山,但具体位置不详。

奎里那勒山海拔 50—60 米,自东北向西南分别为奎里努斯丘、健康丘、穆奇阿里斯丘和拉提阿里斯丘。[167]

奎里努斯丘的北坡基本被撒路斯提奥园[168]占据,东北坡有塞维鲁皇帝的朋友普拉乌提阿努斯的宅邸[169],南坡有禁军营[170]、克劳狄斯之母的被释奴卡厄尼斯[171]和 227 年执政官马克西姆斯[172]的宅邸。撒路斯提奥园、卡厄尼斯宅先后归皇帝所有,后者局部被改建成公共浴室。

健康丘主要是弗拉维家族的居住区,已发现维斯帕[173]及其兄弟或儿子弗拉维乌斯·萨比努斯[174]的宅邸。维斯帕宅占据全山制高点,后被其子图密善改建为弗拉维家族神庙。[175]

奎里那勒山上还有众多贵族的宅邸,如 1 世纪执政官的妻子或女儿科尔涅里亚·塔乌鲁斯[176]、克劳狄奥时期第十六军团的指挥官普西奥[177]、图拉真时代粮务主管庞珀尼乌斯[178]、161—169 年色雷斯的续任副执政官充任皇帝使节的克劳狄乌斯·马提亚尔[179]、3 世纪中的执政官塞维鲁斯[180]、82 年的色雷斯总督奎俄图斯[181]、91 年的代执政官维杰图斯[182]、1 世纪的诗人马提亚尔[183]、2 世纪的吕西亚与潘非利亚总督朱利阿努斯[184]、204 年的第十五街道公会神圣仪式执法官鲁索尼阿努斯[185]、塞维鲁时期的消防保民官马克西姆斯[186]等;还有路其奥·涅维奥·克勒门特仓库[187];有奎里诺[188]、百花女神[189]、健康女神[190]、平民贞节女神[191]、荣誉之神与美德之神[192]、罗马人民公共幸运女神、公共幸运女神、幸运女神[193]、信约之神[194]和疗疟之神[195]等神庙,以及多座森林之神圣坛[196],基本都始建于共和国时期,也有供奉埃及神祇塞拉匹斯的神庙[197](图一〇)。

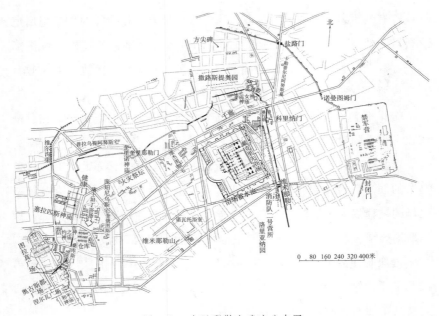

图一〇　奎里那勒山遗迹分布图
（底图来自 *Guide Archeologiche: Roma*, p.241）

　　平齐奥山被称为"花园山"，4世纪时因平齐奥家族而更名。[198]西南坡遍布贵族园宅和宅邸，包括路库路斯园[199]、阿齐利园[200]，以及59年的代执政官阿弗利卡努斯[201]、平齐奥家族[202]、254年以前的城市执政长官朱利阿努斯[203]、271年的城市执政长官珀斯图密乌斯[204]等显贵的宅邸。从1世纪中期开始，路库路斯园、平齐奥宅先后归皇帝所有。山的西北坡有城市军营。[205]山顶有图密善家族墓。[206]此外有森林之神圣坛。[207]

注　释

[1]　*Not. Reg.* X.
[2]　Dionys. I. 32, 79; Serv. *Aen.* VIII. 90, 343; Ov. *Fasti* II. 380,421; Liv. I. 5.
[3]　"Lupercal," *Topographical Dictionary*, p.321; *LTUR* III: pp.198–199.
[4]　*Not. Reg.* X.
[5]　"Casa Romuli," *Topographical Dictionary*, pp.101–102; *Guide Archeologiche:*

Roma, pp.152-157.

[6] "...and when the house on the Palatine Mount which had formerly belonged to Antony but had later been given to Agrippa and Messalla was burned down..."［帕拉蒂诺山上之前属于安东尼但后来归阿格里帕和麦撒拉所有的宅邸被烧毁……］*Dio's Roman History*, Book LIII. 27,pp.264-265; "Domus M. Antonius," *Topographical Dictionary*, p.156; *New Topographical Dictionary*, p.114.

[7] "...postea in Palatio, sed nihilo minus aedibus modicis Hortensianis..."［后来，他（奥古斯都）住在帕拉蒂诺山上同样简朴的赫尔特希乌斯宅中……］Suetonius, *The Lives of the Caesars*, Book II. 72.1, pp.236-237; "Domus Hortensius," *Topographical Dictionary*, p.181.

[8] "Domus Q. Lutatius Catulus," *Topographical Dictionary*, p.175.

[9] "Commisit et subitos, cum e Gelotiana apparatum Circi prospicientem pauci ex proximis Maenianis postulassent."［他（卡里古拉）从杰罗提阿纳宅视察马戏的装备。］Suetonius, *The Lives of the Caesars*, Book IV. 18.3, pp.430-431; "ser(vo)Caesaris / de domo Gelo/tiana"［杰罗提阿纳宅的凯撒侍从］CIL VI. 08663; "Domus Gelotiana," *Topographical Dictionary*, p.180.

[10] "Domus Germanicus," *Topographical Dictionary*, p.181; *New Topographical Dictionary*, p.127.

[11] "Domus M. Tullius Cicero," *Topographical Dictionary*, p.175.

[12] "Roi Hilarionis," *CIL* XV. 07522; "f(iliae)Bassae," *CIL* XIV. 02610; "Domus Roius Hilario," *Topographical Dictionary*, pp.188-189; *New Topographical Dictionary*, p.134.

[13] "Domus Iulius Proculus," *Topographical Dictionary*, p.183.

[14] 为方便描述，下文在叙述时均采用正方向的方位。

[15] *Topographical Dictionary*, pp.156-158; *Guide Archeologiche: Roma*, pp.159-162.

[16] "partem Palatii ad Forum usque promovit, atque aede Castoris et Pollucis in vestibulum transfigurata..."［他将帕拉蒂诺山的宫殿向广场方向扩建，使双子星神庙成为其门厅……］Suetonius, *The Lives of the Caesars*, Book IV. Gaius Caligula. XXII. 2, pp.436-437; Cass. Dio LIX. 28.

[17] *Topographical Dictionary*, pp.191-194; Clemens Krause, "Domus Tiberiana I: Gli scavi," in *Bollettino di Archeologia* 25-27（1994），Roma: Istituto

Poligrafico e Zecca dello Stato, 1998, pp.1-228; *Guide Archeologiche: Roma*, pp.164-166.

[18] "Non in alia re tamen damnosior quam in aedificando domum a Palatio Esquilias usque fecit, quam primo transitoriam, mox incendio absumptam restitutamque auream nominavit."［（尼禄）为自己建造了一座从帕拉蒂诺山延伸到俄斯奎里诺山的房子，起初以"过渡"名之；而后，当它被大火摧毁时，他将其重建，并称之为"黄金宫"。］Suetonius, *The Lives of the Caesars,* Book VI. Nero. XXXI. 1, pp.134-135.

[19] "Domus Transitoria," *Topographical Dictionary*, pp.194-195; M. A. Tomei, "Nerone sul Palatino," in M. A. Tomei, R. Rea（eds.）, *Nerone: Catalogo della mostra*, Milano.Electa, 2011, pp.118-135.

[20] "Domus Aurea," *Topographical Dictionary*, pp.166-172; Larry F. Ball, *The Domus Aurea and the Roman Architectural Revolution*, Cambridge University Press, 2003; *Guide Archeologiche: Roma*, pp.220-225.

[21] *Topographical Dictionary*, pp.158-166; *Guide Archeologiche: Roma*, pp.166-177.

[22] A. Hoffmann, U. Wulf, "Bade oder Villenluxus? Zur Neuinterpretation del 'Domus Severiana'," in Hoffman, Wulf & Angermeyer, *Die Kaiserpaläste auf dem Palatin in Rom*, Mainz am Rhein, 2004, pp.153-185.

[23] *Topographical Dictionary*, pp.158-166; *Guide Archeologiche: Roma*, pp.166-177.

[24] "in palatio in aede Iovis Propugnatoris", *CIL* Ⅵ. 02004; "Iuppiter Propugnator, Aedes," *New Topographical Dictionary*, p.224.

[25] "Vesta, Aedicula, Ara," *Topographical Dictionary*, p.557; *LTUR* Ⅴ, pp.128-129.

[26] "Aedes Divorum," *Topographical Dictionary*, p.153.

[27] Ittai Gradel, *Emperor Worship and Roman Religion*, Oxford University Press, 2002, p.129.

[28] "Iuppiter Tonans, Aedes," *Topographical Dictionary*, pp.305-306 ; "Iuppiter Tonans, Aedes," *New Topographical Dictionary*, pp.226-227.

[29] "（公元69年）这样，门没有被打开的卡披托里乌姆神殿就烧起来了。没有人包围它，也没有人劫掠它。这是罗马建城以来所犯下的最可悲的、也是最可耻的罪行。……可是我们的祖先通过相应的占卜仪式作为帝国大权的保证而修建起来的至善至大的朱庇特神的神殿，连罗马对之投降的波尔

塞那以及占领过罗马的高卢人都不敢破坏的这座神殿，却毁在发疯的皇帝们的手里；……经过四百十五年以后，它在路乌斯·斯奇比奥和盖乌斯·诺尔巴努斯担任执政官的一年里被焚毁，但它在原地被重建起来。"塔西佗著，王以铸、崔妙因译：《历史》，第 227—228 页。

[30] *Topographical Dictionary*, pp.297-302; *LTUR* Ⅲ, pp.144-153; *Guide Archeologiche: Roma*, pp.48-50.

[31] "Ops, Aedes," *Topographical Dictionary*, p.372; *LTUR* Ⅲ, pp.362-364.

[32] "Fides, Aedes," *Topographical Dictionary*, p.209.

[33] *Topographical Dictionary*, pp.247, 297-302; "Iuppiter Optimus Maximus (Capitolinus), Aedes," *New Topographical Dictionary*, pp.221-224; *LTUR* Ⅲ, pp.144-153; *Guide Archeologiche: Roma*, pp.48-50.

[34] 据说维纳斯来源于埃热克斯山。

[35] *Topographical Dictionary*, p.551; *LTUR* Ⅴ, p.114.

[36] *Topographical Dictionary*, p.339; *LTUR* Ⅲ, pp.240-241.

[37] 图密善在维斯帕执政期间修建圣堂，即位为帝后扩建成神庙。"Iuppiter Consevator, Sacellum," "Iuppiter Custos," *New Topographical Dictionary*, p.218; *LTUR* Ⅲ, p.131。

[38] *Topographical Dictionary*, pp.297-302; *LTUR* Ⅲ, pp.144-153; *Guide Archeologiche: Roma*, pp.48-50.

[39] 亦称"天后钱币朱诺"("Iunoni Monetae Regin(ae)")，参见 *CIL* Ⅵ. 00362。

[40] "Iuno Moneta," *Topographical Dictionary*, pp.289-290; "Iuno Moneta," *New Topographical Dictionary*, p.215; *LTUR* Ⅲ, pp.123-125.

[41] 丰收神维伊奥维是罗马本土神，常与阿波罗或朱庇特等同，被视为朱利奥家族的保护神。参见《希腊罗马神话词典》，第 261 页；*LTUR* Ⅴ, pp.99-100。

[42] *Topographical Dictionary*, pp.506-508; *LTUR* Ⅴ: pp.17-20.

[43] "Iuppiter Feretrius, Aedes," *New Topographical Dictionary*, p.219.

[44] "Mars Ultor, Templum," *Topographical Dictionary*, pp.329-330; "Mars Ultor, Templum," *New Topographical Dictionary*, pp.245-246; *LTUR* Ⅲ, p.226.

[45] "Fortuna Redux, Templum," *New Topographical Dictionary*, p.157.

[46] "Isis et Serapis in Capitolio," *New Topographical Dictionary*, p.213.

[47] BC 1914, 91; Boyd 19-20.

[48] *Topographical Dictionary*, pp.65-67.

[49] "septem domos Parthorum," *Not. Reg.* XII, p.560; "Domus Parthorum Septem," *Topographical Dictionary*, p.187; *New Topographical Dictionary*, p.132.

[50] "domum Cilonis," *Not. Reg.* XII, p.560 ; *Forma Urbis Romae,* Standford#3A, in Stanford Digital Forma Urbis Romae Project (http://formaurbis. stanford. edu/index. php?record=901) ; "[L (uci) F]abi C{h}ilonis praef (ecti) urb (i) ," *CIL* XV. 07447; "Domus L. Fabius Cilo," *Topographical Dictionary*, p.176; *New Topographical Dictionary*, p.124.

[51] "Sex (ti) Cornel (i) Repentini pr (aefecti) pr (aetorio) c (larissimi) v (iri) ," *CIL* XV. 07439.1,07439.2; "Domus Sex. Cornelius Repentinus," *Topographical Dictionary*, p.177.

[52] "M (arci) Valeri Braduae Maurici c (larissimi) v (iri) ," *CIL* XV. 07556; "Domus Valerius Bradua Mauricus,"*Topographical Dictionary*, p.197; *New Topographical Dictionary*, p.140.

[53] "Domus C. Marius Pudens Cornelianus," *Topographical Dictionary*, p.185; *New Topographical Dictionary*, p.131.

[54] "L (uci) Asini Rufi," *CIL* XV. 07396; "Domus L. Asinius Rufus," *Topographical Dictionary*, p.156; *New Topographical Dictionary*, p.114.

[55] "Cosmi Aug (usti) lib (erti) a rat (ionibus) ," *CIL* XV. 07443.

[56] "Domum Cornificiae," *Not. Reg.* XII, p.560; "Cornificiae," *CIL* XV. 07442; "Domus Cornificia," *Topographical Dictionary*, p.178; *New Topographical Dictionary*, p.125.

[57] "Domus C. Suetrius Sabinus," *New Topographical Dictionary*, p.135.

[58] "Publia Valeria Comasia c (larissima) f (emina) ," *CIL* XV. 07559.1, 2; "Domus Publia Valeria Comasia," *Topographical Dictionary*, p.197.

[59] "Domus Fabius Fortunatus," *Topographical Dictionary*, p.179; *New Topographical Dictionary*, p.126.

[60] *Forma Urbis Romae,* Standford#45bc.

[61] "Ceres, Liber Liberaque, Aedes," *Topographical Dictionary*, pp.80-81.

[62] "Flora, Aedes," *New Topographical Dictionary*, pp.151-152.

[63] "Iuppiter Libertas, Aedes," *Topographical Dictionary*, pp.296-297; "Iuppiter Libertas, Aedes," *New Topographical Dictionary*, p.221; *LTUR* III, p.144.

[64] *Forma Urbis Romae,* Standford#*22b*; "Minerva, Aedes," *Topographical Dictionary*, p.342; *LTUR* III, pp.254-255.

[65] *Forma Urbis Romae*, Standford#22a,22b; "Aedes Dinae," *Topographical Dictionary*, pp.149-151; *Guide Archeologiche: Roma*, p.318.

[66] "Mercurius, Aedes," *Topographical Dictionary*, p.339; *LTUR* III, pp.245-247.

[67] *Topographical Dictionary*, p.254; *LTUR* III, pp.22-23.

[68] "Consus, Aedes," *Topographical Dictionary*, p.141.

[69] "Bona Dea Subsaxana, Aedes," *Topographical Dictionary*, p.85; "Bona Dea Subsaxana, Aedes," *New Topographical Dictionary*, pp.59-60.

[70] "Fortuna Mammosa," *New Topographical Dictionary*, p.156.

[71] "Nymphaea Tria," *Topographical Dictionary*, p.363.

[72] "Iuppiter Inventor, Ara," *New Topographical Dictionary*, pp.220-221.

[73] *Topographical Dictionary*, pp.489-490; *LTUR* IV, pp.312-324.

[74] *Guide Archeologiche: Roma*, pp.316-317.

[75] "Iuppiter Dolichenus,Templum（1）," *New Topographical Dictionary*, p.218; *LTUR* III, pp.133-134.

[76] "Iuno Regina, Templum," *Topographical Dictionary*, p.290; "Iuno Regina, Aedes（2）," *New Topographical Dictionary*, pp.215-216; *LTUR* III, pp.125-126.

[77] "Luna, Aedes," *Topographical Dictionary*, p.320; *LTUR* III, p.198.

[78] 利用图拉真称帝前或是路奇诺·苏拉的住宅改建而成，参见 *LTUR* III, pp.266-269; *Guide Archeologiche: Roma*, pp.322-326.

[79] *Topographical Dictionary*（p.272）和 *LTUR* III（p.85）都认为该园在俄斯奎里诺山，今从科阿勒里之说，参见 *Guide Archeologiche: Roma*, pp.200-204。

[80] "nam ei percussores inmisit, et hoc quidem modo: ipse secessit ad hortos Spei Veteris, quasi contra vovum iuvenem vota concipiens, relicta in Palatio matre et avia et consobriono suo, iussitque ut trucidaretur iuvenis optimus et rei publicae necessarius."［皇帝的疯狂甚至蔓延到尝试开展最无耻的安排；他以下述方式派刺客暗杀亚历山大：将母亲、祖母和堂兄弟留在帕拉蒂诺宫，自己则撤到旧希望女神园，理由是他正在策划针对某些年轻人的安排。］David Magie（translated by）, *The Scriptores Historiae Augustae*, Antoninus Elagabalus. XIII. 4-6, Harvard University Press,1993, pp.132-133.

[81] *LTUR* IV, pp.304-308.

[82] "Amphitheatrum Castrense," *Topographical Dictionary*, pp.322-323.

[83] 塞维鲁城墙的奎尔奎图拉纳门到卡厄利蒙塔纳门外、奥勒良城墙的阿西纳里亚门到麦特罗维亚门内，即今拉特拉诺圣乔万尼大道附近。发掘报告参见 Paolo Liverani (a cura di)，*Laterano 1. Scavi sotto la Basilica di S. Giovanni,* Città del Vaticano.1998。

[84] "Domus Licinius Sura," *Topographical Dictionary*, p.184; *New Topographical Dictionary*, p.130.

[85] "Domus Tetricus," *Topographical Dictionary*, p.191; *New Topographical Dictionary*, p.136.

[86] "Domus Valerii," *Topographical Dictionary*, p.196.

[87] "Domus Q. Aurelius Symmachus," *Topographical Dictionary*, p.191.

[88] "L (ucio) Mario L (uci) f (ilio) Quir (ina) / Maximo Perpetuo / Aureliano co (n) s (uli)," *CIL* Ⅵ. 01450; "L (ucio) Mario Maximo / Perpetuo / Aureliano," *CIL* Ⅵ. 01451,01452; "Domus L. Marius Maximus Perpetuus Aurelianus," *Topographical Dictionary*, p.185; *New Topographical Dictionary*, p.131.

[89] "L (uci) Piso[nis]," *CIL* ⅩⅤ. 07513; "Domus L. Piso," *Topographical Dictionary*, p.187; *New Topographical Dictionary*, p.133.

[90] "M (arci) Opelli Macrini pr (aefecti) pr (aetorio) c (larissimi) v (iri)," *CIL* ⅩⅤ. 07505; "Domus M. Opellius Macrinus," *Topographical Dictionary*, p.186; *New Topographical Dictionary*, p.132.

[91] "L (uci) Rosci Aeliani Paculi," *CIL* ⅩⅤ. 07523a, b, c; "Domus L. Roscius Alianus Paculus," *Topographical Dictionary*, p.188; *New Topographical Dictionary*, p.134.

[92] "L (uci) Vagelli," *CIL* ⅩⅤ. 07555; "Domus L. Vagellius," *Topographical Dictionary*, p.196; *New Topographical Dictionary*, p.139.

[93] "P (raeposi) t (us) Silveri v (iri) in (lustris)," *CIL* ⅩⅤ. 07538; "Domus Silverius," *Topographical Dictionary*, p.190.

[94] 由塞提米奥·塞维鲁皇帝赠送，拉特拉努斯死后成为佩特利努斯宅，君士坦丁时可能又归皇帝所有。"Sexti Laterani," *CIL* ⅩⅤ. 07536a; "Domus Laterani," *Topographical Dictionary*, pp.183-184; "L (uci) Lus[i] Petellini," *CIL* ⅩⅤ. 07488; "Domus L. Lusius Petellinus," *Topographical Dictionary*, p.184; *New Topographical Dictionary*, pp.129-130.

[95] "Diadumenu[s] Aug (usti) l (ibertus) a libellis / Ti (berius) Claud

[ius)Felix fec(it)," *CLI* XV. 07444; "Domus Diadumenus Aug. L. A Libellis," *Topographical Dictionary*, p.178; *New Topographical Dictionary*, p.126.

[96] "Domus Iohannes et Paulus," *Topographical Dictionary*, p.182; *New Topographical Dictionary*, p.128.

[97] "C(ai)Stertini Xenophontis," *CIL* XV. 07544; "Domus C. Stertinius Xenophon," *Topographical Dictionary*, p.190; *New Topographical Dictionary*, p.135.

[98] "Domus Tullus Hostilius," *Topographical Dictionary*, p.196.

[99] "Primum Romae parietes crusta marmoris operuisse totos domus suae in Caelio monte Cornelius Nepos tradit Mamurram, Formiis natum equitem Romanum, praefectum fabrum C. Caesaris in Gallia."〔根据克尔涅利乌斯·涅珀斯的记载，玛姆拉是罗马城中第一个用大理石装饰在切利奥山上的宅邸墙面的人，他是罗马骑士、佛米亚港本地人，也是凯撒在高卢时的工兵。〕D. E. Eichholz(translated by), *Pliny: Natural History*, Book XXXVI. Ⅶ. 48, Harvard University Press, 1971, pp.36-37; "Domus Mamurra," *Topographical Dictionary*, p.184; *New Topographical Dictionary*, p.131.

[100] "还有人建议在今后把凯利乌斯山（注：即切利奥山）改称为奥古斯都山，因为当着四面八方火焰纷飞的时候，只有一件东西没有受到损伤，那就是在元老尤尼乌斯家中的提贝里乌斯（注：即提比略）的一座胸像。"《塔西佗〈编年史〉》第四卷（64），第 251 页; "Domus Iunius," *Topographical Dictionary*, p.183; *New Topographical Dictionary*, p.129.

[101] "Natus est Marcus Romae Ⅵ. kal. Maias in Monte Caelio in hortis avo suo iterum et Augure consulibus ... educates est in eo loco in quo natus est et in domo avi sui Veri iuxta aedes Laterani."〔五月之前的六天，马可出生于罗马切利奥山上的一座园宅内，那是他祖父的第二次任执政官和第一次任占卜官期间……他在出生的园宅内也在他祖父维鲁斯邻近拉特拉诺的宅邸内长大。〕*The Scriptores Historiae Augustae*, Marcus Aurelius Antoninus. I. 5-8, pp.134-135; "Domus Verus," *Topographical Dictionary*, p.197; *New Topographical Dictionary*, p.114.

[102] *Hist. Aug. Marc.* 1.5.

[103] "De Palatio ipse ad Caelium moterm in Vectilianas aedes migravit, negans se in Palatio posse dormire."〔康茂德声称自己在宫中无法安睡，便从帕拉

蒂诺山搬到了切利奥山上的维克提利阿纳别墅。]*The Scriptores Historiae Augustae*, Commodus Antoninus. XVI. 5, pp.302-303; "Victiliana," *Not. Reg.* II, p.543; "Domus Vectiliana," *Topographical Dictionary*, p.197.

[104] *Guide Archeologiche: Roma*, pp.203-213.

[105] "Macellum magnum," *Not. Reg.* II, p.543; "...and dedicated the provision market called the Macellum." [他（尼禄）并将日用品市场题献为大市场。] *Dio's Roman History*, Book LXII. 19, pp.76-77; "m]acell(i)magni," *CIL* VI. 01648, VI. 41296.

[106] *Topographical Dictionary*, pp.105-106.

[107] "equiti singulari castr(a)e," *L'Année épigraphique*, 1954,00080; *Topographical Dictionary*, p.105; Paolo Liverani(a cura di), *Laterano 1. Scavi sotto la Basilica di S. Giovanni*, Città del Vaticano.1998.

[108] *LTUR* III: p.196.

[109] "Minerva Capta," *Topographical Dictionary*, pp.343-344.

[110] *Forma Urbis Romae*, Standford#4b, 5a, 5b, 5d, 5e, 5f, 5h; "Claudius, Divus, Templum," *Topographical Dictionary*, pp.120-121; *Guide Archeologiche: Roma*, pp.204-206.

[111] Fest. 154; Gilb. I. 156; II. pp.369-370.

[112] Jord. I. 1.509, 2.286.

[113] *Topographical Dictionary*, pp.371-372.

[114] "Horti Lamiani," *LTUR* III, pp.61-64.

[115] Ibid., p.64.

[116] "Horti Epaphroditiani," *LTUR* III, p.60.

[117] "hortos Pallantianos," *Not. Reg.* V, p.548; *Forma Urbis Romae*, Standford#57d; "Horti Pallantiani," *LTUR* III, p.77.

[118] "Horti Calyclani," *LTUR* III, p.56.

[119] "有巨富之名的司塔提里乌斯·陶路斯（注：即塔乌罗）的园宅引起了阿格里庇娜的垂涎，她唆使塔尔克维提乌斯·普利斯库斯对陶路斯进行控告和陷害。"《塔西佗〈编年史〉》第十二卷（59），第 393 页；"hortos Calyclan(os!)/ et Taurianos," *CIL* VI. 29771; "Horti Tauriani," *LTUR* III, p.85.

[120] "Horti Lolliani," *LTUR* III, p.67.

[121] *Guide Archeologiche: Roma*, pp.214-239.

[122] "Q(uinti)Terenti Culleonis," *CIL* XV. 07551; "Domus Terentius Culleo,"

Topographical Dictionary, p.191; *New Topographical Dictionary*, pp.135–136.

[123] "Domum Brutti Praesentis," *Not. Reg.* III, p.545; "Domus Bruttius Praesens," *Topographical Dictionary*, p.173; *New Topographical Dictionary*, p.122.

[124] "Domus Sextia Cethegilla," *New Topographical Dictionary*, p.135.

[125] *Forma Urbis Romae*, Standford#157a; *Topographical Dictionary*, pp.322–323; *LTUR* III, pp.203–204.

[126] "Porticus Liviae," *LTUR* IV, pp.127–129; "Subura," *LTUR* IV, pp.379–383; A. Carandini and P.Carafa (eds.), *The Atlas of Ancient Rome: Biography and Portraits of the City*, Princeton and Oxford: Princeton University Press, 2017.

[127] 战死的角斗士尸体被剥去铠甲的场所，也容许未被赦免割喉的战败角斗士短暂逗留。可能在大竞技营和顶级器械库之间。*LTUR* IV, pp.338–339.

[128] 可能也在大竞技营和顶级器械库之间，是得胜或受伤的角斗士休息之处。*LTUR* IV, p.233.

[129] 可能在米森农特遣舰队营和大竞技营之间，储存有斗兽场的舞台道具和设备，还配备有医生，负责救治因机械故障受伤的舞台工作人员。"顶级"用来与罗马其它在元老院控制下的道具室相区别，也有人推测是因为它比都城其它附属于私人剧场的道具室更大。*LTUR* IV, pp.386–387; *New Topographical Dictionary*, p.374.

[130] 在大竞技营和后来的图拉真浴场之间，可能驻扎由达奇亚俘虏组成的角斗士。*LTUR* III, pp.195–196.

[131] "Misen[atium] / [castra]," *CIL* VI. 01091; "[c]astra Mise[na]/tium," *CIL* VI. 29844; *Topographical Dictionary*, p.106.

[132] 他们负责在斗兽场和海战剧场中操纵幕布，也可能上演海战剧。J. Coulston and H. Dodge, *Ancient Rome: The Archaeology of the Eternal City*, Oxford: Oxford University School of Archaeology, 2000, p.77.

[133] *LTUR* III, pp.70–74.

[134] "Cornelio(rum) Front(onis) et Quadra(ti)," *CIL* XV. 07438a, b; "Domus L. Cornelius Fronto et Quadratus," *Topographical Dictionary*, p.177; *New Topographical Dictionary*, p.125.

[135] 提比略即位前便住在这里，3世纪时属于高迪亚诺皇帝。"Romam reversus deducto in Forum filio Druso statim e Carinis ac Pompeiana domo Esquilias

in hortos Maecenatianos. transmigravit totumque se ad quietem contulit..."〔他（提比略）回到罗马，将其子德鲁苏斯推入公共生活后，立刻从卡里纳俄岭的庞培宅邸搬到了俄斯奎里诺山的麦切纳斯园……〕Suetonius, *The Lives of the Caesars*, Book Ⅲ. Tiberius. ⅩⅤ. 1, pp.316-317; "Romae Pompeianam domum possidens..."〔他（高迪亚诺）在罗马拥有庞培的宅邸……〕*The Scriptores Historiae Augustae*, The three Gordians Ⅱ. 3,pp.382-383; 4）"Domus Cn. Pompeius," *Topographical Dictionary*, pp.187-188.

[136] "[Avi]/dio Quieto," CIL Ⅵ. 03828, Ⅵ. 31692; "Domus T. Avidius Quietus," *Topographical Dictionary*, p.166; *New Topographical Dictionary*, p.122.

[137] "A（uli）Anni Plocami," CIL ⅩⅤ. 07391; "Domus A. Annius Plocamus," *Topographical Dictionary*, p.155.

[138] 涅尔瓦与其父同名。但由于涅尔瓦皇帝的祖父是24-33年的水务主管，很有可能发现带有姓名的引水管是属于其办公场所的。"M（arci）Coccei Ner[vae]," CIL ⅩⅤ. 07437; "Domus M. Cocceius Nerva," *Topographical Dictionary*, p.177; *New Topographical Dictionary*, p.124.

[139] "L（uci）Aemili Iunci," CIL ⅩⅤ. 07379; "Domus L. Aemilius Iuncus," *Topographical Dictionary*, p.155; *New Topographical Dictionary*, p.113.

[140] "Q（uinti）Canusi Praenestini," CIL ⅩⅤ. 07423; "Domus Q. Canusius Praenestinus," *Topographical Dictionary*, p.174; *New Topographical Dictionary*, p.123.

[141] "M（arco）Servilio Q（uinti）f（ilio）Ho[r（atia）] / Fabiano Maximo," CIL Ⅵ. 01517; "Domus M. Servilius Fabianus," *Topographical Dictionary*, p.189; *New Topographical Dictionary*, p.134.

[142] "Domus Bruttius Praesens," *Topographical Dictionary*, p.173; *New Topographical Dictionary*, p.122.

[143] 后来相继属于普登斯、瓦勒利阿努斯、玛图利努斯（？）。"P（ubli）Atti Pudentis c（larissimi）v（iri）/ [T（itus）Fl]avius Carinus fec（it），" CIL ⅩⅤ. 07424a2; "T（itus）Flavius Valerianus c（larissimus）v（ir），" CIL ⅩⅤ. 07424a3; "[C（ai）Anni Lae]vonici Maturi c（larissimi）v（iri），" CIL ⅩⅤ. 07424a4; "Domus Carmina Liviana Diotima," *Topographical Dictionary*, p.174; *New Topographical Dictionary*, p.123.

[144] "Domus Publia Valeria Comasa," *New Topographical Dictionary*, p.139.

[145] *Forma Urbis Romae*, Standford#19; "Concordia, Aedes," *Topographical Dictionary*, p.138.

[146] "Minerva Medica," *Topographical Dictionary*, p.344.

[147] "Nymphaeum(2)," *Topographical Dictionary*, p.364.

[148] "Nymphaeum Alexandri," *Topographical Dictionary*, p.365.

[149] "Tellus, Aedes," *Topographical Dictionary*, p.511; *LTUR* V, pp.24-25.

[150] *Topographical Dictionary*, pp.288-289; "Iuno Lucina, Aedes," *New Topographical Dictionary*, pp.214-215; *LTUR* III, pp.122-123.

[151] "Silvano fecerunt / pro sua salute," *CIL* VI. 00580; "Silvano Salutari," *CIL* VI. 03716; *Topographical Dictionary*, pp.489-490; *LTUR* IV: pp.312-324.

[152] "Isis," *Topographical Dictionary*, pp.285-286; "Isis, Aedes(2)," *New Topographical Dictionary*, pp.212-213.

[153] "Isidem patriciam," *Not. Reg.* V, p.548; "Isis Patricia," *Topographical Dictionary*, p.286; *New Topographical Dictionary*, p.213.

[154] "Iuppiter Dolichenus(2)," *New Topographical Dictionary*, p.218.

[155] *LTUR* III, pp.257-259; *Guide Archeologiche: Roma*, p.219.

[156] "aedem Bellon(a)e Rufiliae," *CIL* VI. 02234"; "Bellona Rufilia, Aedes", *Topographical Dictionary*, pp.83-84.

[157] *Topographical Dictionary*, pp.313-314.

[158] Ibid., pp.540-541; *LTUR* V, pp.88-89.

[159] *Forma Urbis Romae*, Standford#565, 10i,10z,10wxy,13q,13r,13s; *LTUR* V, pp.67-69.

[160] *Reg. Reg.* IV; HJ 329; Neudecke, Richard(2009), "Luoghi di mercato," in *Storia dell'architettura italiana: architettura romana i grandi monumenti di roma*, Milano: Electa, 2009, pp.268-277.

[161] *Topographical Dictionary*, pp.581-582; *Guide Archeologiche: Roma*, pp.240-253.

[162] Varro, Ling. 5.51; "Iuppiter Viminus, Ara," *New Topographical Dictionary*, pp.227-228.

[163] "Q(uinti)Munati Celsi," *CIL* XV. 07497; "Domus Q. Munatius Celsus," *Topographical Dictionary*, p.185.

[164] "C(ai)Iuli Aviti," *CIL* XV. 07471a; "Domus C. Iulius Avitus," *Topographical Dictionary*, p.182.

［165］ *Guide Archeologiche: Roma*, p.242.

［166］ "Sex（ti）Eruci Clari Sec（undus?）s（ervus）f（ecit）," *CIL* XV. 07445; "Domus Sex. Erucius Clarus," *Topographical Dictionary*, p.179; *New Topographical Dictionary*, p.126.

［167］ *Topographical Dictionary*, pp.436-438; Filippo Coarelli, *Rome and Environs*, p.232.

［168］ *LTUR* III, pp.79-83.

［169］ "Domus C. Fulvius Plautianus," *Topographical Dictionary*, p.180; *New Topographical Dictionary*, p.127.

［170］ "milites coh（ortis）[3 pr（aetoriae）] / castra praetoria," *CIL* VI. 02843; *Topographical Dictionary*, pp.106-108; *Guide Archeologiche: Roma*, p.251; C. Pavolini, "L'edilizia delle infrastrutture," in *Storia dell'architettura italiana: architettura romana i grandi monumenti di roma*, Milano.Electa, 2009, pp.278-289.

［171］ "Domus Antonia Caenis," *New Topographical Dictionary*, p.114.

［172］ "M（arci）Laeli Fulbi Maximi c（larissimi）v（iri）," *CIL* XV. 07483; "*Domus M. Laelius Fulvius Maximus,*"*Topographical Dictionary*, p.183; *New Topographical Dictionary*, p.129.

［173］ "Domitianus natus est VIII. Kal. Novemb patre consule designato inituroque mense insequenti honorem, regione urbis sexta ad Malum Punicum, domo quam postea in templum gentis Flaviae convertit." [图密善生于其父亲被选为执政官当年的11月之前9天，其父次月即将进入官邸，他降生在六区被称为"庞格拉纳特"的街道上后来被他改为弗拉维家族神庙的宅邸中。] Suetonius, *The Lives of the Caesars*, Book VIII. Domitian. I, pp.338-339; "Domus Vespasianus," *Topographical Dictionary*, p.197; *New Topographical Dictionary*, p.136.

［174］ "Inter duos / parietes / ambitus privat（us）/ Flavi Sabini." [两墙之间是弗拉维乌斯·萨比努斯的私人房产] *CIL* VI. 29788; "T（iti）Flavi Sabini," *CIL* XV. 7451; "Domus T. Flavius Sabinus," *Topographical Dictionary*, p.180; *New Topographical Dictionary*, p.127.

［175］ *Guide Archeologiche: Roma*, p.241.

［176］ "Corneliae Tauri f（iliae）T（iti）Axi," *CIL* XV. 07440; "Domus Cornelia Tauri," *Topographical Dictionary*, pp.177-178; *New Topographical Dictionary*, p.124.

[177] "L(ucio)Cornelio L(uci)f(ilio)/ Gal(eria)Pusioni," *CIL* Ⅵ. 31706; "Domus L. Cornelius Pusio," *Topographical Dictionary*, p.177; *New Topographical Dictionary*, p.125.

[178] "T(itum)Pomponium Bassum," *CIL* Ⅵ. 01492; "Domus Pomponii," *Topographical Dictionary*, p.188; *New Topographical Dictionary*, p.133.

[179] "Appi Claudi Martiali(s)Aur(elius?)fecit, *CIL* ⅩⅤ. 07427; "Domus Appius Claudius Martialis," *Topographical Dictionary*, p.176; *New Topographical Dictionary*, p.124.

[180] "T(ito)Aelio T(iti)f(ilio)Pal(atina)/ Naevio Antonio / Severo," *CIL* Ⅵ. 01332（=Ⅵ. 31632）; "Naeviae / M(arci)filiae / Antoniae / Rufinae," *CIL* Ⅵ. 01469（=Ⅵ. 31663,37051）,Ⅵ. 01470; "Tito / Aelio / Naeviano / Felicissimus / ar<c=K>(arius)," *CIL* Ⅵ. 09147; "Domus Aelius Naevius Antonius Severus," *Topographical Dictionary*, p.154; *New Topographical Dictionary*, p.113.

[181] "Domus T. Avidius Quietus," *Topographical Dictionary*, p.166; *New Topographical Dictionary*, p.140.

[182] "Q(uinti)Valeri Vegeti," *CIL* ⅩⅤ. 7558; "Domus Q. Valerius Vegetus," *Topographical Dictionary*, p.197; *New Topographical Dictionary*, p.140.

[183] "…dura suburbani dum iugera pascimus agri/vicinosque tibi ,sancte Quirine, lares."［我拥有了城郊的一些土地，住在神圣的奎里诺神近邻。］Martial, *Epigrams*, Book Ⅹ. 58.9, pp.378-379; "Domus M. Valerius Martialis," *Topographical Dictionary*, p.185; *New Topographical Dictionary*, p.131.

[184] "L(ucio)Virio Lupo Iuliano pr(aetori)," *CIL* Ⅵ. 31774; "Domus Virius Lupus Iulianus," *Topographical Dictionary*, p.198.

[185] "Iuli Ponpei Rusoniani," *CIL* ⅩⅤ. 07475a,b; "Domus Iulius Pompeius Rusonianus," *Topographical Dictionary*, pp.182-183; *New Topographical Dictionary*, p.129.

[186] "Heredum Spuri Maximi egregi(i)viri," *CIL* ⅩⅤ. 07540; "Domus Spurius Maximus," *Topographical Dictionary*, p.190; *New Topographical Dictionary*, p.135.

[187] *Reg. Reg.* Ⅳ; HJ 329; Richard Neudecke, "Luoghi di mercato," in *Storia dell'architettura italiana: architettura romana i grandi monumenti di roma*, Milano: Electa, 2009, pp.268-277.

[188] "Quirinus, Aedes," *Topographical Dictionary*, pp.438-439; *LTUR* IV, pp.185-187.

[189] "Flora, templum," *New Topographical Dictionary*, p.152.

[190] "Salus, Aedes," *Topographical Dictionary*, p.462; *LTUR* IV, pp.229-230.

[191] *Topographical Dictionary*, pp.168-169; "Pudicitia Plebeia, Sacellum," *New Topographical Dictionary*, p.322.

[192] "Honos et Virtus," *Topographical Dictionary*, pp.258-259; *LTUR* III, pp.31-33.

[193] "Fortunae (tres), Aedes," *Topographical Dictionary*, pp.216-217; "Fortunae (Tres), Aedes," *New Topographical Dictionary*, p.158.

[194] "Semo Sancus, Aedes," *Topographical Dictionary*, p.469; "Semo Sancus Dius Fidius, Aedes," *New Topographical Dictionary*, p.347.

[195] 罗马神话中的费布列女神，与疟疾的治愈有关，源自埃特鲁里亚的费布鲁斯神。"Febris, Templum," *Topographical Dictionary*, p.206; *New Topographical Dictionary*, pp.149-150.

[196] 圣坛相关铭文参见：*CIL* VI. 00310, 00583, 00640, 30985, 31020-31022, 31025; *Topographical Dictionary*, pp.489-490; *LTUR* IV: pp.312-324.

[197] "Serapis, Aedes," *New Topographical Dictionary*, p.361; *LTUR* IV: pp.302-303.

[198] *Topographical Dictionary*, p.391.

[199] "Horti Lucullani," *LTUR* III, pp.67-68.

[200] "Horti Aciliorum," Ibid., p.51.

[201] "[Afri]cano," *CIL* VI. 31684; "Domus T. Sextius Africanus," *Topographical Dictionary*, pp.189-190.

[202] "Domus Pinciana," *Topographical Dictionary*, p.187; *New Topographical Dictionary*, p.133.

[203] "Semoni Iuliani pr(a)e(fecti) urb(i) c(larissimi) v(iri)," *CIL* XV. 07528; "Domus D. Simonius Proculus Iulianus," *Topographical Dictionary*, p.190; *New Topographical Dictionary*, p.135.

[204] "T(itus) Fl(avius) Postumius Varus," *CIL* VI. 01417; "T(itus) Aelius Poemenius," *CIL* VI. 01418; "M(arci) Postumi Festi et Paullae eius / filiorum et Pompei Heliodori," *CIL* XV. 07517; "Domus Postumii," *Topographical Dictionary*, p.188; *New Topographical Dictionary*, p.133.

[205] *Topographical Dictionary*, p.108.

[206] "Reliquias Egloge et Alexandria nutrices cum Acte concubina gentili Domitiorum monimento condiderunt, quod prospicitur e campo Martio impositum colli Hortulorum." [他（尼禄）的保姆艾格罗格和亚历山大里娅将他和他的情妇艾克特合葬在战神原旁花园山顶的多米兹家族墓中。] Suetonius, *The Lives of the Caesars*, Book Ⅵ. Nero. L, pp.180-181.

[207] "Silvano sacrum," *CIL* Ⅵ. 00623; *Topographical Dictionary*, pp.489-490; *LTUR* Ⅳ, pp.312-324.

第三章 罗马城区的低地空间布局

第一节 广场谷

广场谷在帕拉蒂诺山与坎匹多伊奥山之间，因共和国至帝国时期的广场建筑群均位于此处而得名。罗马广场在南。朱利奥广场、奥古斯都广场、和平广场、涅尔瓦广场以及图拉真广场被统称为"帝国广场"，彼此纵横相嵌，占据了罗马广场北边的一个大体呈横长方形的空间。朱利奥广场及其北面的奥古斯都广场居中，东翼依次为涅尔瓦、和平广场，西翼则为图拉真广场和图拉真市场[1]（内设元老存放财产的"凯撒财务处"[2]）。朱利奥、图拉真、和平广场的轴线方向与罗马广场一致，均近东西向，其余两座广场的轴线则与它们垂直相交。

一、罗马广场建筑群[3]

罗马广场又称大广场[4]、广场或"古代广场"[5]，建筑活动始于公元前8世纪，至帝国早期，中央空地周围形成了四圈建筑群，采取开放式、非对称性的不规整布局。广场周边的建筑以公共性的政治、宗教和纪念建筑为主，有少量商业建筑，并有极少量的贵族宅邸，如卡勒维努斯宅[6]、卡尔乌斯宅[7]、斯卡乌鲁斯宅[8]和克拉苏斯宅[9]，后两座宅邸在公元42年归执政官拉尔古斯所有，64年被烧毁。

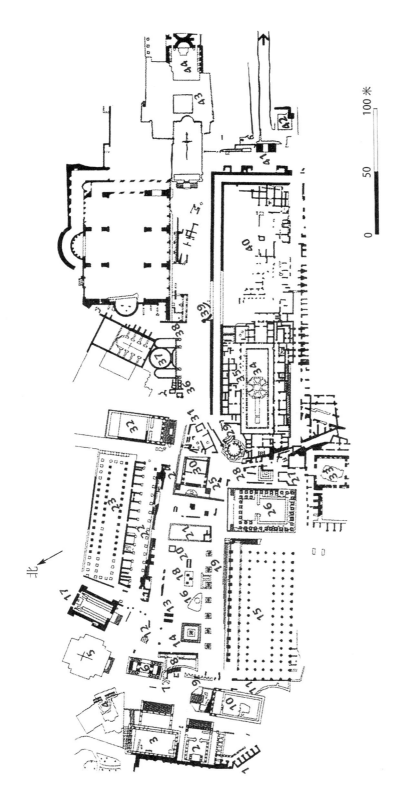

图一一　罗马广场帝国早期遗迹平面图

(底图来自 Filippo Coarelli, *Rome and Environs: An Archaeological Guide*, fig. 13, pp.42-43)

1. 十二主神阁廊　2. 维斯帕西提多神庙　3. 和睦女神神庙　4. 国家监狱　5. 议会　6. 塞维鲁拱门　7. 黄金里程碑与罗马城中点柱　8. 凯撒-奥古斯都演讲台　9. 共和国高架引水渠　10. 农神神庙　11. 提比略拱门　12. 黑石　13. 图拉真矮墙　14. 下水道女神圣坛　15. 朱利奥会堂　16. 库尔提乌斯池　17. 朱利奥提比克拱门　18. "图密善骑马像"　19. 双面神神庙　20. 古代墓地　21. 神圣朱利奥会堂　22. 朱利奥柱廊　23. 朱利奥拱门　24. 艾米利亚会堂　25. 奥古斯都提比克亚拱门　26. 双子星神庙　27. 神圣奥古斯都神庙　28. 吉乌图娜泉　29. 维斯塔神庙　30. 神圣朱利奥神庙　31. 王宫　32. 安东尼诺与法乌斯提娜神庙　33. 图密善建筑群　34. 贞女居　35. 共和国建筑　36. 共和国建筑　37. "罗慕路斯神庙"　38. 新大道南侧商业建筑群　39. 巴库斯与贝拉神殿　40. 维斯帕西仓库/胡椒仓库　41. 提多拱门　42. 不知名建筑　43. 扶持朱庇特神庙　44. 维纳斯与罗马神庙

广场的中央空地平面略近梯形，轴线为西北-东南向。南端为库尔提乌斯池（图一一，16），水源是一处天然泉眼，共和国时建成石结构的水池，至奥古斯都时水源虽已干涸，但建筑仍被保留，且屡经修缮。[10] 空地西北端是性质不明的图拉真矮墙（图一一，13）。空地中部略偏东的长方形凹坑（图一一，18）或即91年图密善所立骑马雕塑的底座坑。[11]

广场内圈建筑群在中央空地直接可视，从西侧的凯撒-奥古斯都演讲台[12]（图一一，8）、黄金里程碑[13]与罗马城中点柱[14]（图一一，7）开始，顺时针依次为塞维鲁凯旋门[15]（图一一，6）、议会建筑群所在地[16]（图一一，5）及黑石[17]（图一一，12）、朱利奥元老院[18]（图一一，17）、双面神神庙[19]（图一一，19）、下水道女神圣坛[20]（图一一，14）、艾米利亚会堂（图一一，23）及朱利奥柱廊（图一一，22）[21]、朱利奥演讲台[22]（图一一，21）、双子星神庙[23]（图一一，26）、朱利奥会堂[24]（图一一，15）、提比略拱门[25]（图一一，11）、农神神庙[26]（图一一，10）。

外圈建筑群从西侧的维斯帕与提多神庙[27]（图一一，2）开始，顺时针依次为和睦女神神庙[28]（图一一，3）、国家监狱[29]（图一一，4）、安东尼诺与法乌斯提娜神庙[30]（图一一，32）、共和国"王宫"[31]（图一一，31）、神圣朱利奥神庙[32]（图一一，30）及南北两翼的奥古斯都帕提亚（图一一，24）和亚克角拱门[33]（图一一，25）、维斯塔中庭（含神庙、神龛与贞女居）[34]（图一一，29、34、35）和公共别墅（图一一，35）、吉乌图娜泉[35]（图一一，28）、图密善建筑群（图一一，33）、神圣奥古斯都神庙[36]（图一一，27）、十二主神围廊[37]（图一一，1）。

最外圈建筑群包括提多拱门[38]（图一一，41）、维纳斯与罗马神庙[39]（图一一，44）、扶持朱庇特神庙[40]（图一一，43），与都城和皇帝有关。另外在新大道东段北侧的长方形建筑遗址可能是维斯帕仓库[41]或胡椒仓库[42]（图一一，40），其西北角的小型建筑遗迹或为酒神与翠贝拉神殿（图一一，39），新大道东段的南侧则有较多店铺（图一一，38）。

罗马广场的沿用时间很长，自公元前6世纪后半期便是罗马城的政治中心，共和国末期至帝国早期先后被独裁者、皇帝进行空间的更新和改造，根据建筑的不同性质采取相应的策略：

第一种主要是与自然景观相关的建筑空间以及部分实用性或宗教性建筑，延续使用并及时维护或翻新，仅作物质外观的更替，不以个人或家族名义冠名或题献，在视觉景观上不作遮挡，包括中央区的库尔提乌斯池，内圈的双面神神庙（图密善时拆除）、下水道女神圣坛、农神神庙，外圈的国家监狱、吉乌图娜泉、十二主神围廊，最外圈的扶持朱庇特神庙。

第二种是始建年代早于共和国的建筑空间，此时仍延续使用并及时维修或翻新，但被新建的与个人崇拜相关建筑物遮挡，不再作为广场中央空地的视觉景观组成部分，如广场内圈西侧的王宫和维斯塔中庭，均始建于王政时代，但王宫的功能和性质发生了变化，成了祭司长的住所[43]，与维斯塔中庭都完全被新建的神圣朱利奥神庙和奥古斯都凯旋门遮蔽。

第三种是始建于共和国时期的公共会堂、元老院以及部分具有政治象征意义的神庙[44]，不改变原有功能和性质，仅更易其外观和冠名，由独裁者或皇帝出资翻新或重建，并对建筑的局部或整体重新冠名。这种建筑空间包括：帕乌路斯会堂，原为凯撒出资令执政官 L. 艾米利亚·帕乌路斯所建[45]，后被烧毁，22年由 M. 艾米利亚·勒匹杜斯重建[46]，遂更名为弗维亚·艾米利亚会堂或帕乌路斯·艾米利亚会堂[47]，其正立面的柱廊或即奥古斯都、提比略修建的朱利奥柱廊。[48] 凯撒以朱利奥会堂取代森普罗尼亚会堂。[49] 12年，提比略以自己和兄弟的名义重建并题献了双子星神庙[50]及和睦女神神庙[51]。

第四种是作为共和国早中期政治中心的议会建筑群[52]，几乎被完全拆除，功能被转移到帝国时期的新建筑。议会布局形成于公元前3

世纪，包括赫斯提利亚元老院、演讲台、法庭、外事台、伯尔奇会堂和黑石等。[53] 共和国晚期，凯撒拆除演讲台，放弃重建被毁的赫斯提利亚元老院。[54] 奥古斯都时期可能拆除了外事台。[55] 议会的功能最终被新建的朱利奥元老院取代。[56]

第五种是新修个人性质的纪念建筑或宗教建筑，以颂扬军功的拱门和以皇帝为崇拜对象的神庙为主，包括广场内圈的朱利奥演讲台、凯撒－奥古斯都演讲台[57]、奥古斯都凯旋门[58]、提比略拱门[59]、塞维鲁拱门，中圈的神圣朱利奥神庙[60]、维斯帕与提多神庙、安东尼诺夫妇神庙、神圣奥古斯都神庙，外圈的提多拱门、维纳斯与罗马神庙。新修建筑的原则是：在中央空地的视觉范围内，除朱利奥神庙外不能出现与个人崇拜相关的建筑，仅能有拱门等纪功建筑，最典型的例子是图密善曾在中央空地安放他本人的骑马雕塑，在他被暗杀后迅即被毁。

第六种是商业性建筑，被大规模压缩。广场周边原本密布各类作坊式店铺，1世纪时基本被限制在东南角大约200多米长的"新大道"南侧。根据年代为1—2世纪的出土铭文，这里有金器商[61]、雕刻师[62]、铁器制造商[63]、珍珠商[64]、花环商[65]、花环装饰工[66]、芦苇秆商[67]、油膏商[68]、宝石商[69]、指环商[70]等的店铺。广场西北角的银匠斜路两旁也保存有若干店铺遗址。斜路东边的阿尔吉列托路旁的店铺在修建帝国广场时被拆除。[71] 广场西南角有属于服装商的阿格里庇娜仓库[72]。

经过改造后，罗马广场中曾作为王制和共和制政治中心的建筑实体或空间虽被保留，行政功能却都被剥离：前者（王宫）转变为宗教建筑，在视觉上被遮挡；后者（议会）则拆除建筑，仅保留空间。广场的商业功能逐渐淡化，新增大量与皇帝家族有关的纪功或祭祀建筑，具有或兼具行政功能的建筑在名字、象征或资金来源上几乎均与皇帝家族有关。也就是说，罗马广场实际上已转化为帝国权力的象征中心、政治宣传和皇帝崇拜的中心、公共仪式中心，乌尔里希将之称为"国家神殿"。[73]

二、帝国广场建筑群

凯撒以扩充罗马广场空间的名义在其西北方向修建了朱利奥广场[74],虽然凯撒是共和国末期的独裁者,但一般将这个广场视为帝国广场的开端。后来奥古斯都广场[75]、和平广场[76]、涅尔瓦广场[77]以及图拉真广场[78]相继落成(图一二)。[79]

较之罗马广场,新广场群在形态上最大的变革在于封闭化、整齐化和单中心化。布局均近似长方形,四周环绕柱廊或围墙,设置固定的入口。[80]景观营造均采取单中心的聚焦式设计,焦点即与皇帝有紧密关系的神祇或皇帝本人的神庙。露天区中央则安放皇帝的纪功雕塑。

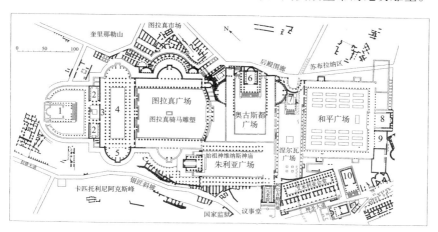

图一二　帝国广场平面图[81]

1. 神圣图拉真神庙　2. 图书馆　3. 纪工柱　4. 乌匹亚会堂　5. 自由中庭　6. 复仇者玛尔斯神庙
7. 密涅瓦神庙　8. 和平神庙　9. 塞维鲁罗马平面图　10. 安东尼诺与法乌斯提娜神庙

朱利奥广场俗称凯撒广场[82],可能始建于公元前51年,最后由屋大维完成[83],图拉真、戴克里先时均有局部修缮或重建。广场的轴线为西北-东南方向,东南侧为入口,西北侧为始祖神维纳斯神庙。广场平面呈长方形,约长160、宽75米,中央空地立有凯撒骑马雕塑,北、西、南三侧是沿双层柱廊分布的房间,其中可能有商店、公共厕所等。广场内安放大量皇帝及其家族成员的雕塑。[84]

奥古斯都广场也称玛尔斯广场[85],建成于公元前2年[86],提比略、哈德良时经修复或扩建。广场四周环绕围墙，建筑轴线为东北－西南方向，与朱利奥广场的轴线相互垂直。轴线北端为复仇玛尔斯神庙，神庙东西两侧分别为杰尔玛尼库斯拱门和小德鲁苏斯拱门。广场平面大致呈长方形，整体约长125、宽118米，仅东北角不甚规则，并在北半部的东西两侧设置柱廊和两个半圆形侧间，柱廊内陈列朱利奥家族的祖先神、罗马建城者、历代执政者和凯旋者的雕塑，以及各种战利品，克劳狄奥时期还加入了奥古斯都的画像和雕塑。[87]

和平广场原称和平神庙，建成于维斯帕时期，至康斯坦丁一世时始称广场。广场所在地原为市场，因此部分沿用旧建筑的外形，西北和东南分别毗邻后来的过渡广场、康斯坦丁会堂，东北边界不确定。遗址破坏严重，经复原，平面呈长方形，长135、宽约110米，周围环绕白榴凝灰岩围墙和围廊，东南角为入口。建筑由六柱式门厅、中央庭院及祭坛、神像室组成。据记载，广场内陈列着大量从希腊和小亚细亚掠来的艺术品[88]，中央庭院内有喷泉和希腊雕塑。广场内或附近有图书馆，图书馆北墙上刻着《塞维鲁罗马城平面图》。[89]

涅尔瓦广场始建于图密善时[90]，97年初由涅尔瓦建成并题献[91]。由于该广场实际是苏布拉区与罗马广场、其它帝国广场间的通道，故又称过渡广场[92]。广场平面近窄长方形，南端弧曲，整体长120、宽45米。建筑轴线为东北－西南方向，东北端为密涅瓦神庙，西南角原以双面神神庙为入口，图密善时代之以新建的拱门。广场周筑白榴凝灰岩围墙，未设置围廊，仅在东西两侧修筑大理石壁柱廊。亚历山大·塞维鲁时期[93]在广场内放置了各位神化皇帝的巨像和纪功铜柱。[94]

图拉真广场[95]所在地原为包括执政官署、档案馆、图书馆在内的"自由中庭"建筑群，107年拆除该建筑群后始建广场，题献于113年[96]，由露天区、乌匹亚会堂、图拉真纪功柱和图书馆组成，与其它帝国广场形制相似，但直到121年才由哈德良在广场西北端修建了题献给图拉真夫妇的神庙。[97]广场全长310、宽185米，轴线为东南－西北向，由南向北逐渐升高，入口是东北角与奥古斯都广场相邻的图拉真拱门[98]。广场中央空地平面近长方形，入口一侧略弧，整体长116、宽95米，周筑大理石砌面的白榴凝灰岩围墙，北、东、南三面皆有双层柱廊，其中南北两面均带半圆形侧间。空地中央原立有图拉真骑马雕塑，周围及柱廊内可能放置了历代皇帝及其家族重要成员、重要政治家和将军的雕塑。空地西北端为乌匹亚会堂，以图拉真的家族命名，会堂两端各有一半圆形侧间，其中北侧间在《塞维鲁罗马城平面图》中标记为"LIBERTATIS"[99]，可能是广场保护神自由女神的圣堂。会堂西北端两座并列的方形房间分别是拉丁语和希腊语图书馆，通常合称为"乌匹亚图书馆"[100]或"图拉真图书馆"[101]，所在位置正对应着军营中军事档案存放处的位置。[102]两座图书馆间的长方形庭院中央立着图拉真纪功柱，对应通常军营中旗坛的位置，柱座内最初安葬有图拉真夫妇的骨灰瓮。[103]

乌尔里希认为，公元前46年法萨罗战役后，朱利奥广场取代罗马广场成为新的政治中心。[104]在合称为"帝国广场"的五个广场中，虽然乌尔里希认为只有朱利奥广场是行政中心，但细考之，涅尔瓦广场是通道的"景观化"改造，和平广场是类似广场布局的神庙，至中世纪始称广场，二者确无行政功能，其余两处却承担了部分政治功能：在奥古斯都广场上曾举行过法庭审判[105]和战神节仪式[106]，在图拉真广场上曾举行过法庭审判[107]以及焚毁国家债务记录[108]、筹措军费[109]等活动。考虑到空间的连贯性与紧密性，仍将帝国广场视为一体。

第二节　穆尔奇亚谷、苏布拉与斗兽场谷

穆尔奇亚（Murcia，古罗马的本土神）谷在帕拉蒂诺山与埃文蒂诺山之间，西有大马戏场[110]，东有卡拉卡拉浴场[111]。这两处公共休闲建筑内有较多宗教场所，大马戏场内有青春女神[112]、忠顺维纳斯[113]、太阳（与月亮）等神庙[114]和翠贝拉祠[115]，附近有密特拉神殿[116]，卡拉卡拉浴场的地下走廊中亦有密特拉神殿。[117]

维拉布洛位于帕拉蒂诺山、坎匹多伊奥山和台伯河之间，实际上也属于穆尔奇亚谷的一部分。共和国时期这里便是交通和贸易的枢纽。帝国

时期，河运码头被拆除，但仍分布着承担商业交易功能的牛广场、油广场和鱼市[118]，可能还有一处名为"艾米利阿纳仓"的大型仓储设施。[119]

牛广场建筑群[120]分布在东南至大马戏场，西及台伯河，南至埃文蒂诺山，东北至帕拉蒂诺山的范围内[121]，地处水陆干线的交汇点。[122]这里最初为家畜交易市场，后来虽新增大量其它性质的建筑，但仍沿用旧称，3世纪初仍有大量商铺。[123]广场为开放式的不规则布局，银匠拱门、四面"杰努斯"拱门在东，赫拉克勒斯大祭坛在南，战无不胜赫拉克勒斯神庙、码头神神庙在西面近河岸处，幸运女神神庙[124]和玛特·玛图塔神庙在北，贵族贞节女神圣堂[125]位置不详。广场东边发现提比略、克劳狄奥时期的两块界碑[126]，推测当时的边界应在大马戏场西缘。

油广场建筑群[127]在牛广场的东北方向。公元前2世纪，中央空地被铺砌石灰岩板。[128]广场南侧并列双面神、希望女神和救难朱诺神庙。北侧可能由白榴凝灰岩墙壁标记界线，原有一座虔诚女神神庙[129]，但因修建马塞留剧场而被拆。西侧最初可能直抵台伯河。东侧以柱廊闭合，其遗迹在坎匹多伊奥山脚、今卡普里诺山大道（via di Monte Caprino）的北侧。油广场的南边有沃鲁西乌斯多层公寓。[130]

维拉布洛的祭祀对象多与商业、交通有关，如掌管畜牧业的赫拉克勒斯[131]、掌管谷物或白昼的玛特·玛图塔、掌管码头的波尔图努斯、掌管起点与终点的杰努斯等。与其它区域的公共建筑多由当政者出资修建不同，维拉布洛的部分公共建筑系由商人出资，如银匠拱门由银匠、贩牛商人修建，胜利赫拉克勒斯神庙由商人赫任努斯修建。[132]

苏布拉[133]位于维米那勒、帕拉蒂诺、俄斯奎里诺三山之间[134]，是帝国早期著名的平民区[135]，但凯撒[136]和公元101年或102年的备位执政官斯特拉[137]的宅邸也在这里。

斗兽场谷在俄斯奎里诺山与切利奥山之间。尼禄时期在山谷中开挖了人工湖，作为黄金宫的一处景观。至72年，维斯帕填平人工湖，在原址修建了角斗场（即中世纪以后习称的"斗兽场"[138]）。[139]斗兽场附近有两个竞技营，为角斗士驻地。清晨竞技营位于斗兽场南面，现已不

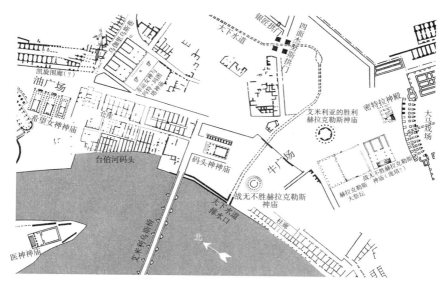

图一三　维拉布洛遗迹平面图

（底图来自 Fabio Barry, "The temple of Hercules Victor in Foro Boario (Aedes Aemiliana): Design, Dating, 'Decorated Doric', and Domes," *Memoirs of the American Academy in Rome*, 2021, Vol.66, fig. 2, p.22）

存，是晨间表演的角斗士训练和居住的场所。[140] 大竞技营位于斗兽场东面，与斗兽场的地下室有隧道相连，建于图密善至图拉真时期。[141]

第三节　埃文蒂诺山南原地

埃文蒂诺山南原地分布有市场码头和大量仓库。根据现存遗迹和《塞维鲁罗马城平面图》，可确认从南到北有洛里亚纳仓库[142]、艾米利亚围廊[143]及加尔巴仓库[144]。其中规模最大的是加尔巴仓库，帝国早期该仓除储存葡萄酒和橄榄油外[145]，还存放蟹商[146]、披风商[147]、大理石商[148]等商铺的货物。据《地区志》、铭文等可知，这附近还有阿尼恰纳[149]、塞伊阿纳[150]等仓库、蜡烛仓库[151]以及面包市场[152]、面市[153]、豆市[154]和鱼市[155]。

仓库群南边是由地中海各地陶片堆积而成的特斯塔齐奥"山"，这是一座人工形成的"山"体，海拔50米，占地两万平方米，形成时间为奥古斯都时期至3世纪中期，堆积物主要是陶双耳罐残片，约85%都是西班牙陶土质，应是从伊比利亚半岛、法国南部、北非各地运送橄榄油、谷物和葡萄酒等物资的容器碎片。[156]

这片原地上可能有不少社会中下层的住所。[157]祭祀场所仅知有森林之神圣坛。[158]

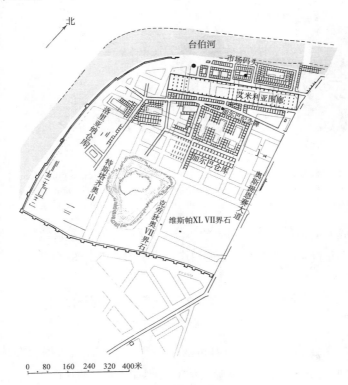

图一四　埃文蒂诺山南原地平面图
（底图来自 *Guide Archeologiche: Roma*, p.319）

第四节　战神原

战神原位于坎匹多伊奥山的西北与台伯河之间，面积较广阔，可分为北、中、南三部分。

北部的相关记载和遗迹较少，仅知有猪市和牛市等露天市场。[159] 临河处有奥古斯都陵，公元前29年由奥古斯都修建，虽然至克劳狄奥时期该陵仍在城界外，但后来修建奥勒良城墙时将其包入，故将其归入城区。[160] 葬在该陵内的主要是朱利奥-克劳狄奥家族成员，按照下葬的先后次序，依次是：奥古斯都的侄子和继承人马塞留[161]及其母亲屋大维娅、阿格里帕（前12年）[162]、大德鲁索（前9年）[163]、奥古斯都的两个孙子和继承人路奇奥·凯撒（2年）和盖伊奥·凯撒（9年）[164]、奥古斯都（14年）[165]、杰尔玛尼库斯（19年）[166]、莉维亚（29年）[167]、提比略（37年）[168]、卡里古拉的母亲阿格里庇娜[169]和兄弟德鲁索·凯撒[170]、尼禄的第二任妻子珀帕俄娅·萨比娜[171]，以及克劳狄奥、维斯帕、提多、涅尔瓦等皇帝。[172]

中部是以帝国初期始建的万神殿[173]为中心的建筑群，周围分布有闪电朱庇特[174]、朱庇特[175]、司法密涅瓦[176]等希腊-罗马系神庙，伊西斯与塞拉匹斯[177]等埃及系神庙，埃拉伽巴洛[178]、贝罗娜[179]、太阳[180]等中亚系神庙，以及奥古斯都方尖碑和日晷[181]、和平祭坛[182]和战神祭坛[183]，还有合祭提多和维斯帕的神圣神庙[184]、哈德良神庙[185]及其岳母玛提蒂亚的神庙[186]、马可·奥勒留神庙[187]，以及安东尼诺·皮奥[188]与马可·奥勒留二帝的纪功柱[189]和火葬堆[190]。万神殿建筑群以东有朱利奥选举围廊[191]，是帝国初年的元老选举、集会和某些公共仪式的场所[192]，80年火灾后，经修复成为商业场所，主要售卖贵价商品。[193] 选举围廊附近可能有公共别墅。[194] 拉塔大道（今科尔索大道）沿路在2世纪被改造成居住区，考古发现了部分多层公寓遗迹。[195] 万神殿建筑群以西则有朱利乌斯·马提亚尔宅，屋主身份不明。[196]

战神原南部在共和国时期即已建有庞培剧场（含胜利维纳斯神庙）[197]和弗拉米尼奥马戏场[198]，帝国早期继续沿用，且陆续新建了马塞留剧场[199]、巴勒伯剧场[200]、阿格里帕浴场[201]、尼禄浴场[202]、斯塔提利奥·塔乌罗角斗场[203]、尼禄体育馆[204]、图密善体育场[205]、图密善音乐厅[206]、四马队马厩[207]等公共休闲建筑。这里有阿波罗[208]、双子星[209]、保卫赫拉克勒斯[210]、赫拉克勒斯与缪斯（或称缪斯赫拉克勒斯）[211]、扶持朱庇特[212]、天后朱诺[213]、玛尔斯[214]、骑士幸运女神[215]、贝罗娜[216]、女英雄维纳斯[217]等神庙。此外有多层公寓建筑遗迹[218]，以及米努其奥围廊/米努其奥小麦围廊[219]、屋大维娅元老院（屋大维娅围廊）[220]、城市兵营[221]等与军事、政治有关的建筑。

战神原上还有凯撒海战剧场[222]、纳瓦利亚战船码头[223]、卡俄齐利宅[224]、森林之神圣坛[225]，但具体位置已不确知或存在争议（图一五）。

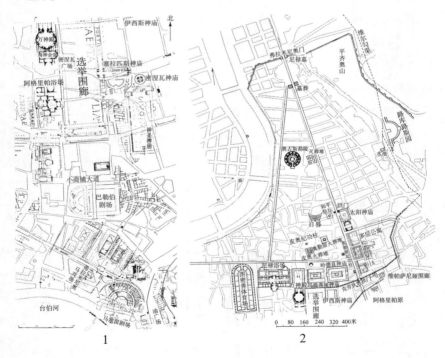

图一五　战神原平面图
1. 战神原中部与南部平面图　2. 战神原中部与北部平面图
（底图来自 *Guide Archeologiche: Roma*, p.259, 291）

第五节　台伯岛及台伯河西岸

目前仅知台伯岛上有医神[226]神庙和自然神[227]神庙。

台伯河西岸原地介于加尼库伦姆山和台伯河之间。[228]原地中部曾经有奥古斯都时期修建的海战剧场[229]。此外，还分布有44年执政官克里斯匹[230]、加尔巴皇帝[231]、塞维鲁之子杰塔[232]等人的园宅，波拉努斯多层公寓[233]、翠贝拉神庙[234]、斜倚的赫拉克勒斯圣堂[235]、叙利亚女神神庙[236]、普勒维农希斯的贝罗娜·神庙[237]、森林之神圣坛[238]等宗教场所，以及图密善[239]、图拉真[240]、菲利普[241]等数座海战剧场，并驻有拉文纳海军军营[242]，具体位置都不太清楚（图一六）。

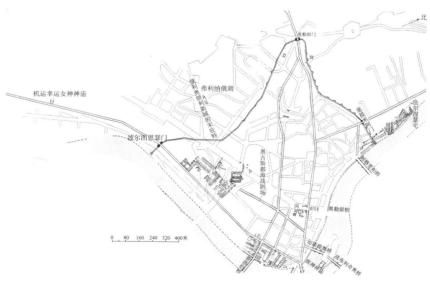

图一六　河对岸区平面图

（底图来自 *Guide Archeologiche: Roma*, p.335）

注　释

[1] *LTUR* Ⅲ, pp.241-245; *Guide Archeologiche: Roma*, pp.140-145; Richard Neudecke, "Luoghi di mercato," in *Storia dell'architettura italiana:*

architettura romana i grandi monumenti di roma, Milano.Electa, 2009, pp.268-277.

[2] stationes arcarii caesariani in foro，即元老的贵重物品存放处。

[3] *Topographical Dictionary,* pp.230-237; *Guide Archeologiche: Roma,* pp.56-111.

[4] "magnum" 并非古称，据 Cass. Dio XLIII. 22 记载，它在朱利奥广场修建后被称为 "great"。*Not. Regio* VIII 中称为 Forum Romanum vel(et)magnum。

[5] Strabo V. 3.8.

[6] "Domus Cn. Domitius Calvinus," *Topographical Dictionary,* p.179; *New Topographical Dictionary,* p.126.

[7] "Habitavit primo iuxta Romanum Forum supra Scalas anularias, in domo quae Calvi oratoris fuerat."［他（奥古斯都）起初住在罗马广场指环店楼上的一所房子里，该房原本属于演说家卡尔乌斯。］Suetonius, *The Lives of the Caesars,* Book II, The deified Augustus. LXX. 1, pp.234-237; "Domus C. Licinius Calvus," *Topographical Dictionary,* p.184; *New Topographical Dictionary,* p.130.

[8] "Domus M. Aemilius Scaurus," *Topographical Dictionary,* p.189; "satisdare sibi damni infecti coegit redemptor cloacarum, cum in Palatium eae traherentur."［运圆柱到帕拉蒂诺山期间，一位下水道匠迫使他（斯卡乌鲁斯）在下水道万一坍塌时需保证自己的安全。］D. E. Eichholz(translated by), *Pliny: Natural History,* Book XXXVI. II. 6, Harvard University Press, 1971, pp.6-7.

[9] "Domus L. Crassus," *Topographical Dictionary,* p.178; "iam L. Crassum oratorem illum, qui primus peregrine marmoris columnas habuit in eodem Palatio..."［在此之前，在一场辩论中，演说家路奇乌斯·克拉苏斯也是在帕拉蒂诺山上第一次使用外国大理石的圆柱……］*Pliny: Natural History,* Book XXXVI. III. 7, pp.6-7.

[10] *LTUR* III, pp.166-167.

[11] *Topographical Dictionary,* pp.310-311; *Guide Archeologiche: Roma,* pp.85-87.

[12] *LTUR* IV, pp.214-217; *Guide Archeologiche: Roma,* pp.79-80.

[13] *LTUR* III, pp.247-249.

[14] *Topographical Dictionary,* p.544; *LTUR* V, pp.95-96; *Guide Archeologiche: Roma,* pp.79-80.

[15] *Guide Archeologiche: Roma,* pp.78-79.

[16] Fillipo Coarelli, James J. Clauss and Daniel P.Harmon(translated by), *Rome and Environs: An Archaeological Guide*, University of California Press, 2007, pp.51-54; John R. Patterson, "The City of Rome Revisited: From Mid-Republic to Mid-Empire," *The Journal of Roman Studies*, 2010, Vol.100, pp.217-219; *Topographical Dictionary*, pp.134-137; *Guide Archeologiche: Roma*, pp.68-71.

[17] *Topographical Dictionary*, pp.482-484; *LTUR* Ⅳ, pp.295-296; *Guide Archeologiche: Roma*, pp.71-72.

[18] *Topographical Dictionary*, pp.143-146; *Guide Archeologiche: Roma*, pp.72-74.

[19] *Topographical Dictionary*, pp.278-280; *LTUR* Ⅲ, pp.92-93; *Guide Archeologiche: Roma*, pp.68-69.

[20] *Topographical Dictionary*, pp.126-127; *Guide Archeologiche: Roma*, pp.66-68.

[21] *Topographical Dictionary*, pp.72-76,126-127; *LTUR* Ⅳ, pp.122-123; *Guide Archeologiche: Roma*, pp.66-68.

[22] 或即朱利奥神庙台基前的凸出部分。

[23] *Guide Archeologiche: Roma*, pp.88-89.

[24] *Topographical Dictionary*, pp.78-80; *Guide Archeologiche: Roma*, pp.87-88.

[25] *Topographical Dictionary*, p.45.

[26] *LTUR* Ⅳ, pp.234-236; *Guide Archeologiche: Roma*, pp.80-81.

[27] *LTUR* Ⅴ, pp.124-125; Filippo Coarelli, *Rome and Environs: An Archaeological Guide*, p.51; *Guide Archeologiche: Roma*, p.81.

[28] *Topographical Dictionary*, pp.138-139; *Guide Archeologiche: Roma*, pp.81-83.

[29] *Topographical Dictionary*, pp.99-100; *Guide Archeologiche: Roma*, pp.83-85.

[30] *Topographical Dictionary*, pp.13-14; *Guide Archeologiche: Roma*, p.100.

[31] *Topographical Dictionary*, pp.440-443; *LTUR* Ⅳ: pp.189-192; *Guide Archeologiche: Roma*, pp.95-96.

[32] *Topographical Dictionary*, pp.286-288; *Guide Archeologiche: Roma*, pp.92-93.

[33] *Topographical Dictionary*, pp.34-35; *Guide Archeologiche: Roma*, pp.93-

95.

[34] "Atrium Vestae," *Topographical Dictionary*, pp.58－60; *Guide Archeologiche: Roma*, pp.96－100; *LTUR* V: pp.125－128.

[35] 水神吉乌图娜属于努米齐乌斯河,但流向罗马,成为流经这里的河流的保护神（Serv. *Aen.* XII. 139）; *Topographical Dictionary*, pp.311－313.

[36] *Topographical Dictionary*, pp.62－65.

[37] *Guide Archeologiche: Roma*, p.81.

[38] *Topographical Dictionary*, pp.45－47; *Guide Archeologiche: Roma*, pp.105－106.

[39] *LTUR* V, pp.121－123; *Guide Archeologiche: Roma*, pp.106－108.

[40] "Iuppiter Stator, Aedes," *Topographical Dictionary*, p.303; "Iuppiter Staor, Aedes（1）," *New Topographical Dictionary*, pp.225－226; "aedem Iovis statoris," *Not.* Reg. IV, in Heinrich Jordan, *Topographie der Stadt Rom im Alterthum*, Vol.2, Berlin: Weidmann, 1871, p.546.

[41] "Horrea Vespasiani," *New Topographical Dictionary*, p.195.

[42] "Horrea Piperataria," *New Topographical Dictionary*, pp.194－195.

[43] 科阿勒里认为公元前7世纪的王宫建筑是埃特鲁里亚系国王（安库斯·马尔西乌斯以后的王）的住处,早在共和国时期,建筑扩建并改为祭司长（rex sarorum、pontifex maximus）的居处,完成了功能转化。帝国时期延续。参见 Filippo Coarelli, *Rome and Environs: An Archaeological Guide*, pp.83－84。

[44] 关于双子星神庙及和睦女神神庙的政治象征含义,参见 Geoffrey S. Sumi, "Monuments and Memory: The Aedes Castoris in the Formation of Augustan Ideology," *The Classical Quarterly*, 2009, Vol.59, No.1, pp.167－186.

[45] "…and having given Paulus the consul fifteen hundred talents, out of which he adorned the forum with the Basilica, a famous monument, erected in place of the Fulvia…"［他（凯撒）送给时任执政官的帕乌路斯1500泰伦,后者用这笔巨款在罗马广场修建了一座著名的纪念建筑,用以取代弗尔维亚会堂。］Bernadotte Perrin（translated by）, *Plutarch's Lives, Caesar* XXIX. 2, Harvard University Press, 1967, pp.514－515.

[46] "（B. C. 14）The Basilica of Paulus was burned and the flames spread from it to the temple of Vesta…The Basilica was afterwards rebuilt, nominally by Aemilius, who was the descendant of the family of the man who had formerly erected it, but really by Augustus and the friends of Paulus."［（公

元前 14 年）帕乌路斯会堂失火，火苗由此殃及维斯塔神庙……会堂后来以始建者家族后人艾米利乌斯的名义重建，但实际上是由奥古斯都还有帕乌路斯的朋友们重建的。］Dio's Roman History, Book LIV. 24.2-3, pp.342-345.

[47] "大概就在这同时，玛尔库斯·列庇都斯向元老院请假，以便自己出资去加固和装饰那由保路斯修建的会堂——埃米里乌斯家族的纪念建筑物。"《塔西佗〈编年史〉》第三卷（72），第 211 页。

[48] "(A. D. 12) The Porticus Iulia, as it was called, was built in honour of Gaius and Lucius Caesar, and was now dedicated."［(12 年) 朱利奥柱廊，正如其名，为致敬盖伊乌斯和路奇乌斯·凯撒而建，如今正式题献。］Dio's Roman History, Book LVI. 27.5, pp.62-63; "Quaedam etiam opera sub nomine alieno, nepotum scilicet et uxoris sororisque fecit, ut porticum basilicamque Gai et Luci, item porticus Liviae et Octaviae theatrumque Marcelli."［他（奥古斯都）也以其孙、甥、妻及姊妹等其他人的名义营造了一批建筑，包括盖伊乌斯和路奇乌斯柱廊及会堂，还有莉维亚柱廊和屋大维娅围廊。］Suetonius, The Lives of the Caesars, The Deified Augustus. XXIV. 4, pp.168-169; LTUR IV, pp.122-123.

[49] "Ad opera publica facienda cum eis dimidium ex vectigalibus eius anni attributum ex senatus consulto a quaestoribus esset, Ti. Sempronius ex ea pecunia, quae ipsi attributa erat, aedes P. Africani pone Veteres ad Vortumni signum lanienasque et tabernas coniunctas in publicum emit basilicamque faciendam curavit, quae postea Sempronia appellata est."（在税收年的一半，根据元老院的法令，由财务官指派监察官进行公共工程建设，提图斯·森普罗尼乌斯用分配给他的资金为国家购得了维尔廷努斯雕塑的老店铺后面的普布利乌斯·阿非利卡努斯宅邸以及附近的一片屠宰摊和店铺，在此修建了后来被称为森普罗尼亚会堂的建筑。)Livy, Book XLIV. XVI. 9-11, pp.142-143; 2) 文献中提及的森普罗尼亚会堂位置正是后来的朱利奥会堂所在地，因此推测它在凯撒执政期间被朱利奥会堂所取代，参见 Topographical Dictionary, p.82; "(A. D. 12) Forum Iulium et basilicam quae fuit inter aedem Castoris et aedem Saturni, coepta profligataque opera a patre meo, perfeci et eandem basilicam consumptam incendio, ampliato eius solo, sub titulo nominis filiorum meorum incohavi, et, si vivus nonperfecissem, perfici ab heredibus meis iussi."［(公元 12 年) 我完成了朱利奥广场以及双子星神庙与农神神庙之间的会堂，那是我父亲时便开始

的工程，后来几乎为火灾全部烧毁，我开启了重建工程并将之扩大，并以我儿子们的名义题献，假如在我有生之年未能竣工，我已留下遗命让我的继承人将其完成。]*Res Gestae Divi Augusti*, 20.3, pp.28-29.

[50] "(A.D. 12) Dedicavit et Concordiae aedem, item Pollucis et Castoris suo fratrisque nomine de manubiis."[（12年）他（提比略）用战利品以自己和兄弟的名义重建并题献了和睦女神神庙与双子星神庙。]*The Lives of the Ceasars*, Book Ⅲ. Tiberius, XX, pp.322-323; "For this mark of honour totthe memory of Drusus comforted the people, and also the dedication by Tiberius of the temple of Castor and Pollux, upon which he inscribed not only his own name, calling himself Claudianus instead of Claudius, because of his adoption into the family of Augustus, but also that of Drusus."[为了纪念德鲁苏斯抚慰人民的荣誉，以及提比略对双子星神庙的题献，他在其上不止镌刻了自己的名字——他称自己为克劳迪安努斯而非克劳狄乌斯，因为他是被收养到奥古斯都家族的——还有德鲁苏斯的名字。]*Dio's Roman History*, Book LIV. 27.4, pp.464-465; 3) 但也有观点认为是奥古斯都在公元6年重建了双子星神庙，参见John R. Patterson, "The City of Rome Revisited: From Mid-Republic to Mid-Empire," *The Journal of Roman Studies*, 2010, Vol.100, p.219.

[51] "nunc bene prospicies Latiam, Concordia, turbam, ut te sacratae constituere manus. Fuirius antiquam populi superator Etrusci voverat et voti solverat ille fidem. causa, quod a patribus sumptis secesserat armis volgus, et ipsa suas Roma timebat opes. causa recens melior : passos Germania crines porrigit auspiciis, dux venerande, tuis ; inde triumphatae libasti munera gentis templaque fecisti, quam colis ipse, deae."[至善的您啊，和睦女神，环视拉丁人，此刻祝圣的双双手掌致您弥坚。弗里乌斯，埃特鲁里亚的征服者，发愿修建古神庙，而彼誓已验。起因是平民们拿起武器，与贵族相抗，竟使罗马畏惧其力量。最近重建的原因更好：散发的日耳曼人交出鸟占之权，尊敬的君主，是您献出被征服者的战利品，为您崇信的女神建此新庙。]Ovid, James George Frazer (translated by), *Fasti*, I. 639-648, London: Harvard University Press, 1989 (2nd ed.), pp.48-49; "But the next year (A. D. 12), in addition to the events already described, the temple of Concord was dedicated by Tiberius, and both his name and that of Drusus, his dead brother, were inscribed upon it."[但次年，除了已经记述的大事外，提比略还题献了和睦女神神庙，以他和他死去的兄弟德鲁

苏斯的名义，将名字镌刻在神庙上。] *Dio's Roman History*, Book LVI. 25, pp.54-55.

[52] "Comitium ab eo quod coibant eo comitiis curiatis et litium causa." [议会亦即"集会地"得名于在这里因为元老会议和诉讼案件而聚集。] *VARRO On the Latin Language*, Liber V. 155, pp.144-145.

[53] Fillipo Coarelli, James J. Clauss and Daniel P. Harmon(translated by), *Rome and Environs: An Archaeological Guide*, University of California Press, 2007, pp.51-54; John R. Patterson, "The City of Rome Revisited: From Mid-Republic to Mid-Empire," *The Journal of Roman Studies*, 2010, Vol.100, pp.217-219.

[54] "(B.C. 44)When he(Caesar)had accepted these, they(senators) assigned to him the charge of filling the Pontine marshes, cutting a canal through the Peloponnesian isthmus, and constructing a new senate-house, since that of Hostilius, although repaired, had been demolished..." [（公元前44年）当他（凯撒）接受这些权力后，他们（元老们）指定由他负责填平篷泰沼泽、开凿穿过伯罗奔尼撒地峡的水渠，并修建一座新元老院，因为修复后的赫斯提利乌斯元老院也已被毁。] *Dio's Roman History*, Book XLIV. 5.1-2, pp.314-315; "(B.C. 43 Succeeding these terrors a terrible plague spread over nearly all Italy, because of which the senate voted that the Curia Hostilia should be rebuilt and that the spot where the naval battle had taken place should be filled up." [（公元前43年）继这些灾患后，一场恶疫几乎席卷整个意大利，因此元老院投票决定：需重建赫斯提利亚元老院并填平举行海战的地点。] *Dio's Roman History*, Book XLV. 17.8, pp.440-441.3. 但可能事实上并未重建该元老院，而是在其原址修建了幸福神庙，神庙后来也被毁，未留下遗迹，参见 *New Topographical Dictionary*, pp.102-103。

[55] Albert Jay Ammerman and Dunia Filippi, "Nuove Osservazioni sull'area a Nord del Comizio," *Bullettino della Commissione Archeologica Comunale di Roma*, 2000, Vol.101, pp.27-38; Filippo Coarelli, *Rome and Environs: An Archaeological Guide*, pp.51-54.

[56] "(B.C. 42)They also built the Curia Julia, named after him(Caesar), beside the place called the Comitium, as had been voted." [（公元前42年）亦修建了朱利奥元老院，冠以他（凯撒）之姓，根据投票表决的结果，其所在区域被称为"议会"。] *Dio's Roman History*, Book XLVII. 19.1,

pp.154-155.

[57] 根据文献的记载，在凯撒时期的罗马广场上应该有两个演讲台。"(B.C. 44)...and the rostra, which was formerly in the centre of the Forum, was moved back to its present position..." [（公元前44年）……而之前在广场中心的演讲台，向后搬迁到了今天的位置。] *Dio's Roman History*, Book XLVIII. 49.1, pp.298-301; "(A.D. 14) When the couch had been placed in full view on the rostra of the orators, Drusus read something from that place; and from the other rostra, that is the Julian, Tiberius delivered the following public address over the deceased, in pursuance of a decree..." [（14年）当葬榻被放置到演讲台上的一览无余之处，德鲁苏斯在此宣读了若干事项；而在另一个演讲台，也就是朱利奥演讲台上，提比略向台下的公众宣布了他（奥古斯都）的死讯，并披露了一项法令……] *Dio's Roman History*, Book LVI. 34.4, pp.76-77.

[58] "(B.C. 30) Thus they granted him a triumph, as over Cleopatra, an arch adorned with trophies at Brundisium and another in the Roman Forum." [（公元前30年）因此他们允诺给他（屋大维）一个战胜克莱帕特奥拉的凯旋式，用战利品在布林迪西和罗马广场各装饰了一座拱门。] *Dio's Roman History*, Book LI. 19.1, pp.50-51; "(B.C. 20) Moreover he rode into the city on horseback and was honoured with a triumphal arch." [更有甚者，他（奥古斯都）驱马入城，并荣获一座凯旋门。] *Dio's Roman History*, Book LIV. 8, pp.300-301; *Topographical Dictionary*, pp.34-35; F. Coarelli, *Guide Archeologiche: Roma*, pp.93-95.

[59] "这一年（公元16年）年底，在撒图尔努斯神殿附近修建了一座凯旋门，用以纪念伐鲁斯的军旗的失而复得，因为这件事是'在日耳曼尼库斯的领导之下和在提贝里乌斯的赞助之下'实现的。"《塔西佗〈编年史〉》第二卷（41），第106—107页。

[60] "(B.C. 42) They also laid the foundation of a shrine to him, as hero, in the Forum, on the spot where his body had been burned, and caused an image of him, together with a second image, that of Venus, to be carried in the procession at the Circensian games." [（公元前42年）他们将他（凯撒）奉为英雄并立下圣所的基础，位置就在广场上他遗体的火化处……] *Dio's Roman History*, Book XLVII. 18.4, pp.152-153; "Verum adhibito honoribus modo bifariam laudatus est: pro aede Divi Iuli a Tiberio et pro rostris veteribus a Druso Tiberi filio, ac senatorum umeris delatus in Campum

crematusque."［虽然加诸其身的荣誉有所节制，却两次公开对他的颂词：一次在提比略所建的神圣朱利奥神庙之前，一次在提比略之子德鲁苏斯所立的旧演讲台之前。］Suetonius, *The Lives of the Ceasars*, Book Ⅱ. The Deified Augustus, C. 3-4, pp.282-283.

［61］"...aurifex de / sacra via vix（it）a（nnos）XXX ..."［……30年神圣大道的金器商……］*CIL* Ⅵ. 09207.

［62］"...caelator de / sacra via..." *CIL* Ⅵ. 09221; "...cabatores / de via sacra ..." *CIL* Ⅵ. 09239.

［63］"...vix（it）ann（is）XXXV...flaturar（ius）de via sac（ra）..."［……35年……神圣大道的制铁商……］*CIL* Ⅵ. 09418; "...flaturarius / de sacra via / v（ixit）a（nnos）L ..."［……制铁商 / 神圣大道 /50 年……］*CIL* Ⅵ. 09419.

［64］"...margaritarius de sacra / via..." *CIL* Ⅰ. 01212, Ⅵ. 09545; "...margaritario de sacra via..." *CIL* Ⅵ. 09546; "...margaritario de / sacra via..." *CIL* Ⅵ. 09547; "...margaritar（ius）/ de sacra via..." *CIL* Ⅵ. 09548; "...maior margarit（arius）/ de sacra via / vixit ann（os）LXXVIII."［神圣大道的大珍珠商 / 78 年］*CIL* Ⅵ. 09549, Ⅵ. 33872.

［65］"...coronar（arius）de sacra v（ia）..." *CIL* Ⅵ. 09283.

［66］"..Stepani pigment（arii）/ de sacra v（ia）...Stephani / de sacra via." *CIL* Ⅵ. 09795.

［67］"...tibiarius de sacra via." *CIL* Ⅵ. 09935.

［68］"... ung（uentarius）/ de sacra via..." *CIL* Ⅵ. 01974.

［69］"... gemmarius d[e] sacra via...vix（it）ann（os）XXIII."［……神圣大道的宝石商……23 年］*CIL* Ⅵ. 09434; "...gem（m）ari（i）de sacra via{m}." *CIL* Ⅵ. 09435.

［70］"Habitavit primo iuxta Romanum Forum supra Scalas anularias..."［他（奥古斯都）起初住在罗马广场指环店楼上的一所房子里……］Suetonius, *The Lives of the Caesars*, Book Ⅱ. The deified Augustus. LXXⅡ. 1, pp.236-237.

［71］Richard Neudecke, *Luoghi di mercato*, in *Storia dell'architettura italiana:architettura romana i grandi monumenti di roma*, Milano.Electa, 2009, pp.268-277.

［72］"horrea agrippiana," *Topographical Dictionary*, p.260; *LTUR* Ⅲ, pp.37-38; Richard Neudecke, "Luoghi di mercato," in *Storia dell'architettura italiana: architettura romana i grandi monumenti di roma*, Milano: Electa, 2009, pp.268-277.

[73] Roger B. Ulrich, "Julius Caesar and the Creation of the Forum Iulium," *American Journal of Archaeology*, 1993, Vol.97, No.1, pp.49-80.

[74] "(A.D. 12) Forum Iulium et basilicam quae fuit inter aedem Castoris et aedem Saturni, coepta profligataque opera a patre meo, perfeci et eandem basilicam consumptam incendio, ampliato eius solo, sub titulo nominis filiorum meorum incohavi, et, si vivus nonperfecissem, perfici ab heredibus meis iussi." [(公元12年) 我完成了朱利奥广场以及双子星神庙与农神神庙间的会堂，那是我父亲时便开始的工程，后来几乎为火灾全部烧毁，我开启了重建工程并将之扩大，并以我儿子们的名义题献，假如在我有生之年未能竣工，我已留下遗命让我的继承人将其完成。] *Res Gestae Divi Augusti*, 20.3, pp.28-29; *Topographical Dictionary*, pp.225-227; *Guide Archeologiche: Roma*, pp.113-116.

[75] "Publica opera plurima exstruxit, e quibus vel praecipua: forum cum aede Martis Ultoris, templum Apollinis in Palatio, aedem Tonantis lovis in Capitolio. Fori exstruendi causa fuit hominum et iudiciorum multitudo, quae videbatur nonsufficientibus duobus etiam tertio indigere." [他修建了许多公共工程，尤其是下列工程：他的建有复仇玛尔斯神庙的广场、帕拉蒂诺山的阿波罗神庙以及坎匹多伊奥山的雷神朱庇特神殿。他新建广场的理由是人口增长带来的诉讼案件增加，因此需要第三个广场，由于前两个已不足够了。] Suetonius, J. C. Rolfe (translated by), *The Lives of the Ceasars*, The Deified Augustus, XXIV. 1, pp.166-167; "In privato solo Martis Ultoris templum forumque Augustum ex manibiis feci." [我用战利品在私人地产上修建了复仇玛尔斯神庙和奥古斯都广场。] *Res Gestae Divi Augustae*, 21, pp.28-29.

[76] *Topographical Dictionary*, pp.386-388; *Guide Archeologiche: Roma*, pp.145-147.

[77] *Topographical Dictionary*, pp.227-229; *Guide Archeologiche: Roma*, pp.121-122.

[78] *Topographical Dictionary*, pp.237-245; *Guide Archeologiche: Roma*, pp.122-140.

[79] *Guide Archeologiche: Roma*, pp.56-147.

[80] 唯独奥古斯都广场东北角由于未购得足够的土地而残缺，参见 Suetonius, *The Lives of the Caesars*, Book II., The Deified Augustus. LVI. 2, pp.210-211; 奥古斯都广场的近神庙端、图拉真广场的远神庙端两侧各有一半圆间，图

拉真广场中部的乌匹亚会堂延续了此前存在的银匠会堂的弧长方形平面。
[81] 经翻译，图片来源：*Guide Archeologiche: Roma*, pp.114-115。
[82] *Not. Reg.* Ⅷ; Pliny, *NH* ⅩⅥ. 236; "...dicere Caesareo carmina nota foro..." *CIL* Ⅵ. 10097,33960.
[83] Cass. Dio ⅩⅬⅤ. 6.4.
[84] *Topographical Dictionary*, pp.225-227; Carla Maria Amici, *Il Foro di Cesare*, Firenze: Olschki, 1991; *Guide Archeologiche: Roma*, pp.113-116.
[85] "foro Martis," *CIL* ⅩⅤ. 07190.
[86] Cass. Dio ⅬⅤ. 10, ⅬⅩ. 5.3; Jord. I. 2.444; *CIL* I², p.318.
[87] *Topographical Dictionary*, pp.220-223; *Guide Archeologiche: Roma*, pp.117-121.
[88] Pliny, *NH* Ⅻ. 94, ⅩⅩⅩⅣ. 84, ⅩⅩⅩⅤ. 102, 109, ⅩⅩⅩⅥ. 27, 58.
[89] *Topographical Dictionary*, pp.386-388; *Guide Archeologiche: Roma*, pp.145-147.
[90] Cass. Dio ⅬⅩⅦ. 1.
[91] "Novam autem excitavit aedem in Capitolio Custodi Iovi et forum quod nunc Nervae vocatur..." [他修在卡匹托利尼丘的新神庙和新的名为涅尔瓦的广场……] Suetonius, *The Lives of the Caesars*, Book Ⅷ. Domitian. Ⅴ, pp.348-351; Stat. Silv. Ⅳ. 3.9-10; "Imp(erator)Nerva Caesar Augustus [Germanicus] pont(ifex)max(imus)/ trib(unicia)potest(ate)Ⅱ imp(erator)Ⅱ co(n)s(ul)Ⅲ p(ater)[p(atriae)aedem Mi] nervae fecit." [皇帝涅尔瓦·凯撒·奥古斯都·杰尔玛尼库斯，大祭司长，二次任护民官，二次任皇帝，三次任执政官，国父，落成密涅瓦神庙。]*CIL* Ⅵ. 00953,31213.
[92] Hist. *Aug. Alex. Sev.* 28.6, 36.2.
[93] Ibid. 28.6.
[94] *Topographical Dictionary*, pp.227-229; *Guide Archeologiche: Roma*, pp.121-122.
[95] *Topographical Dictionary*, pp.237-245; *Guide Archeologiche: Roma*, pp.122-140.
[96] Cass. Dio ⅬⅩⅧ. 16.3, ⅬⅩⅨ. 4.1; SScR 135; NS 1907, 415; *CQ* 1908, 144.
[97] *Hist. Aug. Hadr.* 19.9; *CIL* Ⅵ. 00966, 31215.
[98] Cass. Dio ⅬⅩⅧ. 29.
[99] *Forma Urbis Romae,* Standford#29bcd.

[100] *Hist. Aug. Aur.* 8, 24.

[101] Gell. XI. 17; "bibliothecae Traiani," *CIL* VI. 09446; Cass. Dio LXVIII. 16.

[102] *Hist. Aug. Aur.* 1.

[103] Matthias Bruno and Fulvia Bianchi, "La Colonna Di Traiano Alla Luce Di Recenti Indagini," *Papers of the British School at Rome*, 2006, Vol.74, pp.293-322.

[104] Roger B. Ulrich, "Julius Caesar and the Creation of the Forum Iulium," *American Journal of Archaeology*, 1993, Vol.97, No.1, pp.49-80.

[105] "Fori exstruendi causa fuit hominum et iudiciorum multitudo, quae videbatur nonsufficientibus duobus etiam tertio indigere."［他（奥古斯都）新建广场的理由是人口增长带来的诉讼案件增加，因此需要第三个广场，由于前两个已不够用了。］Suetonius, *The Lives of the Ceasars*, The Deified Augustus, XXIV. 1, pp.166-167; "...cognoscens quondam in Augusti foro ictusque nidore prnadii..."［他曾在奥古斯都广场举行法庭审判。］Suetonius, *The Lives of the Ceasars*, Book V. The Deified Claudius XXXIII, pp.62-63; "On the contary, he conducted trials, now in the Forum of Augustus, now in the Portico of Livia, as it was called, and often elsewhere on a tribunal."［相反，正如人们所说的那样，他如今在奥古斯都广场、在莉维亚围廊，也经常在其它地方的审判席上组织审判。］*Dio's Roman History*, Book LXVIII. 10, pp.378-379.

[106] "The Ludi Martiales, owing to the fact that the Tiber had overflowed the Circus, were held on this occasion in the Forum of Augustus and were celebrated in a fashion by a horse-race and the slaying of wild beasts."［由于台伯河泛滥，战神节因此在奥古斯都广场举行，并流行以赛马和残杀野兽庆祝。］*Dio's Roman History*, LVI. 27.4, pp.60-61.

[107] "Sui fastigi delle colonne del Foro di Traiano vi sono statue dorate di cavalli e figurazioni di stendardi militari con la scritta: 'Ex manubiis'. Favorino chiedeva mentre passeggiava nella corte del Foro attendendo il console..."［在图拉真广场的纪功柱上有马和带"ex manubiis"铭文的将军形象镀金雕塑。法沃利诺询问并走进广场的法庭中等待执政官……］Aulo Gellio, *Le Notti Attiche*, Book XIII. 25.2, p.439.

[108] "...syngraphis in foro divi Traiani..."［……他（哈德良）下令在神圣图拉真广场焚烧债务记录……］*The Scriptores Historiae Augustae*, Hadrian, VII. 6, pp.22-23; "tabulas publicas ad privatorum securitatem exuri in Foro

第三章 罗马城区的低地空间布局 115

Traiani semel iussit."［为了增加公民的安全感，他（奥勒良）下令将全部的国家债务记录立即在图拉真广场焚毁。］*The Scriptores Historiae Augustae*, The Deified Aurelian XXXIX. 3-4, pp.272-273.

[109] "cum autem ad hoc bellum omne aerarium exhausisset suum neque in animum induceret, ut extra ordinem provincialibus aliquid imperaret, in foro divi Traiani auctionem ornamentorum imperialium fecit vendiditque aurea pocula et crystallina et murrina, vasa etiam regia et vestem uxoriam sericam et auratam, gemmas quin etiam, quas multas in repositorio sanctiore Hadriani repperera."［他（马可·奥勒留）为这场战争耗尽了财富，此外，无法从行省征得额外的税收，于是他在神圣图拉真广场公开变卖皇族家具、金杯、水晶杯、玛瑙杯，甚至还有皇室专用的酒壶、他妻子的丝质金边长袍以及他从哈德良的圣柜中找到的各种珠宝。］*The Scriptores Historiae Augustae,* Marcus Aurelius Antoninus, XVII. 4, pp.174-175.

[110] *Forma Urbis Romae*, Standford#7abcd, 8bde, 8c, 8fg, 8h, 9; *New Topographical Dictionary*, pp.84-87; *Guide Archeologiche: Roma*, pp.315-317; J. H. Humphrey, *Roman Circuses: Arenas for Chariot Racing*, London, 1986; Kathleen Coleman, "Entertaining Rome," in *Ancient Rome: The Archaeology of the Eternal City*, Oxford: Oxford University School of Archaeology, 2000, pp.210-258; Paola Ciancio Rossetto, "Circo Massimo: La Riscoperta Di Un Monumento Eccezionale," *Bullettino Della Commissione Archeologica Comunale Di Roma*, 2018, Vol.119, pp.201-220.

[111] *Topographical Dictionary*, pp.520-524; *LTUR* V, pp.42-48; *Guide Archeologiche: Roma*, pp.327-329.

[112] "Iuventas, Aedes," *Topographical Dictionary*, p.308; "Iuventas, Aedes," *New Topographical Dictionary*, p.228; *LTUR* III, p.163.

[113] "Venus Obsequens, Aedes," *Topographical Dictionary*, p.552.

[114] "Aedes Solis," *Topographical Dictionary*, p.491; "Sol et Luna, Aedes," *New Topographical Dictionary*, pp.364-365; *LTUR* IV, pp.333-334.

[115] "aedem Matris Deum et Iovis arboratoris," *Not. Reg.* XI, p.558; "Mater Deum, Aedes," *LTUR* III, pp.232-233.

[116] *LTUR* III, pp.266-267; *Guide Archeologiche: Roma*, pp.312-315.

[117] *LTUR* III, pp.267-268.

[118] "ubi quid generatim, additum ab eo cognomen ut forum boarium, forum olitorium; hoc erat antiquum macellum ubi olerum copia...Secundum Tiberim ad ⟨Por⟩tunium Forum Piscarium vocant."［可购置到某种物品的场所，便被冠以该类物品之名，如牛广场、油广场；旧市场可以买到大量蔬菜……台伯河岸边，在波尔图努斯神殿附近有"鱼市"。］ VARRO *On the Latin Language*, Liber V. 146, pp.136-139; *Topographical Dictionary*, pp.224-225; *Guide Archeologiche: Roma*, pp.302-317.

[119] Filippo Coarelli, *Rome and Environs*, pp.309, 315-316; *Guide Archeologiche: Roma*, pp.302-317.

[120] *Topographical Dictionary*, pp.224-225; *Guide Archeologiche: Roma*, pp.302-317.

[121] Ov. Fast. VI. 477, 478; Varro, *LL* V. 146; Liv. X. 23.3; XXI. 62.3; XXII. 57.6; XXIV. 10.7; XXVII. 37.15; XXIX. 37.2; XXXIII. 27.4; XXXV. 40.8; Pliny, *NH* XXVIII. 12; XXXIV. 10, 33; Tac. Ann. XII. 24; Plut. *Marcell.* 3; *Fest.* 30; *Not.* app.; *CIL* VI. 01035.

[122] *DAP 2*. VI. pp.247-248.

[123] 银匠拱门的题献铭文提及："Imp(eratori)Caes(ari)L(ucio)Septimio Severo Pio...argentari(i)et negotiantes boari(i)huius loci qui / invehent / devoti Numini eorum."［皇帝·凯撒·路齐奥·塞提米奥·塞维鲁·皮奥……/此地的银匠和贩牛商人/支持/献给他们的努米尼神］*CIL* VI. 01035, 31232.

[124] "Fortuna, Aedes," *Topographical Dictionary*, pp.214-215; "Fortuna, Aedes(1)," *New Topographical Dictionary*, p.155; *Guide Archeologiche: Roma*, pp.305-306.

[125] "Pudicitia Patricia, Sacellum(Templum, Signum)," *New Topographical Dictionary*, p.322; *LTUR* IV, p.168.

[126] *CIL* VI. 00919, 31574.

[127] *Topographical Dictionary*, p.225; *Guide Archeologiche: Roma*, pp.302-317.

[128] *BC* 1875, 173.

[129] "Pietas, Aedes(2)," *New Topographical Dictionary*, p.290.

[130] 公寓的所有者为奥古斯都时期一位名为沃鲁西乌斯的人，身份不明，参见"Insula Volusiana," *New Topographical Dictionary*, p.210.

[131] "Herculis Invicti Ara Maxima," *Topographical Dictionary*, pp.253-

254; "Hercules Invictus, Victor, aedes," *Topographical Dictionary*, p.254; "Hercules Victor(Invictus), Aedes," *Topographical Dictionary*, pp.256-258; "Herculis Invicti Ara Maxima," *New Topographical Dictionary*, pp.186-187; "Hercules Olivarius," *New Topographical Dictionary*, p.187; "Hercules Victor, Aedes(1)," *New Topographical Dictionary*, pp.188-189; *LTUR* Ⅲ, p.15; *Guide Archeologiche: Roma*, pp.309-310.

[132] "Now there are two temples of Hercules the Victor at Rome(one by Three Arch Gate and the other in the Cattle Market), and Masurius Sabinus in the second Book of his *Memorabilia* gives a different explanation of the origin of the name. 'Marcus Octavius Herrenus,' he says, 'in his early youth was a flute player but afterward, mistrusting his skill, became a successful merchant and dedicated a tenth of his profits to Hercules…thus applying to the god a title intended both to recall the ancient victories of Hercules and to commemorate the recent event which led to the erection of the new shrine at Rome."[现在罗马有两座胜利赫拉克勒斯神庙（一座在三城门，另一座在牛广场），马苏尔里乌斯·萨比努斯在第二本著作《大事记》中给出了关于其名称起源的另一种不同解释。"马尔库斯·屋大维·赫任努斯，"他写道，"他年轻时是长笛手，后来放弃其技能，成为成功的商人并将其收益的十分之一题献给赫拉克勒斯……因此给这位神奉上尊号，既纪念赫拉克勒斯古时的胜利，也纪念最近在罗马为其建造神庙这件盛事。"] Macrobius, Percival Vaughan Davies(translated by), *Saturnalia*, Book Ⅲ. 6.10-11, Columbia University Press, 1969, pp.209-210.

[133] "Eidem regioni adtributa Subura, quod sub muro terreo Carinarum."[该区还有苏布拉，位于卡里纳俄岭的东墙之下。] *VARRO On the Latin Language*, Liber Ⅴ. 48, pp.44-45.

[134] *Forma Urbis Romae*, Standford#10Aab,483ab,10aa; "Subura(2)," *New Topographical Dictionary*, p.373.

[135] "Dum tu forsitan inquietus erras/clamosa, Iuvenalis, in Subura/aut collem dominae teris Dianae."[当你也许，尤文娜，踽踽行走在喧嚣的苏布拉区或狄安娜山。] Martial, *Epigrams*, Book Ⅻ. 18.2,pp.104-105; "alta Suburani vincenda est semita clivi/et numqua sicco sordida saxa gradu, vixque datur longas mulorum rumpere mandras/quaeque trahi multo

marmora fune vides."［我必须从苏布拉区及其永不干燥的肮脏地面才能越过山，我很难穿过骡群和你所见的拖拽大理石块的绳索。］Martial, *Epigrams*, Book V. 22.5–9, pp.312–313.

［136］"Habitavit primo in Subura modicis aedibus, post autem pontificatum maximum in Sacra via domo publica."［他（凯撒）起初住在苏布拉区一座简朴的宅邸中，任大祭司长后迁居至神圣大道的公共别墅。］Suetonius, *The Lives of the Caesars*, Book I. The Deified Julius. XLVI, pp.64–65; "Domus Caesar," *Topographical Dictionary*, p.174; *New Topographical Dictionary*, p.122.

［137］"Domus Arruntius Stella," *Topographical Dictionary*, p.156; *New Topographical Dictionary*, p.114.

［138］Christoff Neumeister, *Roma Antica: Guida Letteraria della Città*, edizione italiana a cura di Claudio Salone, Roma: Salerno Editrice, 1993; *Guide Archeologiche: Roma*, pp.185–194; 关于 Colosseo（巨大的），有一种解释是得名于在它附近的尼禄金屋的一尊尼禄巨像，这尊雕像后来被搬到斗兽场附近，改成太阳神；而另一种解释是认为与建筑本身的规模有关。参见 *New Topographical Dictionary*, p.94。

［139］*Forma Urbis Romae*, Standford#13ac,13b,13de,13f,13g,13hi,13l,13m,13n,13o,13p,13q; Kathleen Coleman, *Entertaining Rome*, in *Ancient Rome: The Archaeology of the Eternal City*, Oxford: Oxford University School of Archaeology, 2000, pp.210–258; *Guide Archeologiche: Roma*, pp.185–194.

［140］*LTUR* III: pp.197–198.

［141］*Forma Urbis Romae*, Standford#6bcdf, 6c, 6e; *LTUR* III, pp.196–197; *Guide Archeologiche: Roma*, pp.194–197.

［142］*Forma Urbis Romae*, Standford#25a, 25b; "Horrea Lolliana," *CIL* VI. 29844; "horreis / Lollianis," *CIL* VI. 04226; "horreis / Lolliani[s," *CIL* VI. 04226a; "horr(earius)/ [3 L]ollianis," *CIL* VI. 04239; "Q(uintus) Lollius Lolliae / l(ibertus) Hilarus / horrear(ius)," *CIL* VI. 09467.

［143］*Forma Urbis Romae*, Standford#23a, 24b, 24c.

［144］"Galba co(n)s(ul)," *CIL* VI. 31617; "proc(urator) ad oleum in(!) Galbae," *CIL* XIV. 00020; *Forma Urbis Romae*, Standford#24A, B; "Horrea Galbes et Aniciana," *Not. Reg.* XIII, p.562; "Numini domus Aug(ustae)/ sacrum Herculi salutari / quod factum est sodalic(io) horr(eariorum)

Galban(orum)cohort(ium)..."［奥古斯都宅的努米尼 / 神圣赫丘利福佑 / 工作于并属于加尔巴仓库营……］ CIL Ⅵ. 00338, 30740; "horriorum (sic) Servii Galbae Imp.Aug."［服务于加尔巴皇帝的仓库］ CIL Ⅵ. 8680, 33743; *Topographical Dictionary*,pp.261-262; *LTUR* Ⅲ, pp.40-41; Richard Neudecke, *Luoghi di mercato*, in *Storia dell'architettura italiana:architettura romana i grandi monumenti di roma,* Milano:Electa, 2009, pp.268-277; Geoffrey Rickman, *Roman Granaries and Store Buildings*, Cambridge University Press, 1971, pp.97-104.

[145] "Sulpicii Galbae horrea dicit hodieque autem Galbae horrea vino et oleo et similibus aliis referta sunt."［苏匹齐乌斯·加尔巴仓库亦称加尔巴仓库，葡萄酒、橄榄油及类似的食品集聚于此。］Porphyrionis, *Commentarium in Horatium Flaccum,* Carmina Ⅳ. Ⅻ. 18.

[146] "...piscatrix de horreis Galbae..." *CIL* Ⅵ. 09801.

[147] "...sagarius / de horreis Galbianis..." *CIL* Ⅵ. 33906.

[148] "...negotiator marmorarius / de Galb(a)es..." *CIL* Ⅵ. 33886.

[149] "Horrea Galbes et Aniciana," *Not. Reg.* ⅩⅢ, p.562.

[150] "horreor(um)Seian(orum)," *CIL* Ⅵ. 00238; "conductor / horreorum / Seianorum"［塞伊阿纳仓库承租人］ *CIL* Ⅵ. 09471.

[151] "Horrea Candelaria," *Forma Urbis Romae,* Standford#44a-e.

[152] "forum pistorum," *Not. Reg.* ⅩⅢ, p.562.

[153] *Reg. Reg.* ⅩⅢ; HJ 179; Jord. Ⅱ. 108.

[154] *Not. Reg.* ⅩⅢ.

[155] Liv. ⅩⅩⅥ. 27.2; Liv. ⅩL. 51.5; Varro, LLV. 146-7; Hermes ⅩⅤ. 119.

[156] *Topographical Dictionary*, pp.512-513; *LTUR* Ⅴ, pp.28-30; Richard Neudecke, "Luoghi di mercato," in *Storia dell'architettura italiana:architettura romana i grandi monumenti di roma,* Milano:Electa, 2009, pp.268-277.

[157] *Guide Archeologiche: Roma*, pp.318-331.

[158] *CIL* Ⅵ. 03710, 03718; *Topographical Dictionary*, pp.489-490; *LTUR* Ⅳ, pp.312-324.

[159] *Topographical Dictionary*, p.237; "fori / suari(i)," *CIL* Ⅵ. 01156; Richard Neudecke, "Luoghi di mercato," in *Storia dell'architettura italiana:architettura romana i grandi monumenti di roma,* Milano: Electa, 2009, pp.268-277.

[160] *Topographical Dictionary*, pp.332-336; *LTUR* Ⅲ, pp.234-237, pp.237-239; *Guide Archeologiche: Roma*, pp.299-301.

［161］ Cass. Dio LIII. 30.5; Verg. *Aen.* VI. 873: "quae, Tiberine, videbis funera cum tumulum praeterlabere recentem."

［162］ Cass. Dio LIV. 28.5.

［163］ Cass. Dio LV. 2.3; "sepiltumque est in campo Martio."［他（德鲁苏斯）葬在战神原。］Suetonius, *The Lives of the Caesars*, Book V. The deified Claudius. I. 3, pp.4−5.

［164］ "Ossa / C（ai）Caesaris..."［骨灰/盖伊奥·凯撒……］*CIL* VI. 00884.

［165］ Cass. Dio LVI. 42; Tac. *Ann.* I. 8.

［166］ Tac. *Ann.* III. 4: "reliquiae tumulo Augusto inferebantur."

［167］ Cass. Dio LVIII. 2.3.

［168］ "Ossa / Ti（beri）Caesaris divi Aug（usti）f（ilii）..."［骨灰/提比略·凯撒，神圣奥古斯都之子……］*CIL* VI. 00885.

［169］ "Ossa / Agrippinae M（arci）Agrippae [f（iliae）]..."［骨灰/阿格里庇娜，马可·阿格里帕之女……］*CIL* VI. 00886.

［170］ Cass. Dio LIX. 3

［171］ Tac. *Ann.* XVI. 6.

［172］ *BC* 1926, 222.

［173］ *Topographical Dictionary*, pp.382−386; *LTUR* IV, pp.54−61; *Guide Archeologiche: Roma*, pp.280−284.

［174］ "Iuppiter Fulgur," *New Topographical Dictionary*, p.219.

［175］ "Iuppiter Metelli, Aedes," *New Topographical Dictionary*, p.221.

［176］ "Minerva Chalcidica," *Topographical Dictionary*, p.344.

［177］ "Isis, Aedes," *Topographical Dictionary*, pp.283−285; "Isis, Aedes（1），" *New Topographical Dictionary*, pp.211−212.

［178］ "Elagabalus, Templum（2），" *New Topographical Dictionary*, p.142.

［179］ "Bellona Pulvinensis, Aedes," *New Topographical Dictionary*, p.58.

［180］ "Sol, Templum," *Topographical Dictionary*, pp.491−493; "Sol, Templum," *New Topographical Dictionary*, pp.363−364; *LTUR* IV, pp.331−333.

［181］ *Topographical Dictionary*, pp.366−367; *LTUR* III, pp.35−37.

［182］ "Ara Pacis," *Topographical Dictionary*, pp.30−32; *Guide Archeologiche: Roma*, pp.295−299.

［183］ "Mars, Ara," *Topographical Dictionary*, pp.328−329; "Mars, Ara," *New Topographical Dictionary*, p.245.

[184] "Divorum Templum," *Topographical Dictionary*, pp.153-153.
[185] "Divi Hadriani Templum, Hadrianeum," *Topographical Dictionary*, p.250; *LTUR* Ⅲ, pp.7-8; *Guide Archeologiche: Roma*, pp.204-206.
[186] "Matidia Templum," *Topographical Dictionary*, p.331; *Forma Urbis Romae*, Standford#36b.
[187] "Divus Marcus, Templum," *New Topographical Dictionary*, p.244.
[188] *Topographical Dictionary*, p.131; *Guide Archeologiche: Roma*, pp.294-295.
[189] *Topographical Dictionary*, pp.133-133; *Guide Archeologiche: Roma*, pp.290-294.
[190] *Topographical Dictionary*, p.545.
[191] *CIL* Ⅹ Ⅴ. 07195; *Topographical Dictionary*, pp.460-461; *LTUR* Ⅳ, pp.228-229.
[192] *Topographical Dictionary*, pp.460-461; *LTUR* Ⅳ, pp.228-229.
[193] "In Saeptis Mamurra diu multumque vagatus, hic ubi Roma suas aurea vexat opes, inspexit molles pueros oculisque comedit..."［玛穆拉常在选举围廊中久久闲逛，罗马在此处堆放其财产……］Martial, *Epigrams*, Book Ⅸ. 59.1-2, D. R. Shackleton Bailey (edited and translated by), Harvard University Press, 1993, pp.284-285; "Plorat Eros, quotiens maculosae pocula murrae inspicit aut pueros nobiliusve citrum, et gemitus imo ducit de pectore quod nontota miser coemat Saepta feratque domum."［……他（厄洛斯）为无法买下选举围廊中的所有物品并将之带回家而撕心裂肺地哀嚎，可怜的家伙。］Martial, *Epigrams*, Book Ⅹ. 80, pp.398-399; "nec minor quaestios est in Saeptis, Olympum et Pana, Chironem cum Achille qui fecerint, praesertim cum capitali satisdatione fama iudicet dignos."［对于选举围廊中奥林匹斯、潘神、喀戎及阿喀琉斯像的制作者来说也同样有很多纠纷，它们如此价值不菲，使得其保管者必须承诺以自己的生命来维护它们的安全。］*Pliny: Natural History*, Book ⅩⅩⅩⅥ. Ⅳ. 29, pp.22-23.
[194] *Forma Urbis Romae*, Standford#688; *Topographical Dictionary*, p.581; *LTUR* Ⅴ, pp.202-205.
[195] *Forma Urbis Romae*, standford# 40ai,40b,40cdefgh; *Guide Archeologiche: Roma*, pp.254-257.
[196] "Domus Iulius Martialis," *Topographical Dictionary*, p.182; *New Topographical Dictionary*, p.129.

[197] *LTUR* V, pp.35-38; *Guide Archeologiche: Roma*, pp.276-279; "Venus Victrix, Aedes," *Topographical Dictionary*, p.555.

[198] *New Topographical Dictionary*, p.83.

[199] "theatro / Marcelliano," *CIL* VI, 33838a; *LTUR* V, pp.31-35; *Guide Archeologiche: Roma*, pp.264-266.

[200] *LTUR* V, pp.31-32.

[201] "Thermae Agrippae," *LTUR* V, pp.40-42; Janet DeLaine, "Gardens in Baths and Palaestras," in Wilhelmina F. Jashemski(ed.), *Gardens of the Roman Empire*, New York: Cambridge University Press, 2017, pp.165-184.

[202] *LTUR* V, pp.60-61.

[203] *New Topographical Dictionary*, p.11.

[204] Cass. Dio LXI, 21.1; "dedicatisque thermis atque gymnasio senatui quoque et equiti oleum praebuit." [同时，他（尼禄）题献了他的浴场和体育馆。] Suetonius, *The Lives of the Caesars*, Book VI. Nero. XII.3, pp.104-105; "gymnasium eo anno dedicatum a Nerone praebitumque oleum equiti ac senatui Graeca facilitate." Tac. *Ann.* XIV. 47.

[205] *LTUR* IV, pp.341-343; *Guide Archeologiche: Roma*, pp.289-290.

[206] *LTUR* III, pp.359-360.

[207] 帝国初期的马队分为白衣、红衣、绿衣和蓝衣，图密善时增加了紫衣和金衣马队。四马队的马厩在战神原南部的弗拉米尼奥马戏场附近，可能相互毗邻但完全独立。参见 *CIL* VI. 10045, 10047-10051, 10055, 10057, 10059-10060, 10062, 10063, 10065, 10069, 10071-10074, 10076, 10077; *LTUR* IV, pp.339-340。

[208] "Aedes Apollinis in Campo Martio," *Topographical Dictionary*, pp.15-16.

[209] "Castor, Aedes," *Topographical Dictionary*, p.102; P.L. Tucci, "The Marble Plan of the Via Anicia and the Temple of Castor and Pollux in Circo Flaminio," in *Papers of the British School at Rome*, 2013, Vol.81, pp.91-127, 407.

[210] "Hercules Custos, Aedes," *Topographical Dictionary*, p.252; "Hercules (Magnus) Custos, Aedes," *New Topographical Dictionary*, p.186; *LTUR* III, pp.13-14.

[211] "Aedes Herculis Musarum," *Topographical Dictionary*, p.255; "Hercule Musarum, Aedes," *New Topographical Dictionary*, p.187; *LTUR* III,

pp.17-18.

[212] "Iuppiter Stator, Aedes," *Topographical Dictionary*, pp.304-305; "Iuppiter Staor, Aedes(2)," *New Topographical Dictionary*, pp.225-226; *LTUR* Ⅲ, pp.157-159.

[213] "Iuno Regina, Aedes," *Topographical Dictionary*, p.290; "Iuno Regina, Aedes(3)," *New Topographical Dictionary*, pp.216-217; *LTUR* Ⅲ, pp.126-128.

[214] "Mars, Aedes," *Topographical Dictionary*, p.328; "Mars, Aedes in Circo Flaminio," *New Topographical Dictionary*, p.245.

[215] 公元 22 年烧毁，参见"Fortuna Equestris, Aedes," *New Topographical Dictionary*, pp.155-156.

[216] "Bellona, Aedes," *Topographical Dictionary*, pp.82-84; "Bellona, Aedes," *New Topographical Dictionary*, pp.57-58; *Guide Archeologiche: Roma*, pp.266-268.

[217] "Venus Victrix, Aedes," *Topographical Dictionary*, p.555; *LTUR* Ⅴ, pp.120-121.

[218] 位于坎匹多伊奥山脚、天坛广场（Piazza d'Aracoeli）东侧。J. Packer, "La casa di via Giulio Romano," in *Bullettino della Commissione Archeologica Comunale di Roma*, 1968-1969, Vol.81, pp.127-148.

[219] *Topographical Dictionary*, pp.424-426; *LTUR* Ⅳ, pp.132-138.

[220] "Tiberius on the first day of the year in which he was consul with Gnaeus Piso convened the senate in the Curia Octaviae, because it was outside the pomerium." *Dio's Roman History*, Book Ⅴ, 8.1, pp.398-399; *Topographical Dictionary*, p.427; *LTUR* Ⅳ, pp.141-145.

[221] 城市步兵大队驻地，原本驻扎在禁军营，至迟从塞提米奥·塞维鲁时期开始有独立的兵营，可能在今西班牙广场，也有人认为可能在阿格里帕原稍北、太阳神庙的东边。参见 *Topographical Dictionary*, p.108。

[222] *LTUR* Ⅲ, p.338.

[223] Liv. Ⅲ, 26.8: "L. Quinctius…trans Tiberim contra eum ipsum locum ubi nunc navalia sunt, quattuor iugerum colebat agrum, quae prata Quinctia vocantur." Pliny, *NH* ⅩⅧ, 20: "quattuor sua iugera in Vaticano, quae prata Quintia appellantur." Liv. ⅩLⅤ, 35.3, 42.12: "naves regiae…in campo Martio subductae sunt." Cohen. No.17. *Topographical Dictionary*, pp.358-360; *LTUR* Ⅲ, pp.339-340.

[224] BCr 1899, 261; 1900, 143, 265; NS 1900, 12-14, 230; HJ 638-639; HCh 229.

[225] CIL VI, 00626; *Topographical Dictionary*, pp.489-490; *LTUR* IV, pp.312-324.

[226] "Aedes Aesculapii," *Topographical Dictionary*, pp.2-3; *New Topographical Dictionary*, pp.3-4.

[227] "Faunus, Aedes," *Topographical Dictionary*, p.205; *New Topographical Dictionary*, p.148.

[228] "Ianiculum," *Topographical Dictionary*, pp.274-275.

[229] 公元前2年开挖，弗拉维王朝以后废弃，到亚历山大·塞维鲁时只余小部分，参见"Naumachia Augusti," *Topographical Dictionary*, pp.357-358; *LTUR* III, p.337。

[230] 引水管铭文"[C(ai)] Crispi Passieni," CIL XV, 07508。

[231] "Sero tandem dispensator Argivus et hoc et ceterum truncum in privatis eius hortis Aurelia via sepulturae dedit." [他的管家阿尔吉乌斯将主人剩余的骨灰葬于加尔巴在奥勒留大道旁的私人园宅中。] Suetonius, *The Lives of the Caesars*, Book VII. XX. 2, pp.224-225; Tac. *Hist.* I, 49.

[232] *Not. Cur.* ; *Hist. Aug. Sev.* 4; HJ 656.

[233] 据出土碑文得知，该公寓的所有者是尼禄时期的执政官 M. 维提乌斯·博拉努斯，参见"Insula Bolani," *New Topographical Dictionary*, p.209。

[234] "Magna Mater (in Vaticano)," *Topographical Dictionary*, pp.325-326.

[235] "Hercules Cubans," *New Topographical Dictionary*, pp.185-186.

[236] "Dea Suria, Templum," *Topographical Dictionary*, p.148.

[237] "aede / Bellonaes Pulvine(n)sis," CIL VI, 00490; *Topographical Dictionary*, p.83.

[238] CIL VI, 00692, 00642, 31015; *Topographical Dictionary*, pp.489-490; *LTUR* IV, pp.312-324.

[239] 由图密善修建，其余情况不明，苏俄托尼乌斯时代已拆除，参见 *LTUR* III, p.338。

[240] 109年题献，又名"梵蒂冈海战剧场"，参见 *LTUR* III, p.338。

[241] 一说由菲利普·阿拉伯斯及其子在247年修建；一说这个称呼是奥古斯都海战剧场的别名，由于菲利普父子曾修复过该剧场。参见 *LTUR* III, p.338。

[242] *Topographical Dictionary*, p.107.

第四章　罗马城郊的空间布局

共和国晚期和帝国时期的文献中所指的城郊（suburbanus）主要是奥勒良城墙之外、第勒尼安海岸与亚平宁山脉之间的低地。这片地带对应的现代行政区划皆属于拉齐奥大区，西边从奥斯蒂亚到弗雷杰内，北至费德涅，东至蒂沃利，南达图斯克罗，大致是罗马城周边20余公里内的范围。[1]

城郊的地貌单元以近海的低地为主，也包括东南方向从佩雷齐亚山、维伊奥山至卡沃山一线的部分山麓、山谷。由于罗马城的形状并不规则，因此不似中国古代大多数城市般有明确的东、南、西、北四郊的地理概念，但为了方便，仍按照方位进行描述（图一七）。

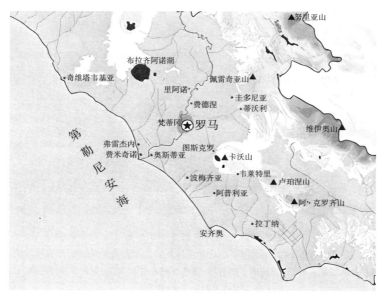

图一七　罗马城郊范围地形图

（底图来自 @www.freeworldmaps.net）

一、南郊

罗马城南郊的范围大致从奥斯蒂亚至图斯克罗,由西向东依次有奥斯蒂亚、阿尔德阿、阿匹亚、拉丁共四条执政官大道经过。

奥斯蒂亚大道在奥斯蒂亚门外西南约 50 米处有切斯提奥金字塔,由执政长官盖伊奥·切斯提奥于公元前 18—前 12 年修建,作为其家族的墓葬。3 世纪时金字塔被并入奥勒良城墙,改建成堡垒。[2]

阿匹亚大道沿路保存的帝国早期遗迹最多,自阿匹亚门向外延伸约 7 公里的范围内发现有昆提利[3]、齐斯皮乌斯[4]、托尔·马兰奇亚[5]等 1—2 世纪贵族的别墅。其中托尔·马兰奇亚别墅在阿匹亚门外约 1.8 公里的阿匹亚大道西侧,根据出土引水铅管铭文推测,可能属于 2 世纪的女性贵族努米西亚·普罗库拉。[6] 阿匹亚大道两侧的墓葬由阿匹亚门内一直延伸到今托里克拉一带,即主要在今阿匹亚古道考古公园的范围内,由北向南依次为席匹奥涅家族墓[7]、科迪尼葡萄园公墓群(1—3 号)[8]、"杰塔墓"、数位皇族成员的被释奴墓、图密提拉墓窟、卡里斯托墓窟等,计十余处(图一八)。

拉丁门外约 100 米的拉丁大道南侧有庞珀尼乌斯·海拉斯骨灰堂,可能修建于提比略到尼禄之间,局部曾在弗拉维时期重建。[9] 此外,

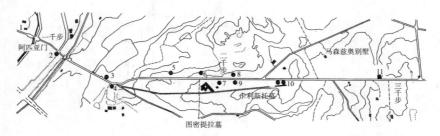

图一八 奥勒良城墙外的阿匹亚大道及沿路墓葬分布图
1. 席匹奥涅墓 2. 科迪尼葡萄园砖墓群 3. "杰塔墓" 4. 图密善被释奴墓 5. 奥古斯都被释奴墓 6. 莉维亚被释奴墓 7. 维比亚迪地下墓室 8. 沃鲁西被释奴墓 9. 切奇利伊被释奴墓 10. L. 沃伦尼乌斯与朱莉娅·泰兰尼斯墓 11. 切奇利伊·麦特拉墓

(底图来自 *Guide Archeologiche: Roma*, pp.350-351)

拉丁大道沿路还分布着塞提·巴斯别墅[10]、百室丘别墅[11]、桑玛利瓦路别墅（Villa di Via Sommariva）、皮埃特拉塔别墅（Villa di Pietralata）、水池别墅（Villa della Piscine）、利扎尼路别墅（Villa di Via Lizzani）、斯帕伽拓塔别墅（Villa di Torre Spaccata）[12]等1-4世纪的贵族别墅。

二、北郊

北郊的范围从弗雷杰内经费德涅至佩雷齐亚山脚，由西向东为弗拉米尼奥、盐路、诺曼图姆三条执政官大道向外辐射。

弗拉米尼奥大道沿路发现了哈德良时期的禁军长官伽巴尼奥隆的墓葬[13]、哈德良或安东尼时期的车夫卡勒普尔尼阿努斯的墓葬[14]。在弗拉米尼奥门外约10公里的山丘上（即今罗马市西北的"第一门"）则是加利纳斯·阿勒巴斯别墅，遗址占地约1.4万平方米。发掘表明，该别墅始建于共和国晚期，后来归皇后莉维亚所有。[15]

盐路门外300米的盐路大道旁发现有路奇里奥·佩托墓，可能建于1世纪末。图拉真时期又在该墓的东侧增建了五座小墓葬。[16]

在诺曼图姆门外约3公里处的诺曼图姆大道旁发现有卡利斯提奥墓，即俗称的"魔鬼之椅"，墓主是哈德良的被释奴。[17]

三、东郊

东郊即从佩雷齐亚山脚至图斯克罗一带，由北向南依次是提布尔大道、普拉俄涅斯特大道、阿西纳里亚大道三条执政官大道。

普拉俄涅斯特大道旁分布有面包师欧里撒切斯夫妇的墓葬[18]、高迪亚诺皇帝家族的别墅和陵墓遗迹。[19]

距罗马约20千米的蒂沃利一带有哈德良时期修建的离宫[20]，遗址在地势略高的台地上，东西延伸2千米，占地约1平方千米，顺地势自然分布，高低错落，并无统一的规划轴线，景观上融园林、野地和农田为一体。迄今共发现建筑30余座，建筑材料包括石灰岩、砖、石灰、火山灰和凝灰岩结构，建筑类型包括寝宫、餐室、图书馆、剧场、角斗场、浴场、体育场、音乐厅、观景楼、观景台、神庙和陵墓等，部分景观为希腊、埃及名胜的仿制（图一九）。[21]

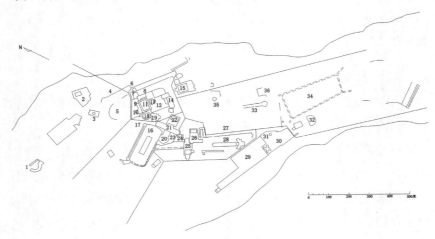

图一九　哈德良离宫遗迹平面图

1. 多立克神庙　2. 角斗场　3. 宁芙殿　3. 潭蓓[22]柱廊　4. 图书馆下层柱廊　5. 图书馆上层柱廊　6. 潭蓓观景台　7. 皇帝餐室　8. Hospitalia　9. 拉丁语图书馆　10. 希腊语图书馆　11. 图书馆庭院　12. 皇帝宫殿　13. 马赛克拱廊　14. 多立克柱式墙　15. 黄金广场　16. Pecile 与百室　17. 哲人厅　18. 海之剧场　19. 暖炉浴场　20. 带半圆形拱廊的娱乐场　21. 花园体育场　22. 冬宫　23. 方形围廊　24. 小浴室　25. 门厅　26. 大浴室　27. 别墅观景台　28. "卡诺普斯"[23]　29. "罗卡布鲁纳"　30. 学院　31. 阿波罗神庙　32. 音乐厅　33. Inferi　34. 大"梯形区"　35. 陵墓　36. 普鲁托神庙

（底图来自 William L. Macdonald and John A. Pint, *Hadrian's Villa and Its Legacy*, Yale University Press, 1995, fig. 24, p.38）

四、西郊

西郊即从图斯克罗至奥斯蒂亚，波尔图斯大道、奥勒留大道、凯旋大道是这一带的三条主干道。

波尔图斯大道附近分布着俄利奥波利斯城（在下埃及）的朱庇特神庙[24]和机遇幸运女神圣地[25]。

凯旋大道沿路有阿格里帕夫妇的法尔涅瑟宅[26]、大图密基娅（图密善之妻）园[27]、大阿格里庇娜园（含盖伊奥与尼禄马戏场）[28]等贵族房产。在台伯河西岸的路东侧还有哈德良陵,即今圣天使堡,125 年由哈德良开始修建,并同时营建了连接陵墓和战神原的埃利奥桥[29],最终在 139 年由安东尼诺·皮奥完成,陵内安葬安东尼王朝的皇帝及其家族成员。[30]

西距罗马城区约 25 公里的台伯河口有奥斯蒂亚、克劳狄奥、图拉真等多个海港,以及作为罗马海运重要中转站的奥斯蒂亚城。

奥斯蒂亚港形成于 1 世纪,位置在距台伯河口西侧。遗址平面近长方形,以河岸为起点计,长约 160、宽约 100 米。港口东侧有一个带拱顶地下结构的巨大平台,应是船坞。船坞顶端的正中是朝海的大神庙。港口周围发现大量的仓库遗迹。[31]

克劳狄奥港在奥斯蒂亚港以北约 4 公里处的海岸,以人工运河"图拉真沟"与台伯河相连。由于奥斯蒂亚港承载力以及抗风浪能力不足,克劳狄奥皇帝在 42 年修建了这个新的港口,62 年即投入使用,但最后是由尼禄在 64—66 年完工。港口为圆形,实际上是一个占地约 90 公顷的人工池塘,利用环礁湖和沙岸线形成自然屏障。港口两翼建有停泊设施和仓库。图拉真港实际上可视为克劳狄奥港的组成部分,在其东侧近岸处,由图拉真在 100—112 年建成。港口为六边形人工湖,直径 700 米,亦与图拉真沟连接(图二〇)。[32]

奥斯蒂亚城最早为军事要塞,帝国初期随着疆域的扩张和海上贸易的发达,此地成为重要的货物集散地,因而转以民事和商业用途为主,罗马与地中海各地贸易往来的货物多在此中转。该城毗邻台伯河口,在河的南岸,平面呈不规则形状,占地约 1.5 平方千米,目前已发现三座城门,南北中轴路和东西中轴路的交点为主神庙、罗马与奥古斯都神庙。全城基本采用网格状街区的布局方式,建有神庙、浴场、多层公寓、商店、剧场等各类建筑(图二一)。[33]

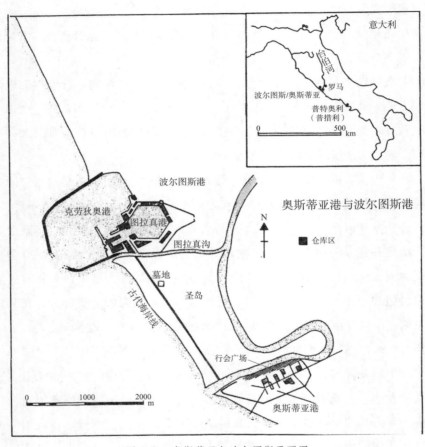

图二〇 奥斯蒂亚与波尔图斯平面图

(底图来自 Jon Coulston and Hazel Dodge (eds.), *Ancient Rome: The Archaeology of the Eternal City*, Oxford: Oxford University School of Archaeology, 2000, Fig. 7.1, p.144)

第四章　罗马城郊的空间布局　131

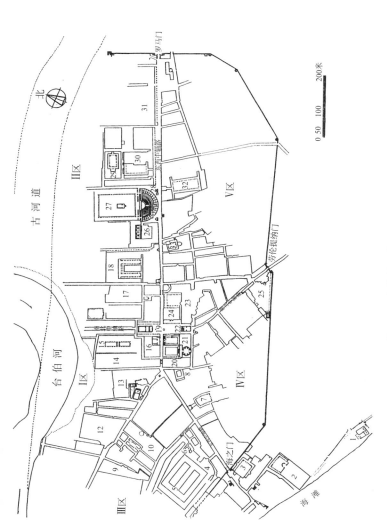

图二一　奥斯蒂亚城平面图

1. 犹太教堂 2. 海之门浴场 3. 海之门广场 4. 双子星宅 5. 花园宅 6. 黄齿公寓 7. 图拉真学校 8. 市场 9. 塞拉匹斯圣地 10. 骑士图像建筑物 11. 建筑物 12. 仓库 13. 共和国神圣区域 14. 仓库 15. 小市场 16. 店铺 17. 狄安娜宅 18. 大仓库 19. 主神庙 20. 密特拉神庙 21. 圆形神庙 22. 罗马与奥古斯都神庙 23. 广场浴场 24. 餐厅建筑 25. 翠贝拉原 26. 四小神庙喷泉 27. 协作广场 28. 剧场 29. 消防队营所 30. 海神浴场 31. 共和国仓库 32. 赫尔滕希乌斯宅 33. 皇帝祭司学校

[底图来自 Jon Coulston and Hazel Dodge (eds.), *Ancient Rome: The Archaeology of the Eternal City*, Oxford: Oxford University School of Archaeology, 2000, Fig. 7.1, p.144]

注 释

[1] E. Champlin, "The Suburbium of Rome," in *American Journal of Ancient History 7*, 1982, pp.97–112; Xavier Lafon, Le Suburbium, *Pallas*, 2001, No.55, pp.199–214.

[2] *Topographical Dictionary*, p.478; *LTUR* Ⅳ, pp.278–279.

[3] Andreina Ricci, *La Villa dei Quintili: Fonti scritte e fonti figurate*, Roma: Lithos: Cester, 1998.

[4] 4世纪时并入马森兹奥别墅，参见 G. Pisani Sartorio and R. Calza, "La Villa di Massenzio sulla via Appia," *Il Palazzo. Le Opere d'arte*, Roma, 1976; Diane A. Conlin etc., "The Villa of Maxentius on the Via Appia: Report on the 2005 Excavations," *Memoirs of the American Academy in Rome*, 2006/2007, Vol.51/52, pp.347–370。

[5] Lynda Mulvin, "Tor Marancia and Centocelle: A comparative context," in B. Santillo Frizell & A. Klynne Roman（edited by）, *Roman villas around the Urbs. Interaction with landscape and environment. Proceedings of a conference held at the Swedish Institute in Rome*, The Swedish Institute in Rome, 2005.

[6] "Numisi（a）e Proc（u）lae," *CIL* ⅩⅤ, 07459.

[7] *Topographical Dictionary*, pp.484–486; *LTUR* Ⅳ, pp.281–285; *Guide Archeologiche: Roma*, pp.352–361.

[8] Colombari di Vigna Codini, 参见 *Guide Archeologiche: Roma*, pp.362–363。

[9] Ibid., pp.361–362.

[10] Herbert Bloch, "Sette Bassi Revisited," *Harvard Studies in Classical Philology*, 1958, Vol.63, pp.401–414.

[11] Christoff Neumeister, *Roma Antica: Guida Letteraria della Città*, edizione italiana a cura di Claudio Salone, Roma: Salerno Editrice, 1993, pp.22–32.

[12] Lynda Mulvin, "Tor Marancia and Centocelle: A comparative context," in B. Santillo Frizell & A. Klynne Roman（eds.）, *Roman villas around the Urbs. Interaction with landscape and environment. Proceedings of a conference held at the Swedish Institute in Rome*, The Swedish Institute in Rome, 2005.

[13] *Topographical Dictionary*, p.480; *LTUR* Ⅳ, p.289.

[14] *Topographical Dictionary*, p.479; *LTUR* Ⅳ, pp.272–273; *LTUR* Ⅳ, pp.301–302.

[15] Elizabeth Macaulay-Lewis, "The Archaeology of Gardens in the Roman Villa," in Wilhelmina F. Jashemski（eds.）, *Gardens of the Roman Empire*,

Cambridge University Press, 2017, pp.99–101.

［16］ *Topographical Dictionary*, p.481; Romolo A. Staccioli, *Guida insolita ai luoghi, ai monumenti e alle curiosità di Roma antica*, Newton & Compton Editori, Roma, 2000; Carmelo Calci, *Roma archeologica*, Adnkrono.Libri, Roma, 2005; *Guide Archeologiche: Roma*, pp.249–250.

［17］ Carlo Roccatelli, *Studio del monumento sepolcrale detto "La sedia del diavolo,"* Roma: Tip.Del Littorio, 1931; Giuseppe Scarfone, "La sedia del Diavolo," in *Alma Roma* XVII, 1976, p.94.

［18］ P. Ciancio Rossetto, *Il sepolcro del fornaio marco Virgilio Eurisace a Porta Maggiore*, Roma: Istituto di studi romani, 1973; *LTUR* IV, pp.301–302.

［19］ Christoff Neumeister, *Roma Antica: Guida Letteraria della Città*, edizione italiana a cura di Claudio Salone, Roma: Salerno Editrice, 1993, pp.22–32.

［20］ 古罗马文献中对哈德良离宫的称呼直译过来实际上应该是"哈德良别墅"（villa）。但为了符合中文语境，将其称为"离宫"。

［21］ William L. Macdonald and John A. Pint, *Hadrian's Villa and it's Legacy*, Yale University Press, 1995.

［22］ Tempe，希腊塞萨利东北部的一处山谷。

［23］ Canopus，埃及尼罗河三角洲的一个沿海城镇，位于现代亚历山大城的东郊。

［24］ "Juppiter Heliopolitanus," *Topographical Dictionary*, pp.294–296; "Iuppiter Heliopolitanus," *New Topographical Dictionary*, pp.219–220; *LTUR* III, pp.138–143.

［25］ "Fors Fortuna, Fanum," *Topographical Dictionary*, pp.212–214; "Fors Frotuna, Fanum," *New Topographical Dictionary*, pp.154–155.

［26］ Ranuccio Bianchi Bandinelli e Mario Torelli, *L'arte dell'antichità classica, Etruria-Roma*, Torino.Utet Editrice, 1976; *New Topographical Dictionary*, pp.72–73.

［27］ *CIL* VI, 16983, 34106c.

［28］ 卡里古拉在其内修建盖伊奥与尼禄马戏场，因此又被称为尼禄园（Tac. Ann. XV, 39, 44; XIV, 14）。

［29］ *Hist. Aug. Hadr.* 19: "fecit sui nominis pontem et sepulcrum iuxta Tiberim; Pius 5: Hadriano...mortuo reliquias eius...in hortis Domitiae conlocavit"; *Cass. Dio* LXIX, 23.

［30］ *Topographical Dictionary*, pp.336–338; *Guide Archeologiche: Roma*, pp.346–349.

[31] Gregory S. Aldrete, *Daily Life in the Roman City: Rome, Pompeii and Ostia*, London: The Greenwood Press, 2004, pp.203-206.

[32] David J. Mattingly and Gregory S. Aldrete, "The Feeding of Imperial Rome: The Mechanics of the Food Supply System," in Jon Coulston and Hazel Dodge(eds.), *Ancient Rome: The Archaeology of the Eternal City*, Oxford: Oxford University School of Archaeology, 2000, pp.142-165.

[33] Sandro Lorenzatti(a cura di), *Ostia. Storia Ambiente Itinerari*, Roma: Genius Loci Editore, 2007.

第五章　罗马城的基础设施分布

从相关的考古发现来看，交通、水利、消防和公共卫生设施构成了罗马城的基础设施体系。交通设施遗迹有道路、桥梁、码头等。水利设施遗迹主要涉及给排水及蓄水设施，具体的发现有引水渠、下水道、蓄水池等遗迹。消防设施遗迹包括消防支队营所和尼普顿祭坛遗迹。公共卫生设施则主要是公共浴室。基础设施或是呈线状、网状分布，打破城区内外各空间的界限；或是全城普遍分布，不具有空间位置的特殊性，故作为专章进行讨论。

第一节　交通设施

一、道路

罗马城有复杂的道路系统，留存的相关遗迹较多（图二二）。根据考古发现，道路多为石质，路基垫筑若干层砾石，路面则铺设碎石或石板。路宽一般4—6米，中间为车行道，两侧为人行道。主干道沿路设置里程石。[1]

主干道被称为"大道"（Viae）。至帝国早期，罗马城的大道共有13条，从最北边的弗拉米尼奥大道[2]开始，顺时针依次为盐路大道[3]、诺曼图姆大道（原名菲库勒阿大道）[4]、提布尔大道[5]、普拉俄涅斯特大道（原名伽比大道）[6]、阿西纳里亚大道[7]、拉丁大道[8]、阿匹亚大道[9]、阿尔德阿大道[10]、奥斯蒂亚大道[11]、波尔图斯大道[12]、奥勒留大道[13]、凯旋大道[14]。路名的来源多样：阿尔德阿、诺曼图姆、提布尔、普拉俄涅斯特、奥斯蒂亚、波尔图斯大道皆得名于其所连接的主要城市或海港；盐路大道则得名于其主要用途是从亚得里亚海运盐；拉丁大道得名于部分路段旁居住的人群；阿匹亚、奥勒留大道得名于修路者的名字。这13条主干道以广场谷为中心呈放射状穿城门而出，公元前20年奥古斯都在罗马广场的朱利奥演讲台旁所设的黄金里程碑即被视为主干道汇合点。

图二二　4世纪罗马城道路遗迹分布示意图
（底图来自 Guide Archeologiche: Roma, pp.12–13）

其它次级干道则从主干道分出，主要保证都城内的交通。更次要的支路则被称为坡、巷或阶梯，多为连接局部地区的小街道。这些次级干道和支路在部分区域（如切利奥山、坎匹多伊奥山）可见采用了类似"格状网"的布局。

从道路遗迹的分布来看，罗马城区内有南北两个道路交通网络的中心：北边的中心在广场谷、帕拉蒂诺山、坎匹多伊奥山和战神原南部一带，南边的则在切利奥山。城区内的道路系统较为密集，以辐射状路网为主，其间结合地形自由连接，局部地区类"格状网"。城郊的道路系统则为"疏路网"形式,基本由13条大道承担主要的交通职能。

二、桥梁

从公元前7世纪到公元前1世纪,台伯河上先后建有苏布利齐乌斯桥[15]、艾米利乌斯桥(又名洛托桥)[16]、法布利奇奥桥[17]、切斯提奥桥[18]。除了最早修建的苏布利齐乌斯桥位置不详以外,其余三座均在台伯河拐弯口也即台伯岛一带,在共和国晚期至帝国早期均被改建为石结构的拱桥。

以法布利奇奥桥为例,建于公元前62年,公元前21年经过修复。[19] 桥体由凝灰岩和砖混合筑成,外覆石灰岩,栏杆为青铜,底部是由赫尔麦斯神四棱方柱分隔的嵌板。桥长62米,为双拱结构,双拱分别宽24.25和24.5米。桥的两端和中间还各设一个小拱。[20]

帝国早期除重建前代的桥梁外,也新建了一些桥梁,包括阿格里帕桥[21]、尼禄桥[22]、艾利乌斯桥(又名哈德良桥,即今圣天使桥)[23]、奥勒留桥[24]、卡里古拉桥[25]和普洛伯桥[26],除普洛伯桥外,都是皇帝为连接其河对岸的私产所修建,因此在除台伯河拐弯处的南北段皆有分布,皆为石质拱桥(图二三)。

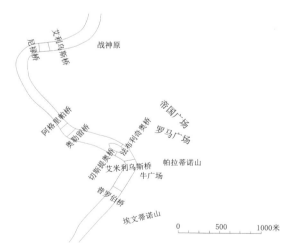

图二三 帝国早期台伯河桥梁位置示意图
(底图来自 *Guide Archeologiche: Roma*, pp.12-13)

三、码头

帝国早期的罗马城区内外有河运和海运两种类型的码头遗迹，组成了"第勒尼安海-台伯河"的水运交通体系。海运码头遗迹在台伯河口下游的第勒尼安海岸，按修建年代的先后顺序依次是奥斯蒂亚港、克劳狄奥港和图拉真港。

河运码头遗迹位于埃文蒂诺山南原地的台伯河东岸，长约500、深约90米。这应是始建于公元前193年的市场码头[27]，至帝国时期仍继续沿用，图拉真时期曾经重建。[28]在市场码头下游的台伯河河岸（陶片山西侧）还发现了奥古斯都至哈德良统治初期修筑的"箱式"防护堤遗迹，长度超过160米。[29]码头、防护堤及临近的加尔巴、洛里亚纳等仓库组成了大型河运码头-仓库体系。

第二节 水利设施

一、供水系统

供水系统遗迹包括经过修整的天然水源地、水渠、蓄水池和引水铅管等设施。

帝国早期与天然水源有关的遗迹包括罗马广场的吉乌图娜泉和俄斯奎里诺山的欧佩乌斯泉。都城的水渠有11条，多采用地下管道和地上连拱廊相结合的形式，在城内经导管输送到指定地点，皇帝和贵族通过私接的铅管直接引水到家中，而公众则到公共喷泉或蓄水池取水。[30]水渠按照始建年代的顺序依次是：

阿匹亚渠，公元前312年由执政官修建。[31]水源是阿勒巴诺山南边的泉水。全长约16.4千米，大部分为地下暗渠。水渠从城东切利奥山的"旧希望女神区"[32]入城，城内有100米的距离为连拱廊，终结于塞维鲁城墙的三城门附近。[33]水渠供水点的高度为海拔15米，最早可能只是向牛广场、埃文蒂诺山脚西北处和战神原供水。经过公元前2—前1世纪的三次重建后，可向罗马城的七个区供水。[34]供水量约为 7.3 万立方米/天。[35]

旧阿尼奥渠[36]，公元前 272 年由执政官修建[37]，先后由 Q. 马其乌斯·热克斯、阿格里帕和奥古斯都修复。水源为蒂沃利的阿尼奥河（今阿尼俄涅河）。[38]水渠在奥古斯都时期长达 63.7 千米，1 世纪时缩短，大部分为地下暗渠，在"旧希望女神区"入城。最初的供水地区可能局限于塞维鲁城墙俄斯奎里诺门附近[39]，1 世纪末可能增加了支渠[40]，供水扩大至 10 个区[41]。但由于水量少、水质差，1 世纪末时仅供灌溉等较低级的用水需求。[42]供水量约为 175920 立方米/天。[43]

马其奥渠，公元前 144—前 140 年由行政官 Q. 马其乌斯·热克斯修建，因而得名，是罗马的第一条高架水渠。[44]公元前 33 年、前 11—前 4 年经修复。水源是阿尼奥河谷的泉水。水渠约长 91.4 千米[45]，起始路线大致与旧阿尼奥渠相似，在"老罗马"区[46]从地下暗渠转为高架渠，与特普拉渠、朱利奥渠在同一道连拱廊上经"旧希望女神区"入城。城内的遗迹约有 10 千米，终结于维米那勒山顶。供水量约为 187600 立方米/天，戴克里先时增加了供水量。[47]1 世纪末增加维米那勒门支渠[48]，2 世纪时又引出安东尼尼阿纳支渠向卡拉卡拉浴场供水。[49]

特普拉渠[50]，公元前 125 年由执政官修建。[51]公元前 11—前 4 年由奥古斯都修复。由于水的"温"（tiepida）度而得名。水源是拉丁大道的宝水温泉。[52]全长约 17.7 千米。直到奥古斯都时代，水渠仍完全在地下，公元前 33 年由阿格里帕重建，汇合了马其奥渠和新建的朱利奥渠，在连拱廊上从"旧希望女神区"入城，终结于塞维鲁城墙的科里纳门附近。1 世纪末的供水量约为 17800 立方米/天。[53]

朱利奥渠[54]，公元前 33 年由阿格里帕修建，题献给朱利奥家族，公元前 11—前 4 年[55]、卡拉卡拉和亚历山大·塞维鲁时期都经过重建。水源在拉丁大道的 12 千步处（今"斯夸尔齐阿勒利"桥附近）。水渠全长 22.8 千米，约 11 千米在地面，入城后汇合了特普拉渠，平均日供水量约 48240 立方米。[56]

维尔勾渠[57]，公元前 19 年由阿格里帕修建[58]，是唯一从北面进入罗马的水渠。供水点的高度为海拔 20 米。[59]水源来自维尔勾泉（可能在赫拉克勒斯河附近）。[60]水渠约长20.7千米，大部分都在地下，终点为战神原的朱利奥选举围廊。水渠向七、九和十四区供水，并有一条支渠。[61]供水量为100160立方米/天。[62]

阿勒希厄提努斯渠，由奥古斯都修建。水源主要是罗马北郊的阿勒希厄提努斯湖（今玛尔提尼阿诺湖）和萨巴提努斯湖（今布拉齐阿诺湖）。水渠长32.8千米，大部分在地下，从后来奥勒良城墙的奥勒留门一带入城，之后为连拱廊结构，到河对岸区又重新转入地下。水渠入城的高度为海拔71米，因此能向河对岸区广泛供水。[63]供水量约为15680立方米/天。[64]

克劳狄奥渠，由卡里古拉和克劳狄奥建成。[65]后经维斯帕、提多修复，2—3世纪又数次修复。[66]水源来自阿尼奥河谷上游的卡俄鲁勒乌斯泉和库尔提乌斯泉。水渠长68.8千米，在卡帕涅勒一带从地下转为地上，在"旧希望女神区"经由拱门（今大城门）入城。供水量约为184280立方米/天。[67]

新阿尼奥渠，同样由卡里古拉始建，由克劳狄奥完成。原本由阿尼奥河供水[68]，因水质浑浊，图拉真时期改从更上游的水源供水[69]，并将水渠延长到87千米。渠道由混凝土修建。供水量约为189520立方米/天。[70]

图拉真渠，109年由图拉真修建[71]。长约57.7千米，水源是罗马北郊的萨巴提努斯湖。其中一个蓄水池在城郊奥勒留大道的拉伊丝葡萄园[72]。供水量约为113920立方米/天，其余情况不详。[73]

亚历山大渠，3世纪早期由塞维鲁·亚历山大修建。长约22千米。水源是普拉俄涅斯提纳大道的一处泉水。水渠从"旧希望女神区"附近入城，可能终结于选举围廊附近。大多数学者推断主要向战神原的尼禄浴场供水。供水量约为21160立方米/天。[74]

这11条水渠集中于罗马城东的切利奥山、俄斯奎里诺山，仅维尔勾渠由城北的平齐奥山进城、阿勒希厄提那渠在台伯河西岸。根据弗朗提努斯的记载推测，皇帝和贵族的私人用水占去水渠供水总量的一多半；其次则是公共用水需求，总共向96座公共建筑（包括浴场、浴室、水神殿、喷泉等)、591个蓄水池供水，部分水渠也向经行的村庄供水(图二四、图二五，表3)。[75]

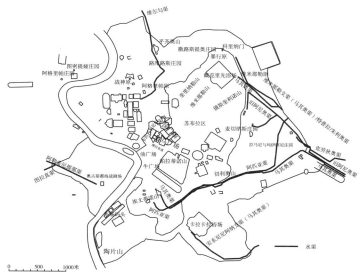

图二四　罗马城水渠遗迹分布示意图

(底图来自 *Guide Archeologiche: Roma*, pp.12-13)

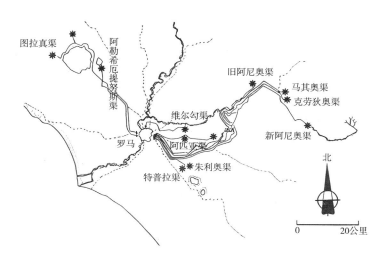

图二五　罗马城水渠水源点位置示意图

(底图来自 Xavier Lafon, "Le Suburbium," *Pallas*, 2001, No.55, fig. 3, p.214)

表 3　罗马城水渠的基本供水情况一览表

水渠	总长度（米）	水源	入水口的总水量（昆纳里）	村庄供水量（昆纳里）	城郊供水量（昆纳里）			城区用水量（昆纳里）			城区供水量（昆纳里）	城内供水区
					皇帝	个人	公共	皇帝	个人	公共		
阿匹亚渠	16444.6	泉水	1825	20		5		151	194	354	699	二、八、十一至十四区
旧阿尼奥渠	63704.5	阿尼奥河	4398	35	169		404	64.5	490	552	1508.5	一、三、十二、十四区
马其奥渠	91424.1	泉水	4690	51		261.5		116	543	491	1472	一、三至十四区
特普拉渠	17745.4	"宝水"温泉	445	14	58		56	34	237	50	331	四至七区
朱利奥渠	22853.6	泉水	1206	17	85		121	18	196	383	597	二、三、六、八、十二区
维尔勾渠	20696.6	维尔勾泉	2504	18		200		509	338	1457	2304	七、九、十四区
阿勒希厄提努斯渠	32847.8	阿勒希厄提努斯湖	392		254		138					十四区
克芳水奥渠	68750.5	泉水	4607	92		439	728	816	1567	1115	3498	所有区
新阿尼奥渠	86964.0	阿尼奥河	4738									所有区
图拉真渠	57700.0	泉水										所有区
亚历山大渠	22000.0	泉水										九区

注：（1）基本数据来自 Hazel Dodge, "Greater than the Pyramids": The Water Supply of Ancient Rome," in *Ancient Rome: The Archaeology of the Eternal City*, Oxford: Oxford University School of Archaeology, 2000, Fig. 8.2, 8.5, 8.11, pp.171, 177, 187；（2）供水量的数据来源为弗朗提努斯的《罗马水渠志》。

二、排水系统

排水系统遗迹目前所知较详者为"大下水道"。据文献记载，工程始于公元前 6 世纪，当时塔尔奎尼乌斯·苏佩尔布斯将一条流经广场谷沼泽区的小溪改造成露天沟渠[76]，可能直到公元前 2 世纪才改造为暗渠。现存的大部分遗迹都属于阿格里帕的修复，起始端在奥古斯都广场西北。渠壁以白榴凝灰岩筑造，渠底铺设火山岩块，拱顶。帝国时期以砖砌面的混凝土修复了罗马广场附近的一段下水道拱顶。大下水道有八条支渠，汇集俄斯奎里诺山、维米那勒山和奎里那勒山的污水后排到台伯河。排水口在牛广场附近的河岸，即今帕拉蒂诺桥边，为三拱式，以大理石砌造。[77]

第三节　消防设施

一、消防队营所

奥古斯都时期在全城 14 个区共设立消防队的 7 座营所以及 14 个岗哨。[78]根据遗迹和铭文能确定其中 5 座营所的位置：一号营所在战神原的选举围廊附近[79]；二号营所在俄斯奎里诺山南坡，今维多利亚·艾玛努埃勒二世广场（Piazza Vittorio Emanuele II）的南端[80]；三号营所在俄斯奎里诺山北坡、塞维鲁城墙维米那勒门西南[81]；四号营所在埃文蒂诺山、塞维鲁城墙青铜门的东南[82]；五号营所位于切利奥山的大市场西边。另外 2 座营所的具体位置仍不确定：六号营所应是在罗马广场附近[83]，其中一个岗哨可能在广场中[84]；七号营所应在台伯河西岸，其中一个岗哨的遗迹在今圣克里索高诺教堂。

二、火灾祭坛

除了消防设施外，罗马城内还有从宗教层面祈求免受火灾的设施，即所谓的"尼禄火灾祭坛"，由图密善建造，可能每区一个，为纪念尼禄大火灾并祈祷免受火灾侵扰[85]，题献给海神尼普顿。目前仅找到其中两座：一座在大马戏场西南侧、埃文蒂诺山脚，另一座在奎里那勒山的奎里诺神庙南面。[86]

第四节　公共卫生设施

　　罗马城内的公共卫生设施主要是公共浴室和公共浴场。浴室一般由私人经营，规模较小，仅有洗浴功能；浴场则由官方修建，规模庞大，具备洗浴、娱乐等综合功能。

　　目前对公共浴室建筑的了解不甚详尽，仅知在一区（卡佩纳门区）有博拉努斯[87]、阿巴斯坎图斯[88]、玛麦尔提努斯[89]、安提奥齐阿尼浴室[90]，另有凯撒（又名"帕拉蒂"）[91]、提杰利尼[92]、塞维鲁[93]、亚历山大[94]等浴室，具体位置和形制皆不明。从相关记载看，公共浴室的修建者多为执政官或皇帝被释奴，也有部分由皇帝出资修建。据《地区志》记载，当时罗马城内有856座公共浴室，除了大马戏场区的公共浴室数量略少外，其余各区数量在44—86座之间。[95]帝国早期的数据虽不确知，但应也根据各区面积相对均衡分布。

　　浴场是多功能的综合性建筑，占地广阔，设施复杂。至帝国时期，多采用规整的方形平面、轴对称的封闭式布局。建筑内除各类浴室外，还包括健身房、运动厅、摔跤室等体育设施，演讲室、学术讨论厅、哲学座谈间、图书馆、音乐厅等文化设施，以及商店和小吃店等餐饮场所。修建者主要是独裁者或皇帝。结合出土文献和考古发现，可知俄斯奎里诺山有提多浴场、图拉真浴场，战神原南部有阿格里帕浴场、尼禄浴场（或称亚历山大浴场），埃文蒂诺山有卡拉卡拉浴场、德齐奥浴场、苏拉浴场，切利奥山有康茂德浴场、塞维鲁浴场，维利亚山有图密提乌斯浴场，台伯河西岸有奥勒良浴场、塞提米奥浴场，在罗马城区的高地与低地空间均有分布。

注　释

[1] ［意］L. 贝纳沃罗著，薛钟灵、余靖芝等译:《世界城市史》，科学出版社 2000 年版，第 241 页。
[2] *LTUR* V, pp.135-137.
[3] Ibid., pp.144-145.
[4] Ibid., p.142.
[5] Ibid., pp.146-147.
[6] Ibid., p.144.
[7] *Topographical Dictionary*, p.561.
[8] *LTUR* V, p.141.
[9] Ibid., pp.130-133.
[10] Ibid., p.133.
[11] Ibid., p.143.
[12] Ibid., p.144.
[13] Ibid., pp.134-135.
[14] Ibid., pp.147-148.
[15] 得名于奥斯坎语的"sublica"，意谓"木板"。参见 *LTUR* IV, pp.112-113。
[16] *LTUR* IV, pp.106-107.
[17] Ibid., pp.109-110.
[18] Ibid., pp.108-109.
[19] Cass. Dio LIII. 33.
[20] "Pons Fabricius," *Topographical Dictionary*, p.400.
[21] *LTUR* IV, pp.107-108.
[22] Ibid., p.111.
[23] Ibid., pp.105-106.
[24] Ibid., p.108.
[25] "Pons Caligulae," *Topographical Dictionary*, p.399.
[26] *LTUR* IV, pp.111-112.
[27] Liv. XLI, 27.
[28] Emilio Rodríguez-Almeida, *Forma Urbis Marmorea. Aggiornamento Generale 1980*, Rome: Edizione Quasar, 1981, p.115; *Topographical Dictionary*, p.200; *Guide Archeologiche: Roma*, pp.330-331.
[29] Giulio Cressedi, "Roma-Sterri al Lungotevere Testaccio," in *Notizie degli*

Scavi di Antichità, Serie VIII-Vol. X, 1956, pp.19-52; *LTUR* IV, p.338.

[30] Christer Bruun, "Il funzionamento degli aquedotti romani," in *Roma imperiale: Una Metropoli Antica*, Roma: Carocci Editore, 2000, p.160.

[31] Liv. IX, 29.6; Pliny, *NH* XXXVI, 121; Front. *Aq.* I, 4-7, 9, 18, 22; II. 65, 79, 125; *Not.* app.; "Appius Claudius...prohibuit in censura viam / Appiam..." *CIL* XI, 01827.

[32] 此处原有希望女神神庙，在帝国时期成为"希望女神园"的所在。

[33] Front. *Aq.* I, 5, 5-6.

[34] Front. *Aq.* 79.2; Hazel Dodge, "'Greater than the Pyramids': The Water Supply of Ancient Rome," in *Ancient Rome: The Archaeology of the Eternal City*, Oxford: Oxford University School of Archaeology, 2000, pp.166-209. *Guide Archeologiche: Roma*, pp.36-37.

[35] 弗朗提努斯《罗马水渠志》记载的各水渠供水量使用了"昆纳里"作为单位，这是古罗马面积单位。但对于该单位与现代容积单位之间的换算标准，各家有不同意见，这里采用 Grimal 的意见，即 1 昆纳里约等于 40 立方米。下文数据皆同。参见 Hazel Dodge, "'Greater than the Pyramids': The Water Supply of Ancient Rome," in *Ancient Rome: The Archaeology of the Eternal City*, Oxford: Oxford University School of Archaeology, 2000, Fig. 8.11, p.187.

[36] Hazel Dodge, "'Greater than the Pyramids': The Water Supply of Ancient Rome," in *Ancient Rome: The Archaeology of the Eternal City*, Oxford: Oxford University School of Archaeology, 2000, pp.166-209; *Guide Archeologiche: Roma*, p.38.

[37] Front. *Aq.* 6.2.

[38] Pliny, *NH* XXXVI, 121; Front. *Aq.* I, 4, 6, 7, 9, 13, 18, 21; II, 66, 67, 80, 90-92, 125; Stat. *Silv.* I, 5.25.

[39] Front. *Aq.* 21.3.

[40] Ibid., 21.

[41] Ibid., 80.2.

[42] Ibid., 92.

[43] *BC* 1912, 228232; NS 1913, 7, 441.

[44] Front. *Aq.* I, 4, 7, 9, 12, 13, 14, 18, 19; II, 67, 68; 72, 76, 81, 87, 89, 91-93, 125; Strabo V, 3.13 p.240; Vitru. VIII, 3.1; Tac. *Ann.* XIV, 22; Pliny, *NH* XXXI, 41; Martial VI, 42.18; IX, 18.6; Stat. *Silv.* I, 3.66, 5.27; *CIL* VI,

01245-01251, 31559-31563. *CIL* XIV, 04074-04078, 04081.
[45] Front. *Aq.* 7.6.
[46] 多吉、科阿勒利等都提到一个名为"老罗马"（Romavecchia）的区域，可能是一个农庄的名称，但现代地图上已无法查得此地，可能是在罗马东南郊。
[47] *Eins.* 11.2; 13.22: "ibi (at the porta Appia) forma Iopia quae venit de Marsia, et currit usque ad ripam."
[48] Front. *Aq.* 83.2.
[49] Hazel Dodge, " 'Greater than the Pyramids' : The Water Supply of Ancient Rome," in *Ancient Rome: The Archaeology of the Eternal City*, Oxford: Oxford University School of Archaeology, 2000, pp.166-209; *Guide Archeologiche: Roma*, p.38.
[50] Hazel Dodge, " 'Greater than the Pyramids' : The Water Supply of Ancient Rome," in *Ancient Rome: The Archaeology of the Eternal City*, Oxford: Oxford University School of Archaeology, 2000, pp.166-209; *Guide Archeologiche: Roma*, p.38.
[51] Front. *Aq.* I, 4, 8, 9, 18, 19; II, 67-69, 82, 125; *Not.* app.
[52] PBS V. 222.
[53] LA 293-314; LR 52, 53.
[54] Hazel Dodge, " 'Greater than the Pyramids' : The Water Supply of Ancient Rome," in *Ancient Rome: The Archaeology of the Eternal City*, Oxford: Oxford University School of Archaeology, 2000, pp.166-209; *Guide Archeologiche: Roma*, p.38.
[55] Front. *Aq.* I, 4, 9, 18, 19; II, 68, 69, 76, 83, 125; *Not.* app.
[56] Romolo A. Staccioli, *Acquedotti, fontane e terme di Roma antica*, Roma: Newton & Compton, 2005.
[57] Hazel Dodge, " 'Greater than the Pyramids' : The Water Supply of Ancient Rome," in *Ancient Rome: The Archaeology of the Eternal City*, Oxford: Oxford University School of Archaeology, 2000, pp.166-209; *Guide Archeologiche: Roma*, pp.38-39.
[58] *CIL* VI, 01252-01254, 31564, 31565.
[59] Front. *Aq.* 18.
[60] Pliny, *NH*, 31.42.
[61] Front. *Aq.* I. 22: "arcus...finiuntur in campo Martio secundum frontem Saeptorum."

[62] Front. *Aq.* 10; Cass. Dio 54.117.

[63] Ibid., 11.2.

[64] Hazel Dodge, "'Greater than the Pyramids': The Water Supply of Ancient Rome," in *Ancient Rome: The Archaeology of the Eternal City*, Oxford: Oxford University School of Archaeology, 2000, pp.166-209; *Guide Archeologiche: Roma*, p.39.

[65] "Incohavit autem aquae ductum regione Tiburti et amphitheatrum iuxta Saepta, quorum operum a successore eius Claudio alterum peractum, omissum alterum est."［他在提布尔旁修建水渠，在选举围廊旁修建角斗场，前者由他的继任者克劳狄奥完成，后者则被废止。］Suetonius, *The Lives of the Caesars*, Book IV, Gaius Caligula. XXI, pp.434-435; "ductum aquarum a Gaio incohatum."［(他完成了) 一条由盖伊奥 (即卡里古拉) 始建的水渠。］Suetonius, *The Lives of the Caesars*, Book V, The deified Claudius. XX, pp.36-37.

[66] Pliny, NH XXXVI, 122; Front. *Aq.* I, 4, 13-15, 18-20, II, 69, 72, 76, 86, 87, 89, 91, 104, 105; *Not.* app.; CIL VI, 01256-01259, 03866, 31963.

[67] Hazel Dodge, "'Greater than the Pyramids': The Water Supply of Ancient Rome," in *Ancient Rome: The Archaeology of the Eternal City*, Oxford: Oxford University School of Archaeology, 2000, pp.166-209; *Guide Archeologiche: Roma*, pp.39-40.

[68] Ftont. *Aq.* 15.1-2, 90, 93.4.

[69] NS 1883, 19; 1884, 425.

[70] Hazel Dodge, "'Greater than the Pyramids': The Water Supply of Ancient Rome," in *Ancient Rome: The Archaeology of the Eternal City*, Oxford: Oxford University School of Archaeology, 2000, pp.166-209; *Guide Archeologiche: Roma*, p.40.

[71] *Not.* app.; LP I, 211.

[72] CIL XV. 07369-07373; 现代地图上已找不到 Vigna Lais 这个葡萄园，根据地名推测有可能在今天的 Via di Vigna Lais 或 Villa Lais 一带。

[73] Hazel Dodge, "'Greater than the Pyramids': The Water Supply of Ancient Rome," in *Ancient Rome: The Archaeology of the Eternal City*, Oxford: Oxford University School of Archaeology, 2000, pp.166-209; *Guide Archeologiche: Roma*, pp.40-41.

[74] Hazel Dodge, "'Greater than the Pyramids': The Water Supply of Ancient

Rome," in *Ancient Rome: The Archaeology of the Eternal City,* Oxford: Oxford University School of Archaeology, 2000, pp.166-209; *Guide Archeologiche: Roma*, p.41.

[75] *Reg.* ; Arvast Nordh, *Libellus de regionibus urbis Romae*, Lund: Gleerup, 1949; Hazel Dodge, "'Greater than the Pyramids': The Water Supply of Ancient Rome," in *Ancient Rome: The Archaeology of the Eternal City*, Oxford: Oxford University School of Archaeology, 2000, Fig. 8.5, p.177.

[76] Liv. I, 38.6; 56.2; Dionys III, 67.5, IV, 44.1; Strabo V, 3.8; Pliny, *NH* XXXVI, 104; Cass. Dio XLIX, 43.

[77] *Topographical Dictionary*, pp.126-127.

[78] P.K. Baillie Reynolds, *The Vigiles of Imperial Rome*, Oxford, pp.43-63.

[79] *Not. Reg.* II, V, VI; *CIL* VI, 00233, 01056, 01092, 01144, 01157, 01180, 01181, 01226, 02959-02961; *Forma Urbis Romae*, Standford#36a.

[80] *CIL* VI, 00414, 01059, 02962-02968, 32752.

[81] Not. ; *CIL* VI, 02969-02971, 03761, 31320, 32753-32756; *CIL* XV, 7245.

[82] *CIL* VI, 00219, 00220, 00643, 01055, 02972-02976; *Not. Reg.* XII.

[83] *Not.* ; *CIL* VI, 02984-02992, 03275.

[84] *CIL* VI, 03909.

[85] Ibid., 00826, 30837.

[86] *Topographical Dictionary*, p.30.

[87] *Not.*

[88] *Reg.*

[89] *Reg.* ; Pros. III, 28.212.

[90] *Not.*

[91] *Hist. Aug. Alex. Sev.* 23: "nec quicquam in Palatio curare (eunuchos) fecit nisi balneas feminarum"; *Forma Urbis Romae*, Standford#43a-b.

[92] Martial, III, 20.16.

[93] *Hist. Aug. Sev.* 19.5; HJ 629; WS 1884, 124; RhM 1884, 635.

[94] *Hist. Aug. Alex. Sev.* 39.

[95] *Reg.*

第六章　罗马城的功能分区

第一节　居住区

罗马城居民的居住形式主要是多层公寓（insulae）、宅邸（domus）、园宅（horti）与别墅（villa）。多层公寓一般有四层，分为多套房间，由不同的家户分别租住。宅邸一般为一两层，由多进院落组成，面积较小，临街而开，布局相对规整。园宅通常占地较大，布局复杂，带有利用自然景观营造的园林。别墅通常建在城郊，占地广阔，布局十分复杂，建筑类型多样，带有较强的风格特征。罗马城内居住区的分布与等级有密切的关系。

一、皇族、大祭司长居住区

皇帝往往兼任大祭司长，居住形式包括宅邸、园宅和别墅三种建筑类型，为了区别于一般贵族，这里将"宅邸"称"府"或"宫"，"别墅"称"离宫"，"园宅"则仍称为"园"。宫殿主要集中在帕拉蒂诺山上，兼具居住和行政的功能。但皇帝的房产遍布全城，尤其是城东北几座山丘邻近帕拉蒂诺山的顶部——切利奥山顶被塞索尔里姆宫、康茂德的维克提利阿纳府等占据。奎里那勒山顶则有维斯帕宅。俄斯奎里诺山的拉米亚园、利奇尼奥园、厄帕弗洛狄忒园、帕拉斯园、卡里克拉利园、塔乌罗园、洛里亚纳园，奎里那勒山的撒路斯提奥园、卡厄尼斯宅，平齐奥山的路库路斯园、平齐奥宅等从朱利奥-克劳狄奥王朝起先后被收归皇帝所有。城北郊有皇后莉维亚的离宫。城东南郊的提布尔一带则是哈德良离宫的所在。

二、贵族、祭司居住区

目前在罗马发现的与贵族相关的居住遗迹多属于执政官（包括代执政官、备位执政官）、行省总督和皇帝家族成员，建筑类型与皇帝相同，但在空间位置上存在差异。

由于皇帝宫殿逐渐侵占了帕拉蒂诺山和罗马广场周边自共和时期以来的贵族居住区，虽然仍有部分贵族居住在这周边[1]，但更多的贵族迁至城内其它山丘上，主要集中在奎里那勒山、俄斯奎里诺山、切利奥山和埃文蒂诺山，其次是平齐奥山和维米那勒山，此外在维利亚山也有少量贵族宅邸，基本都在城内的高地，极少数的贵族宅邸分布在苏布拉、战神原和台伯河西岸等低地。

贵族园宅主要分布在俄斯奎里诺、奎里那勒、切利奥、埃文蒂诺、平齐奥等山丘之上，也有少数分布在台伯河西岸的临河地带。一些知名的大园宅如撒路斯提奥园、大阿格里庇娜园和拉米亚园等在帝国初期通过馈赠、继承或是没收的方式收归皇帝名下（表4）。

2世纪，一些来自意大利之外的富有元老也在城郊置办产业，例如阿匹亚大道的昆提利别墅和拉丁大道的塞提·巴斯别墅等，但这些别墅大多数在公元2世纪末也归皇帝所有。[2]

神职人员的住处仅知祭司长居住在罗马广场的王宫中，维斯塔神贞女祭司居住在贞女居内，翠贝拉神女祭司麦莉瑟娅居住在台伯河左岸的菲利吉安努姆（今梵蒂冈一带）[3]，其余情况不详。

表4　罗马帝国早期贵族宅邸分布区域一览表（据 *LTUR* 制作）

位置	类型	名称	所有者身份（不含具体身份不明者）
奎里那勒山	宅邸	塞维鲁斯宅	德齐奥（？）时期的执政官
		奎俄图斯宅	82年色雷斯总督
		普西奥宅	克劳狄奥时期第十六军团的指挥官
		朱利阿努斯宅	2世纪的吕西亚和潘菲利亚的总督
		维杰图斯宅	91年的代执政官
		马克西姆斯宅	227年的执政官
		马克西姆斯宅	塞维鲁时期的消防保民官

续表

位置	类型	名称	所有者身份（不含具体身份不明者）
奎里那勒山	宅邸	鲁索尼阿努斯宅	204 年的第十五街道公会神圣仪式执法官
		萨比努斯宅	维斯帕的兄弟（或儿子）
		普拉乌提阿努斯宅	塞提米奥·塞维鲁的朋友
		庞珀尼乌斯宅	庞珀尼乌斯家族（包括图拉真时代的粮务主管 T. 庞珀尼乌斯·巴苏斯）
	园宅	撒路斯提奥园	历史学家撒路斯提奥；后归比略所有
俄斯奎里诺山	宅邸	库列奥宅	40 年的代执政官
		奎俄图斯宅	82 年色雷斯总督
		朱恩库斯宅	127 年的代执政官
		普拉俄涅斯提斯宅	157 年的代执政官
		法比阿努斯宅	158 年的代执政官
		普拉俄森斯宅	180 年的执政官或其后代
		科玛西亚宅	220 年执政官的女儿
		狄奥提玛宅	2 世纪末或 3 世纪初的贵族女性，后来属于 P. 阿提乌斯·普登斯、T. 弗拉维乌斯·瓦勒利阿努斯、C. 阿尼乌斯·拉俄沃尼库斯·玛图利努斯（？）
		庞培宅	提比略上任前住在这里，3 世纪时属于高迪亚诺
		弗朗托与夸德拉图斯宅	前者是马可·奥勒留和路奇乌斯·维鲁斯的家庭教师
	园宅	洛里亚纳园	公元前 21 年的执政官或他的女儿
		麦切纳斯园	麦切纳斯；公元 2 年左右归比略所有
		拉米亚园	亚历山大城的犹太大使；38 年归卡里古拉所有
		塔乌罗园	44 年 M. 斯塔提里奥·塔乌罗，53 年归小阿格里庇娜所有
		帕拉斯园	克劳狄奥的被释奴
		利齐尼奥园	伽里埃诺
		厄帕弗洛狄忒园	尼禄和图密善时期的被释奴
切利奥山	宅邸	瓦杰利乌斯宅	44 或 46 年的代执政官和塞纳卡的一个朋友
		皮索宅	57 年的执政官
		小图密基娅宅	马可·奥勒留之母
		维鲁斯宅	121、126 年的执政官
		帕库鲁斯宅	187 年的执政官
		奥勒利阿努斯宅	197 或 198 年的执政官和历史学家
		马克里努斯宅	217 年成为皇帝，218 年被杀

续表

位置	类型	名称	所有者身份（不含具体身份不明者）
帕拉蒂诺山	宅邸	安东尼宅	三执政官之一，后来属于麦撒拉和阿格里帕，公元前29年被烧
		西塞罗宅	西塞罗、公元前39年的执政官L.马尔齐乌斯·乾索里努斯和16年的执政官斯塔提利乌斯·希塞纳
		杰尔玛尼库斯宅	卡里古拉的父亲
		海拉里奥宅	奥古斯都时期贵族，2世纪早期提比略的孙女巴萨
		普罗库鲁斯宅	诗人马西亚尔的朋友
苏布拉	宅邸	斯特拉宅	101年备位执政官
埃文蒂诺山	宅邸	热蓬提努斯宅	安东尼诺·皮奥统治末期的官员
		科玛西亚宅	220年执政官的女儿
		玛乌里库斯宅	191年的执政官和水务保佐人
		科尔涅利阿努斯宅	222年第七军团的副将
		齐罗宅	203年的城市执政长官，塞提米奥·塞维鲁的朋友
		克斯慕斯宅	2世纪早期的皇帝被释奴
		塞普特宅	原为塞维鲁所有，后赠送给他朋友
		科尔尼菲齐娅宅	马可·奥勒留的妹妹、M.翁米狄乌斯·夸德拉图斯的妻子
	园宅	齐罗尼娅园	204年执政官之妻
维利亚山	宅邸	卡勒维努斯宅	奥古斯都时期的执政官
		图密提乌斯宅	尼禄的父亲、执政官
平齐奥山	宅邸	珀斯图密乌斯宅	271年的城市执政长官
		朱利阿努斯宅	254年之前的城市执政长官
	园宅	路库路斯园	L.利齐尼乌斯·路库路斯约在公元前60年设计[4]，46年属于瓦勒利乌斯·阿西亚提库斯，称为阿西亚提库斯园[5]，后被麦莎利娜夺取[6]，她死后被收归皇帝[7]
		阿齐利园	2世纪时属于阿齐利·格拉布利奥涅斯
维米那勒山	宅邸	切勒苏斯宅	卡拉卡时期毛里塔尼亚的行政长官
河对岸区	宅邸	卡俄齐利宅	2世纪前半期卡俄齐利家族
		法尔涅瑟宅	阿格里帕夫妇
	园宅	克里斯匹园	44年执政官

续表

位置	类型	名称	所有者身份（不含具体身份不明者）
河对岸区	园宅	加尔巴园	加尔巴皇帝
		大图密基娅园	图密善之妻
		大阿格里庇娜园	卡里古拉之母；33 年归卡里古拉所有
		杰塔园	塞提米奥·塞维鲁之子
战神原	宅邸	阿弗利卡努斯宅	59 年的代执政官

三、社会中下层居住区

平民的居住形式包括附属型和独立型。附属型指的是通过与贵族之间建立庇护关系，从而如庞贝城、赫库兰尼姆城等遗址般以商店、作坊或租房的模式居住在贵族宅邸附近[8]，但这种居住形式在罗马城内并未发现考古实例。[9]独立型则指多户合住（或租）于同一座建筑内，但各自独立，建筑类型包括宅邸和多层公寓两种。前者或如《塞维鲁罗马城平面图》残块 543 中所绘，多户合住在一座宅邸中。后者更为常见，目前主要发现于城区内的战神原、维拉布洛、台伯河西岸等低地，以及城郊的奥斯蒂亚城。苏布拉应也是平民集中居住的地带之一。根据文献记载，多层公寓大多属贵族所有，出租给中下层平民。[10]

奴隶通常居住在主人家中。[11]帕拉蒂诺山的斯卡乌鲁斯宅遗址中发现有大约 50 间奴隶房。[12]安东尼诺与法乌斯提娜神庙附近发现的一组房间似乎也是奴隶住处。[13]

最底层则住在城市周围的棚屋、剧场的遮雨棚下甚至墓葬建筑中。[14]朱利奥神庙也承担过收容所的功能。[15]

第二节　公共休闲区

罗马城的公共文体设施主要有马戏场、剧场、海战剧场、角斗场、图书馆、音乐厅、体育场和艺术学校等八种类型。前两类在共和国时便已流行，但到帝国时期才改建成砖石建筑。其它都是帝国时期才在都城新出现的建筑类型。

马戏场中确属公共性质的为大马戏场、弗拉米尼奥马戏场、盖伊奥与尼禄马戏场。前两座皆在城区内,分别位于穆尔奇亚谷和战神原南部。盖伊奥与尼禄马戏场则在城郊台伯河西岸的大阿格里庇娜园,原为私产,尼禄时向公众开放。

剧场仅有庞培剧场、马塞留剧场和巴勒伯剧场三座,都修建于共和国末期至帝国早期,均位于战神原南部。另外,根据文献资料,战神原有凯撒海战剧场,台伯河西岸有奥古斯都海战剧场、图密善海战剧场、图拉真海战剧场、菲利普海战剧场(或即奥古斯都海战剧场),但遗迹均已无存。[16]

公共角斗场包括斗兽场谷的弗拉维角斗场,战神原南部的斯塔提里奥·塔乌罗角斗场、卡里古拉角斗场、尼禄角斗场,均分布在低地空间。

公共图书馆一般都附属于神庙、广场、围廊、浴场等公共建筑,在高地空间和低地空间均有分布,包括帕拉蒂诺山阿波罗神庙图书馆、卡匹托利尼丘图书馆、罗马广场奥古斯都神庙图书馆、和平广场图书馆、图拉真广场图书馆、战神原南部的屋大维娅围廊图书馆和万神殿图书馆、穆尔奇亚谷的卡拉卡拉浴场图书馆。

其它类型的公共文体设施还有战神原南部的图密善音乐厅和体育场,以及哈德良修建的"高等教育学校",是阅读、演讲和朗诵训练的公共场所[17],其位置有卡匹托利尼丘、战神原、维拉布洛三说。[18]

综合来看,帝国早期的公共文体设施绝大多数位于罗马城区内的低地空间,仅有部分附属于神庙的图书馆、由皇族私有改为公共享有的建筑分布在城内或近郊的高地空间。斗兽场谷、马戏场谷和战神原南部是三个较为集中的公共休闲建筑分布区。前两处以角斗、马戏为主,建筑规模宏伟。战神原南部则分布有几乎全部类型的公共休闲建筑(图二六)。

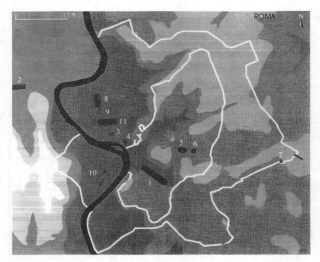

图二六　帝国早期罗马城公共文体设施分布图
1. 大马戏场　2. 盖伊奥与尼禄马戏场　3. 巴勒伯剧场　4. 马塞留剧场　5. 弗拉维斗兽场　6. 大竞技营　7. 高卢竞技营　8. 图密善体育场　9. 凯撒海战剧场　10. 奥古斯都海战剧场　11. 弗拉米尼奥马戏场

[底图来自 Jon Coulston and Hazel Dodge (eds.), *Ancient Rome: The Archaeology of the Eternal City*, Fig. 9.1, p.211]

第三节　政治区与军事屯戍区

一、政治区

罗马的政治中枢区是位于城区几何中心的广场谷-帕拉蒂诺山建筑群。地域相连的三个区域各承担了不同的功能：罗马广场是帝国权力秩序的象征中心、政治宣传和皇帝崇拜的中心、公共仪式中心，也是宪政机构元老院的常驻地之一和部分官署的所在地；帝国广场是主要的行政中心；帕拉蒂诺山则是皇帝常驻地。

战神原中南部是较为集中的政治功能区。中部有朱利奥选举围廊，是朱利奥-克劳狄奥王朝到弗拉维王朝的元老院选举地点。南部有屋大维娅元老院、水务主管和粮务主管的官署，以及公共别墅，在共和国时期曾被作为申办凯旋式的将军和外国使团的下榻处[19]，人口普查或征税时也用作官员办公室[20]，但不知道帝国时期是否仍有相同功能。

其它各级政治机构或呈散点分布，能确认的不多，仅知城市执政长官官署在俄斯奎里诺山，度量衡官署[21]和皇帝财务库[22]可能在罗马广场的双子星神庙。部分神庙尤其是希腊-罗马系神庙承担了一定的世俗政治功能，像元老院的集会地点就有罗马广场的维斯塔中庭[23]和双子星神庙[24]，奥古斯都广场的复仇者战神神庙[25]，坎匹多伊奥山的至高无上朱庇特神庙[26]，俄斯奎里诺山的大地女神神庙[27]，以及阿波罗神庙[28]、贝罗娜神庙[29]等。

二、军事屯戍区

军事屯戍区主要在台伯河东岸，东北角的奎里那勒山上驻扎禁军（禁军营），东南角的切利奥山上驻扎骑兵（精锐骑兵营和新精锐骑兵营）和密探（异族军营），北边的平齐奥山上驻扎步兵（城市军营），这些军营都在城界之外，可能是对边界内禁忌武器传统的遵循。边界之内主要驻扎应用于竞技和海战的米森农特遣舰队（舰队兵营）等非正式兵力，以及器械库、竞技营等与公众表演有关的军事设施，集中于东部的俄斯奎里诺山。台伯河西岸主要驻扎海军（拉文纳海军军营）（图二七）。

三、纪念建筑

从广义来说，神庙、墓葬等都属于纪念建筑，但此处取其狭义概念，即将只具备纪念某人或某事之功能的建筑结构视为纪念建筑，它们实际上也有政治宣传的功能，主要类型包括拱门（凯旋门）和纪功柱。

图二七　罗马城军事设施及相关设备示意图
1. 禁军营　2. 精锐骑兵营　3. 新精锐骑兵营　4. 城市兵营　5. 米森农特遣舰队兵营　6. 拉文纳海军军营　7. 异族兵营　8. 大竞技营　9. 清晨竞技营　10. 器械库　11. 达奇亚竞技营　12. 消防队一号营所　13. 消防队二号营所　14. 消防队三号营所　15. 消防队四号营所　16. 消防队五号营所　17. 消防队六号营所岗哨　18. 消防队七号营所岗哨

〔底图来自 Jon Coulston and Hazel Dodge (eds.), *Ancient Rome: The Archaeology of the Eternal City*, Fig. 5.1, p.77〕

　　帝国时期罗马城被称为"拱门"的建筑中，可分为两类。一类经由连拱水渠或城门的改造而成，少有或没有装饰，带有记载修建者和题献对象的铭文，属于被"纪念化"的实用建筑结构，包括马其奥渠支渠的多拉贝拉与斯拉诺拱门[30]、维尔勾渠的两座克劳狄奥拱门（分别为46年[31]和52年[32]改造）、阿匹亚渠的冷图里与克里斯皮尼拱门[33]、克劳狄奥渠的奥古斯都拱[34]，以及由塞维鲁城墙俄斯奎里诺城门改造的伽里埃诺拱门[35]。第二类专门为纪念军事胜利或致敬的目的而修建在广场或主干道上，大部分由皇帝、元老院或执政官出资，极少数由平民修建。其中因纪念皇帝或将领获得举行凯旋式[36]殊荣的拱门，又被称为"凯旋门"，目前所知的多在城区内的低地，如奥古斯都亚克角和帕提亚拱门、提比略拱门（19年建）、提多拱门和塞维鲁拱门在罗马广场,德鲁苏斯与杰尔玛尼库斯拱门在奥古斯都广场,提比略拱门(克劳狄奥时代建)、图密善拱门和马可·奥勒留拱门在战神原,大德鲁苏斯[37]拱门在穆尔奇亚谷,银匠拱门在牛广场。修建在高地的拱门很少,目前仅见帕拉蒂诺山上奥古斯都为父亲修建的屋大维拱门和卡匹托利尼丘上尼禄为自己修建的拱门。

纪功柱实际上是胜利纪念碑,为获得军事成就的皇帝尤其是针对某次重要的胜利而立,包括图拉真广场的图拉真纪功柱、战神原的安东尼诺·皮奥纪功柱和马可·奥勒留纪功柱。

总体看来,纪念建筑一般分布在城内低地,尤以罗马广场和战神原两处居多。

第四节 经济功能区

一、仓储区

《地区志》内列举了罗马城中的334个仓库,但迄今只能确定其中的一小部分。从志书所载数据来看,4世纪时仓库遍布全城,尤其集中在埃文蒂诺山的码头区和帕拉蒂诺山一带,其余各区的数量则在16—27座之间(详第七章第二节)[38]。

从考古发现的公元前1世纪至公元3世纪的遗迹来看,这一时期流经城区的台伯河中段堤岸遍布仓库,尤其是维拉布洛的艾米利阿纳仓、埃文蒂诺山南原地的市场码头至陶片山一带的洛里亚纳仓库、艾米利亚围廊、加尔巴仓库、阿尼恰纳仓库、塞伊阿纳仓库、蜡烛仓库等。而在罗马广场,公元前1世纪至公元1世纪时陆续修建了阿格里庇娜仓库、维斯帕仓库以及胡椒仓库(康茂德时被烧)。1世纪末在奎里那勒山修建了路其奥·涅维奥·克勒门特仓库。3世纪在俄斯奎里诺山建造了纸莎草仓库。其它区域的仓库名称、修建年代、储存内容和建筑形态暂未详。

从目前的发现来看，仓储设施的分布主要集中在水陆交通的连接处，即埃文蒂诺山一带；另外是皇帝的主要居住区如帕拉蒂诺山、罗马广场周边。

二、手工业区

手工作坊的考古遗迹发现较少，仅能依靠墓志铭等出土文献资料推测帝国早期各类作坊的地理位置。罗马广场新大道南侧的不少店铺可能兼有作坊的功能，如制铁匠、花环装饰工的店铺等（详第三章第一节）[39]。苏布拉则生活着皮靴匠[40]、羊毛匠[41]、毛毡匠[42]等，不排除他们的居处便兼有作坊的功能。战神原的庞培剧场附近有制鞋作坊。[43]另外，根据朱斯托·特拉伊纳对墓志铭等出土材料的梳理，还知道在俄斯奎里诺山有陶器作坊和制砖作坊，切利奥山上有木工作坊和砖窑，穆尔齐亚谷有陶器作坊，维拉布洛的油广场附近有木工作坊，埃文蒂诺山南原地的"陶片山"一带有造船作坊和大理石作坊，台伯河西岸的加尼库伦姆山脚和克列塔山附近有餐具作坊和油灯制造作坊。城郊有较多的砖窑。[44]

从这些有限的信息可知，罗马城内的手工作坊具有分散分布的特点，多在城区的低地空间。但受限于资料，尚未能得出不同类型的手工作坊的分布规律，仅知根据《地区志》的记载，至4世纪时，磨坊应当在全城皆有分布，各区的磨坊数量都在15—25座之间。[45]目前暂未发现较为集中的手工业功能区。

三、商业区

城区内现存六片集中的商业区遗迹，分别是埃文蒂诺山南部的市场码头-仓库区、维拉布洛的牛广场-油广场区、广场谷的图拉真市场-新大道、俄斯奎里诺山的莉维亚市场、切利奥山的大市场、战神原南边的选举围廊。这六个商业区因地段不同，经营类型、建筑类型以及消费层次都不同，可分为仓库-露天市场型、单体建筑型、街区店铺型三类。

第一类即市场码头－仓库区、牛广场－油广场区，沿台伯河岸分布，毗邻水运交通枢纽，应与外来货物的批量存放及销售有关，未发现有固定的店铺建筑。

第二类分布在人口密集的区域，一般称为"市场"（marcellum），是一种以商业功能为主的复杂建筑，多层式或院落式，通常由当政者主建。广场谷的图拉真市场、俄斯奎里诺山的莉维亚市场，切利奥山的大市场皆属此类。战神原的选举围廊实质也被改造成了市场。

第三类即零售商店（tabernae），通常为半圆形拱顶的单间，分布在道路两旁，或附属于多层公寓、仓库等大型建筑物内，如罗马广场新大道南侧、银匠斜路的沿街店铺，阿格里庇娜仓库内的店铺。苏布拉区内可能也有不少店铺。

另外，战神原北部可能有猪市[46]，大马戏场附近也有商业区[47]。出土铭文中多见苏布拉区的各类手工业者，可能在该区也散布有作坊式店铺。但具体情况都尚未得知。

由此可见，零售店铺多在低地空间，分布较为自由、零散；露天市场主要在台伯河沿岸一带的低地；而单体市场建筑则多见于广场谷、俄斯奎里诺山、切利奥山等毗邻皇帝、贵族居住区的地点，高地、低地都有。

第五节　公共宗教区

罗马人的住宅内多设有私人祭祀的区域，包括小圣坛、神龛、神像等[48]，本节主要讨论公共宗教祭祀活动区。根据祭祀对象所属宗教体系的差异，罗马城内的公共神圣空间主要包括希腊－罗马神系、近东（地中海东部沿岸地区）神系、神化皇帝（deified emperor）三类，各自的空间分布有一定规律。从空间分布上来说，希腊－罗马神系的祭祀场所基本都在塞维鲁城墙内和战神原中南部，呈现组团式的分布特征，外来神系的祭祀场所则散点式分布于城区内各处，皇帝神庙均在城界内。坎匹多伊奥山-广场谷是希腊-罗马神系和皇帝崇拜的中心,战神原中部则是地中海各地宗教体系和皇帝崇拜的另一处中心(图二八,表5)。

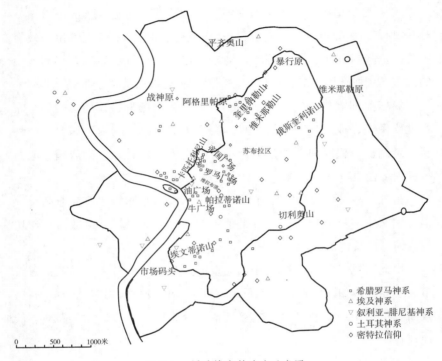

图二八　罗马城宗教遗迹示意图

(底图源自 *Guide Archeologiche: Roma*, pp.12–13)

一、希腊-罗马神系祭祀场所

希腊-罗马神系的祭祀场所多沿用共和国时期已有的场所,大部分都在塞维鲁城墙以内的坎匹多伊奥山、广场谷、战神原、奎里那勒山、埃文蒂诺山和维拉布洛等区域,多呈集中组团式分布。

坎匹多伊奥山上除了作为国家祭祀中心的三主神神庙之外,还有沿用共和国时期的朱庇特、朱诺、维纳斯、丰产女神、誓约女神、丰收神、幸运女神、灵感女神等神庙,皆由皇帝主持修复。帝国早期由皇帝新建了雷神朱庇特、守护朱庇特、复仇玛尔斯等神庙。

广场谷神庙的兴建、修复、重建等各项工程均由官方主持，沿用的旧建筑多与古罗马本土神祇有关，如火神、维斯塔、家神、双面神、农神、双子星、和睦女神等，或与此处的基础设施有关，如下水道女神。帝国时期新增的维纳斯与罗马等神庙则与皇帝家族、皇帝军功及统治秩序的象征有关。

战神原在帝国以前也分布着朱庇特、朱诺、阿波罗和赫拉克勒斯等主神的神庙。自朱利奥-克劳狄奥王朝开始，渐有成为帝国另一祭祀中心的趋势，与皇帝有关的和平祭坛、万神殿陆续在此修建。

奎里那勒山上的祭场均沿用自共和国时期，供奉对象除神格化的建城者奎里诺（罗慕路斯）以及与农业有关的百花女神以外，主要是健康女神、希望女神、平民贞节女神、幸运女神、信约之神、荣誉之神、美德之神、疗疟之神等人格品质化身的神祇。帝国早期仅新增由个人或行会修建的森林之神祭坛。

埃文蒂诺山上沿用着共和国时期的合祭谷神、植物之神和植物女神的所谓"平民三主神"神庙，除自由朱庇特、天后朱诺、密涅瓦、墨丘利、狄安娜等主神外，其余神祇如赫拉克勒斯、百花女神、百果女神、粮食之神等主要与农业生产有关。帝国早期也仅新增由个人或行会修建的森林之神祭坛。

维拉布洛的祭祀场所集中在牛广场和油广场周边，所供奉神祇的职司多与河运、商业交易有关，出资修建者也多为商人。

至于帕拉蒂诺山、俄斯奎里诺山、平齐奥山、切利奥山、台伯岛以及广场区也都有各种希腊-罗马神系的祭祀场所，但数量不多。

统观罗马全城，帝国以前的神庙在坎匹多伊奥山、埃文蒂诺山、战神原、广场谷分布最为集中。合祭三主神的神庙仅在坎匹多伊奥和埃文蒂诺山各有一处。至于独立神庙，坎匹多伊奥山集中了朱庇特、朱诺、维纳斯的祭场，战神原则有朱庇特、朱诺、密涅瓦、维纳斯、阿波罗、玛尔斯六位，埃文蒂诺山有朱庇特、密涅瓦、狄安娜、墨丘利四位，广场谷有朱庇特、维斯塔、伍尔卡诺三位。朱庇特仅分布于坎匹多伊奥山、埃文蒂诺山、战神原、广场谷这四个区域，而朱诺、密涅瓦、维斯塔、狄安娜在上述四区之外的分布空间似不重合，分别在俄斯奎里诺山、切利奥山、帕拉蒂诺山和维米那勒山有各自的单独祭所。玛尔斯为战神，由于"城界"之内对"兵事"存在禁忌，边界内不容许修建战神相关的祭祀场所，因而分布在城界外的战神原。阿波罗最初为外来神祇，也在战神原。

到帝国时期，由于维纳斯、密涅瓦分别被视为朱利奥家族的始祖神和图密善个人的保护神[49]，因此在广场谷增加了这二位主神的神庙。由于对军事胜利的推崇，在城界内的坎匹多伊奥山和广场谷都兴建了战神神庙。阿波罗也得以进入城界以内，出现在帕拉蒂诺山。此外，由于商人力量的加强，在维拉布洛也为"救难朱诺"修建了神庙。可能由于对火灾的恐惧，此时也增加了海神尼普顿的祭坛。

对于建城者罗慕路斯，除奎里那勒山上的神庙外，可能在帝国时期还在帕拉蒂诺山宫殿区附近增加了狼穴、罗慕路斯宅，以暗示罗马历史传统的延续性和皇帝统治的合法性。

二、近东神系祭祀场所

近东神系包括来自埃及、亚细亚（今土耳其）、叙利亚和波斯四个不同区域的信仰体系。

官方修建的埃及神系祭祀场所主要是伊西斯[50]、塞拉匹斯[51]神庙，自共和国至帝国时期陆续新建于坎匹多伊奥山、奎里那勒山、俄斯奎里诺山以及战神原。另外，叙利亚商人在台伯河西岸修建了俄利奥波利斯城的朱庇特神庙。

亚细亚神系的祭祀场所不多，仅知在帕拉蒂诺山、穆尔奇亚谷以及台伯河西岸各有一座翠贝拉神庙。翠贝拉（Cibele）又称大玛特（Magna Mater），源于帕西努斯城，是无所不包的神。帕拉蒂诺山翠贝拉神庙可确知始建于帝国时期，其余两座的始建年代不详。

叙利亚-腓尼基神系的埃拉伽巴路斯[52]、太阳与月亮[53]、贝罗娜[54]、多利克朱庇特[55]、叙利亚女神先后被引进罗马,其神庙或祭坛散见于帕拉蒂诺山、埃文蒂诺山、俄斯奎里诺山、穆尔奇亚谷、切利奥山、战神原、台伯河西岸。

波斯神系的祭祀场所仅见密特拉神殿,1世纪开始在穆尔奇亚谷的大马戏场出现,直至3世纪才流行开,陆续建在埃文蒂诺山、俄斯奎里诺山、切利奥山,均为附属于私宅或公共建筑的地下神殿。

近东宗教体系的祭祀场所在罗马城普遍出现得较晚,零散分布,除了个别埃及系的神庙始建于共和国时期外,大多皆始建于帝国早期,波斯系的密特拉神殿出现得最晚。埃及神系、亚细亚神系祭祀场所多见于塞维鲁城墙内,两者在空间分布上互不重合,前者主要在城区北半部,与几处传统的希腊-罗马宗教场所密集分布区有所重合;后者则在城区中部、西部。叙利亚-腓尼基神系在塞维鲁城墙内外皆有,主要在城区南半部。分布最普遍的是与密特拉信仰相关的遗迹,分散于奥勒良城墙内外。

从空间分布上看,埃及神系与希腊-罗马神系的融合度较高,分布地域往往重合;其它外来神系的祭祀场所则多建在罗马非传统宗教场所密集区。罗马城的各区域中,俄斯奎里诺山、战神原和穆尔奇亚谷呈现了极大的宗教包容度,各个神系的祭场均能建于此。即便在坎匹多伊奥山、帕拉蒂诺山,也在个别皇帝执政期间,由于其个人原因,零星出现了外来神祇的祭祀场所。但在广场谷,则未见外来神系宗教场所存在的迹象。

三、皇帝家族神庙

目前所见的与皇帝崇拜有关的建筑年代集中于从朱利奥-克劳狄奥王朝到安东尼王朝这一阶段,类型包括祭坛、火葬堆和神庙(表6)。

祭坛主要是坎匹多伊奥山的朱利奥家族祭坛。火葬堆即皇帝去世后举行火葬仪式的设施,有时被保留其遗迹作为纪念物,如战神原上安东尼诺·皮奥、马可·奥勒留的火葬堆。

皇帝崇拜的神庙供奉对象包括皇帝个人、皇帝夫妇或皇帝家族，哈德良时期还出现了将其岳母神化并建庙的特例。神庙通常以皇帝配偶、继任皇帝或元老院的名义修建，形制与希腊-罗马式的神庙类似，主要分布在广场谷、战神原，也有个别在坎匹多伊奥山、切利奥山、奎里那勒山。

朱利奥-克劳狄奥、弗拉维王朝的皇帝家族神庙制度并无明载，从空间位置上来看，王朝的头两位皇帝在罗马广场皆立有庙，凯撒、奥古斯都单独设庙，维斯帕和提多则为合庙。弗拉维王朝的前二帝还另于战神原有合祭庙（神圣神庙）。维斯帕在坎匹多伊奥山还有独立的神庙。这四位皇帝之外被神化的仅有克劳狄奥，其神庙立于生前宅邸所在之处，亦即切利奥山。而以家族为祭祀对象的神庙，朱利奥家族祭坛设于作为国家祭祀中心的坎匹多伊奥山，弗拉维家族神庙则由奎里那勒山的维斯帕宅改建而成。

到安东尼王朝，皇帝家族的神庙制度发生改变，似乎形成了较稳定的规制。从第二任皇帝图拉真至第五任皇帝马可·奥勒留，神化皇帝的神庙间替修建于广场谷和战神原两处。图拉真神庙在图拉真广场上，安东尼诺·皮奥与其妻子合祭之庙则在罗马广场，哈德良和马可·奥勒留的神庙则在战神原。安东尼王朝最后一任皇帝康茂德的神庙似也在战神原。其余二帝情况不明。

表5 罗马帝国早期重要神圣建筑及其主要建筑活动一览表（据 LTUR 整理）

位置	性质	建筑物	修（重）建者及年代	平面形状与形制
广场谷	希腊-罗马神系	双面神杰努斯神庙	佚名（王政时代？）	长方形，无屋顶
		下水道维纳斯圣坛	佚名（王政时代？）	圆形
		王宫（含玛尔斯、俄普斯神殿）	努玛？（前8—前7世纪）	
		维斯塔中庭（含维斯塔神庙、斯塔神龛、贞女居）	神庙：佚名（前8世纪）、尼禄（修复）、末莉东纳（191年修复）贞女居：佚名（前2世纪）、尼禄（重建）、图拉真（扩建）、图密善（扩建及局部重建）、哈德良（扩建）、安东尼时期（抬阶面）、末莉娅·东纳（191年重建）	圆形，圆柱式、爱奥尼亚式（弗拉维时改为科林斯式）
		农神萨图尔诺神庙	佚名（王政末期至共和国初期）、佚名（283年重建）	
		双子星迪奥斯库里神庙	佚名（前499或496）、提比略（6年重建）、图密善（修缮）	长方形，八柱式，科林斯式
		和睦女神康克尔迪亚神庙	佚名（前367年以后）、提比略（前7—10/12年）、佚名（284年修复）	长方形，六柱式
		火神祭坛（"黑石"底）	佚名（前4世纪）	
		十二主神用廊	佚名（前3或前2世纪）、弗拉维时期（重建）、佚名（367年修缮）	
		扶末庇特神庙	佚名（前294）、弗拉维时期（重建）	据哈特利塞浮雕，为六柱式，科林斯式
		家神拉莱斯神庙	佚名（前106）、奥古斯都（前4修复）	

续表

位置	性质	建筑物	修（重）建者及年代	平面形状与形制
广场谷	希腊-罗马神系	始祖神维纳斯神庙（朱利奥广场）	凯撒-奥古斯都（前51—?）、图密善（修复）、图拉真（113年改建及重建）、戴克里先（283年局部重建）	长方形、八柱式、密柱式、无后柱廊绕柱式
		复仇玛尔斯神庙（奥古斯都广场）	奥古斯都（?—前2年）、提比略（19年扩建）	长方形、八柱式、双排同柱式、双排柱廊绕柱式
		和平神庙（和平广场）	维斯帕（71—75年）、塞提米奥·塞维鲁（191年修复）	长方形、六柱式
		密涅瓦神庙（涅尔瓦广场）	图密善-涅尔瓦（?—97年）	长方形、六柱式、科林斯式
		维纳斯与罗马神庙	哈德良（135年）、安东尼诺·皮奥（竣工）、佚名（307年修复）	长方形、十柱式、科林斯式、假双排柱式
	神化皇帝	神圣朱利奥神庙	奥古斯都（前42—前29年）、哈德良（修复）	长方形、前柱式、列柱式、科林斯式
		神圣奥古斯都神庙	提比略（或与利维娅共同修建）、卡里古拉（竣工）、图密善（修复）、安东尼诺·皮奥（重建）	据币图，最初为六柱式、爱奥尼亚式，皮奥重建后为八人柱式、科林斯式
		维斯帕与提多神庙	提多元老院与图密善、塞维鲁和卡拉卡拉（重建）	长方形、前柱式、六柱式、科林斯式
		图拉真神庙（图拉真广场）	哈德良（121年）	长方形、八柱式、绕柱式
		安东尼诺与法乌斯提娜神庙	安东尼诺·皮奥、马可·奥勒留（141—161年）	长方形、六柱式、前柱式、科林斯式

续表

位置	性质	建筑物	修（重）建者及年代	平面形状与形制
帕拉蒂诺山	希腊-罗马神系	胜利朱庇特神庙/埃拉伽巴路斯神庙	Q.法比乌斯·马克西姆斯·鲁利阿努斯（前295）、埃利奥伽巴罗（220或221年重建为埃拉伽巴路斯神庙）、亚历山大·塞维鲁（复原为朱庇特神庙）	
		捍卫朱庇特神庙	?	
		阿波罗神庙	奥古斯都（前28）、图密善（重建）	前柱式或绕柱式、六柱式或八柱式
		维斯塔祭坛	奥古斯都（前12年）	据币图，为圆形
		狼穴	奥古斯都	
		罗慕路斯宅	?	
	亚细亚神系	翠贝勒斯神宅	佚名（前204）、奥古斯都（3年修复）	前柱式、六柱式、科林斯式
	神化皇帝	神圣神庙	?	
坎匹多伊奥山	希腊-罗马神系	至高无上朱庇特神庙（含朱庇特祭坛）	佚名（前6世纪）、奥古斯都（修复）、维斯帕西阿努斯（75年重建）、提多（重建）、图密善（89年修复，祝圣）	长方形、六柱式、疏柱式、科林斯式
		钱币朱诺神庙	佚名（前344），尼禄时（烧毁）	
		誓约女神菲得斯神庙/罗马人民公共誓约神庙	佚名（前254或250）	
		埃热克斯山神门维纳斯神庙	佚名（前215）	
		灵感女神门奥神庙	执政官兑拉苏斯（前215年）	
		丰收神维伊奥神庙	执政官（前196—前192）、图密善（80年重建）	长方形、四柱式、爱奥尼亚式

续表

位置	性质	建筑物	修（重）建者及年代	平面形状与形制
坎匹多伊奥山	希腊-罗马神系	丰产女神俄普斯神庙	佚名（前186年以前）	
		归来幸运女神福尔图娜神庙	?，图密善（重建）、哈德良（重建）、图拉真（修复）	据而图，为六柱式
		雷神朱庇特神庙	奥古斯都（前26—前22年）	
		保管朱庇特圣堂/守护朱庇特神庙	图密善（69年修建圣堂，81年以后扩建为神庙）	
		复仇马尔斯神庙	奥古斯都（前20）	据而图，为圆形，四或六柱式
		朱利奥皇帝家族祭坛	?	
	神化皇帝	神圣奥维斯帕神庙	提多、图密善、塞提米奥·塞维鲁（修复）、卡拉卡拉（重建）	
	埃及神系	伊西斯神庙	佚名（前58年）	
奎里那勒山	希腊-罗马神系	信约之神塞莫·桑库斯神殿	佚名（前466年）	
		健康女神萨露斯神庙	佚名（前306—前303年）、克劳狄奥（修复）	
		平民贞节女神浦狄齐提娅神庙	执政官夫人（前296年，存在到2世纪）	
		奎里诺斯神庙	佚名（前293）、奥古斯都（前16年修复）	多立克式，双层八柱式*
		荣誉之神荷诺斯与美德之神福尔图娜神庙	佚名（前234年）	
		罗马人民公共幸运女神福尔图娜神庙	佚名（前194年）	
		百花女神弗洛拉神庙	提图斯·塔提乌斯（?）	

* 本表内带*的表示建筑形制的复原均以文献资料为依据，而无实物依据。

续表

位置	性质	建筑物	修（重）建者及年代	平面形状与形制
奎里那勒山	希腊-罗马神系	公共幸运女神福尔图娜神庙	?	
		幸运女神福尔图娜神庙	?	
		疗疮之神费布里斯神庙	?	
		森林之神西尔瓦努斯圣坛（3座）	佚名（帝国时期）	
	埃及神系	塞拉匹斯神庙	卡拉卡拉	长方形
	神化皇帝	弗拉维家族神庙	图密善	
埃文蒂诺山	希腊-罗马神系	狄安娜神庙	塞尔维乌斯·图里乌斯？（前6世纪）	八柱式*
		墨丘利神庙	百人队队长（前495）、马可·奥勒留（修复）	据币图，立有四根人像柱
		谷神切瑞斯、植物之神利贝罗与植物女神利贝拉神庙	阿乌罗·波斯图米奥（前396）、提比略（修复）	疏柱式、德斯金式*
		天后朱诺神庙	佚名（前392）、奥古斯都	
		粮食之神孔苏斯神庙	佚名（前272）、奥古斯都（前7年以后修复）	地下式*
		百花女神弗洛拉神庙	民政官（前241）、奥古斯都-提比略（重建）	
		自由神朱庇特神庙	佚名（前238？）、奥古斯都（修复）	六柱式、绕柱式
		密涅瓦神庙	佚名（前3世纪）、莉维亚（修复）、哈德良	
		岩下的百果女神波娜神庙	?、奥古斯都（重建）	
		森林之神圣坛（2座）	佚名	
		战无不胜赫拉克勒斯神庙	某商人	据币图，八柱式
	叙利亚-腓尼基神系	月亮神庙	?、尼禄时（烧毁）	
		多利克朱庇特神庙	安东尼诺·皮奥	原为露天，2世纪晚期封顶

续表

位置	性质	建筑物	修（重）建者及年代	平面形状与形制
埃文蒂诺山	波斯神系	圣普里斯卡的密特拉神殿	佚名（95年）	地下式
切利奥山	希腊-罗马神系	捕获密涅瓦圣堂	佚名（前214以后）	
	神化皇帝	神圣克劳狄奥神庙	小阿格里庇娜（54年）、尼禄、维斯帕（69年复建）	长方形、前柱式、六柱式
平齐奥山	希腊-罗马神系	森林之神圣坛	佚名（帝国时期）	
		生育朱诺神庙	佚名（前375）	
		大地女神特露丝神庙	佚名（前3世纪）	
	希腊-罗马神系	和睦女神和康克尔迪亚神庙	莉维亚（前1世纪）	
		医疗密涅瓦神庙	图密善	
		森林之神圣坛（3座）	佚名（帝国时期）	
俄斯奎里诺山	埃及神系	伊西斯神庙	麦特鲁斯（帝国时期始建或修复）	
		贵族伊西斯圣坛	?	
	叙利亚神系	鲁菲利亚的贝罗娜神庙	鲁菲利亚（?）、康茂德（扩建）	
	波斯神系	圣克莱蒙特教堂的密特拉神殿	佚名（3世纪末）	地下式
维米那勒山	希腊-罗马神系	狄安娜神庙	民政官普兰齐乌斯（前55年）	

第六章 罗马城的功能分区 173

续表

位置	性质	建筑物	修（重）建者及年代	平面形状与柱形制
维拉布洛		谷物或昼女神白玛特·玛图塔神庙（牛广场）	佚名（前6世纪），图密善（重建），哈德良（重建）	前侧柱式
		幸运女神福尔图娜神庙（牛广场）	佚名（前6世纪），图密善（重建），哈德良（重建）	前侧柱式
		赫拉克勒斯大祭坛（牛广场）	佚名（前495），尼禄（重建）	
		双面神杰努斯神庙（油广场）	佚名（前3世纪），奥古斯都-提比略（重建）	长方形，六柱式，爱奥尼亚柱式，绕柱式
	希腊-罗马神系	希望女神斯佩斯神庙（油广场）	佚名（前3世纪），杰尔玛尼库斯（17年重建），提比略	
		战无不胜赫拉克勒斯神庙（牛广场）	佚名（前120），提比略（15年重建）	圆形
		救难朱诺神庙（油广场）	佚名（前104）	六柱式，多立克式，前后列柱式
		贵族贞节女神波尔图努斯神庙（牛广场）	佚名（？）	圆形
		码头贞节女神秋齐提娅圣堂（牛广场）	共和国—帝国时期	
穆尔奇亚谷	希腊-罗马神系	忠顺维纳斯神庙（大马戏场）	Q.法比乌斯·马克西姆斯·古尔杰斯（前295）	
		青春女神尤文塔丝神庙（大马戏场）	监察官（前204年），奥古斯都（前16年修复）	
	亚细亚神系	翠贝拉祠（大马戏场）	？	
	叙利亚神系	太阳（与月亮）神庙（大马戏场）	？	
	波斯神系	大马戏场的密特拉神殿	佚名（3世纪）	地下式
		卡拉卡拉浴场的密特拉神殿	佚名（3世纪？）	地下式

续表

位置	性质	建筑物	修（重）建者及年代	平面形状与形制
战神原	希腊-罗马神系	玛尔斯祭坛	佚名（王政时期）	
		索西阿努斯的阿波罗神庙	执政官（前431）	
		保卫赫拉克勒斯神庙	佚名（前3世纪）	
		赫拉克勒斯与缪斯神庙	佚名（前189）	
		扶持朱庇特神庙	佚名（前146），奥古斯都（前14年以后修复）	
		天后朱诺神庙	佚名（前146），奥古斯都（前14年以后修复）	
		骑士幸运女神福尔图娜神庙	Q.路塔提乌斯·卡图鲁斯（前101）	
		胜利维纳斯神庙（庞培剧场）	庞培（前33）	
		麦特鲁斯的朱庇特神庙	麦特鲁斯（共和国时期）	
		万神殿	阿格里帕（前27—前25），图密善（80年之后重建），哈德良（115—127年重建），安东尼诺·皮奥（重建），塞提米奥·塞维鲁（202年修复）	前室方，后室圆；前室为八柱式，科林斯式
		和平祭坛	元老院（前13—前9）	方形
		森林之神圣坛	佚名	
		闪电朱庇特神庙	?	
		双子星迪奥斯库里神庙	?	
		司法密涅瓦神庙	?	
		玛尔斯神庙	卡里古拉？，图密善（80年之后重建），哈德良（重建），图密善（修复）	
	埃及神系	伊西斯神庙	卡里古拉？	
		塞拉匹斯神庙		

第六章 罗马城的功能分区 175

续表

位置	性质	建筑物	修（重）建者及年代	平面形状与形制
战神原	叙利亚神系	贝罗娜神庙	阿匹乌斯·克劳狄乌斯·卡俄库斯（前296）	
		埃拉伽巴洛神庙	埃利奥伽巴路斯（3世纪）	
		太阳神庙	奥勒良（273年）	
	神化皇帝	神圣神庙（含神圣提多神庙及神圣维斯帕那神庙）	图密善	长方形，四柱式
		玛提蒂亚神庙	哈德良？	
		神圣哈德良神庙	安东尼诺·皮奥（145年）	八柱式
		马可·奥勒留神庙	元老院与人民（181年以后）	长方形，八柱式，凭柱式
		康茂德神庙	？	
埃文蒂诺山南原地	希腊-罗马神系	森林之神圣坛	佚名（帝国时期）	
台伯岛	希腊-罗马神系	医神阿斯克勒庇乌斯神庙	佚名（前291年）、安东尼诺·皮奥（修复）	
		自然神法乌诺神庙	民政官（前196—前194年）	
河对岸	希腊-罗马神系	森林之神圣坛（2座）	佚名（帝国时期）	
		机遇幸运女神福尔图娜神庙	？	
		斜倚的赫拉克勒斯神圣堂	？	
	叙利亚神系	叙利亚女神神庙	亚历山大·塞维鲁	
		俄利奥商人马尔斯·安东尼乌斯·盖伊昂纳斯	叙利亚商人马尔斯·安东尼乌斯·盖伊昂纳斯	
		普勒维希斯城的贝罗娜神庙	佚名（至早3世纪）	
	亚细亚神系	翠贝拉神庙	？	

表 6　共和国晚期至安东尼王朝皇帝/独裁者神庙及陵墓位置一览表

阶段	皇帝/独裁者及在位年代	独立或合祭神庙	家族神庙	墓葬	备注
共和国时期	凯撒（前46—前44）	罗马广场		朱莉娅墓（？）[56]	
朱利奥·克劳狄奥王朝	奥古斯都（前27—前14）	罗马广场	朱利奥家族祭坛（坎匹多伊奥山）	奥古斯都陵	
	提比略（14—37）				
	卡里古拉（37—41）				
	克劳狄奥（41—54）	切利奥山			
	尼禄（54—68）			多米兹墓（？）	
弗拉维王朝	维斯帕（69—79）	罗马广场、坎匹多伊奥山、战神原	弗拉维家族神庙（奎里那勒山）	奥古斯都陵	罗马广场及战神原为合祭
	提多（79—81）	罗马广场、战神原			
	图密善（81—96）			弗拉维家族神庙	
安东尼王朝	涅尔瓦（96—98）			奥古斯都陵	
	图拉真（98—117）	图拉真广场		图拉真纪功柱	
	哈德良（117—138）	战神原		哈德良陵	
	安东尼诺·皮奥（138—161）	罗马广场			
	马可·奥勒留（161—180）	战神原		？	
	维鲁斯（161—169）				
	卡修斯（175）				
	康茂德（177—192）	战神原		哈德良陵	
塞维鲁王朝	塞维鲁（193—211）				
	卡拉卡拉（198—217）				

续表

阶段	皇帝/独裁者及在位年代	独立或合祭神庙	家族神庙	墓葬	备注
塞维鲁王朝	杰塔（209—211）				
	马克里努斯、迪亚杜门尼安（217—218）			?	
	埃利奥伽巴罗（218—222）				
	亚历山大·塞维鲁（222—235）				

注：68—69年、193年内乱期诸帝除外。

第六节 墓葬区

帝国早期罗马城的墓葬包括新建和沿用的,后者多由家族后人修葺或扩建,其中一些仍继续使用,个别名人墓葬则由在位皇帝修葺。[57] 根据墓内所葬死者的关系,可分为两类:一类为家族墓,一般以出资修建者命名,修建者及其核心家族和扩大家族成员乃至门客、奴隶和被释奴等都可埋葬其中;另一类为公墓,死者间普遍并无血缘关系。此时的家族墓葬或独立墓葬常见金字塔型(piramide)、圆形陵墓型(tumuli)、神庙型等几种类型,公墓则主要采用"骨灰堂"类型。

从帝国早期墓葬的整体分布情况来看,城界内仍然不常出现墓葬。葬在城界内的图密善[58]和图拉真夫妇都属特例。丧葬空间的地域分布与私宅类似,也与等级有密切的关系(图二九)。

一、皇族陵墓

朱利奥-克劳狄奥王朝至塞维鲁王朝的皇帝及其家族的部分主要成员皆集中埋葬,涅尔瓦及之前的皇帝葬于战神原的奥古斯都陵,哈德良及以后的皇帝则葬在罗马城西北近郊的哈德良陵中。两座陵墓皆采用了多层式的圆形陵墓样式。但有三位皇帝例外:尼禄可能葬在平齐奥山西北坡的多米兹墓(位于今人民圣玛利亚教堂)内。[59] 图密善葬在奎里那勒山的弗拉维家族神庙内。[60] 图拉真夫妇的骨灰瘗于图拉真广场的纪功柱底部。这三位皇帝,尼禄和图密善被视为暴君,不能入葬陵墓;图拉真因有突出军功,也未入葬陵墓。

二、贵族与社会中下层墓葬

贵族和社会中下层在墓葬形制和葬式上有较大差异,贵族以家族合葬的地上墓葬建筑为主,部分皇帝被释奴也采用了类似的葬制,而普通平民、奴隶等有相当一部分都祔葬在其贵族庇护人的墓中[61],也有部分采用公墓的合葬形式。

第六章 罗马城的功能分区　179

图二九　罗马城墓葬遗迹分布示意图
（底图来自 *Guide Archeologiche: Roma*, pp.12–13）

在空间分布上，贵族与社会中下层的墓葬选址似乎并无太大差异。部分贵族墓葬如塔乌罗墓[62]和麦切纳斯墓[63]坐落在死者生前居住的园宅亦即俄斯奎里诺山的塔乌罗园、麦切纳斯园附近。但包括贵族、社会中下层在内的大多数墓葬都分布在城区近郊的主干道两侧，考古发现最为丰富的主要是城东南的阿匹亚大道和城北的弗拉米尼奥大道，其次在城西北的凯旋大道和城西南的奥斯蒂亚大道，城东的拉丁大道和城东北的诺曼图姆大道也有少量分布。从目前对墓葬主葬者身份的判断来看，似乎地位越尊崇者靠城门越近，以保存较完好的阿匹亚大道墓葬群为例，大致遵循了"贵族–皇帝被释奴–平民"这样距阿匹亚城门由近及远的埋葬规律，同一身份等级内似乎不以时间先后顺序决定距离城门的远近，如阿匹亚大道东侧奥古斯都、莉维亚被释奴的墓葬与阿匹亚门之间的距离，就比西侧的图密善被释奴墓葬要远，因此，其中的规律尚有待进一步研究。贫民葬于何处尚不清楚，仅知从坎匹多伊奥山的悬崖边将附近监狱死刑犯弃尸。[64]

第七节　罗马城的功能区分布

　　基于对罗马城各功能区的分析，以菲利普·科阿勒里的4世纪罗马城遗迹分布图为底图，以《古罗马地形学典》(*LTUR*)中收录的能明确判断年代、位置和功能的遗迹为准，在图中分别标出城界和城墙遗迹、道路遗迹、水渠遗迹、宅邸遗迹、政治建筑遗迹、纪念建筑遗迹、军事建筑遗迹、公共生活设施遗迹、宗教建筑遗迹、商业建筑遗迹、墓葬及火葬场。其中，市场码头和台伯河码头由于有大量的商铺——仓库体系，故将其归入商业建筑遗迹（图三〇）。

　　由于考古信息的碎片化特征，城内大片留白的空间无法确定在帝国早期的真实用途，因此选择建筑遗迹类型明确且丰富的典型剖面结合地形作进一步的分析。

　　第一个剖面是弗拉米尼奥大道–阿尔德阿大道一线五百米的范围，简称"弗拉米尼奥–阿尔德阿剖面"。第二个剖面是禁军营–广场谷–台伯河码头–市场码头一线五百米的范围，简称"禁军营–市场码头剖面"。

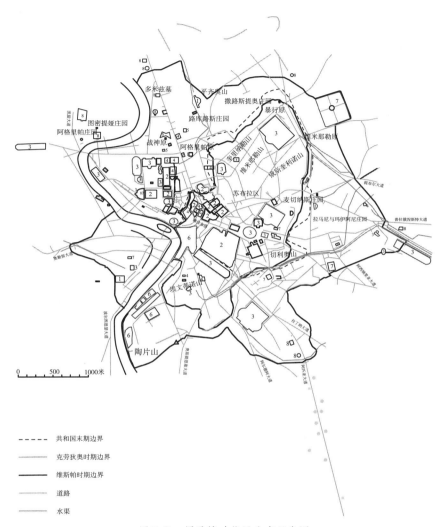

图三〇　罗马城功能区分布示意图
1. 居住区　2. 政治建筑　3. 公共文体设施　4. 宗教建筑　5. 纪念建筑　6. 商业建筑　7. 军事建筑　8. 墓葬及火葬堆

（底图来源：*Guide Archeologiche: Roma*, pp.12-13）

从弗拉米尼奥-阿尔德阿剖面可看出，宫殿区、国家祭祀中心位于城市的地理中心地带，均处于高地之上，它们之间的低地则是广场区和商业区，它们之外的低地则是公共生活区。塞维鲁城墙和城界在剖面上几乎是一致的，形成第一道空间分隔界线，城墙和城界之外的低地上分布着公共生活设施、陵墓，可能还有平民住宅夹杂其中，高地则是贵族的园宅。3世纪以后奥勒良城墙形成了封闭的界线。城门外分布有一些别墅和墓葬，别墅一般在地势略高的台地上，距主干道稍远，墓葬则在地势低平处，多数建在主干道旁（图三一）。

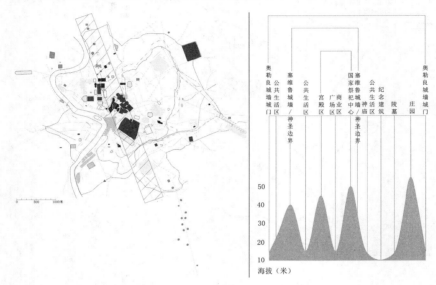

图三一　弗拉米尼奥-阿尔德阿剖面

[地理数据来源：Digital Augustan Rome（http://www.digitalaugustanrome.org/）]

禁军营-市场码头一线，地理中心即广场区，周围的低地是商业区。东侧地势抬高，塞维鲁城墙和城界之外的高地上分布有园宅和军营，同样在3世纪由奥勒良城墙闭合。西侧的低地则是敞开的，仅有城界而无城墙，台伯河岸被码头和商业区占据，河对岸的低地有平民居住区（图三二）。

罗马城内部主要依据地形和社会阶层对功能空间进行配置。皇帝和贵族的居住区、祭祀中心和军营都分布在高地，皇帝逐渐将其他贵族挤压到塞维鲁城墙和城界之外。低地则是广场区、商业区、公共生活区、码头、平民居住区、纪念建筑。塞维鲁城墙以内各种功能的区域配置最为完整,大部分土地被皇帝家族所占用,但公共生活区和商业区的存在,使得中下阶层也能在此展开频繁的短时性行为。城墙之外则较少政治建筑,尤其缺乏高等级的政治建筑。

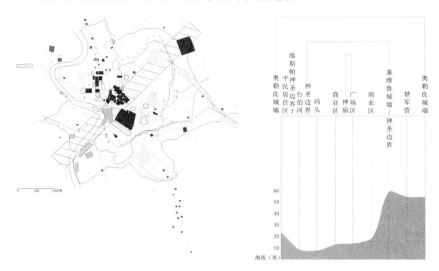

图三二 禁军营-市场码头剖面

[地理数据来源:Digital Augustan Rome(http://www.digitalaugustanrome.org/)]

注 释

[1] "Domus M. Tullius Cicero," *Topographical Dictionary*, p.175; "Roi Hilarionis," *CIL* XV, 07522; "f(iliae)Bassae," *CIL* XIV, 02610; "Domus Roius Hilario," *Topographical Dictionary*, pp.188-189; *New Topographical Dictionary*, p.134; "domum Domitianam," *CIL* VI, 02037, VI, 32352; "Domus Domitiana," *Topographical Dictionary*, pp.178-179; *New Topographical Dictionary*, p.126; "Domus Iulius Proculus," *Topographical Dictionary*, p.183.

[2] John R. Patterson, "Living and Dying in the City of Rome: houses and tombs," in *Ancient Rome: The Archaeology of the Eternal City*, Oxford: Oxford University School of Archaeology, 2000, pp.259-289; Federico Guidobaldi, "Le Abitazioni Private e L'urbanistica," in *Roma Antica*, Bari: Laterza Editori, 2000, pp.133-161.

[3] Simon Price, "Religions of Rome," in *Ancient Rome: The Archaeology of*

the Eternal City, Oxford: Oxford University School of Archaeology, 2000, pp.289–305.

[4] *Tac. Ann.* XI, 1.

[5] Cass. Dio LX, 27.3.

[6] *Tac. Ann.* XI, 1, 32, 37.

[7] Plut. Luc. 39.

[8] A. Wallace-Hadrill, *Houses and Society in Pompeii and Herculaneum*, Princeton, 1994, pp.103–110.

[9] G. Hermansen, "The Population of Imperial Rome: The Regionaries," *Historia* 27, 1978, pp.129–168.

[10] 西塞罗每年能从他在阿尔吉勒托区（罗马广场附近）和埃文蒂诺山上的多层公寓获得8万银币的收益（Cic. Ad Atti. 12.32.2, 16.1. 5）; *LTUR* III: pp.102–103, 96–97。据出土碑文得知，台伯河西岸博拉努斯多层公寓的所有者是尼禄时期的执政官M. 维提乌斯·博拉努斯，参见"Insula Bolani," *New Topographical Dictionary*, p.209。

[11] *Tac. Ann.* 14.42-3.

[12] "Domus M. Aemilius Scaurus," *Topographical Dictionary,* p.189; *LTUR* II, p.26.

[13] M. George, "Servus and domus: the slave in the Roman house," in Laurence and Wallace-Hadrill, *Domestic Space in the Roman World: Pompeii and Beyond*, Portsmouth: JRA, 1997, pp.15–24.

[14] Amm. Marc. 14.6. 25.

[15] Cass. Dio XLVII, 19.

[16] L. Friedländer, *Roman Life and Manners*. II, translated by J. H. Freese and L. A. Magnus, London, pp.74–76.

[17] Cass. Dio LXXIII, 17; *Hist. Aug.* Pert 11; *Alex.* 35.

[18] *Topographical Dictionary*, p.56.

[19] Liv. XXX, 21.12, XXXIII, 24.5; HJ 480, 494, 572; *JRS* 1921, 25–36.

[20] *Topographical Dictionary*, p.581; *LTUR* V, pp.202–205.

[21] "Ex（actum）ad X Castor（is）," *CIL* V, 08119.4a; "Ex（actum）ad V Castor（is），" *CIL* V, 08119.4b; "Ex（actum）ad III Castor（is），" *CIL* V, 08119.4c; "Ex（actum）ad II Castor（is），" *CIL* V, 08119.4d; "Ex（actum）ad I Castor（is），" *CIL* V, 08119.4e; "Ex（actum）ad s（emis）Castor（is），" *CIL* V, 08119.4f; "Ex（actum）ad（quadrantem）Castor（is），" *CIL* V, 08119.4g.

[22] "actori Caesaris / ad Castor（em）"［双子星神庙的凯撒官员］, *CIL* VI, 08688;

"proc (uratori) / Aug (usti) ad Castor (is)" [双子星神庙的奥古斯都财务官], *CIL* Ⅵ, 08689; "Castor, Aedes, Templum," *Topographical Dictionary*, pp.102–105.

[23] "ad atrium autem Vestae conveniebat, (senatus) quod a templo remotum fuerat." [元老院的集会从神庙迁移道维斯塔中庭。] Maurus Servius Honoratus, *In Vergilii carmina comentarii*, Ⅶ, 153, Leipzig: B. G. Teubner, 1881.

[24] "Duobus Deciis consulibus sexton kal. Novenibrium die, cum ob imperatorias litteras in Aede Castorum senatus haberetur, ireturque per sententias singulorum, cui deberet censura deferri..." [两位德齐乌斯在位期间，11月前的6天，在皇帝的授权下，元老院在双子星神庙中集会，每位元老都被问及谁应接受审查……] *The Scriptores Historiae Augustae*, The Two Valerians. Ⅴ, 4, pp.8–9.

[25] "[How the Temple of Mars therein was dedicated.]...that the senate should take its votes there in regard to the granting of triumphs, and that the victors after celebrating them should dedicate to this Mars their scepter and their crown..." [广场上的战神神庙如何题献……元老院需在此投票表决举行凯旋式，凯旋者在仪式后需向战神奉献其权杖和冠冕……] *Dio's Roman History*, Book LⅤ, 10, pp.406–407.

[26] "Cum de mea dignitate in templo Iovis optimi maximi senatus frequentissimus uno isto dissentiente decrevisset..." [由于我的尊严，元老院在至高无上朱庇特神庙中审议法令……] Cicero, *De Domo Sva Ad Pontifices Oratio*, 6.14, Scriptorum Classicorum Bibliotheca Oxoniensis, 1909; "First, they must choose and elect for themselves emperors...The meeting therefore took place, no.in their normal chamber, but in the temple of Jupiter Capitolinus, the god whom the Romans worship on their citadel." [首先，他们（元老）必须推举出自己的皇帝……集会因此并非在往常的场所举行，而是在卡匹托利尼朱庇特神庙，这是罗马人在他们的庇所上尊崇的神。] C. R. Whittaker (translated by), *Herodian*, Book Ⅶ, 10.2, Harvard University Press, 1970, pp.224–225.

[27] "...he assembled the senate in the precinct of Tellus and brougt forward the business of the hour for deliberation." [……他（安东尼）在大地女神神庙内召集元老院，并提出了议案以供审议。] *Dio's Roman History*, XLⅣ, 22.3, pp.342–343.

[28] 多条文献记载了在阿波罗神庙中的元老集会，但无法确定是在帕拉蒂诺

山还是战神原。"Aprilis ipso in Sacrario Matris sanguinis die Claudium imperatorem factum, neque cogi senatus sacrorum celebrandorum causa posset, sumptis togis itum est ad Apollinis Templum, ac lectis litteris Claudii principis haec in Claudium dicta sunt…"［四月前九日，在大母神圣所中宣告克劳狄奥成为皇帝，元老们不能聚集举行神圣仪式，但都穿上托加袍前往阿波罗神庙。在庙中宣读克劳狄奥皇帝的信件时，其追随者们大声欢呼以示对他的尊敬……］*The Scriptores Historiae Augustae*, The deified Claudius. Ⅳ. 2-3, pp.158-159; "isque ad aedem Apollinis in senatu cum de rebus in Aetolia Cephallaniaque ab se gestis disseruisset, petit a patribus ut…."［元老院在阿波罗神庙听他（马尔库斯·弗尔乌斯）描述了他在埃托利亚和切法拉尼亚的英勇行径……］*Livy*, Book XXXIX, 4.1, pp.224-225; "Senatus in aede Apollinis legatorum verbis auditis supplicationem in biduum decrevit, et quadraginta maioribus hostiis consules sacrificare iussit, Ti. Sempronium proconsulem exercitumque eo anno in provincia manere."［元老院在阿波罗神庙中集会，听取中尉的言辞，颁令为期两天的感恩仪式，令执政官奉献 50 个成年祭品，任命提比略·森普罗尼乌斯为准执政官，令军队当年在行省待命］*Livy*, Book XLI, 17.4, pp.234-237.

[29] "[Q(uintus)] Marcius L(uci) f(ilius) S(purius) Postumius L(uci) f(ilius) co(n) s(ules) senatum consoluerunt N(onis) Octob(ribus) apud aedem / Duelonai…"［昆图斯·马尔齐乌斯·卢奇，斯普利乌斯·珀斯图米乌斯·卢奇之子，执政官，元老院于 10 月 9 日在贝罗娜神庙选举出……］*CIL* X, 00104, I.00581.

[30] *CIL* Ⅵ, 01384.

[31] Ibid., 01252; Jord. I, 1.472; HJ 457.

[32] Ibid., 00920-00923,31203,31204; Cassio. Dio LX, 19 ff., 22.

[33] Ibid., 01385.

[34] Ibid., 00878.

[35] *New Topographical Dictionary*, pp.25-26.

[36] 在罗马共和国和帝国，"凯旋式"并非常规的庆祝战争胜利仪式，而是具有严格的条件限制的仪式。在一般情况下，一位将领一生中能够申请举行凯旋式的次数也有限制。

[37] 即尼禄·克劳狄乌斯·德鲁苏斯（Nero Claudius Drusus），是奥古斯都的妻子莉维亚与其前夫离婚后所生之子，后过继成为奥古斯都的养子。

[38] 数据详见第七章第二节。
[39] 参见第三章第一节"罗马广场建筑群"的相关内容。
[40] "crepidarius de Subura," *CIL* Ⅵ, 09284.
[41] "lanarius de Subura," ibid., 09491.
[42] "inpiliar[ius] de subur[a]," *CIL* Ⅵ, 33862.
[43] "…collegi(i)/ perpetuo fabrum Soliarium / Baxiarium |(centuriarum) Ⅲ qui consistunt / in sc(h)ola sub theatro Aug(usti)Pompeian(i)/ et immuni Romae regionibus ⅩⅢ…" [……庞培剧场下的？？制鞋作坊……], ibid., 09404.
[44] Giusto Traina, "I Mestieri," in Andrea Giardina(a cura di), *Roma Antica*, Bari: Editori Laterza, 2000, pp.113-131.
[45] Heinrich Jordan, *Topographie der Stadt Rom im Alterthum*, Vol.2, Berlin: Weidmann, 1871, pp.539-574.
[46] "fori / suari(i)," *CIL* Ⅵ, 01156; "Forum Suarium," *Topographical Dictionary*, p.237.
[47] *Forma Urbis Romae*, Stanford#fn23.
[48] David Frankfurter, "Traditional Cult," in David S. Potter(eds.), *A Companion to the Roman Empire*, Oxford: Blackwell Publishing, pp.548-552.
[49] 广场上维纳斯的神庙直接以"始祖神"徽号命名。图密善对密涅瓦的推崇可参见 Kira Jones, *Domitian and Minerva at Rome: Iconography and Divine Sanction in the Eternal City*, PhD Dissertation of Laney Graduate School, 2018, https://etd. library. emory. edu/concern/etds/n009w234m? locale= de（2018-06-11 23:19:27-0400 Date Uploaded）。
[50] 伊西斯在埃及是生命和健康之神、母神和丰产女神，在希腊罗马也被视为地神、航海者的保护神。参见《希腊罗马神话》，第286页。
[51] 塞拉匹斯是希腊化时代的埃及神，既有象征自然界四季变化的原埃及神俄西里斯的成分，也有希腊的哈得斯（冥神）、阿斯库勒皮俄斯（医药神）和阿波罗（太阳神）的成分。
[52] 埃利奥伽巴罗皇帝即位后引进故乡叙利亚太阳神埃-伽巴的祭礼，将神的名字改为战无不胜的太阳神，以圆锥形的黑色陨石作为神的形象，并在万神殿中将其置于朱庇特之上，并将翠贝拉、维斯塔圣火、神之侍女斯莉伊和帕拉狄奥等神祇纳入其神庙中。
[53] 太阳神可能是几个闪米特神祇的综合。
[54] 贝罗娜，在罗马为战神之妻（另说是战神的乳母或妹妹），在亚细亚则为月神，两者渐渐融合。在希腊则与女战神厄倪俄融合。帝国时期，又与土

耳其卡帕多齐安的玛神融合。参见《希腊罗马神话词典》，第 69 页。

[55] 多利克朱庇特源自叙利亚北部的多利克城，被视为世界的保护神，常被称为"至高无上"，其配偶是天后朱诺，借用了罗马主神的名称。Simon Price, "Religions of Rome," in *Ancient Rome: The Archaeology of the Eternal City*, Oxford: Oxford University School of Archaeology, 2000, pp.289-305.

[56] Plut, *Pomp.*53, *Caes.* 23; Cass. Dio XXXIX, 64, XLIV, 51；墓葬在阿格里帕浴场以东与公共别墅之间，靠近阿格里帕墓，参见 *Topographical Dictionary*, p.542。

[57] *Topographical Dictionary*, pp.482-484.

[58] "Cadaver eius populari sandapila per vispillones exportatum Phyllis nutrix in suburban suo Latina via funera vit, sed reliquias templo Flaviae genis clam intulit cineribusque Iuliae Titi filiae, quam et ipsam educarat, conmiscuit."［他的尸体由负责穷人葬礼的收敛者用抬尸架运送，他的保姆菲利斯在自己位于城郊拉丁大道旁的私宅中将他火化，并将骨灰秘密带到弗拉维家族神庙内与同样由她养育的朱利娅的骨灰混在一起。］Suetonius, *The Lives of the Caesars*, Book VIII Domitian. 3, pp.378-379; *LTUR* IV, pp.96-105.

[59] "Reliquias Egloge et Alexandria nutrices cum Acte concubina gentili Domitiorum monimento condiderunt, quod prospicitur e campo Martio impositum colli Hortulorum."［他（尼禄）的骨灰由其保姆艾格洛吉、亚历山大里娅以及情妇艾克特葬在战神原边花园山顶的多米兹家族墓内。］Suetonius, *The Lives of the Caesars*, Book VI , Nero. L. 4, pp.180-181; Massimo Fini, *Nerone*, Milano.Arnoldo Mondadori Editore, 1993; *Guide Archeologiche: Roma*, p.257.

[60] Suetonius, *The Lives of the Caesars*, Book VIII , Domitian. 3, pp.378-379.

[61] John R. Patterson, "Living and Dying in the City of Rome: houses and tombs," in *Ancient Rome: The Archaeology of the Eternal City*, Oxford: Oxford University School of Archaeology, 2000, pp.259-289.

[62] *LTUR* IV, p.299.

[63] Ibid., p.292.

[64] J. Bodel, *Graveyards and groves: a study of the Lex Lucerina*, Cambridge, Mass., 1994, p.114; John R. Patterson, "Living and Dying in the City of Rome: houses and tombs," in *Ancient Rome: The Archaeology of the Eternal City*, Oxford: Oxford University School of Archaeology, 2000, pp.259-289.

第七章 罗马城的空间结构

第一节 帝国早期的城市空间转型

罗马城自建城以来,到成为帝国的都城,已沿用数个世纪之久,城市规模和空间都不断发生着变化,基本格局在共和国晚期成型。但由于政治制度和社会形势的改变,至帝国早期,城市空间已经发生重大变化。

首先是城区空间的拓展和重新规划。帝国早期的罗马城作为地中海世界的中心,各地人口向此聚集,城市范围较共和国晚期又更加向外扩展。克劳狄奥、维斯帕相继拓展了城界的范围,至4世纪又修建了范围更广的新城墙。同时,由皇帝主导进行城市整体的空间区划和管理,奥古斯都继位不久后便将罗马城划分为十四个行政区[1],此后的城市建设和空间规划都主要以此为依据进行。

其次是传统政治中心的转型和新政治中心的确立。共和国时期,罗马广场建筑群是政治中心和政治宣传中心,是共和制的象征,经过朱利奥-克劳狄奥王朝的建筑和景观改造,使其失去实际的政治功能,转而成为皇帝权威的政治宣传中心。凯撒之后陆续修建的帝国广场建筑群则成为新的政治中心,并通过神庙、纪念建筑和雕塑等一系列象征符号,将皇帝家族的历史等同于罗马的历史,暗示着"神-共和国-帝国"一脉相承的政治合法性逻辑。

再次是从世俗空间和神圣空间加强对皇帝权威的凸显,主要通过以下几种方式来实现:(1)逐渐剥夺非皇帝家族成员在城区修造大型公共建筑的权利;[2](2)广场谷、战神原等地的公共建筑在修缮或新建过程中通过命名、题献或落成仪式日期与皇帝族重要事件的日期一致等各种形式与皇帝家族发生联系;(3)在罗马广场、战神原等关键区域大量建造拱门、纪功柱、祭坛等表现皇帝权威和功绩的建筑,以及与皇帝崇拜有关的神庙、祭坛等建筑,并逐渐形成一定的制度;[3](4)在城区中心隔离出帕拉蒂诺山这一皇帝家族的专门居住区,并逐渐将皇帝家族的居住空间扩大至塞维鲁城墙以内的高地;(5)皇帝及其家族很大程度上决定了新增神圣建筑的类型和位置,例如将某些神祇与皇帝家族或个人相联系,并建于城区内的重要区域,以此映射皇帝权威和统治合法性。

最后是在城市空间营造中体现了泛地域文化的多元性。大量希腊风格的建筑和雕塑出现在城内,图拉真广场等重要建筑都由希腊建筑师和艺术家设计[4],通过这些物化方式表现罗马城继雅典之后成为地中海世界新的中心。城内外宗教建筑的样式和祭祀对象都展现了极强的包容性,除了希腊-罗马神系之外,广泛吸纳了北非、西亚、中亚等各地的宗教信仰及神庙样式。在建筑材料上,统一地中海之前,罗马城的建筑多使用产自亚平宁半岛的石材,但到帝国时期,广泛使用来自地中海各地的大理石材,并开始应用火山灰混凝土等耐久坚固的新建筑材料。从奥古斯都开始,通过修缮或重建,罗马城的重要公共建筑基本都从砖砌更替为大理石质,耐久性建筑自此之后成为罗马城建筑的主流。[5]

第二节 都城空间区划的认知与管理

罗马虽是旧城,但是,在帝国初期一系列的空间改造使之成为了与新政治制度相应的新都。时人对罗马城空间结构的认知也发生了重大的改变。虽然帝国早期的多数文献,包括涉及管辖范围的政治和法律文书[6],都笼统将其分为城区和城郊,但公元前7年奥古斯都将城区划分为十四区的政策[7],也逐渐对都城空间区划产生影响(图三三)。

罗马十四区起初以数字命名[8],至迟在3世纪末4世纪初,《地区志》所录区名成为通例。[9]早期的各区区界不明,所知的信息仅有老普林尼的描述[10]，克劳狄奥、维斯帕、哈德良和康茂德[11]时期的部分区界界石，以及136年刻于卡匹托利尼台基（Capitoline Base）上的街道公会名单。[12]据此推测三、四、八、十一区的界线似由塞维鲁城墙内侧限定，而五、七、九区界线由塞维鲁城墙外侧划定，一、二、六、十二、十三区则包括塞维鲁城墙两侧的区域。各区的外部界线大致在后来的奥勒良城墙沿线，可能略有参差。[13]根据《地区志》能大致确定当时各区的界线大致如下[14]：

一区"卡佩纳门区"得名于塞维鲁城墙的卡佩纳门。该区西北以帕拉蒂诺山东坡、西南以阿匹亚大道为界，东北沿着切利奥山，东南延伸至奥勒良城墙外的阿勒莫河岸边。

二区"卡厄利蒙塔纳门区"包括切利奥山大部，界线可能沿着山的西坡（今圣格列格里奥大道）、南坡（今卡拉卡拉浴场大道）、北坡（今四圣冠教堂大道，除斗兽场外）。

三区"伊西斯与塞拉匹斯区"得名于伊西斯神殿（位于今拉比卡纳大道），包括斗兽场谷和俄斯奎里诺山的欧匹奥丘，大致以二区边界、塞维鲁城墙、俄斯奎里诺门西侧的苏布拉努斯坡及其通往斗兽场的延长线为界。

四区"和平神庙区"得名于和平神庙，包括维利亚山和苏布拉。

五区"俄斯奎里诺区"包括俄斯奎里诺山以及塞维鲁城墙外的平地。奥古斯都时期，维米那勒原可能还有提布尔大道和盐路大道之间的区域都在城外，直到维斯帕以后才包括在五区中。该区界线大约在奥勒良城墙以南三四百米处。

六区"阿尔塔·闪米特区"得名于奎里那勒山的同名道路（今九月二十日大道），包括奎里那勒山和维米那勒山。该区南邻帝国广场，东边由帕特里奇乌斯巷（今城市大道）与四区划分开，并延伸到奥勒良城墙的封闭门，西侧与七区之间以旧盐路大道（今克里斯匹大道－平齐奥门大道）为界。

七区"拉塔大道区"得名于弗拉米尼奥大道的一段（今科尔索大道），包括道路以东战神原的原地部分以及平齐奥山的西部，位于科尔索大道、奥勒良城墙、旧盐路大道及其直到奎里那勒山的延长线之间。

八区"罗马广场区"包括广场谷和卡匹托里尼丘。

九区"弗拉米尼奥马戏场区"得名于战神原南部的古称，即塞维鲁城墙、弗拉米尼奥大道和台伯河之间的区域。

十区"帕拉蒂诺区"即帕拉蒂诺山。

十一区"大马戏场区"包括穆尔奇亚谷和维拉布洛。

十二区"公共水池区"得名于某个公共蓄水池或泳池。该区包括埃文蒂诺山东部，以阿匹亚大道、奥勒良城墙、青铜门巷和公共水池巷为界。

十三区"埃文蒂诺区"包括埃文蒂诺山和山脚西南的原地，在十一区和十二区的边界、奥勒良城墙和台伯河之间。

十四区"河对岸区"包括台伯岛和台伯河右岸，该区的界线不能确定。

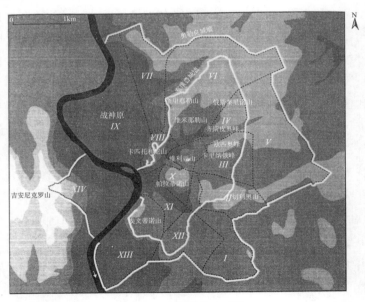

图三三　罗马城十四区

〔底图来自 Jon Coulston and Hazel Dodge（eds.）, *Ancient Rome: The Archaeology of the Eternal City*, Oxford: Oxford University School of Archaeology, 2000, Figure 1.1. p.3〕

这十四个区的划分大致是以山丘、谷地、原地以及台伯河两岸等地形单元为依据，由此可见地形是影响区划的一个重要因素，这也一定程度上反映了时人对罗马城空间结构的认知。《地区志》中记载了各区的周长和部分功能建筑的数据，虽然是较晚阶段的情况，但对于罗马这样一座延续性极强的城市来说，仍然具有参考意义。从这份档案中可以看到：

（1）十四区中，九区（战神原南部）和十四区（河对岸）周长最长，约是其它各区的两倍，可能与这两区在原地，而其它区多分布于丘陵有关，其它各区的周长相差不大；（2）街道公会和圣地的数量也是十四区最多，达到其它各区的两倍至十倍不等，八、九区次之，二、四区最少；（3）多层公寓十四区最多，五、七、二、六区次之，十一、十二、十三区最少；（4）宅邸则五区最多，十四、九区次之，三、十、十一较少；（5）仓库以十区、十三区最多，其余各区大致相当；（6）各区磨坊的数量差别不大；（7）十四区的浴室最多，九、十、十三较少，十一区最少；（8）十四区的蓄水池最多，八、九、十区次之，十一区最少。

综合各区的建筑数据，可推测在当时十四区即台伯河西岸的人口为城区内最多，且平民所占人口比例较大，因皇帝和贵族通常以铅管引水到家中，在私人浴室或到浴场消费，但平民多到蓄水池取水，到公共浴室洗浴。十一区即穆尔奇亚谷和维拉布洛的人口则相对较少，浴室、蓄水池、宅邸、多层公寓都不多，或与其主要是公共生活区域有关。比较特殊的是十区即帕拉蒂诺山，宅邸、浴室均较少，可能由于该区的大部分面积为皇帝宫殿所占据有关，但仓库数量为各区之首，由于没有具体信息，仓库的性质不详，是为特权阶层储藏物资之用，还是为满足商业需求。十三区即埃文蒂诺山及山南原地的仓库最多，与其邻近市场码头的位置相关。除此之外，各区的街道公会、圣地、仓库、磨坊的各类设施区别不大，呈现出有意识地进行调控和管理的格局（表7、图三四）。

表 7 《地区志》所载各区基本建筑数据一览表

	街道公会（个）	圣地（处）	多层公寓（座）	宅邸（座）	仓库（座）	浴室（座）	蓄水池（个）	磨坊（个）	总周长（步）
一区	10	10	3250	120	16	86	81（87）	20	12211（12219）
二区	7	7	3600	127	27	85	65	15	12200
三区	12	12	2757	60（160）	17	80	65	16	12350
四区	8	8	2757	88	18	65（75）	71（78）	15	13000
五区	15	15	3850	180	22	75	74	15	15600
六区	17	17	3403	146	18	75	75	16	15700
七区	15	15	3805	120	25	75	76	16（15）	13300
八区	34	34	3480	130	18	86（85）	120	20	14067
九区	35	35	2777	140	25	63	120	20	32500
十区	20	20	2742（2642）	89	48	44	90（89）	20	11510
十一区	21	21（19）	2500（2600）	88（89）	16	15	20	16	11500
十二区	17	17	2487	113	27	63	80（81）	25（20）	12000
十三区	18	18（17）	2487	130	35	44（60）	89（88）	20	18000
十四区	78	78	4405	150	22	86	180	24	33000（33388）

注：（1）以 *Curiosum urbis Romae regionum* XIV 为主，*Notitia urbis Romae*（简写 *Not.*）与其不同之处用括号另外标出，以下各区同。参见 Heinrich Jordan, *Topographie der Stadi Rom im Alterthum*, Berlin, 1871, pp.539-574；（2）两个版本的相同处不另外标出，有不同处以（ ）标出 *Not.* 的数据，（ ）外为 *Cur.* 的数据。

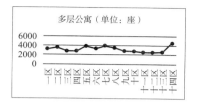
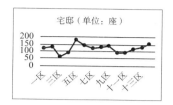
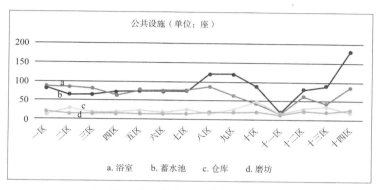

图三四　罗马城十四区建筑数据折线图

第三节　罗马的城市空间结构分析

帝国时期的罗马城有三重界线：第一重界线是城界，这不是一道实体界线，而是一道界石标记的观念界线，主要起到隔绝军事权力与民事权力、生死空间的作用，因此罗马城的正式兵力皆驻扎在城界以外的台伯河东岸，而与公众仪式或民事消防需求相关的非正式兵力和军事设施才分布在城界内，墓葬也主要分布在界线之外；第二重界线即塞维鲁城墙，虽然是实体界线，但由于始建年代较早，已失去原始的军事防御功能，在帝国早期成为了不同行政区划的界线，也是传统空间与新增长空间的区别；第三重界线奥勒良城墙至 3 世纪晚期才形成，具有实际的防御功能，是城区与城郊，亦即受军事保护和不受军事保护的区别。

都城内政治性质的节点呈现出层级的特征。以皇帝为主导进行政治活动的区域是罗马城的核心政治中枢，位于地域上相连的罗马广场——帝国广场建筑群和帕拉蒂诺山宫殿群。次级政治中心即宪政机构驻地和皇帝官员官署[15]，除元老院常驻罗马广场和战神原南部以外，其余机构可能散布于城区内各处。元老院集会、会见外国使臣等政治活动地点则遍布坎匹多伊奥、帕拉蒂诺、俄斯奎里诺等山丘和广场谷、战神原的某些希腊-罗马主神神庙。

高地的坎匹多伊奥山和低地的战神原是两个宗教中心区，前者自共和国时代延续而来，后者逐渐形成于帝国早期。罗马城最重要的神庙尤其是国家祭祀的神庙几乎都集中在这两个区域。在中心区之外，希腊-罗马神系祭祀场所在广场谷、奎里那勒山、埃文蒂诺山和维拉布洛等区域呈集中组团式分布，神祇的职能和组合与所在的空间功能及特质关系密切，如广场谷的宗教场所政治意味较浓，奎里那勒山以人格神化的神祇为主，埃文蒂诺山的神祇平民化色彩浓厚，维拉布洛的神祇职能多与商贸、河运有关。部分希腊-罗马神系神庙兼具世俗功能（表8）。外来神系的神庙则只有纯宗教的功能，散点式分布于城内各处，3世纪起以密特拉祭祀场所最为普遍。

罗马城内有三大集中的商业区，分别是埃文蒂诺山南部的市场码头-仓库区，维拉布洛的牛广场-油广场区，广场谷的图拉真市场-神圣大道，地段、建筑类型以及消费层次应都不相同：前两区应与经水运进出口的日用物资贸易有关，面对的人群可能偏于中下层；而"图拉真市场-神圣大道"一带则偏重于手工制品甚至珠宝等贵价品，面向的人群可能是居住在附近的皇族、贵族等社会中上层。除了这三个集中的商业区外，城区内外都遍布各类商业场所。

因此，罗马城内的核心区有多个：帕拉蒂诺山与广场谷既是政治中心，也有公共活动、商业的功能；坎匹多伊奥山和战神原主要是宗教中心；战神原南部还和穆尔奇亚谷同为公共活动中心；埃文蒂诺山南部原地至维拉布洛一带，承担着交通枢纽及商业中心的功能；罗马城外，东南郊的克劳狄奥港-图拉真港-奥斯蒂亚港构成了地中海各地与罗马之间的交通枢纽。

表8 罗马城部分神庙的世俗功能一览表

位置	神庙名称	世俗功能
广场区	双子星神庙	公元前1世纪台基被用作立法集会的主席台，台基内可能设有度量衡官署和银行
	农神神庙	悬挂、张贴法律和公共文书。台基前的突出部分内部可能是罗马国库和档案室，稍晚时期迁走
	和睦女神神庙	珍宝室
	复仇玛尔斯神庙（奥古斯都广场）	存放夺回的军旗
	和平神庙（和平广场）	行省总管官署和行省档案馆
坎匹多伊奥山	至高无上三主神神庙	元老院集会地点、凯旋式终点、外交档案保管处
	菲得斯神庙	悬挂外交协议青铜牌和退伍军人的证书
	俄普斯神庙	凯撒在此存放国家财产[16]，80年在此举行阿尔瓦兄弟祭祀仪式[17]。神庙墙上固定着军事荣誉证书，并可能保存有标准秤
帕拉蒂诺山	阿波罗神庙	百年庆典仪式[18]和元老院定期集会[19]
埃文蒂诺山	平民三主神神庙	张贴平民布告
	密涅瓦神庙	作家和演员行会中心
俄斯奎里诺山	特露丝神庙	元老院集会地点[20]
	法乌娜·波娜神庙	治疗中心，内有药草店[21]
战神原	阿波罗神庙	元老院定期集会地点[22]
台伯岛	医神神庙	疗养院[23]、接待外国使节[24]

水陆通道和给排水系统是打破点状、块状空间的线性设施。罗马城区的陆地道路网结构呈放射-方格-自由混合式，形成以广场谷为中心向各个方向放射的主干道。就目前的考古发现而言，道路网密度为多中心集中型，以广场谷、帕拉蒂诺山、战神原南部的路网最发达。供水系统则以城东部的水渠密度最高。

总的来说，帝国早期的罗马城空间结构为垂直分布的同心圆与扇形、射线混合模式。地形（高地-低地）与河流是两个重要的影响因素。高地的空间结构以政治中枢（宫殿区）即皇帝的居住区、宗教中心区为核心，外圈是贵族居住区，常被进攻的一翼是军营区。低地的空间结构则以政治中枢（广场区）为核心，外圈是公共生活区，再外圈是平民居住区。交通枢纽沿河分布，商业区从河岸呈扇形楔入核心区，卫星城也是在河流入海口。在城郊沿道路放射状分布墓葬区和别墅区，其间应当还分布有农田、果园、采石场等（图三五）。[25]高地和低地形成了阶层的差别，但高地被社会上层占据的同时，也允许中下层进入作短时性的活动。各类市场和宗教建筑散点分布于各区之中，足见商业和宗教在罗马城的重要性。奥古斯都时期设立十四区的行政区划后，有意识地对各区域间的公共设施进行了调配和管理，罗马城市空间结构在地理环境、历史传统、社会现实、行政管理和人口分布因此达到了一种较为均衡的状态。

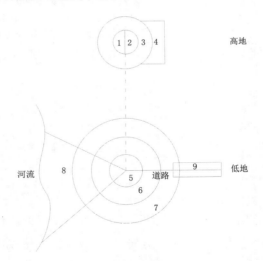

图三五　罗马城空间结构模式
1.核心政治中枢（宫殿） 2.宗教中心区 3.贵族住宅区 4.军营区 5.核心政治中枢（广场）
6.公共生活区 7.平民居住区 8.商业区 9.墓葬区

纵观罗马帝国早期地方城市的空间结构，大致可以分为高地-低地型和平原型两种模式。高地-低地型的城市布局模式主要分布在地中海沿岸、小亚细亚到中亚的丘陵山地地带，希腊的科林斯城[26]和雅典城[27]、意大利的科萨城[28]、土耳其的普里埃内城[29]等都属于这种类型，城区分为卫城和下城两个部分，卫城主要是防御设施和公共神庙的所在，下城则是世俗的生活空间。平原型则以希腊的尼科波利斯[30]、意大利的帕埃斯图姆城[31]、黎凡特的滨海凯撒利亚城[32]等为代表，神圣空间与世俗空间嵌错分布。但总的来说，两种类型的空间结构存在一些共有的特征，包括：（1）城墙顺应地势修建，多为不规则形状；（2）城内（高地-低地模式的城市则是下城城内）多采用规则的方格状布局，道路网垂直相交；（3）部分城市出现了南北中轴路（cardo maximus）和东西中轴路（decumanus maximus），但可能不止一条；（4）城市的公共政治和经济中心往往重合于广场；广场通常位于或邻近城市（或下城）的几何中心，如有中轴路的城市则往往是中轴路的交点；（5）墓葬多分布在城墙外的交通干道两侧。

相比之下，作为帝国都城的罗马城，其空间结构模式与地方城市空间结构模式存在类似处，但更具有相异性，例如罗马城区内明显缺失作为大多数地方城市空间布局要素的中轴路和格状区划，这或许是由于罗马城的建城要比这些城市规划的要素发源更早，而在后来的城市发展进程中，罗马城又被赋予了政治和宗教的双重纪念性，便不再进行大规模的城市面貌变革，因此未采用地中海地区流行的城市空间结构模式。从某种意义上说，罗马城更像是多个高地-低地型和平原型城市的集合体。

注　释

[1] "Spatium Urbis in regions vicosque divisit instituitque." [他将城内分为区和选区。] Suetonius, *The Lives of the Caesars*, Book II, The deified Augustus. XXX. 1, pp.168-169; Cass. Dio LV. 8; Pliny, *NH* III; Strabo. IV. 6, V. 1-4, VI. 1; AA. VV., 2004.

[2] H. Hesberg, *Monumenta: I sepolcri romani e la loro architettura*, Milano: Longanesi, 1994. pp.124-125.

[3] Ittai Gradel, *Emperor Worship and Roman Religion*, Oxford University Press, 2002, pp.7, 162-197, 234-250.

[4] Susan Walker, "The Moral Museum: Augustus and the City of Rome," in *Ancient Rome: The Archaeology of the Eternal City*, Oxford: Oxford University School of Archaeology, 2000, pp.61-75.

[5] John B. Ward-Perkins, "La Roma di Augusto e del Primo Impero: La Tradizione Conservatrice," in *Architettura Romana*, Milano: Electa Editrice, 1979, pp.38-58.

[6] 关于城区和城郊相关法律、行政含义的讨论,参见 Xavier Lafon, "Le Suburbium," *Pallas*, 2001, No.55, pp.204-205。

[7] Suetonius, *The Lives of the Caesars*, Book Ⅱ, The deified Augustus. XXX, 1, pp.168-169; Cass. Dio LV, 8; Pliny, *NH* Ⅲ; Strabo Ⅳ, 6, Ⅴ, 1-4; Ⅵ, 1; Heinrich Jordan, *Topographie der Stadi Rom im Alterthum*, Berlin 1871, pp.539-574;[英]约翰·博德曼等编、郭小凌等译:《牛津古罗马史》,北京师范大学出版社2015年版,第171页。

[8] "urbanarum / XXI et XII," *CIL* Ⅵ, 01156; *Tac. Ann.* XV, 40; Pliny, *NH* Ⅲ, 66-67; *Hist. Aug. Heliog.* 20; Front. Aq. 79; ⑥ "...regione sexta ad Malum Punicum, domo quam postea in templum gentis Flaviae convertit."[在六区一条名为"马伦·普尼库姆"的街道上,在后来他改建成弗拉维家族神庙的宅邸中。] Suetonius, *The Lives of the Caesars*, Book Ⅷ, Domitian. Ⅰ, 1, pp.338-339.

[9] 这些名字没有出现在古代文献、官方文件或铭文中,甚至没在任何一条墓葬铭文中出现,因此它们可能只是在 *Notitia* 和 *Curiosum* 所本的原始名单中每个区的第一座建筑的简称,其后置于每区建筑名录的开头。参见: Kiepert and Hülsen, *Formae Urbis Romae Antiquae*, Berlin, 1912(2nd edition)。

[10] Pliny, *NH* Ⅲ, 66-67.

[11] *CIL* Ⅵ, 01016a-c, 08594, 31227.

[12] Ibid., 00975.

[13] Kiepert and Hülsen, *Formae Urbis Romae Antiquae*, Berlin, 1912(2nd edition)。

[14] 各区界线的推测参见: Filippo Coarelli, *Guide Archeologiche: Roma*, pp.148-178, 203-213, 240-317, 332-349。

[15] 宪政机构是传统的共和制行政体系,包括执政官、裁判官、监察官、护民

官、营造官（市政官）、基层执法官（财政官）和民众会议、元老院（参见［意］朱塞佩·格罗素著、黄风译：《罗马法史》，中国政法大学出版社1991年版，第323—329页）；皇帝官员是皇帝的雇员，包括禁军长官、城市行政长官、粮务长官、城市治安长官等各种长官，书信吏、诉文吏、调查吏、档案吏、财务吏等文秘官吏，道路、水渠、建筑物、粮食与河道的主管（元老院议员兼任），由元老、骑士阶层的重要官员和法学家组成的君主顾问委员会（参见［意］朱塞佩·格罗素著、黄风译：《罗马法史》，中国政法大学出版社1991年版，第329—336页）。

[16] Cic. *Ad Att.* XIV. 14.5, XVI. 14.4.

[17] "sacrificium/per fratres Arvales epulantes et frugibus ministrantibus…in Capitolio in aedem Opis…" *CIL* VI, 02059.

[18] CIL VI. 32323.

[19] Hi*st. Aug. Claud.* 4.

[20] Cic. *Ad Atti.* XVI, 14.1; App.BC II, 126; Plut. Brut. 19; Cass. Dio XLIV, 22.3.

[21] *Fest.* 278.

[22] Liv. XXXIX, 4.1, XLI. 17.4; Cic. Ad Att. XV, 3.1.

[23] *Fest.* 110.

[24] Liv. XLI, 22.

[25] Xavier Lafon, "Le Suburbium," *Pallas*, 2001, No.55, pp.204-205.

[26] Guy D. R. Sanders et al., *Ancient Corinth: A guide to the site and museum*, American School of Classical Studies at Athens, 2018, 7th ed., pp.179-180; Rhy Carpenter, Antoine Bon and A. W. Parsons, *Corinth: Results of Excavations*, Vol. III（The Defenses of Acrocorinth and the Lower Town）, The American School of Classical Studies at Athens, 1936, pp.44-83.

[27] Stavros Vlizos, *Athens During the Roman Period: Recent Discoveries, New Evidence*, Athens: Benaki Museum, 2008.

[28] Ray Laurence, Simon Esmonde-Cleary, and Gareth Sears, *The City in the Roman West*, Cambridge: Cambridge University Press, 2011, fig. 2.3, p.43.

[29] Charles Gates, *Ancient Cities: The Archaeology of Urban Life in the Ancient Nearest and Egypt Greece and Rome*, Oxon: Routledge, 2nd edition, 2011, pp.273-278.

[30] Andrew Poulter, *Nicopolis ad Istrum: A Roman, Late Roman, and Early Byzantine City（Excavations 1985-1992）*, London: Society for the

Promotion of Roman Studies, 1995, fig. 3, p.3.
[31] Ray Laurence, Simon Esmonde-Cleary, and Gareth Sears, *The City in the Roman West*, Cambridge: Cambridge University Press, 2011, fig. 2.1, p.41.
[32] Mark Alan Chancey and Adam Lowry Porter, "The Archaeology of Roman Palestine," *Near Eastern Archaeology*, 2001, Vol.64, No.4, p.169.

结　　语

通过对帝国早期罗马城相关考古发现的梳理，我们基本还原了当时的整体城市布局，并进而探究罗马城的地域结构秩序和空间结构模式。这种秩序和模式的形成，对于罗马这样一座使用周期很长、延续性和重叠性都很强的城市来说，自然因素、历史因素和新的现实因素同等重要。

从史前时代到铁器时代早期的发展轨迹看来，罗马从人口稀少的非中心区域逐渐发展成一个重要的居住中心，它的崛起与在半岛的商贸交流网络中的位置息息相关，尤其是地处从埃特鲁里亚到坎帕尼亚地区必经之路。坎帕尼亚地区有古希腊人最早在半岛建立的殖民地，而埃特鲁里亚地区也由于富含矿产受到地中海东部商业人群的瞩目，因而成为半岛上较早发展起来的地区。这两地的交流最早以罗马东南约20公里的阿勒巴诺山区为中转。铁器时代开始，罗马取代阿勒巴诺山区成为半岛南北交流的中点[1]，得到发展的机会，此后出现大型中心聚落，并于公元前7世纪建城。可见在罗马的建城和发展过程中，商业贸易扮演了相当重要的角色，也是后来帝国时期罗马的城市等级秩序中，商业区域一直可以成为例外的原因之一。

在这个发展过程中，罗马城的空间演化方式可以用斯梅尔斯所说的"城市物质形态演变的双重过程"来概括，即向外扩展（outward extention）和内部重组（internal reorganization）的过程，以扩散和替代的方式形成新的城市形态结构。替代过程包括物质性的，也包括功能性的，在城市核心区尤其表现明显[2]（图三六）。

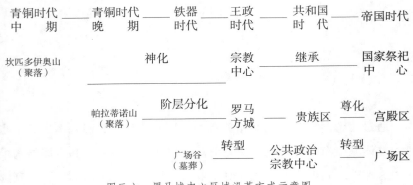

图三六　罗马城中心区域沿革方式示意图

坎匹多伊奥山的卡匹托利尼丘是罗马城所在范围最早出现聚落的区域，自青铜时代中期到铁器时代规模逐渐扩大，公元前6世纪起，修建了最早的至高无上朱庇特神庙（三主神神庙）。这个最早的居住区域被神化，从此成为宗教中心区，帝国时期成为国家祭祀中心。

帕拉蒂诺山聚落出现的时间稍晚于卡匹托利尼聚落，可能由于此处离台伯河更近、山顶也更开阔，取水、交通和贸易都更为便利，也能容纳更多的人口，逐渐成为中心聚落，在拉齐奥文化ⅢB期出现了第一道土墙，后被拆毁，ⅣA2期又修筑了第二道，弗兰切丝卡·弗勒米南特根据第一道墙废弃后不久被墓葬打破的现象，认为墙的仪式意义更重于现实意义。[3] 在公元前7世纪，第三道凝灰岩墙的修建被蒂姆·康奈尔等学者认为是政治性的界线。也许这意味着墙内外产生了阶层的分化。共和国时期，帕拉蒂诺山被贵族的宅邸所占据。帝国早期，这里经历了一个"尊化"的过程，基本成为皇帝宅邸和宫殿的专属区域。

广场谷早期是沼泽地，到铁器时代成为墓葬群，可能属于附近山上的聚落。王政时代晚期即公元前7世纪，这里被改造成政治宗教中心，修建了王宫和维斯塔中庭等建筑。共和国时期根据政治制度的需求，将其转型成为公共的政治宗教中心。从凯撒到奥古斯都时期，又经历了新一轮基于政治需求的转型，并在周围加建了新的帝国广场群，成为了显示皇帝权威的政治中枢区。

由此可见，罗马城的核心区域是自青铜时代以来传统的人类活动区，因地形和环境不同，开发的时间不同，产生功能分化，在王政时代普遍发生物质性的替代，共和国时期、帝国早期则是在大致保留原来物理格局的同时，对空间作物质性或功能性的替代（图三六）。

核心区域在不断替代的同时，罗马城有一个逐渐扩散的过程。根据弗兰切丝卡的意见，约在公元前9世纪（拉齐奥文化ⅡB期），奎里那勒山、俄斯奎里诺山分别被作为卡匹托利尼丘聚落、帕拉蒂诺山聚落的墓葬群。[4]扩散的主要方向是东北方向的山丘。公元前6世纪塞维鲁修建城墙时，将卡匹托利尼丘、帕拉蒂诺山、奎里那勒山、俄斯奎里诺山、维米那勒山、切利奥山和埃文蒂诺山北部都包括在内。埃文蒂诺山南部、平齐奥山直到克劳狄奥时期才划到城界内。进入罗马城"界线"内的先后顺序也影响了各个区域的建筑功能和类型。

最早进入"罗马城"范围的是俄斯奎里诺山和奎里那勒山。俄斯奎里诺山西部是按照垂直原则分布的平民和贵族居住区（即上文提到的平民在低地，贵族在高地），东部从墓地变为共和国时期的贵族区再到帝国时期的皇帝别墅区。山上年代较早的神庙有平民化的特征，还有一些外来神祇神庙。公共纪念物较少，实用建筑较多。奎里那勒山东部是平民区，北边是皇帝宅邸，也有重要的希腊-罗马神系神庙和近东宗教神庙。

第二批次是公元前6世纪进入罗马城范围的维米那勒山、切利奥山和埃文蒂诺山北部。由于早期都在"界线"以外，因此有大量的外来宗教神庙，共和国时期都以居住区为主（埃文蒂诺山由于临近台伯河，平民特色尤其突出）。到帝国时期，埃文蒂诺山逐渐成为贵族聚居区，切利奥山由于紧邻帕拉蒂诺山，山顶成为皇帝专门的居住区，西边的低地是平民区。

第三批次进入"界线"内的是平齐奥山与战神原北部，较少重要的公共建筑和宗教建筑，共和国时期遍布墓葬和贵族别墅，帝国早期是重要的居住区。

3世纪以前,战神原南部、埃文蒂诺山南部原地和河对岸都一直在界线外。从维拉布洛到埃文蒂诺山南部的台伯河左岸一直承担商业中心和交通中心的功能。战神原南部在共和国时期已有部分公共建筑,到帝国时期成为公共娱乐和休闲区。河对岸则有大量社会中下层,不过高地依然被贵族占据。

纵观整个扩散过程明显表现出先高地后低地的特征,从山丘向谷地、原地逐渐扩散,或可称为"水流式扩散"。而在从共和国到帝国早期的城市发展过程中,也有一个明显的"等级驱逐"或"等级挤压"的行为,皇帝占用了帕拉蒂诺山及其周边的俄斯奎里诺山东部、奎里那勒山北部和切利奥山,贵族则逐渐搬离到更远的其它山顶,而平民从原本生活的埃文蒂诺山搬离,居住在各山之间的谷地或河对岸的原地。唯一不变的区域是台伯河东岸,从铁器时代起一直是商业和运输的中心地带。

罗马自共和国晚期起成为地中海世界的霸主,大量人口涌入,城市规模不断扩展。帝国之都罗马成为当时世界范围内少数达到都市标准的城市之一。至帝国早期,罗马城形成了混合形态的空间结构,高地空间具有神圣性、皇族独占性,并具有严密的军事防御体系,低地空间则是世俗性与神圣性兼具,并由皇族与其他阶层共享。相对于政治等级的垂直分布特征,宗教建筑却呈现无限制性散布的态势,仅本土宗教与外来宗教存在空间分布上的差异。商业建筑也是可以打破空间限制的另一类功能建筑。从空间演进的角度,可以看到,罗马城的发展是由自然环境、政治和商业因素共同主导的。核心空间的功能具有高度稳定性,在长期的发展过程中只作物质性的替代,这与其被"神化"和"神性化"是有关的,但由于都城本身和权力中心的防御性都比较弱、宗教与商业建筑的无限制楔入,在政治局势和宗教理念发生改变时,便容易造成对都城和权力中心的威胁,从而引发一系列的政治危机和社会问题。

罗马的城市模式在环地中海城市体系中独具典型性，尤其是它的延续性之长、重叠性之强，放眼同时代乃至当今的欧亚大陆，也是极其少见的。对罗马城的研究，无论是对古典考古学的各种核心问题，还是对现代可持续性发展的生态城市研究，都有着不可取代的重要意义。

注　释

[1] 原因不明，或许因为阿勒巴诺山区是复合火山，加之罗马在台伯河拐弯口，更少遭受洪涝灾害。但从考古学文化看，阿勒巴诺山区和罗马应当属于同一类型。
[2] A. E. Smailes, *The Geography of Towns*, London: Hutchinson, 1966.
[3] Francesca Fulminante, *The Urbanisation of Rome and Latium Vetus: From the Bronze Age to the Archaic Era*, Cambridge: Cambridge University Press, 2014, pp.83-95.
[4] Ibid., pp.72-77.

附录一

帝国以前拉齐奥地区的考古学文化

引 言

意大利考古学主要的研究时段集中于文艺复兴以前,一般可分为史前考古(距今约 4000 年以前)、古典考古学(约公元前 20 世纪—公元 5 世纪)、中世纪考古学(约 476—1453 年)三大段。各个阶段的研究理论、方法和视角都存在较大差异。但由于本书仅涉及早期罗马帝国,因此仅详述前两个时段的情况。

意大利的史前考古一般归属于地中海考古或西欧考古,关注年代框架、文化特性、生业方式、社会形态等论题,特点是区域性研究的传统很强,将意大利分为半岛北部、中部、南部及海岛等不同区域分别进行讨论,着眼于某个区域的全景式研究较多,如怀特豪斯[1]、贾曼[2]、鲁迪尔[3]、森珀[4]、斯凯茨[5]、佩德罗蒂[6]等学者的论著。当然,学界也有从地中海或欧陆视角开展的宏观研究,前者如布罗代尔[7],后者如惠特尔[8]、福勒、哈丁[9]等,大多旨在厘清各区域考古学文化的差异性,并在此基础上探索各区域的交流与互动关系。以意大利全域为视角开展整合性研究较具代表性的是皮特[10]、卡罗琳·马龙[11]等学者,他们的综合研究不仅尝试从宏观视野建构亚平宁半岛及周边岛屿的史前史,还暗含着另一套更为宏大的学术理念,即寻找后来的罗马共和国、罗马帝国乃至现代国家的文化传统阐释和长时段[12]的历史结构基础。

从青铜时代至西罗马帝国崩溃这一阶段,历来被囊括于古典学的研究范围内。古典学作为一门独立学科,自17世纪正式确立以来,一直以在多学科视角下全面复原古希腊-罗马社会为宗旨。[13]因此,古典考古学只是古典学的分支之一,或者说,是古典学用以解决问题的技术路径之一。涉及这一时段的考古学研究通常被整合在某个主题之下,协同文献史学、语言学、文学、艺术学等各个学科共同开展研究。在古典学领域,整体研究和区域研究、宏观研究和微观研究并重。前帝国时期考古侧重于解决环地中海各区域文明(尤其是古希腊文明)起源与发展的过程,帝国时期考古则主要关注物质文明形态及变迁、帝制对各区域与人群的差异化影响等。但由于思维惯性或政治倾向,在开展宏观性的整体研究时,欧美学界仍然更重视不同区域或人群间的交互作用,以统一视角如政治制度为线索开展的系统研究则稍显不足。例如,在罗马帝国时期考古领域,欧美学者往往更重视不同地方、不同人群并入罗马治下之后文化变迁的动因、过程和表现方式等"罗马化"[14]进程的讨论,而较少通过考古学遗存讨论帝国如何在各地采取差异化的政策使之走向"罗马化"的进程。这固然是由于古代欧洲未全面建立如商周以后的古代中国那套通过差异化的物质分配表达社会身份的等级秩序,但也并不意味着罗马帝国就完全是一个对外统一而对内自治的"联邦",或者说,这并不意味着罗马帝国未在权力集中的前提下在辖域进行"整齐化"的制度建构。实际上,在进入帝国时代后,地中海的城市体系便发生了等级化的整合,详见本书附录二的论述。

拉齐奥地区是古罗马文明的发源地,为更好地理解罗马城的起源及发展过程涉及的各时段考古学文化,在此按照工具演进划分法,分作石器、铜器和铁器三个时代对罗马帝国以前的考古学文化序列进行概述。在拉齐奥地区暂未有典型遗址的时段,则扩展为介绍意大利中部。按照现代行政区划,意大利中部大致包括今天的拉齐奥、莫利塞、阿布鲁佐、马尔凯几个大区及托斯卡纳大区南部。

一、石器时代

早在旧石器时代早期，今罗马西北的托灵皮埃特拉就有人类活动的迹象。[15]至旧石器中期，今罗马东南的奇尔切奥山和阿尼奥河流域都是尼安德特人的活动范围。在后一地点发现所谓的萨科帕斯托勒人头盖骨，年代可追溯至10万—13万年前。[16]

虽从整个欧洲来看，多数地区都从距今1万年左右开始进入中石器时期，持续时间因地而异，但意大利除西西里岛以外的大部分区域（尤其是意大利中部）在该时期的文化面貌尚不清晰。[17]

就整个意大利而言，一般将新石器时期分为早、中、晚三期，也有些学者习惯将三期分别称为初级阶段、次级阶段和末级阶段。各个区域的分期标准和年代节点不尽相同，主要通过陶器的类型学研究建立相对年代序列和考古学文化图谱。[18]但由于意大利史前考古开展较早，部分沿用的"考古学文化"概念在严格意义上来说其实对应的是典型陶器群特征，或者说，更倾向于与某套稳定的、规模化的陶器手工业传统相关联，如下文将要提及的戳印纹陶文化、萨索文化等，有些类似于中国考古学界的"夔纹陶类型""米字纹陶类型"等概念。因此，学界在讨论意大利史前考古学文化的格局时，若干考古学文化的分布地域之间常常存在交叉。为了避免引发歧义，史前时期聚落、墓地等遗存，便通常在绝对年代的框架下展开讨论。

意大利考古学界一般认为拉齐奥地区在公元前6000年左右进入新石器时代。大约从公元前6000年至公元前5200年，戳印纹陶文化自西西里岛向环第勒尼安海岸、亚得里亚海岸扩散。[19]萨索-费奥拉诺文化（Cultura di Sasso-Fiorano，或称萨索文化）则在公元前5600年至公元前4400年之间流行于意大利中部至北部的西海岸[20]，这两种文化类型有一段时间在拉齐奥地区并存。戳印纹陶文化以遍身满布的戳印纹为特征，流行红陶、红褐陶，包括粗制陶器和精制陶器两种，因纹样装饰部位和样式的不同还可分出若干种类型。萨索-费奥拉诺文化则流行褐陶，以高领溜肩折腹圜底单耳杯、大口束颈圜底四耳罐等器型最具代表性，器身多装饰数条纵向的戳印纹饰带。

新石器中期，在约公元前5000—前4300年，今托斯卡纳到拉齐奥一带近海岸处兴起棕彩陶器（Brown Painted-Incised）文化，纹饰主要是简单的弦纹，代表性器型为深腹盆。[21] 大约从公元前5000年至公元前4500年，亚平宁半岛中部、南部和西西里岛都属于塞拉·达尔托（Serra D'Alto）文化的流行范围。该文化得名于马泰拉省的塞拉·达尔托遗址，存在精制陶和粗制陶（500/600摄氏度）两套陶器。精制陶即所谓的彩陶（figuline），烧成温度一般为800—1050摄氏度，通常在泥质黄陶上施以黑彩，彩绘主题为复杂的组合几何纹样，常见网格螺旋纹、复线曲折纹、组合菱格纹等，器型多见带状錾直口折腹平底杯、单耳高领平底罐、双耳大口圜底罐等，可能由专门的作坊烧造，与丧葬或仪式功能有关。粗制陶的烧成温度一般为500℃或600℃，可能以家庭为单位制作，以日用功能为主。[22] 公元前4500年，意大利中北部还出现了利波里文化。该文化因泰拉莫省科罗波利市的同名遗址而得名，以精制的黑、红彩绘的泥质黄陶为特征，亦称三彩陶，常在器身施以带状红彩、几何纹黑彩，器型多见单耳杯、四耳高领扁腹罐等。[23]

新石器时代晚期，利波里文化的晚期类型在拉齐奥地区延续至公元前3000年。大致同时期的狄安娜-贝拉维斯塔文化则主要分布在意大利中部和南部。[24] 该文化包括年代大致相当的狄安娜类型和贝拉维斯塔类型，流行管状耳。前者主要分布在西西里岛和半岛西南的坎帕尼亚、卡拉布里亚大区，典型遗址是马尔默，以装饰红彩线条的精制陶器为特征，常见高领双耳小平底罐、深腹小平底罐等器型；后者主要分布在塔兰托附近，典型遗址即贝拉维斯塔遗址，常见双耳盆、双耳罐等器型。[25]

总体来说，整个新石器时代，几支不同的考古学文化先后影响着拉齐奥地区，时间和空间上互有交错，不过至今尚未有明确证据表明这一时期的拉齐奥地区出现了某支考古学文化的中心遗址或中心聚落，似乎是处于各支考古学文化的边缘或交叉地带。

二、铜器时代

约公元前 3000—前 2300 年为欧洲考古学分期上的铜石并用时代或红铜时代，不过意大利这一时期的考古学文化面貌并不清晰，或仍延续新石器晚期的特征，仅出现了一些小型红铜器。但也有学者认为，此时亚平宁半岛的考古学遗存可分为六组，拉齐奥地区和托斯卡纳地区同属于其中的里纳多尼类型或文化，流行沟式墓、崖墓、岩洞葬。崖墓系由人工在岩体间开挖，岩洞葬则是将死者葬在自然洞穴或岩缝中。此时的红铜器主要是随葬品，多见斧、短剑、锥、镞等器类。[26]

约公元前 2300 年，亚平宁半岛及周边岛屿逐渐进入青铜时代。意大利的青铜时代大致分为三期：早期（前 2300—前 1700）、中期（前 1700—前 1325/1300）、晚期（前 1325/1300—前 950/925）。[27]但由于拉齐奥地区的相关发现较少，尚未能构建起系统的考古学文化序列，仅知从青铜时代中期起，意大利中北部的考古学文化持续南下对这里产生重要的影响，先是亚平宁文化，而后是先维拉诺瓦文化。

约公元前 15 世纪，半岛从北边的博洛尼亚到南边的阿普利亚都是亚平宁文化的分布范围。这支考古学文化以小型聚落、土葬墓、装饰性陶器为特色。[28]亚平宁文化晚期（公元前 13—前 12 世纪），爱琴海迈锡尼文化的陶器到达意大利中部。[29]

公元前 1150—前 1000 年，在原亚平宁文化的范围内出现了骨灰瓮火葬墓地，也出现了新的陶器形制和装饰风格，以及小提琴弓形扣针、单拱形扣针、曲背刀、直背刮刀、曲背刮刀等新的青铜器类型，均属于先维拉诺瓦文化。关于这支文化的来源，学界尚存在亚平宁文化和意大利北部波河河谷的灰泥土文化两说。至于其去向，则普遍认为与铁器时代的维拉诺瓦文化有关。[30]

拉齐奥地区与同属意大利中部的其它地区在铜器时代属于同一考古学文化面貌，甚至与意大利北部在阿尔卑斯山脉以南区域的文化面貌也极为一致。这或许意味着在这一时期，至少在亚平宁半岛的中北部发生了区域文化的整合，但此时半岛的中心似乎是在波河河谷一带。拉齐奥地区仍然处于一个比较次要的地位。

三、早期铁器时代至共和国时代

一般认为，公元前1020年左右至公元前780年左右，属于意大利早期铁器时代。[31]此时拉齐奥地区的考古学文化格局主要涉及维拉诺瓦文化、拉齐奥文化、埃特鲁里亚文明三个概念。维拉诺瓦文化是比较纯粹的考古学文化的概念，以分布在亚平宁半岛北部波河流域的典型遗址命名，从物质遗存出发进行分期分区。拉齐奥文化则类似于区域文化的概念，使用这一概念的学者指涉的年代区间自先维拉诺瓦文化、维拉诺瓦文化直至东方时代晚期，地域则限定在今拉齐奥大区这个相对有限的范围内。埃特鲁里亚文化是从人群或族群概念出发的命名，地域范围以今托斯卡纳和拉齐奥大区为主，年代则从维拉诺瓦时期直至罗马时期。这三个概念的命名逻辑和学术倾向性不同，指涉的年代区间有所交错，空间范围则略有不同。三者的年代下限都已进入罗马王政时代乃至共和国时代，也就是进入了原史时代至历史时代的研究范畴。

（一）维拉诺瓦文化

大约到公元前10世纪，在先维拉诺瓦文化基础上发展出了维拉诺瓦文化[32]，分布在意大利的北部和中部。[33]这支考古学文化的聚落和墓地数量都较此前的时代有显著的增加。居住址主要分布在山顶，墓地则在居住址以外的山顶或峡谷，早期流行骨灰瓮火葬墓，中期以后出现沟式墓、石室墓等。从考古学证据推测，维拉诺瓦文化出现了专门化的青铜和陶器手工业，流行手制夹砂陶器、小型青铜工具和带扣，产生了社会阶层分化、性别分工，如在墓葬中，随葬品具有贫富差距，同时，男性常随葬武器，女性则常随葬纺织工具。该文化包括两个主要类型：北方类型，主要分布在博洛尼亚周围，一直保持着较为典型的维拉诺瓦文化特色；南方类型则主要分布于托斯卡纳南部到拉齐奥北部，至维拉诺瓦文化晚期（约公元前 8 世纪中期至前 6 世纪），出现了大量希腊陶器和仿制的希腊式陶器，可能与爱琴海地区埃维亚一带人群的到来有关，而青铜制品则表现出与撒丁岛、中欧、巴尔干半岛的联系，这些外来文化因素可能与这一带矿产丰富有关。[34]

（二）拉齐奥文化

尽管大部分意大利本土学者乃至欧洲学者都在一个相对宏观的视野下对意大利的考古学文化进行区域类型和年代框架的讨论，认为拉齐奥地区在早期铁器时代属于维拉诺瓦文化的南方类型，但也有部分学者主张应当由拉齐奥本地遗址展现出的文化序列出发，提出拉齐奥文化这一概念，其年代范围大致从公元前 1000 年到前 580 年。在这支考古学文化的分期问题上，学界存在较大争议，主要包括三种观点：

第一种观点是乔万尼·平扎-J.C.迈尔的分期体系，也是最主流的观点。平扎以广场谷和俄斯奎里诺山墓葬群为基础，综合墓葬形制、随葬陶器和铜带扣的演变，以及希腊式器物及仿制品的出现与否，将拉齐奥文化分为早晚两期，其下又再细分，再进一步将早期拉齐奥文化（即Ⅰ—Ⅲ期）细分为三期四段，将晚期拉齐奥文化（即Ⅳ期）分为两段。[35]迈尔基本延续了平扎的分期，仅将Ⅲ期以公元前 740 年为界细分出ⅢA 和ⅢB 期，并对Ⅳ期各段的年代界限略有调整，对不同期段的考古学文化特征的认识也略有不同。[36]在对拉齐奥文化各期的性质认识上，有意见认为Ⅰ期实际仍属于青铜时代末期，是维拉诺瓦文化的南方类型。至于后面三期，学界普遍认为Ⅱ、Ⅲ期是早期铁器时代，Ⅳ期以后则称为"东方化时代"（Orientalizing Period）。[37]这里的"东方"指的是爱琴海、近东等地区，因这一时期意大利涌现大量来自地中海东部的文化因素而得名(表9)。

表9 拉齐奥文化的分期体系

分期 时段	平扎的分期（1898）		迈尔的分期（1983）	
	期别	绝对年代	期别	绝对年代
青铜时代末期 （先维拉诺瓦文化）	LC I	前1000—前900	LC I	前1000—前900
早期铁器时代 （维拉诺瓦文化）	LC II A	前900—前830	LC II A	前900—前830
	LC II B	前830—前770	LC II B	前830—前770
	LC III	前770—前730/720	LC III A	前770—前740
			LC III B	前740—前720
东方化时代早中期	LC IV A	前730/720—前640/630	LC IV A	前720—前620
东方化时代晚期	LC IV B	前640/630—前580	LC IV B	前620—前580

第二种观点是赫尔曼·穆勒-卡培和雷纳托·佩罗尼的分期体系。他们以葬具和铜带扣为标准器，将广场和俄斯奎里诺山墓葬群分为四期。[38]但瑟斯提埃利认为地位、性别、年龄等因素都综合影响着随葬品，因此穆勒-卡培等学者所谓的不同期别实际上可能对应同一时期的不同人群。[39]

第三种观点是埃纳·耶尔斯塔德的分期体系。耶尔斯塔德将随葬的希腊式陶器作为标准，根据其形制演变将两处墓葬群分成了三期。他的分期虽然存在较多争议，采信的人也并不多，却不容忽略，尤其是他注意到拉丁姆地区（Latium）[40]与意大利南部的希腊殖民地所出的希腊式陶器在变化轨迹上有同步的趋势，似说明希腊文化对拉丁地区的影响变得明显。[41]

拉齐奥地区是古罗马文化的发源地和中心，对拉齐奥文化的研究涉及古罗马文明起源的重大问题。但由于罗马城是高度重叠的城址，至今仍为意大利的政治中心，在长期的发展历程中，大量的历史遗迹本已历经多次重建、改建或破坏，早期的古物学和考古学传统又主要关注罗马作为政权兴起以后的时段（尤其是罗马帝国早期），这样的现实情况和早期的学科理念导致在发掘过程中虽然曾在罗马市区发现帝国以前（甚至是青铜时代）的聚落和城址遗迹，但并未引起足够重视，发掘记录并不完备，后续的整理研究也未能系统开展，甚至有一些早期的遗迹就此被错误地清理。上述种种原因导致对拉齐奥文化本身的研究并不全面和深入，较多的论述都从周边其它考古学文化的视角介入，因此早期罗马文明起源的问题虽然在文献史学界已有较多系统论述，但至今仍未能从考古学的角度得到足够深入的研究。

（三）埃特鲁里亚文明

意大利中部在早期铁器时代还有一支重要的考古学文化，即埃特鲁里亚文化，主要分布在亚平宁山脉西部和阿诺河、台伯河之间，即今托斯卡纳大区、翁布里亚大区和拉齐奥大区的北部。公元前7世纪全盛时，一度向南发展到坎帕尼亚地区，向北则到达波河谷地。"埃特鲁里亚"是古罗马文献中对活动于这一地域范围内的政权或族群的名称。中文文献有时译作"埃特鲁斯坎"，实际上是这一名称的派生词，意指"埃特鲁里亚人"。古希腊语文献将他们称为"第勒尼伊人"或"第勒尼安人"。他们则可能自称为"拉森纳"（Rasenna）或"拉斯纳"（Rasna）。[42]因此，"埃特鲁里亚文化"的命名方式不同于维拉诺瓦等其它考古学文化，而类似于我国"夏文化""商文化"这类以"国/族"概念命名的考古学文化。

由于埃特鲁里亚文化已明显进入早期国家形态，通常也被称为埃特鲁里亚文明。欧美学术界的埃特鲁里亚研究主要包括两种不同的学术传统，在年代范围、研究旨趣和对一些关键问题的认知上都存在较大分歧。

第一种是"原史学"传统，也就是将埃特鲁里亚文明归于原史时期的范畴，在这一理念下，从历史文献的角度出发，认为埃特鲁里亚文明的起源与公元前1200年左右小亚细亚地区吕底亚人的向西迁徙有关。[43]这一派学术传统普遍将埃特鲁里亚的国家起源追溯到公元前7世纪之前，研究中侧重于文化序列和聚落组织等问题。

第二种则是"埃特鲁里亚学"传统。"埃特鲁里亚学"最初实际上是带有政治意图的学术传统,试图通过对罗马统一亚平宁半岛乃至地中海世界之前的区域考古学文化进行研究,借此强化16世纪美第奇家族创立的托斯卡纳大公国在历史传统上的合法性。在后来的发展过程中,随着意大利的统一、科学考古学的兴起,学科的政治属性淡化,由于其与古典学采用多学科方法和视野重建历史的学术理念吻合,渐渐成为埃特鲁里亚文明研究的主流。[44]这一派的学者多将埃特鲁里亚文明限定在约公元前10世纪到公元前200年这一阶段,认为埃特鲁里亚的城市和国家起源应在公元前7世纪之后,他们特别强调城市化进程以及希腊世界对埃特鲁里亚的影响。目前较多学者认为埃特鲁里亚文明的起源与亚平宁半岛本土早期铁器时代的维拉诺瓦文化有关。[45]近年的体质人类学研究,更是为埃特鲁里亚人的意大利中部本土起源说提供了有力证据。[46]根据目前较为通行的分期方法,被并入罗马之前的埃特鲁里亚文明可划分为五个时期:

第一期约从公元前10世纪至前730年,即维拉诺瓦文化早中期。此时形成的中心聚落如维伊、塔尔奎尼亚、乌尔奇等都是后来埃特鲁里亚时期的重要城址所在。[47]从墓葬推测,该期较早阶段尚处于相对平等的氏族阶段,至较晚阶段,开始出现简单的社会分层现象。[48]

第二期约从公元前730年至前580年,意大利学界一般将之称为"东方化时代",对应着维拉诺瓦文化晚期。此时中心聚落转型为城市[49],进入了社会复杂化阶段,产生了以神权和军权为表征的贵族阶层。在该时期较早阶段,在维伊和塔尔奎尼亚等中心聚落,陶器、金属器、珠宝等手工业门类的专门化程度加深,且出现了大量来自爱琴海和近东地区的文化因素,而到较晚阶段,切尔韦泰里和维图洛尼亚成为手工业技术和风格的创新地,向埃特鲁里亚其它地区乃至更广泛的区域辐射。[50]

第三期约从公元前580年至前450年,对应古典学分期中的古风时代和古典时代早期。需要强调的是,"古典时代"在中文语境涉及两种含义。广义上,指代欧洲古典学的研究时段"古典古代",即从约公元前 2000 年的青铜时代到公元 5 世纪西罗马帝国的灭亡，年代跨度将近 2500 年。[51] 与之相关的一个概念是"古代晚期"（有时也作"古典时代晚期"），多指公元 3—8 世纪这个时间段，也就是晚期罗马帝国到穆斯林入侵东罗马之前。[52] 狭义上，古典时代专指古希腊史分期中的"古典时代"，即从约公元前 478（或前 500）至前 338 年（或前 330）这一阶段，时间跨度一百余年。两者由于翻译的原因，在中文的表述里极易混淆。为了不造成误解，宜以"古典古代"指代广义时段，而以"古典时代"专指狭义的时段。在这一时期，赤陶[53]建筑、雕塑以及来自希腊爱奥尼亚一带的黑绘式彩陶普遍流行。城邦社会里形成了贵族阶层、中产阶层、底层，此外可能还有从属于社会中上层的所谓"扈从阶层"。[54]

第四期约从公元前 450 年至前 250 年，对应古典时代晚期至希腊化时代。彩陶从黑绘式向红绘式转变，浮雕陶器、黑釉陶、青铜器、珠宝等手工业门类迅速发展。在社会结构方面，从此前较为广泛的贵族阶层中剥离出了寡头集团。神庙和墓葬建筑大量出现，流行以凝灰岩作为建筑材料，壁画、雕塑等装饰艺术发达。[55] 至该期较晚时段，即公元前 3 世纪前半期，埃特鲁里亚被纳入罗马共和国治下，自此并入环地中海区域长达 6 个多世纪的罗马化进程中。

结　语

虽然早在青铜时代，地中海东部的文化因素便不间断出现在意大利各地，其影响范围越来越大、影响程度越来越深。但根据文献记载和考古发现，希腊人真正在意大利设立据点，是在公元前 8 世纪早中期。他们在拉齐奥以南的坎帕尼亚地区先后建立伊斯基亚城和库迈城。此后，以希腊文化为主的外来文化对意大利的整个社会包括政治、艺术、建筑和宗教等各方面都产生深刻影响，甚至引发了社会的变革。一般认为，罗马所在的拉齐奥地区于公元前 753 年左右进入王政时代。

公元前509年左右,罗马进入共和国时代,也就是从此时起,拉齐奥乃至整个意大利都进入了有史可考的时代。根据康奈尔的考证,此时的亚平宁半岛及周边岛屿上分布着众多不同的语族,拉齐奥的大部分区域被奥斯坎语族占据,拉丁语族和法利希语族仅占据西海岸的一小部分区域,拉齐奥的西北部则仍是埃特鲁里亚语的分布区(图三七)。[56]

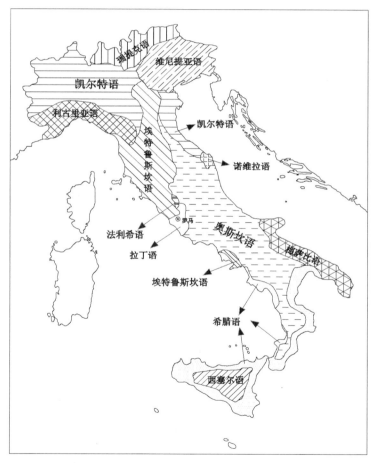

图三七 公元前5世纪的意大利语族分布示意图(约前450—前400年)
(底图来自 T. J. Cornell, *The Beginnings of Rome: Italy and Rome from the Bronze Age to the Punic Wars*, London and New York: Routledge, 1995, Map 2, p.42)

至公元前 3 世纪，罗马共和国基本控制了波河流域以外的整个亚平宁半岛，整合各区域文化之后形成一种新的复合型文化，自此开启罗马文化向环地中海地区扩散的进程。到公元前 1 世纪末，统一地中海世界的罗马进入了帝国时期。根据不同历史阶段的特征，一般又将帝国分为两期。"罗马帝国早期"或"早期罗马帝国"通常指的是从帝国建立到塞维鲁王朝结束（235 年）这个时间段，也有观点认为是到 3 世纪末危机结束（296 年）。欧美的众多专著和学术论文中所说的"罗马时期"多指这一阶段。在这一时期，罗马对环地中海世界的控制力较强，各区域普遍进入了罗马化进程，罗马文化成为一种复杂的复合化文明体。在宗教体系中，古希腊-罗马神系占绝对的主导地位。

塞维鲁王朝或 3 世纪危机结束直至西罗马帝国崩溃，则被归为"罗马帝国晚期"或"晚期罗马帝国"。这个时期，虽然地中海贸易圈仍从商业方面维持着统一性，但罗马对地方（尤其是地中海东部）的控制力开始弱化，地中海各区域的文化差异开始明显，基督教的影响日渐明显，来自罗马帝国外部的日耳曼文明等不断进入原先的罗马文明核心地带。这与这一时期的共治体制、神权逐渐影响世俗权力等社会变化相应。[57]

（本文原刊《中山大学学报（社会科学版）》2018 年第 6 期，收入本书时经修改。）

注　释

[1] R. D. Whitehouse, "The early Neolithic of southern Italy," *Antiquity*, 1968, Vol.42, pp.188-193; R. D. Whitehouse, "The neolithic pottery sequence of southern Italy", *Proceedings of the Prehistoric Society*, 1970, Vol.35, pp.267-310.

[2] M. Jarman, "Culture and economy in the north Italian Neolithic," *World Archaeology*, 1971, Vol.2, pp.255-265.

[3] J. L. Roudil, "Le Néolithique d'Italie Du Sud et Ses Affinités Avec Le Chasséen Méridional," *Bulletin de La Société Préhistorique Française*.

Comptes Rendus Des Séances Mensuelles, 1973, Vol.70, No.4, pp.108-111.

[4] M. Cipolloni Sampò, "Il Neolitico nell'Italia merdionale e in Sicilia," in A. Guidi, M. Piperno(a cura di), *Italia preistorica*, Roma-Bari: Laterza, 1992, pp.334-365.

[5] R. Skeates, "Towards an absolute chronology for the Neolithic of central Italy," in R. Skeates and R. Whitehouse(eds.), *Radiocarbon Dating and Italian Prehistory*, London: British School at Roma & Accordia Research Centre, University of London, pp.45-60.

[6] A. Pedrotti, "The Neolithic Age in Trentino Alto Adige," *Preistoria Alpina*, 2001, Vol.34, pp.19-25.

[7] [法] 费尔南·布罗代尔著，蒋明炜、吕华等译：《地中海考古：史前史和古代史》，社会科学文献出版社2005年版。

[8] A. Whittle, *Europe in the Neolithic: The Creation of New Worlds*, Cambridge: Cambridge University Press,1996.

[9] Chris Fowler, Jan Harding and Daniela Hofmann(eds.), *The Oxford Handbook of Neolithic Europe*, Oxford: Oxford University Press, 2019.

[10] T. E. Peet, *The Stone and Bronze Age in Italy*, Oxford: Oxford University Press,1909.

[11] Caroline Malone, "The Italian Neolithic: A Synthesis of Research," *Journal of World Prehistory*, 2003, Vol.17, No.32, pp.242-243.

[12] "长时段"的概念来源于布罗代尔，他对地中海的"总体史"作出了结构化的考察和阐释，认为长时段、中时段和短时段三种时间尺度的历史对于总体历史进程具有不同的作用，参见[法] 费尔南·布罗代尔著、唐家龙等译：《地中海与菲利普二世时代的地中海世界》，商务印书馆2017年版。

[13] [英] 玛丽·比尔德、约翰·汉德森著，董乐山译：《当代学术入门：古典学》，辽宁教育出版社、牛津大学出版社1998年版；[德] 维拉莫威兹著、陈恒译：《古典学的历史》，生活·读书·新知三联书店2008年版；[英] 约翰·埃德温·桑兹著、张治译：《西方古典学术史》，上海人民出版社2010年版。

[14] 刘津瑜：《罗马史研究入门》，北京大学出版社2014年版，第187—193页。

[15] M. Cary, H. H. Scullard, *A History of Rome*, London: Palgrave Macmillan, 1975, p.7; Margherita Mussi, *Earliest Italy: An Overview of the Italian Paleolithic and Mesolithic*, New York, Boston, Dordrecht, London, Moscow: Kluwer Academic Publishers, 2002.

[16] E. Bruner, G. Manzi, "Saccopastore 1: the earliest Neanderthal? A new look at an old cranium," in J. J. Hublin, K. Harvati, T. Harrison(eds.), *Neanderthals Revisited: New Approaches and Perspectives*, Dordrecht: Springer, 2006, pp.23-36.

[17] T. Douglas Price, "The European Mesolithic", *American Antiquity*, 1983, Vol.48, No.4, pp.761-778.

[18] Caroline Malone, "The Italian Neolithic: A Synthesis of Research," *Journal of World Prehistory*, 2003, Vol.17, No.32, pp.242-243.

[19] V. Tiné, "Le facies a ceramica impressa dell'Italia meridionale e della Sicilia", in M. A. Fugazzola, A. Pessina, V. Tiné(eds.), *Le ceramiche impresse nel Neolitico antico. Italia e Mediterraneo*, Roma: Studi di Paletnologia, 2002, pp.132-165.

[20] 该文化得名于罗马市的萨索遗址及摩德纳市的菲奥拉诺遗址。E. Delpino and M. A. Fugazzola Delpino, "La 'facie'di Monte Venere neU'ambito della cultura del Sasso," *Atti della XXVI Riunione Scientifica della Istituto Italiano di Preistoria e Protostoria*, 1987, pp.671-680; A. Pessina, P. Visentini(eds.), *Preistoria dell'Italia settentrionale*, Udine: Museo Friulano di Storia Naturale, 2006.

[21] Caroline Malone, "The Italian Neolithic: A Synthesis of Research," *Journal of World Prehistory*, 2003, Vol.17, No.32, pp.275-277.

[22] Francesco Chimenti, Rossana De Candia(etc.), "Le facies Serra d'Alto e Diana-Bellavista in Italia meridionale," in D. Cocchi Genick(ed.), *Criteri di nomencla-tura e di terminologia inerente alla definizione delleforme vascolari del Neolitico/Eneolitico e del Bronzo/Ferro*(Vol. I), 1999, Firenze: Octavo, pp.125-137; Rocco Laviano.Italo M. Muntoni, "Produzione e circolazione della ceramica 'Serra d'Alto'nel V millennio a. C. in Italia sud-orientale," in Sabrina Gualtieri, Bruno Fabbri, Giovanna Bandini(a cura di), *Le Classi Ceramiche Situazione degli Studi*, Bari: Edipuglia, 2009, pp.57-72; A. Geniola, R. Sanseverino, "Elementi funerari nell'area centro-meridionale del sito di Santa Barbara(Polignano a Mare, BA)," *Rivista di Studi Liguri*, 2014, Vol.37-39, pp.283-288.

[23] Giuliano Cremonesi, "Il villaggio di Ripoli alla luce dei recenti scavi," *Rivista di Scienze Preistoriche*, 1965, Vol. XX, pp.85-155; Giovanna Radi, "L'abitato e la cultura di Ripoli," in Paola Di Felice e Vincenzo

Torrieri(a cura di), *Museo Civico Archeologico "F. Savini"*. *Teramo*, Teramo: MCA F. Savini, 2006, pp.37-43.

[24] Caroline Malone, "The Italian Neolithic: A Synthesis of Research," *Journal of World Prehistory*, 2003, Vol.17, No.32, pp.242-243 ; Chiara La Marca, "Neolitico recente-finale: gli aspetti Diana, tardo Ripoli e occidentali nel territorio Roma," in Anna Paola Anzidei, Giovanni Carboni (a cura di), *Roma Prima del Mito*, Oxford: Archaeopress Publishing LTD, 2020, pp.29-43.

[25] Ruth Whitehouse, "The Neolithic Pottery Sequence in Southern Italy," *Proceedings of the Prehistoric Society*, 1970, Vol.35, pp.300-303; Francesco Chimenti, Rossana De Candia(etc.), "Le facies Serra d'Alto e Diana-Bellavista in Italia meridionale," in D. Cocchi Genick (ed.), *Criteri di nomencla-tura e di terminologia inerente alla definizione delleforme vascolari del Neolitico/Eneolitico e del Bronzo/Ferro* (Vol.I), 1999, Firenze: Octavo, pp.125-137.

[26] Ruth Whitehouse, Colin Renfrew, "The Copper Age of Peninsular Italy and the Aegean," *The Annual of the British School at Athens*, 1974, Vol.69, pp.343-390.

[27] Francesca Fulminante, *The Urbanisation of Rome and Latium Vetus: From the Bronze Age to the Archaic Era*, Cambridge: Cambridge University Press, 2014, pp.26-27.

[28] T. J. Cornell, *The Beginnings of Rome: Italy and Rome from the Bronze Age to the Punic Wars*, London and New York: Routledge, 1995, p.48.

[29] Gert Jan van Wijngaarden, *Use and Appreciation of Mycenaean Pottery in the Levant, Cyprus and Italy* (ca. 1600-1200 BC), Amsterdam University Press, 2002, pp.203-206 ; Gary Forsythe, *A Critical History of Early Rome: From Prehistory to the First Punic War*, Oakland: University of California Press, 2005, p.21.

[30] Anna Maria Bietti Sestieri, "Italy in Europe in the Early Iron Age," *Proceedings of the Prehistoric Society*, 1997, Vol.63, pp.371-402; R. Ross Holloway, *The Archaeology of Early Rome and Latium*, London: Routledge, 2014, pp.14-17; Gary Forsythe, *A Critical History of Early Rome: From Prehistory to the First Punic War*, Oakland: University of California Press, 2005, pp.12-25.

[31] Claudio Giardino.*IL Mediterraneo Occidentale fra XIV e VIII Secolo A. C.*, Oxford: Tempus Reparatum, 1995; A. M. Bietti Sestieri, *Protostoria, Teoria e Pratica*, Rome: Nuova Italia Scientifica, 1996; Anna Maria Bietti Sestieri, "Italy in Europe in the Early Iron Age," *Proceedings of the Prehistoric Society*, 1997, Vol.63, pp.371−402.

[32] 该文化得名于博洛尼亚附近同名庄园内的遗址。

[33] M. Cary and H. H. Scullard, *A History of Rome: Down to the Reign of Constantine*, London: The Macmillan Press Ltd., 1975（3rd edition）, pp.7−13.

[34] Anna Maria Bietti Sestieri, "Italy in Europe in the Early Iron Age," *Proceedings of the Prehistoric Society*, 1997, Vol.63, pp.371−402.

[35] Giovanni Pinza, "Le civiltà primitive del Lazio," *Bullettino della Commissione Archeologica Comunale di Roma*, 1898, Vol.26, p.157 ; Gary Forsythe, *A Critical History of Early Rome: From Prehistory to the First Punic War*, University of California Press, 2005, p.37.

[36] Jørgen Christian Meyer, *Pre-Republican Rome: An Analysis of the Cultural and Chronological Relations 1000−500 B. C.*, Odense: Odense University Press, 1983, pp.9−60.

[37] M. Cary and H. H. Scullard, *A History of Rome: Down to the Reign of Constantine*, London and Bastingstoke: The Macmillan Press Ltd.,1975（3rd edition）, pp.7−13.

[38] H. Müller-Karpe, *Zur Stadtwerdung Roms*, Heidelberg 1962; R. Peroni, "Per una nuova cronologiad el sepolcreto arcaico del Foro," in AA. VV., *Civiltà del Ferro: studi pubblicati nella ricorrenza centenaria della scoperta di Villanova*, Bologna: Arnaldo Forni Editore,1960, p.463; R. Ross Holloway, *The Archaeology of Early Rome and Latium*, London: Routledge, 2014, pp.40−42.

[39] Anna Maria Bietti Sestieri, "Italy in Europe in the Early Iron Age," *Proceedings of the Prehistoric Society*, 1997, Vol.63, pp.371−402.

[40] 古地名，最初指阿尔巴诺山周边。共和国开始范围扩大，延伸至台伯河以南直至奇尔切奥山一带。

[41] E. Gjerstad, *Early Rome II*, Lund, 1956; R. Ross Holloway, *The Archaeology of Early Rome and Latium*, London: Routledge, 2014, pp.47−50.

[42] G. A. Mansuelli, "Gli Etruschi nell'Età Romana Fonti Storiche da Polibio

a Tacito," *Archeologia Classica*, 1991, Vol.43, pp.279-302; Carlo De Simone, "Turs-Tyrrheno.und die Etrusker-Frage aus linguistischer Sicht," Pisa/Roma: Istituti Editoriali e Poligrafici Internazionali, 2000, pp.37-39; Martin Korenjak, "The Etruscans in Ancient Literature," in Alessandro Naso (ed.), *Etruscology*, Boston/Berlin: Walter de Gruyter Inc., 2017, pp.35-52.

[43] Robert Drews, "Herodotus 1.94, the Drought ca. 1200 B. C., and the Origin of the Etruscans," *Historia: Zeitschrift für Alte Geschichte*, 1992, Bd. 41, H. 1, pp.14-39.

[44] Giuseppe M. Della Fina, "History of Etruscology," in Alessandro Naso (ed.), *Etruscology*, Boston/Berlin: Walter de Gruyter Inc., 2017, pp.53-67.

[45] Anna Maria Bietti Sestieri, "Italy in Europe in the Early Iron Age," *Proceedings of the Prehistoric Society*, 1997, Vol.63, pp.371-402; Christoph Ulf, "An ancient question: the origin of the Etruscans," in Alessandro Naso (ed.), *Etruscology*, Boston/Berlin: Walter de Gruyter Inc., 2017, pp.11-34.

[46] Philip Perkins, "DNA and Etruscan Identity," in Alessandro Naso (ed.), *Etruscology*, Boston/Berlin: Walter de Gruyter Inc., 2017, pp.109-118.

[47] 此类在后来发展为城市的聚落，被称为"原始城市中心"（protourban center），其产生、发展和转型机制是近几十年来意大利史学界的研究重点之一。

[48] Lars Karlsson, "Hut Architecture, 10th cent. -730BCE," in Alessandro Naso (ed.), *Etruscology*, Boston/Berlin: Walter de Gruyter Inc., 2017, pp.723-738; Cristiano Laia, "Handicrafts, 10th cent. -730BCE," in Alessandro Naso (ed.), *Etruscology*, Boston/Berlin: Walter de Gruyter Inc., 2017, pp.739-758; Marco Pacciarelli, "Society, 10th cent.-730 BCE," in Alessandro Naso (ed.), *Etruscology*, Boston/Berlin: Walter de Gruyter Inc., 2017, pp.759-777; Tiziano Trocchi, "Ritual and cults, 10th cent. -730 BCE," in Alessandro Naso (ed.), *Etruscology*, Boston/Berlin: Walter de Gruyter Inc., 2017, pp.779-794.

[49] Luca Cerchiai, "Urban Civilization," in Alessandro Naso (ed.), *Etruscology*, Boston/Berlin: Walter de Gruyter Inc., 2017, pp.617-644.

[50] Mauro Menichetti, "Art, 730-580 BCE," in Alessandro Naso (ed.),

Etruscology, Boston/Berlin: Walter de Gruyter Inc., 2017, pp.831-850; Marina Micozzi, "Handicraft,730-580 BCE," in Alessandro Naso(ed.), *Etruscology*, Boston/Berlin: Walter de Gruyter Inc., 2017, pp.851-868; Alessandro Naso, " Society, 730-580 BCE," in Alessandro Naso(ed.), *Etruscology*, Boston/Berlin: Walter de Gruyter Inc., 2017, pp.869-884.

[51] [英]玛丽·比尔德、约翰·汉德森著,董乐山译:《当代学术入门:古典学》,辽宁教育出版社、牛津大学出版社1998年版;[德]维拉莫威兹著、陈恒译:《古典学的历史》,生活·读书·新知三联书店2008年版;[英]约翰·埃德温·桑兹著、张治译:《西方古典学术史》(第三版),上海人民出版社2010年版。

[52] 刘寅:《彼得·布朗与他的古代晚期研究》,《史学史研究》2021年第2期,第69—79页。

[53] "赤陶"由粗糙的多孔粘土烧制而成,不施釉,因色泽多为暗赭或红色而得名。在埃特鲁里亚文明中,最常见的赤陶制品是建筑构件(如带浮雕的楣饰、檐饰等)、雕塑和葬具。

[54] Martin Bentz, "Handicraft, 580-450 BCE," in Alessandro Naso(ed.), *Etruscology*, Boston/Berlin: Walter de Gruyter Inc., 2017, pp.971-984; Petra Amann, "Society, 580-450 BCE," ibid., pp.985-999.

[55] Fernando Gilotta, "Late Classical and Hellenistic art, 450-250 BCE," in Alessandro Naso(ed.), *Etruscology*, Boston/Berlin: Walter de Gruyter Inc., 2017, pp.1049-1077; Laura Ambrosini, "Handicraft, 450-250 BCE," ibid., pp.1079-1100; Petra Amann, "Society, 450-250 BCE," ibid., pp.1101-1115.

[56] T. J. Cornell, *The Beginnings of Rome: Italy and Rome from the Bronze Age to the Punic Wars*, University of California Press, 2005, pp.41-44.

[57] 李隆国:《从罗马帝国衰亡到罗马世界转型:晚期罗马史研究范式的转变》,《世界历史》2012年第3期;刘津瑜:《罗马史研究入门》,北京大学出版社2014年版,第31—57页。

附录二

罗马帝国早期的地方城市体系

引 言

  罗马帝国的疆域主要包括环地中海沿岸,全盛时远至不列颠岛和美索不达米亚平原西部。地中海是介于南欧、北非和西亚之间的一片陆间海,西以直布罗陀海峡与大西洋相连,东以土耳其海峡与黑海相连。由于地中海为内海,大部分时间尤其是夏季风浪较小,适宜航行,加上海内分布着大量岛屿和半岛,成为沟通各地的中转站。由北向南楔入海中的亚平宁半岛及其南边的西西里岛、撒丁岛,将地中海分成了东西两部分,也成为地中海航运的重要枢纽。地中海沿岸的地形十分多样,欧洲和亚洲北部沿海地势以山脉、高原为主,自西向东依次为伊比利亚高原、比利牛斯山脉、阿尔卑斯山脉、亚平宁山脉、巴尔干山脉、安纳托利亚高原;亚洲南部和非洲沿海的地形则较为平坦,自东向西依次为尼罗河三角洲、撒哈拉沙漠北缘若干狭小的冲积平原、阿特拉斯山脉。利于航海的自然条件,加上地中海气候和地理单元破碎造成的区域内物产不均衡,沿岸的起伏地形又不适于大规模的陆上交流,这些因素导致环地中海地带很早便形成以海运为主的交流网络,人群流动性强,交流频繁。

  1949年,法国学者布罗代尔出版《地中海与菲利普二世时代的地中海世界》,20年后又完成《地中海考古:史前史和古代史》的手稿,首开以地中海世界作为一个整体区域进行长时段研究的先河。[1]后有学者提出"地中海共同体"的概念，欧洲学术界陆续以之为研究对象。[2]这很大程度上是由于该区域自青铜时代以来便结成了极其密切的交流网络，后又经历公元前4世纪的希腊化时代，至公元前1世纪时又被纳入罗马帝国的疆域内，在相当长的一段时间内都存在较多的文化共性，可作为一个独立的文化地理单元或文化"共同体"进行研究。结合地理位置和自然地形等因素，以罗马帝国所辖疆域为主，可将环地中海沿岸分为八个区域（含附近的岛屿），以直布罗陀海峡为起点，按顺时针方向依次为：

伊比利亚地区：今葡萄牙、西班牙所在，包括伊比利亚半岛及其东部海域中的巴利阿里群岛。半岛东临地中海，西接大西洋，东北横亘比利牛斯山脉，南隔直布罗陀海峡与非洲相望。半岛的海岸线平直，地势由西向东抬升，西部为低地，中部为梅塞塔高原。青铜时代晚期，半岛西南部出现了塔尔特索斯文化（Tartessos，约公元前800—前540年）。公元前8世纪左右，半岛中北部的土著与外来的凯尔特人混合形成新的语族，被后世称为"凯尔特伊比利亚语族"。约公元前600年，半岛上形成某种类型的政治实体，一般被称为伊比利亚文明。这支文明的地方类型众多，若与历史文献相比照，则其中可能包括斯特拉波《地理》等古罗马时期著作中记述的欧列塔尼、巴斯特塔尼、埃德塔尼等各支人群。[3]结合文献学和考古学等学科的研究，推测伊比利亚半岛约在公元前5世纪末至前4世纪初再度发生新的社会变革，可能形成了贵族政治制度。这一阶段，半岛范围内出现了若干以山顶堡垒或带防御设施的城镇为核心的城址群，可能代表着不同的权力中心。这一时期，来自地中海东部的文化持续对伊比利亚半岛施加影响。由于伊比利亚地区的农业和矿产资源丰富，腓尼基、希腊、罗马等各支人群先后到来。到公元前3世纪，伊比利亚的控制权成为罗马与迦太基争夺的焦点。公元前197年左右，罗马共和国在此设立卢西坦尼亚西班牙、塔拉戈纳西班牙和贝提卡西班牙等行省，自此伊比利亚半岛归入罗马治下。[4]

高卢地区：今法国、比利时、意大利北部、荷兰南部、瑞士西部和德国南部莱茵河西岸一带，地势东南高西北低，以平原和丘陵地形为主，西南以比利牛斯山脉与伊比利亚半岛分隔，北为巴黎盆地、西欧平原，东北为阿尔卑斯山脉，东南有中部高原。这一区域的东部在青铜时代晚期至铁器时代早期（约公元前1200—前450年）属于哈尔施塔特文化（Hallstatt Culture）的地方类型，西部（即今法国所在）的本土文化面貌不清，但能明显观察到来自哈尔施塔特文化的影响。哈尔施塔特文化的后期（即传统"四期说"中的C、D期）已出现社会阶层分化，公元前600年左右，法国东部勃艮第地区和德国南部之间出现了十数个山顶堡垒，一般被认为是哈尔施塔特贵族阶层的权力中心（fürstensitz）所在。[5] 大约在公元前4世纪，高卢地区进入拉特纳文化的阶段。[6] 公元前2世纪时应已进入国家形态，晚期拉特纳文化因此亦被称为高卢文明。公元前1世纪中期，罗马征服今法国南部一带（今法国普罗旺斯-阿尔卑斯-蔚蓝海岸和朗格多克-鲁西永等区），开启了高卢地区的罗马化进程。共和国末期至帝国初期，在此相继设立阿奎丹高卢、柯提亚尔卑斯、上日耳曼、下日耳曼等10个行省。[7]

亚平宁地区：今意大利所在，包括亚平宁半岛及邻近海域的西西里岛、撒丁岛等岛屿。亚平宁半岛的北面横亘阿尔卑斯山脉，又有亚平宁山脉自北向南纵贯半岛。半岛上以山地、丘陵地形为主。西西里岛则是地中海航运最重要的枢纽。亚平宁地区在新石器时代发展出了多支考古学文化，半岛的南、中、北部，沿海与内陆、东海岸与西海岸皆存在差异，同时也存在着频繁的文化交流。从新石器时代晚期至青铜时代，以波河河谷、西西里岛为中心的考古学文化分别开始了对亚平宁北部和南部整合的进程，位于两大考古学文化区接触地带的中部地区也开始了渐进式的发展。自铁器时代早期开始，以希腊文明为主的近东文明对亚平宁南部及西西里岛产生了较大的影响，来自希腊不同城邦的人群分别在上述区域的沿海地带建立了数十座城池。欧洲学术界也常将这一区域称为"大希腊"地区。与此同时，亚平宁中部偏北则出现了埃特鲁里亚文明，亚平宁北部则属于高卢文明的范围。罗马所在的拉齐奥地区从公元前8世纪开始进入了飞速发展阶段，最终成为统一地中海世界的权力中心。

巴尔干半岛北部：今克罗地亚、波斯尼亚和黑塞哥维那、黑山、阿尔巴尼亚、塞尔维亚、保加利亚所在，西临亚得里亚海，东濒黑海，北以多瑙河、萨瓦河为界。半岛大部为山地。从亚得里亚海海岸至摩拉瓦河及斯特利蒙河谷一带为伊利里亚（Illyria）地区。再往东是色雷斯地区（Thrace），其北界大概至莱茵河，南界在爱琴海北岸和马尔马拉海，东界可至黑海。大概在公元前1300年左右，这里分别生活着伊利里亚人和色雷斯人。至公元前5世纪左右，伊利里亚人在西，色雷斯人居东，这二者与南边的希腊人之间则分布着马其顿人，逐渐进入王国阶段。公元前4世纪时，马其顿帝国统一了地中海东部，并向中亚拓展。从公元前1世纪至公元2世纪，罗马陆续在此设立达尔马提亚、色雷斯、达奇亚等行省。[8]

爱琴海地区：今希腊，包括巴尔干半岛南部（或称阿提卡半岛）、伯罗奔尼撒半岛以及爱琴海上的岛屿群。这里是古希腊文明的发源地。约公元前3000年，巴尔干半岛南部和爱琴海群岛进入了爱琴文明时期，基克拉迪斯群岛的基克拉迪斯文化、以克里特岛为中心的米诺斯文明、以伯罗奔尼撒半岛为中心的迈锡尼文明是影响最大的三支文化或文明。约公元前1200年起，进入几何纹彩陶时代，在古典学分期上一般被称为"黑暗时期"或"英雄时期"。约公元前750年起进入古风时代，约公元前478年进入古典时代，古希腊文明中为人熟知的彩陶、雕塑、建筑风格均形成于这个时期。约公元前338年开启希腊化时代，希腊文化广泛扩散到地中海东部以至中亚地区，同时也受到这些地区文化的影响。[9]

亚细亚地区：今土耳其所在。除西部为低矮山地外，亚细亚半岛主体为安纳托利亚高原，北临黑海，西临爱琴海，东接亚美尼亚高原。

公元前 2900 年至公元前 1100 年，安纳托利亚的西北部被特洛伊统辖。东部地区则在公元前 1575 年左右进入赫梯统治时代，先后经历旧王国（前 1575—前 1400 年）、中王国（前 1400—前 1350 年）及赫梯王国时期（前 1350—前 1200 年）。赫梯王国衰亡后，亚细亚半岛东南部至黎凡特地区残存了塔巴尔（Tabal）等小邦国，被学术界称为"新赫梯王国"（前 12—前 8 世纪），后来被新亚述王国吞并。约公元前 11 世纪，亚细亚地区进入铁器时代。弗里吉亚人（Phrygian）从巴尔干半岛来到安纳托利亚高原，沿用了原赫梯王国的城市和聚落，一直存在到公元前 4 世纪。到公元前 9 世纪，希腊人占据了半岛西部的爱琴海岸地带，吕底亚人、卡里亚人和吕西亚人则占据了海岸东邻的内陆地带。亚细亚以东的亚美尼亚高原上则分布着乌拉尔图人（Urartian）。至公元前 4 世纪，半岛全境归于希腊马其顿治下。在亚历山大帝国崩溃后，中部和西北部分别被塞琉古王国（前 312—前 64 年）、帕加马王国（前 281—前 133）占据。公元前 1 世纪成为罗马帝国的亚细亚等行省。[10]

黎凡特地区：今叙利亚、黎巴嫩、约旦、以色列、巴勒斯坦。北为托鲁斯山脉，西临地中海，南为阿拉伯沙漠，东邻美索不达米亚平原。地中海内的塞浦路斯等岛屿由于位置相近，有时也归入该区域。作为掌握地中海东部交通命脉的关键地带，近东、埃及、安纳托利亚高原、爱琴海地区乃至印度河流域的各个文明都在黎凡特地区交汇，致使其文化面貌极其复杂，长期以来本地的考古学文化序列也因此不甚清晰。目前仅知青铜时代晚期在塞浦路斯一带出现了晚期塞浦路斯文化（前 1650—前 1050 年）。其余则是零散的发现：前 14—前 13 世纪，叙利亚西北的乌加里特城进入了繁盛期，但很快便在大约公元前 1190—前 1180 年间被破坏。目前学界一般认为该城或与迦南人有关。除此之外，在土耳其西南沿海发现了公元前 14 世纪晚期的乌鲁布伦沉船、约公元前 1220 年的格里多亚角沉船，从船只形制和遗物来看应与黎凡特地区有关，但具体归属于哪支考古学文化或人群，暂未得知。[11]

公元前1200年开始,黎凡特地区进入铁器时代,各区域的文化交流和融合频繁发生。此时北部海岸地带(今黎巴嫩和叙利亚的海岸)活动的人群被称为腓尼基人,但实际上他们应该与青铜时代的迦南人有延续关系,只是这两个称谓可能分别来源于希腊文和希伯来文,因此后世学者习惯性地以不同的名称指代。"迦南"(Cana'ani)一词在古希伯来语中与商贸有关。"腓尼基"一词则可能源自荷马时代出现的希腊语词汇"Phoinix"。该词的词义可能与某种代表奢华的紫红色染料有关,而当时的黎凡特地区正好盛产这类颜料。由于腓尼基人所在的地域不适宜发展农业,他们以贸易为生,发展出了发达的航海技术。他们没有政治上的统一性,形成了一种由各个独立城邦组成的类似"联邦"或"同盟"的政体。公元前8世纪至前6世纪,腓尼基人先后被美索不达米亚平原的新亚述王国(前8—前7世纪)、新巴比伦王国(前585—前539年)、波斯阿契美尼德王朝(前539—前332年)征服,但由于拥有卓越的航海和贸易技能,仍能保持自治,在地中海南部和西部建立了一系列的据点。拉丁文献中对腓尼基的称呼"poenus"或"phoenix"是对希腊文的直接转写。后来派生出punicus和poenicus等形容词性,有时被用以特指与公元前6—前2世纪生活在北非的腓尼基人有关的事物,常被译为"布匿"。在部分现代史学著作中,为示区分,以"腓尼基人"特指生活在地中海东部的腓尼基人,将生活在地中海西部的腓尼基人则称为"布匿人"。这些称谓的使用反而造成了混乱,但实际上,古文献中的区分并不严格,因此,这里将涉及迦南、布匿的相关概念都统称为腓尼基,以避免理解困难。[12]

铁器时代的黎凡特南部海岸(今以色列和约旦一带)则分布着腓力士人和希伯来人。腓力士人的起源尚不确定,学界有一派观点认为他们可能是青铜时代末期在地中海东部活动的海洋人群之一皮勒塞特人的后裔。公元前12世纪起,腓力士人定居在黎凡特的西南沿海平原,直至公元前732年，这一地区被亚述纳入治下。希伯来人在黎凡特南部的丘陵内陆活动，约在公元前10世纪时建立了犹大王国（Judah），但一度在公元前6世纪时为巴比伦王国所辖，直至波斯帝国阿契美尼德王朝征服巴比伦后，希伯来人才返回故地。[13]

公元前4世纪，黎凡特与地中海东部的大多数地区一样，被并入亚历山大大帝开创的帝国内，其后又归属于塞琉古王朝，随后被并入罗马版图。公元前1世纪至公元2世纪，罗马在此地先后设置叙利亚、犹大、阿拉伯佩特拉等行省。

北非：包括埃及北部（马特鲁区、亚历山大区、苏伊士运河区、开罗区）、利比亚北部、突尼斯、阿尔及利亚北部、摩洛哥西北部（东部区、中北区、西北区）。东为西奈半岛，西为阿特拉斯山脉，中部是在撒哈拉沙漠北缘的一系列狭小冲积平原。

北非东部为埃及文明的发祥地。学术界已经建立了较为详尽的古埃及文明编年体系：约公元前5000—前3050年为前王朝时期，前3050—前2675年为早王朝时期，此后经历了古王国时期（前2675—前2190年）、第一中间期（前2190—前2060年）、中王国时期（前2060—前1795年）、第二中间期（前1795—前1550年）、新王国时期（前1550—前1070年）、第三中间期（前1070—前715年）、后期埃及时代（前715—前343年）；自公元前4世纪起，地中海其它地区的政治势力相继将埃及纳入治下，埃及经历了波斯统治的第31王朝（前343—前332年）、希腊马其顿王朝统治时期（前332—前305年）、托勒密王朝（前305—前30年）；公元前30年，罗马在此设立行省。[14]

北非西部从铁器时代开始被腓尼基人控制。大致在公元前8世纪，腓尼基人于迦太基建城，势力迅速壮大，控制了地中海西部和南部沿岸的大多数区域。"迦太基"一词与"腓尼基"的关系，是地域性政体与其主体族群的关系，正如作为地域性政体的希腊内部其实包括了雅典、多立克、爱奥尼亚等各支不同的人群，因此，这两个概念不宜混用。迦太基崛起后，先是与希腊人争夺海上霸权。自公元前3世纪起，随着罗马的壮大，迦太基转而与其争夺地中海西部的霸权。公元前202年，罗马击败迦太基，确立了在地中海西部的统治地位。至公元前1世纪末，迦太基被并入罗马，随后亦进入帝国时期。北非西部成为廷吉塔纳毛里塔尼亚、凯撒毛里塔尼亚、阿非利加、昔兰尼加等行省之所在。[15]

除了这几个地中海周边区域成为了罗马帝国的统治核心地带以外，不列颠地区和美索不达米亚地区也一度是罗马帝国的统辖范围。为便于理解，这里也对其被亚历山大征服之前的历史发展脉络稍作介绍。

不列颠地区在公元前2100年前后进入青铜时代。早中期是所谓"巨石阵时代"的Ⅱ、Ⅲ期，文化面貌不甚清晰，仅知其东南部与欧洲大陆保持密切联系，北部和西部则与爱尔兰交流较多。青铜时代晚期到铁器时代早期，也就是大致从公元前8世纪开始，不列颠地区出现了山顶堡垒类型的居址，并在公元前7世纪时向大型化发展。公元前3世纪左右，拉特纳文化进入与高卢有较多联系的不列颠东南部（尤其是肯特郡和泰晤士河以北）。[16]

两河流域的美索不达米亚地区大致以今天的巴格达为界，北部被称为"亚述"，南部则被称为"巴比伦尼亚"。巴比伦尼亚又可分为北边的阿卡德和南边的苏美尔。自公元前4000年左右，苏美尔地区出现众多城邦，公元前3100年左右进入青铜时代。此后，两河流域经历了苏美尔早王朝（前2750—前2371年）、乌尔第三王朝/新苏美尔王国（约前2700—前2154年）、阿卡德王国（前2334—前2279年）、伊新-拉尔萨时期（约前2025—前1763年）、古巴比伦王国（前1894—前1595年）、加喜特王朝/巴比伦第三王朝（约前1730—前1157年）、巴比伦第四王朝/伊新第二王朝（前1156—前1025年）、亚述王国（约前1940—前605年）、新巴比伦王国（约前626—前539年）。公元前6世纪时被阿契美尼德王朝（前550—前330年）征服，并入波斯帝国的版图。[17]

概而言之，环地中海地区自新石器时代以来，便出现了众多区域性文化。虽然作为内海的地中海及散布其间的各个岛屿、半岛并未造成各区域间绝对的地理障碍，但由于航行技术和条件所限，仍然存在着一定的（尤其是季节性的）地区交流阻隔。与拥有广大平原的中国相比，这里以山脉、高原和丘陵、台地地形为主，仅在亚洲南部和非洲沿海才有较大面积的平原，除此之外主要都是小块的冲积平原或山间平地。对生存条件受到自然环境较大制约的早期人类而言，高地和海洋是交流、交通乃至生存的较大障碍，在这种情势之下，地中海沿岸的人群各自分布在相对独立的小地理单元内，又因各类资源的不均衡分布造就了交换和交流的频繁。除此外，该地域处于亚欧板块和非洲板块交界带，地震、火山等自然灾害高发，某些区域的人群常常离开原生的环境，迁徙到异地，这造成了地中海文化面貌的复杂性，虽然结成紧密的文化及贸易交流网络，但多元化大于一体性，核心常常是变动的或多个并存的，且文化面貌更迭极为频繁，文明发展进程常常呈现突然消亡或突然出现的特点。直到公元前 8 世纪左右，地中海东部和地中海西部才分别经历了古希腊文明及腓尼基文明的整合。但是环地中海地区要在经历亚历山大时代以后，直至罗马时期才真正进入文化面貌相对统一的时代。

从青铜时代开始，地中海各地普遍出现城市（有些区域的城市化进程稍晚一些）。罗马统一地中海世界以后，虽然沿用了大部分的城市，但也以各种方式改造成为符合其统治理念的城市。过去欧洲学界从宏观视野讨论帝国早期的地方城市时，重点关注城市面貌的复原与重建[18]、城市规划[19]、罗马化进程[20]等问题，而较少从城市等级序列的角度进行整体而系统的梳理。环地中海区域虽然地理单元破碎，政权林立且更迭频繁，人群或文化纷繁各异，似乎给人以个性大于共性的印象，历史上置于同一政权统辖下的时间段极其有限，因此，在欧美学界既往的研究里，即便在对泛地域的城市丛体进行考察时，也较注重城邦或城市之间"交流网络"的建构，而较少关注整体性、规律性、层级性的考察。虽然罗马帝国崩溃之后，环地中海区域走向了政体林立的局面，但在罗马帝国及此前的历史轨迹，却是由分离走向一统的过程，尤其在罗马帝国统治时期，实现了该区域此后未再重现的统一。因此，对罗马帝国早期这一时间段的城址进行研究，实际上也是揭示其由独立发展走向整合的过程，如中国考古学般的整体性、系统性视野也就尤为重要。

一、城市建设

罗马帝国早期的地方城市既有沿用的旧城，也有新建或重建的新城。统治集团对不同的区域采用了差异化的城市建设策略。

从城市初创阶段的形成方式来看，旧城又可分为原生型和植入型。原生型城市指的是在一定地域内由于交通、资源、手工业等区位优势自然集聚了一定规模的在地文化人口，是一种自发地渐进形成的城市。这类城市中有相当一部分是由原有的新石器时代或青铜时代旧聚落发展而来。在后续的城市发展过程中，虽然吸纳了其它外来文化因素，但仍以在地性的文化因素为主。植入型城市则指由某个政权或某支人群基于某种特定目的（如政治、殖民需求）在较短时间内有规划、有组织地新建的城市，城市选址、形制和布局均取决于该政权或人群而非所在地域的原生文化，但在后续的发展中也可能渗入在地性的文化因素。

除巴尔干半岛北部、高卢地区、不列颠地区的早期城市较不清晰以外，目前对其它几个区域早期城市的地域特色已有比较充分的研究。

在北非东部，由于早期埃及建筑多为泥砖结构，后期又遭受有意的破坏并被时常泛滥的尼罗河冲毁，城址的发现较为零星。中王国时期的卡洪[21]和布亨[22]、新王国时期的阿玛纳[23]和德尔麦地那（又称"工匠城"，主要功能是收容并管理为王族修建陵墓的工匠团体）等城址，均属于植入型的城址，平面多为规则的矩形，布局规整，街道多垂直相交，城区总面积从0.13平方公里到18平方公里不等。其中作为军事要塞的布亨城还出现了内外城结构。[24]

在黎凡特地区，情况较为复杂，目前对塞浦路斯和腓尼基的早期城市布局所知较多，希伯来、非利士的城市布局则不甚清楚。塞浦路斯岛的乌加里特城和恩科米城均为青铜时代的原生型城市，平面呈不规则形。乌加里特城有卫城，卫城内分布有神庙、大祭司宅。恩科米城有一条大致呈南北走向的主街，其它东西向道路皆与之垂直相交。腓尼基的城市一般都建在海湾的海角或近海的小岛上，作为航海贸易中转地的功能十分显著。从黎巴嫩和叙利亚沿海由南至北的阿特利特、推罗、西顿、贝鲁特、比布鲁斯和阿瓦德等城址看来，城市沿海岸线布局，港口、仓库是必备的设施。以推罗城为例，建于近海的岛屿上（亚历山大时期填平了岛屿与陆地之间，使其成为半岛），南北各设一港口，市场在中部偏北，宫殿在中部偏南。与其相邻的海岸内陆则为城郊，分布有农业区、墓葬、给水设施等。这些城址中，仅在贝鲁特城发现有城墙，平面呈不规则。[25]

在亚细亚半岛，主要流行两种类型的城市模式。第一种是"胡由克"（höyük）类型的城址，即在人造土墩上连续居住、层累形成的城市。这应是继承了当地自新石器以来的传统。这类城址的典型代表是特洛伊城。青铜时代早期（即特洛伊一期）的特洛伊城平面为不规则多边形。此后到罗马时期（即特洛伊九期），整座城市一直向南部不断扩展。但具体的功能区布局不甚清楚。第二种是上城-下城结构的城址，典型代表是哈图沙城。该城由城墙围合的平面呈不规则形，下城中发现了神庙、宫城等建筑遗迹，上城内则发现了神庙、水池等遗迹。[26]

爱琴海地区的城市出现于青铜时代，但多数早期城址的遗迹仅存宫殿和墓葬。从迈锡尼城、雅典卫城等城址的布局看，很可能这一时期的大部分城址都属于王城性质，城内主要是王族的居住和活动空间，城近郊为王陵。只有古尼亚才是真正意义上的城市，宫殿位于制高点，其他居民的住宅沿山坡分布，道路走向弯曲，城内南部似有公共活动空间。到铁器时代，这一地区的城市开始流行以雅典、科林斯等为代表的上城－下城结构，城墙走向多不规则，城内形成了一定的布局模式，上城内一般为神庙、军事防御设施，下城则为世俗空间，多建有广场、剧场、音乐厅、体育场等大型公共建筑。此时的广场建筑群平面多不规则，为开放式布局。[27]

亚平宁半岛及周边岛屿从铁器时代早期开始才陆续建城。半岛南部和西西里岛东部的城市多为希腊人所建。西西里岛西部的城市则为腓尼基人所建。只有在半岛中北部尤其是埃特鲁里亚人修建的城址，本地特色比较明显，以波河河谷的马尔扎博托为代表。该城由埃特鲁里亚人建于公元前6世纪，属于"殖民地"类型的植入型城市，被毁于公元前4世纪。城墙的整体形状尚不清楚。城内由垂直相交的街道划分为若干格状区，已发现近南北向的纵向主干道。西北部的卫城内发现有神庙、祭坛等遗迹。[28]

在伊比利亚半岛，从青铜时代晚期到铁器时代早期，也就是公元前9世纪到前7世纪之间，腓尼基－迦太基人陆续在伊比利亚半岛南部和伊维萨岛建设了加迪尔、莫洛·德·梅斯基迪亚、德比亚尔、马拉加、托斯卡诺斯等城市，均建于河口处，城区内的道路布局较规整，虽然并未形成方格路网区划，但已经出现了以主干道为轴线的路网设计，城内有较多的仓库设施。铁器时代早期，在半岛南部海岸和瓜达尔基维尔河谷大部分原先没有人类活动的土地上出现了新建的城市，布局具有一定的规划性，例如，特哈达·拉别哈（建于公元前6世纪）城内的道路宽度基本一致，艾尔欧若、拉霍亚、伊内斯特里亚斯、普伊格·德·拉·瑙、普恩特·塔布拉斯等城内都发现了若干条相互垂直的道路。这些城址位于本土的伊比利亚文化和外来的迦太基文化并存的区域，因此其文化属性尚待研究。公元前6世纪，希腊的福西亚人在伊比利亚半岛北部营建了恩波利昂、乌亚斯特雷特等城市，前者为矩形平面，后者的局部区域可能存在格状路网。[29]

在上述的北非、黎凡特、亚细亚、爱琴海、亚平宁和伊比利亚等六个区域，自青铜时代到铁器时代早期出现的城市是大部分罗马时期城市的基础。这些旧城中，有一部分是各地基于本土文化习俗和社会进程自发建设的，因而具有区域性的文化面貌差异；另外一部分则分别具有希腊文化和腓尼基文化的特点，是由公元前8世纪—前4世纪的两次大规模兴修植入型城市行为所致。

第一阶段的大规模兴修植入型城市行为与古希腊和腓尼基的所谓"殖民"活动有关，主要发生在公元前8世纪—前6世纪。这两支人群在本土之外所建的新城也常被称为"殖民地"。

公元前8世纪中期，爱琴海周边的城邦进入了"古风时代"，也就是古希腊历史上最为黄金的时代之一。各城邦普遍迎来社会的飞速发展和人口的急剧增长，但由于巴尔干半岛和爱琴海诸岛屿多为岩石地貌，又处于火山、地震、海啸等自然灾害频繁发生的地带，实际上各城邦发展的空间相当有限。因此，当城邦的人口规模达到一定临界点，或所在区域遭受突然性的自然灾害时，则需要向外寻找新的生存空间，而爱琴海周边适宜人类生存之处已然城邦林立，各城邦之间又结成了相对稳定的联盟，无法通过侵占其它城邦来实现自身的发展。于是，部分发展受到制约的城邦只得转而向地中海周边的其它区域开拓移民地点。公元前8世纪中期—前6世纪，希腊各城邦设立殖民地的区域主要在地中海东部和北部海岸，包括亚平宁半岛南部的西海岸、西西里岛东部、环亚得里亚海岸，撒丁岛和科西嘉岛东部，以及法国南海岸。在这个过程中，亚平宁半岛南部及西西里岛（即所谓的"大希腊"地区）成为希腊城邦设立殖民据点最为密集的地方，受到古希腊文化的影响尤深。[30]这个时期希腊人在建设新城时，选址和布局都沿用了本土的传统，一般都倾向于选择在沿海的台地周边建设上下城制的城市。意大利坎帕尼亚大区的伊斯基亚城和库迈城、西西里岛的阿格里真托城和锡拉库塞城，以及法国南部的安提波利斯城和尼凯亚城等，均由希腊人始建于这一时期。

腓尼基人的移民活动与古希腊差不多同时开启。大致从公元前7世纪开始,可能由于遭受亚述的威胁、发展空间狭小、农业资源短缺、人口增长等各方面原因造成的生存压力,以及对珠宝、银、青铜和象牙等原料的需求(相关手工业是腓尼基人的支柱产业),腓尼基人也自东向西在本土之外的地中海沿岸各地大举建立移民据点。由于地中海东部和北部的大部分区域已被希腊人占据,腓尼基建设新据点的范围主要在地中海的西部和南部,包括塞浦路斯南部、马耳他、突尼斯、西西里岛西部、撒丁岛南部和北非地区、巴利阿里群岛的伊维萨岛、西班牙南部沿海。与希腊人对城市的选址偏好略有差异,腓尼基人更倾向于在河口处的海角和近海岛屿上建立据点,作为贸易和航海的中转站。[31]腓尼基人建设的新城同样也延续了其本土的传统,一般沿着平行于海岸线的方向布局,往往建有港口、仓库、市场的设施,世俗公共建筑相对不发达。伊比利亚半岛的加迪尔,意大利撒丁岛的诺拉、西西里岛的摩提亚、帕诺尔莫斯,北非的迦太基等城最初都是腓尼基人的殖民据点。公元前6世纪—前2世纪间,大部分原先的腓尼基据点都被整合至迦太基政权的治下。

前罗马时期的第二阶段大兴土木则与希腊化时代(约公元前338—前30年)马其顿王国的扩张活动有关。据统计,这一阶段亚历山大及其后继者在东方建城至少300个,其中确定名称者约275个,主要分布在东地中海沿岸、幼发拉底河及其以东地区。在巴克特里亚(大夏)及周边有名可考者有19座,其中8座为亚历山大时期,另外11座则为塞琉古时期。[32]建城的方式有两种:第一种是在先前城市化程度并不高的地区新建一座城市,第二种是在传统的中心城市(如孟菲斯等)附近建造旨在取代前者的新城。另外则是对当地既有老城的更名和管理制度的希腊化变革。[33]这一阶段,希腊的城市模式扩展到了中亚内陆,新城的布局与希腊本土仍有一定的相似性,如阿富汗的阿伊·哈努姆城、贝格拉姆新王城。

综合上述情况可知，在罗马统一地中海以前就已存在的旧城，其文化面貌和空间布局模式非常复杂，主要分为三大系统：希腊系统、腓尼基系统和其它。希腊系统的城市模式主要流行于地中海东部和北部海岸，包括亚平宁半岛南部的西海岸、西西里岛东部、环亚得里亚海岸、撒丁岛和科西嘉岛东部，以及法国南海岸，选址多在近海的台地及其周边低地，流行上下城制的城市模式，城内的公共建筑发达。腓尼基系统的城市模式主要流行于地中海西部和南部海岸，包括塞浦路斯南部、马耳他、突尼斯、西西里岛西部、撒丁岛南部和北非地区、巴利阿里群岛的伊维萨岛、西班牙南部沿海，选址多在海角和近海岛屿，流行港口型城市，城内的商业建筑发达。其它系统的城市模式则是各地的本土传统，如亚平宁半岛的埃特鲁里亚式城市、伊比利亚半岛的堡垒型城寨、亚细亚半岛的土墩型城市等。

罗马统一地中海世界以后，大部分的旧城都被沿用，但被进行了不同形式的改造。综合考古发现和文献记述的情况，罗马共和国末期至帝国早期改造旧城的措施主要包括如下几种：

第一类是拆除城墙，使之成为开放性城市。这种措施可能主要针对地中海东部一些较大型的城市，典型代表是爱琴海地区的科林斯城。此城始建于公元前7世纪的希腊时期城墙（含卫城城墙）在公元前146年左右被罗马人拆除，现存城墙建于罗马帝国晚期。因此，帝国早期的科林斯是没有城墙的城市。[34]

第二类措施与第一类相反，在一些边境或重要城市扩建城墙，如雅典城、阿圭莱亚城，前者曾是地中海世界的中心，后者则位于北方边境。

第三类措施是一项普遍性举措，几乎覆盖所有的旧城，即加建罗马式的广场、角斗场、浴场等世俗性公共建筑，并增设罗马主神庙（Capitolia）[35]及与皇帝崇拜相关的神庙或雕塑。

共和国末期至罗马帝国早期新建或重建的城市主要分布于帝国边

境地区，包括亚平宁半岛的维罗纳城（重建于公元前 1 世纪）、都灵城（重建于公元前 1 世纪），爱琴海地区的亚克角尼可波利斯（建于 1 世纪），巴尔干半岛北部的多瑙河尼可波利斯（建于 1 世纪）、奥古斯塔·图拉真（建于 2 世纪）、伊斯特鲁姆尼可波利斯（建于 2 世纪）、戴克里先波利斯（建于 3 世纪），北非的迦太基（重建于公元前 1 世纪）、苏夫图拉（建于 1 世纪），黎凡特的阿拉伯菲利普波利斯（建于 3 世纪），高卢地区的奥古斯塔·普拉托利亚（建于 1 世纪），伊比利亚的梅里达和塔拉戈纳[36]等城。不列颠地区在罗马帝国时期共建立了 25 个城市，部分由军团所建，部分则由本地贵族将原来的部落治所改造而成。[37]这些新建或重建的城市普遍都建有形状规整的防御性城墙，城内普遍采用格状路网区划的设计理念，建有大量公共性建筑。迦太基城几乎被彻底重建，可能由于迦太基人是罗马人在统一之前遭遇的最大劲敌，故对其政治中心进行了较为彻底的毁灭。

整体而言，罗马统一地中海至帝国早期的城市建设运动以旧城改造占比较大，涉及亚平宁大部分地区、爱琴海地区、黎凡特地区、亚细亚半岛、伊比利亚半岛东南部。旧城重建的行为占比较小，主要涉及亚平宁北部和北非西部。罗马时期营建的新城并不多，主要分布在边境地带，尤其是伊比利亚西北部、高卢和不列颠等较晚开发的区域。

二、城区形制

迄今在环地中海区域共发现存在罗马帝国时期遗迹的城址约千余处，但相当多的城址都是高度重叠型，经过反复的重建和改建，大部分城址至今仍在使用，发掘和勘探的难度较大，因此，已探明罗马时期城市整体布局并完整发布资料的约百余座（表 10）。目前所见的地方城址基本全为单城制，亦即只有一圈城墙。仅都城罗马城至 3 世纪末增筑一圈城墙，成为具有内外城结构的城市。

附录二 罗马帝国早期的地方城市体系 243

表10 罗马帝国地方城址情况一览表

级别	区域	城址	城墙平面形制	城区面积（km²）	空间布局模式	世俗性公共建筑类型	广场面积（m²）
都城级	亚平宁	罗马	不规则	10	综合型	广场、斗兽场、剧场、马戏场、音乐厅、浴场、图书馆	104350
首府级	爱琴海	科林斯	无城墙	2.41*	单台地型	广场、斗兽场、剧场、马戏场、音乐厅、体育场、浴场、马戏场（3）	20000
		塞萨洛尼卡	近梯形	3.31	单台地型	广场、斗兽场、剧场、马戏场、音乐厅、体育场	20000
		戈尔廷	无城墙	2.54*	单台地型	广场、斗兽场、剧场、马戏场、音乐厅、体育场	
		亚克兴的尼可波利斯	近椭圆形？	1.98	海滨平原型	剧场、音乐厅、浴场（1）	
		以弗所	近矩形	3.33	海滨平原型	广场、体育场（3）、音乐厅、图书馆、剧场	28861
	亚细亚	泰西封	圆形	4.5	多台地型		
		阿塔科萨塔	不规则	0.3—0.35	多台地型		
		安条克	近矩形	6.83	内陆平地-丘陵型	广场（2）、浴场（3）、马戏场、角斗场、剧场	34164
	巴尔干北部	菲利普波利斯	不规则	0.8	多台地型	广场、剧场、体育场、浴场（2）	20128
	北非	亚历山大	无城墙	6.05*	海滨平原型	广场	6400
		迦太基	近梯形	4.5	海滨平原型	广场、马戏场、剧场、斗兽场、浴场（1）	83521

续表

级别	区域	城址	城墙平面形制	城区面积（km²）	空间布局模式	世俗性公共建筑类型	广场面积（m²）
首府级	高卢	特里尔	近椭圆形	2.85	内陆平地-丘陵型	广场、剧场（3）、斗兽场	60000
		奥古斯塔·普拉托利亚（奥斯塔）	矩形	1.06	内陆平地-丘陵型	广场、剧场、角斗场、浴场	33696
	黎凡特	滨海凯撒利亚城	近椭圆形	1.2	海滨平原型	剧场、浴场（1）	
		杰拉什	近圆形	1.17	内陆平地-丘陵型	剧场、马戏场	
		佩特拉	不规则	0.84	多合地型	广场、剧场、浴场（2）、马戏场	7176
	伊比利亚	科尔多瓦	近矩形?	0.59	内陆平地-丘陵型	剧场、浴场	53630
	西西里岛	塔拉戈纳	不明		海滨平原型	广场、马戏场	
	不列颠	锡拉库塞	不规则	1.12	内陆平地-丘陵型	广场、剧场、角斗场	24025
		伦蒂尼姆	近梯形	0.66	内陆平地-丘陵型	广场、剧场（3）、角斗场、剧场、体育场	5396
一般级	亚平宁半岛	庞贝	近梯形	0.92	单合地型	广场、浴场、角斗场	18000
		库迈	近梯形	1.2	海滨平原型	广场	
		帕埃斯图姆	不规则		单合地型	广场	
		费伦蒂努姆	近梯形	0.15	单合地型	广场	3800
		科萨	不规则	0.15	单合地型	广场	
		马尔扎博托					
		奥斯蒂亚	近椭圆形	1.0	海滨平原型	广场、浴场（2）、剧场	5874

附录二　罗马帝国早期的地方城市体系　　245

续表

级别	区域	城址	城墙平面形制	城区面积（km²）	空间布局模式	世俗性公共建筑类型	广场面积（m²）
一般级	亚平宁半岛	阿勒巴·傅干斯	不规则	0.29	多台地型		
		普利韦努姆	不明				
		弗勒杰莱	近椭圆形	0.89	内陆平地-丘陵型	广场	11816
		卢纳	近矩形	0.26	内陆平地-丘陵型	广场、剧场、角斗场	6674
		新广场	不明	0.95		广场、角斗场	1512
		尼阿波利斯（那不勒斯）	不规则		单台地型	广场、剧场、音乐厅	6084
		新法莱利	近梯形	0.3	内陆平地-丘陵型	广场、剧场、浴场（2）、角斗场	
	爱琴海	诺尔巴	近圆形	0.42	单台地型		
		明图尔纳	近梯形	0.3	内陆平地-丘陵型	剧场、角斗场	
		维罗纳	近矩形	0.49	内陆平地-丘陵型	广场、剧场、剧院、角斗场、马戏场	
		都灵	近矩形	0.8	内陆平地-丘陵型	角斗场、马戏场	
		阿圭莱亚	近矩形	2.18	内陆平地-丘陵型	广场、马戏场	13400
		雅典	近椭圆形		多台地型	广场（2）、剧场、图书馆	罗马广场：5561
		德洛斯	无城墙	0.55*	海滨平原型	广场（2）、剧场、体育场、健身馆	意大利广场：7980
		扎格拉	不规则	0.04	单台地型		

246　罗马：永恒之城早期的空间结构

续表

级别	区域	城址	城墙平面形制	城区面积（km²）	空间布局模式	世俗性公共建筑类型	广场面积（m²）
一般级	黎凡特	推罗	无城墙	0.38*	海滨平原型	广场、剧场、音乐厅	9398
		费拉德费亚	无城墙	0.44*	单合地型		
		埃利亚卡皮托利纳城	不规则	0.77	多合地型		
		雷萨法	近矩形	0.25	内陆平地-丘陵型		
		巴尔米拉	近椭圆形	1.34	内陆平地-丘陵型	广场、剧场	5915
		哈代拉	无城墙	0.62*	内陆平地-丘陵型	广场（?）、剧场	2464（?）
		博斯特拉	近矩形	0.35	内陆平地-丘陵型	剧场、马戏场	
		阿拉伯的菲利普波利斯	近矩形	0.9	内陆平地-丘陵型	广场、剧场	6498
	亚细亚	普里埃内	近椭圆形	0.37	单合地型	广场、健身馆、体育场、剧场	3285
		帕加马	不规则				
		米利都	不规则	0.94	内陆平地-丘陵型	广场（2）、剧场、角斗场、体育场、图书馆、浴场（3）	
		阿芙罗狄西亚城	近圆形	0.92	内陆平地-丘陵型	广场（2）、剧场（3）、体育场（2）、浴场	西广场：8763 南广场：40700
		特洛伊	圆形（?）	0.04*	内陆平地-丘陵型	广场（2）、剧场、音乐厅	
		亚历山大·特洛阿斯	近椭圆形	4.25	海滨平原型	剧场、浴场、体育场	14824

附录二 罗马帝国早期的地方城市体系 247

续表

级别	区域	城址	城墙平面形制	城区面积（km²）	空间布局模式	世俗性公共建筑类型	广场面积（m²）
一般级	亚细亚	克律塞	不规则	0.49	单台地型	浴场	
		阿素斯	近椭圆形	0.6	单台地型	广场、剧场、体育场	8673
		特奥斯	近椭圆形	0.71	内陆平地-丘陵型	广场、剧场、体育场	1365
		希拉波利斯		1.36		广场、剧场、体育场、浴场	39450
		老底嘉	近矩形	0.68	内陆平地-丘陵型	广场(3)、剧场、浴场(3)、音乐厅	
		迈安德河上的麦格尼西亚	不规则		内陆平地-丘陵型	广场、音乐厅、体育场	27318
		拉布朗达				浴场(2)	
		萨塔拉	矩形	0.16	内陆平地-丘陵型		
		培西努	无城墙	0.3*	多台地型	剧场	
	高卢	圣贝特朗	无城墙	0.25*	内陆平地-丘陵型	广场、剧场、浴场(2)	3337
		诺伊斯	矩形	0.26	内陆平地-丘陵型	广场、浴场	
		艾米恩斯	无城墙	1.47*	内陆平地-丘陵型	广场、角斗场、浴场	31700
		昂克尔河畔贝里贝蒙特	无城墙	0.28*	内陆平地-丘陵型	剧场、浴场	
		瑞布兰	矩形(?)	0.13	内陆平地-丘陵型	广场(?)、浴场、剧场	2773 ?
		巴黎	无城墙	1.41*	内陆平地-丘陵型	广场、浴场、剧场	23370
		布迪格拉	无城墙	0.78*	内陆平地-丘陵型	角斗场	
		奥古斯托顿姆	近梯形	0.05	内陆平地-丘陵型	角斗场、剧场	

续表

级别	区域	城址	城墙平面形制	城区面积（km²）	空间布局模式	世俗性公共建筑类型	广场面积（m²）
一般级	高卢	埃夫勒	近椭圆形？	0.8	内陆平地-丘陵型	剧场、浴场	
		阿尔莱特	近矩形	0.25	内陆平地-丘陵型	广场、剧场、角斗场、马戏场	7800
		罗珀杜努姆	近矩形	0.43	内陆平地-丘陵型	广场、剧场、浴场	8928
		阿瑞尔·弗拉维	近矩形	0.24	内陆平地-丘陵型	广场、浴场（？）	
		阿克瓦埃·赛克斯提埃	近梯形	0.58	内陆平地-丘陵型	广场、剧场	9879
		科洛尼亚·乌匹亚·图拉真	近矩形	0.83	内陆平地-丘陵型	广场、角斗场、浴场	
	巴尔干半岛北部	多瑙河的尼可波利斯城	近矩形	0.26	单台地型	广场、浴场	5695
		斯多比	近矩形	0.14	内陆平地-丘陵型	浴场（2）、剧场	
		伊斯科斯	近矩形	0.15	内陆平地-丘陵型	广场	7600
		戴克里先波利斯	近梯形	0.32	单台地型	浴场、角斗场	
		达拉-阿纳斯塔希波利斯	近椭圆形		内陆平地-丘陵型		
		狄奥尼索斯波利斯	近矩形	0.13			
		拜利斯	近三角形	0.28	内陆平地-丘陵型	剧场	

续表

级别	区域	城址	城墙平面形制	城区面积（km²）	空间布局模式	世俗性公共建筑类型	广场面积（m²）
一般级	巴尔干半岛北部	奥古斯塔·图拉真	近梯形	0.49	内陆平地-丘陵型	浴场	
		诺瓦	近矩形	0.37	内陆平地-丘陵型		
		阿布利图斯	近矩形	0.19	内陆平地-丘陵型		
		文塔·西卢鲁姆	矩形	0.19	内陆平地-丘陵型	广场、角斗场	2300
	不列颠岛	科尔切斯特	矩形	0.33	内陆平地-丘陵型	剧场	
		锡尔切斯特	近圆形	0.47	内陆平地-丘陵型	浴场、角斗场	
		若克斯特	近椭圆形	0.96	内陆平地-丘陵型	浴场、角斗场	11520
		提姆加德	矩形	0.38	内陆平地-丘陵型	广场、剧场、浴场（8）	6400
		大雷普提斯	近椭圆形	4.3	海滨平原型	广场、剧场、浴场（2）、角斗场、马戏场	
	北非	杰米拉	无城墙	0.14*	内陆平地-丘陵型	广场、浴场（3）	2916
		特洛帕厄姆	近椭圆形	0.15	内陆平地-丘陵型		
		萨布拉塔	无城墙	0.23*	海滨平原型	广场、剧场、浴场（4）	2146
		苏布尔波·玛伊乌斯	无城墙	0.3*		广场、角斗场、浴场（5）	1620
		菲利普维尔	近椭圆形		海滨平原型	剧场	
		蒂斯德鲁斯	无城墙	1.5*	内陆平地-丘陵型	马戏场、角斗场（2）	

续表

级别	区域	城址	城墙平面形制	城区面积（km²）	空间布局模式	世俗性公共建筑类型	广场面积（m²）
一般级	北非	苏夫图拉	近椭圆形	0.34		广场、角斗场、剧场、浴场（3）	9464
		兰拜西斯	矩形	0.24	内陆平地-丘陵型	角斗场、浴场	
		沃吕比利斯	近椭圆形	0.33	内陆平地-丘陵型	广场、浴场（2）	2150
		巴厄图罗	矩形（?）	0.11*	内陆平地-丘陵型	广场、浴场、剧场	2700
		梅里达	近梯形	0.64	内陆平地-丘陵型	广场（2）、剧场、角斗场、马戏场	
	伊比利亚半岛	巴埃洛	近梯形	0.1	海滨平原-丘陵型	广场、剧场	1296
		塞格布里加	近矩形?	0.11	内陆平地-丘陵型	广场、剧场、角斗场	2610
		意大利卡	不规则	0.47	内陆平地-丘陵型	广场、浴场（2）、剧场（城墙外）角斗场	15138

注：1. 带*者皆为无城墙，据城区范围估算。
2. 平面形制为"不明"者，均是城墙仅保留了一小段，整体形状不明。

罗马帝国的城市有"城区"与"城郊"的分别。大部分城市的城区范围一般与城墙围合的空间大致吻合。由于环地中海区域的平原地形较少，城市所在地形往往存在较大起伏，不便于修建规则的城墙，加之古代测量技术存在一定的误差，所以，城墙的规划形制和实际形制之间或者会存在一定的偏差。目前所见之城墙又往往经后世改建、重建或毁坏，走向可能已与始建时不同。综合考虑上述情况，故在区分城墙围合的平面形状时，采用如下判定标准：凡有两处及以上近直角，且两对边长各自大致相等者，视为近似矩形；凡有一处直角或近直角，且一边远长于另一边者，视为近似梯形；凡可内接于圆或椭圆的不规则形状，亦视为近似圆形或椭圆形。

罗马帝国早期的地方城市尚保存城墙者约有 86 座。若按照上述的标准，除了一座位于巴尔干半岛北部的平面近似三角形的拜利斯城外，其余城址可根据城墙围合的形状大体分为不规则、椭圆（或近椭圆）、矩形（或近矩形）、梯形（或近梯形）四类。

第一类，不规则形城址，共 15 座，包括爱琴海地区的扎格拉城[38]，伊比利亚半岛的意大利卡城[39]，亚平宁地区的费伦蒂努姆城[40]、马尔扎博托城[41]、阿勒巴·傅千斯城[42]、那不勒斯城[43]、锡拉库塞城[44]，黎凡特地区的佩特拉城[45]、埃利亚卡匹托利纳城[46]，亚细亚半岛的阿塔科萨塔城[47]、帕加马城[48]、米利都城[49]、阿索斯城[50]、迈安德河上的麦格尼西亚城[51]，巴尔干半岛的菲利普波利斯城[52]。

第二类，椭圆形或近椭圆形城址，共 20 座，包括爱琴海地区的亚克角尼可波利斯城[53]、雅典城[54]，高卢地区的特里尔城[55]，黎凡特地区的滨海凯撒利亚城[56]，亚平宁半岛的庞贝城[57]、奥斯蒂亚城[58]、弗勒杰莱城[59]，黎凡特地区的巴尔米拉城[60]，亚细亚地区的普里埃内城[61]、亚历山大·特洛阿斯城[62]、特奥斯城[63]、希拉波利斯城[64]，高卢地区的埃夫勒城[65]，巴尔干半岛北部的达拉-阿纳斯塔希波利斯城[66]、不列颠地区的若克斯特城[67]、北非地区的大雷普提斯城[68]、特洛帕厄姆城[69]、菲利普维尔城[70]、苏夫图拉城[71]、沃吕比利斯城[72]。另外，近东的泰西封[73]、黎凡特的杰拉什[74]、亚平宁的诺尔巴[75]、亚细亚的阿芙罗狄西亚[76]、特洛伊[77]等5座城址的平面形状接近圆形。

第三类，矩形或近矩形城址，共29座。不甚规则的矩形城址有20座，包括亚细亚地区的以弗所城[78]、安条克城[79]、老底嘉城[80]，伊比利亚的科尔多瓦城[81]、塞格布里加城[82]、亚平宁半岛的卢纳城[83]、维罗纳城[84]、都灵城[85]、阿圭莱亚城[86]，黎凡特地区的雷萨法城[87]、博斯特拉城[88]、阿拉伯菲利普波利斯城[89]，高卢地区的阿尔莱特城[90]、阿瑞尔·弗拉维城[91]，巴尔干半岛北部的多瑙河尼可波利斯城[92]、斯多比城[93]、戴克里先波利斯城[94]、狄奥尼索斯波利斯城[95]、诺瓦[96]、阿布利图斯[97]。规整的矩形城址包括高卢的奥古斯塔·普拉托利亚城[98]、诺伊斯[99]、瑞布兰城[100]，亚细亚的萨塔拉城[101]，不列颠的文塔·西卢鲁姆城[102]、科尔切斯特城[103]，北非的提姆加德城[104]、兰拜西斯[105]，伊比利亚的巴厄图罗城[106]等9座，基本分布在帝国边境地带，多与军团的屯戍地有关。

第四类，梯形或近梯形城址，共17座，包括爱琴海地区的塞萨洛尼卡城[107]、北非地区的迦太基城[108]、亚平宁半岛的帕埃斯图姆城[109]、库迈城[110]、科萨城[111]、新法莱利城[112]、明图尔纳城[113]，高卢地区的奥古斯托顿姆城[114]、罗珀杜努姆城[115]、阿克瓦埃·塞克斯提埃城[116]、阿尔莱特城[117]、科洛尼亚·乌匹亚·图拉真城[118]，巴尔干半岛北部的伊斯科斯城[119]、奥古斯塔·图拉真城[120]，伊比利亚半岛的梅里达城[121]、巴埃洛城[122]，不列颠的伦蒂尼姆城[123]。

另外有17座城址暂未发现罗马时期的城墙遗迹，占目前城区遗迹较完整的罗马城址中的不到20%，包括爱琴海的科林斯城[124]、戈尔廷城[125]、德洛斯城[126]，北非的亚历山大城[127]、杰米拉城[128]、萨布拉塔城[129]、苏布尔波·玛伊乌斯城[130]、蒂斯德鲁斯城[131]，黎凡特的推罗城[132]、费拉德费亚城[133]、哈代拉城[134]，亚细亚的培西努城[135]，高卢的圣贝特朗城[136]、艾米恩斯[137]、昂克尔河畔的里贝蒙特城[138]、巴黎城[139]、布迪格拉城[140]。这些城市未发现罗马时期城墙的原因较为复杂，或是城墙在罗马统一后被拆除，或是在后期被破坏，或是可能当时便未建设城墙。

罗马帝国统治范围内，不同地域，城墙平面形制各有特点。希腊、黎凡特和北非地区均以无城墙的城市占比略高，而保留或新建城墙的城市中，则以椭圆形或近似椭圆形的城市居多，其次是矩形城市，梯形和不规则形的城市都数量较少。希腊地区的罗马时期城市中，三座无城墙，两座近椭圆形，近梯形和不规则形的各一座。黎凡特地区的罗马时期城市中，无城墙、近椭圆形/圆形、近矩形的均各三座，不规则形的两座。北非地区则有六座无城墙，五座近椭圆形，两座矩形，一座近梯形。

亚细亚地区则以近椭圆形/圆形城市最多，有七座；其次是不规则形城市，有五座；另有四座矩形或近矩形城市，一座无城墙。

高卢、伊比利亚、巴尔干北部和不列颠四地的城市均以矩形平面占比较多，近梯形的城市也都占到了相对较多的比例。高卢地区的罗马时期城市中，近矩形或矩形的六座，近梯形的四座，近椭圆形的两座。不过该地区无城墙的城市也较多，有五座。伊比利亚地区的城市中，近矩形和近梯形平面的都有各两座，另有一座平面不规则。巴尔干北部地区的近矩形城市有六座，近梯形城市两座，另有不规则形、近椭圆形、近三角形的城市各一座。不列颠地区的矩形城市和近椭圆/圆形城市各两座，近梯形的有一座。

至于作为罗马帝国核心地带的亚平宁地区，各类形状的城市占比基本持平。不规则形城市和近梯形城市各五座，近椭圆/圆形城市和近矩形城市各四座。

综合整个帝国范围内城墙的平面形制来看，虽然不规则形城市最多，但其它的椭圆形／圆形、矩形、梯形三类平面形制可以说是经过人工规划的结果，也就是说，到罗马帝国早期，地方城市的城墙仍以规划型为主。

不规则形、椭圆形／圆形的城市流行于希腊、黎凡特、北非和亚细亚，也就是地中海中部和东部地区。梯形城市主要流行于地中海西部，尤其是高卢地区。地处中部的亚平宁则三类形状的城市均流行。上述三类城市的年代略早。矩形城市多为罗马帝国时期始建或重建，地域分布上以巴尔干半岛北部、高卢、伊比利亚、不列颠、亚平宁北部居多，似以边境地带为主，部分城市的性质与军事屯戍有关。

另外，城墙平面形状的规整度与城墙的始建年代之间具有明显的关联性。始建或重建年代在公元1世纪以后的城墙，其平面形制形状多趋于规整。这应与测量技术的发展有关。部分外形格外规整的城市（如阿拉伯的菲利普波利斯）则修建于新垦的土地上，所在之地此前并无旧城市或聚落。

三、城区规模

城区规模是反映城市等级和居住人口的重要参考指标。如前所述，罗马帝国早期地方城市中以规划型的封闭性城市占比较多，这使得对地方城市的城区规模进行比较分析成为可能，并在此基础上进行层级的划分。但是，这样的分析有一定的难度。虽然这一时期，城市的平面形制总体趋于向规整的几何形状发展，但仍然存在较多形状不甚规整、城墙局部被破坏等较难计算城墙围合面积的城市。另外，大部分发掘报告或研究论文都倾向于描述城墙长度而非城墙围合面积，因此需要结合城址的平面图进行测算，所得数据必然有误差，不过仍能反映一定的问题。

正如在本书第一章所论及的，罗马帝国早期，"城区"是一个比较明确的概念。城墙仍存的城址，一般将城墙以内视为其城区范围；少数城墙未存的，也可以通过墓葬、别墅的分布以及该城"百人队"的建制等情况推测出城区范围。按照这些标准，罗马帝国早期的地方城市中，能够估算出城区面积的大约有101座，按照其规模，可分三个层级。

第一层级：城区面积4—7平方公里，多为地中海东部的行省首府、前罗马时期的王国都城或枢纽型海港城市，包括安条克、亚历山大、泰西封、迦太基、亚历山大·特洛阿斯、大雷普提斯等6座。前四座均为行省首府，在接受罗马统治之前都曾是地域性王国的都城：安条克城、亚历山大城、迦太基城分别是塞琉古、托勒密和迦太基王国的都城，泰西封城则先后是帕提亚、萨珊王国的都城。另外两座中，亚历山大·特洛阿斯是爱琴海的主要海港之一，是小亚细亚与巴尔干半岛北部之间的交通枢纽。大雷普提斯则是非洲北部距亚平宁半岛最近的海港。

第二个层级：城区面积2—3平方公里，共7座。科林斯、塞萨洛尼卡、戈尔廷、亚克角的尼可波利斯、以弗所、特里尔等6座均为行省首府，雅典城虽非行省首府，却是希腊化时代以前的爱琴海地区中心。

第三个层级：城区面积不超过1平方公里，共88座。阿塔科萨塔城、菲利普波利斯城、佩特拉城和科尔多瓦城等4座为行省首府，其余均为一般城市，包括殖民地、自治市镇（municipium）等。法律地位上的差异并未反应在城区规模上。值得一提的是，有81座城址的城区面积在1平方公里以下，占绝大多数。

由城区规模的层级体系可以看出，罗马帝国早期似乎对疆域内的地方城市进行了有意识的整合。这种整合体现在政治级别与城区规模大致呈正相关的关系。少数城市的城区规模超出其政治级别通常对应数值，它们往往是重要的交通枢纽和商业城市。而城区规模低于其政治级别通常对应数值的城市，其中可能还存在因城区形状不甚规则造成的估算误差，不过仍能观察到一定规律，即这类偏小型的城市多分布在边疆地带。都城罗马的规模也可作为政治级别与城区规模存在正比关系的证据。虽然在罗马帝国早期的大部分时间段内，罗马城的发展已越过了始建于公元前6世纪的塞维鲁城墙，但由于界石的存在，其城区范围相对清晰，可以测算出其面积达到10平方公里，远远超出帝国内部其它所有城市。

单就城区规模而言，如果加上都城罗马，罗马帝国的城市可明显分为4个层级，大致可与"都城－特大型城市－行省首府－一般城市"的城市级别对应。政治地位是与城区规模相关联的第一要素，与商业、交通、边境有关的地理区位则是造成部分城市超出或达不到其应属层级之规模的原因。

四、城市规划

过去中国学界常认为欧洲早期的城址以开放式的非规划型居多，但通过对材料的系统梳理可以看到，至少在罗马帝国早期，实际上还是以封闭式的规划型城址居多。这种规划性不仅体现在城墙的形状和围合面积，更体现在城区内部的布局设计，主干道及中轴线、路网、中心区、城市朝向是规划的四大要素。

（一）主干道及中轴线

主干道一般指贯穿全城、路宽最宽的主要道路，承担着最重要的交通职能，以及与宗教节日庆典有关的游行仪式等礼仪职能。在有城墙的城市内，主干道往往连接两个方向相反的城门，并连接城外的交通干道。一般将南北向或近南北向的主干道称为"纵向主干道"，将东西向或近东西向的主干道称为"横向主干道"。由于道路与城墙的年代先后关系并不固定，大多数主干道的起始年代都早于所在城址的城墙修建年代，再叠加上地形起伏等原因，因此，并非所有城址的主干道都走向笔直。另外，虽然主干道显然在城市布局中具有重要的轴线功能，也有些学者直接将其等同于城市轴线（urban axis）[141]，但由于城市扩展、测量技术等各种原因，实际上并非所有城址的主干道都处于几何意义的中轴线位置上。

从目前的考古资料来看，在帝国早期的地方城市中，主干道的设计普遍存在于环地中海各区域，但主干道的数量、走势、相交方式、是否与城区中轴线重合，以及存在主干道设计的城址比例等情况，存在较大的地区差异（表11）。

在亚平宁半岛，根据目前掌握的数据，将近53%的城市内都存在主干道规划。坎帕尼亚地区的庞贝城和那不勒斯下城都是一纵二横的三干道型城市，纵横主干道不一定垂直相交。双干道型的城市包括奥斯蒂亚城、新法莱利城、帕埃斯图姆城，纵横主干道均垂直相交，走向均为一直一曲。单干道型的城市包括科萨城下城、马尔扎博托城下城、弗勒杰莱城、阿圭莱亚城，主干道皆为纵向，除弗勒杰莱城的纵向主干道较弯曲以外，其余皆走向笔直。该区域的城市主干道仅有小部分与城区中轴线重合。

巴尔干北部地区有四座城市存在主干道设计。诺瓦城、伊斯科斯城皆为双干道型，纵横主干道垂直相交。戴克里先波利斯城、多瑙河的尼科波利斯城均为单干道型，主干道亦为城区中轴线。该地区的主干道几乎全都走向笔直。

爱琴海地区目前仅有三座城市内存在主干道设计。塞萨洛尼卡城为三干道型，有一条纵向主干道以及与其垂直相交的两条横向主干道。科林斯下城、戈尔廷下城均为单干道型。该地区的主干道多走向笔直，大多为城区的中轴线。

亚细亚地区的双干道型城市和单干道型城市数量持平。但阿芙罗狄亚城的双干道均为横向主干道，安条克城内则为垂直相交的纵横主干道。希拉波利斯城、培西努城都只有一条纵向主干道。该地区的主干道大多都并非城区中轴线，走向笔直或弯曲，并无定制。

黎凡特地区近73%的城市有轴线大道。雷萨法城内有二纵一横主干道，为三干道型城市，纵横干道并不垂直相交。滨海凯撒利亚城、费拉德费亚城、阿拉伯的菲利普波利斯城内都有一纵一横垂直相交的两条主干道。杰拉什城、哈代拉城、埃利亚卡匹托利纳城有一条纵向主干道，巴尔米拉城有一条横向主干道。该区域的城市主干道走向以直行为主，仅有小部分与城区中轴线重合。

北非地区有主干道设计的城市较多，占已掌握资料城址的近77%。迦太基城为三干道型，提姆加德城、大雷普提斯城、特洛帕厄姆城、兰拜西斯城均为双干道型。上述两类城址的纵横干道均垂直相交。亚历山大城、杰米拉城、萨布拉塔城、毛里塔尼亚的凯撒利亚城、菲利普维尔城则为单干道型。大部分主干道的走向笔直。部分城市主干道即城区中轴线。

伊比利亚地区目前仅在科尔多瓦城内发现了一条笔直的近似中轴线的纵向主干道。

不列颠地区的伦蒂尼姆城、科尔切斯特皆为双干道型城市，纵横主干道垂直相交。若克斯特城内有一条弯曲的纵向主干道。该地区的主干道多非城区中轴线，大多走向弯曲。

高卢地区有主干道设计的城址占到了近71%，其中仅科洛尼亚·乌匹亚·图拉真城、奥斯塔城、诺伊斯城、科尔莱特城四座有垂直相交的双主干道；其余八座都只有单条主干道，并且多是纵向主干道，仅阿克瓦埃·塞克斯提埃城的主干道为横向。该区域的城市主干道多与城区中轴线重合，走向也以直行为主。

从整体情况来看，爱琴海、巴尔干半岛北部、亚细亚、伊比利亚、不列颠等区域有主干道设计的城市较少。双干道型、单干道型的城市数量大致持平。双干道型的城市中，又以双干道垂直相交型居多。近半数的主干道与城区中轴线重合，主干道在城区内的部分也多以走向笔直为主。需要注意的是，这几个区域采用方格网式路网设计的城市较多，而部分采取此类设计的如普里埃内城、米利都城、菲利普波利斯城等，城区内各条道路的路宽几乎一致，处于中轴线位置的道路两头也未必连接城门，因此，从道路设计的角度，几乎观察不到明显的主干道的存在，但这并不意味着这些城市中不存在轴线设计，这将在后面的路网规划中再作详细讨论。

亚平宁、北非、高卢和黎凡特地区有主干道设计的城市比例相当高，其中又以单干道型为主。在单干道型的城市中，大部分都倾向于采取纵向主干道的设计方式。双干道型的城市中，以双干道垂直相交型居多。这些地区的城市主干道与城区中轴线重合的比例略低。

过去有学者认为地中海西部的罗马时期城址内较少存在中轴线，而地中海东部的罗马时期城市则普遍有中轴线。[142] 就目前的材料看，似乎这个观点有待商榷。在各区域中，帝国早期以高卢地区和北非东部的城市有中轴线的比例较高，而这些城市普遍都是帝国时期新建或重建的，可能与这一时期流行的城市设计理念有关。至于中轴线的形式，伯恩斯提出，到 2 世纪时，在亚细亚、黎凡特、北非东部等地中海东部行省的地方城市中，普遍流行将城区中轴线打造成"廊道"的设计，即沿中轴大道两侧修建柱廊。[143] 除上述三个区域之外，其它地区的中轴线采用何种形式进行设计，有待进一步研究。

（二）路网形态

帝国早期的城市中，以主干道为轴，在其间设置若干条次级干道、支路。这些纵横交错的道路网络将城市划分为形态各异的街区。纵观仍能辨认出路网遗迹的帝国早期地方城市，其路网区划主要可分为三种形态。第一种是格状（grid）路网，又称正交型（orthogonal）路网，指的是以垂直相交的纵横交错的路网分隔城市空间的规划方法。按照路网划分出的街区形状，可分为正方格状区划和长方格状区划两种，根据各街区面积的大小关系，又可区分出等分式和不等分式。第二种是块状路网，或称非正交型（non-orthogonal）路网，指的是以直路、斜路和曲路将城市空间分隔成各种非正交形态的小面积块状（如三角形、梯形、多边形等）街区的规划方法。第三种是环状与放射状相结合的路网。

表 11　罗马帝国早期地方城市的主干道情况一览表

地域	城市	纵向主干道			横向主干道			纵横主干道相交方式	纵向主干道方式
		数量	曲直	是否中轴线	数量	曲直	是否中轴线		
亚平宁	庞贝	1	直	否	2	略曲	否	非垂直	
	那不勒斯下城	1	曲	否	2	近直	1是1否	垂直	垂直
	新法莱利城	1	近直	近似是	1	直	近似是	垂直	垂直
	帕埃斯蒂姆城	1	曲	近似是	1	直	否	垂直	垂直
	奥斯蒂亚城	1	直	是	1	曲	近似是	垂直	垂直
	科萨城下城	1	直	否					
	马尔扎博托城下城	1	曲	近似是					
	弗勒杰来城	1	直	近似是					
	阿奎莱亚城	1	直	否					
	明图尔纳城	2	斜直	否	1	直	是	非垂直	
黎凡特	雷萨法城	1	直	否	1	直	近似是	垂直	垂直
	滨海凯撒利亚城	1	直	否	1	曲	否	近垂直	近垂直
	费拉德费亚城	1	直	是	1	直	是	垂直	垂直
	阿拉伯的菲利普波利斯城	1	直	不明					
	杰代什城	1	近直	否					
	哈代拉城	1	曲		1	曲			
	埃利亚卡匹托利纳城								
	巴尔米拉城								

附录二 罗马帝国早期的地方城市体系　261

续表

地域	城市	纵向主干道			横向主干道			纵横主干道相交方式
		数量	曲直	是否中轴线	数量	曲直	是否中轴线	
爱琴海	塞萨洛尼卡下城	1	曲直	是	2	直	1是1否	垂直
	科林斯下城	1	直	是				
	戈尔廷下城				1	曲	否	
亚细亚	安条克城	1	近直	近似是	1	曲	否	近垂直
	希拉波利斯城	1	直	否				
	培西努斯城	1	曲	不明				
	阿芙罗狄西亚城				2	直	否	
北非	迦太基城	1	直	是	2	直	1是1否	垂直
	提姆加德城	1	直	是	1	直	是	垂直
	大雷普提斯城	1	直	近似是	1	曲	否	近垂直
	特洛帕厄姆城	1	直	否	1	直	近似是	垂直
	兰拜西斯城	1	直	是	1	曲	否	垂直
	亚历山大城	1	直	不明				
	杰米拉城	1	曲	不明				
	萨布拉塔城	1	曲	不明				
	毛里塔尼亚的凯撒利亚城				1	近直	否	
	菲利普维尔城				1	直	近似是	
巴尔干北部	诺瓦城	1	直	否	1	直	否	垂直
	伊斯科斯城	1	直	否	1	近直	否	垂直
	戴克里先波利斯城	1	直	是				
	多瑙河的尼可波利斯城				1	直	是	

续表

地域	城市	纵向主干道			横向主干道			纵横主干道相交方式
		数量	曲直	是否中轴线	数量	曲直	是否中轴线	
高卢地区	科洛尼亚·乌匹亚·图拉真城	1	直	是				垂直
	奥斯塔城	1	直	是	1	直	否	垂直
	诺伊斯城	1	直	是	1	直	否	垂直
	阿尔莱特	1	直	否	1	直	近似是	垂直
	艾米恩斯城	1	曲	否				
	特里尔城	1	曲	近似是				
	瑞布兰城	1	直	近似是				
	巴黎城	1	直	是				
	奥古斯托顿姆城	1	直	是				
	罗珀杜努姆城	1	曲	是				
	阿瑞尔·弗拉维埃·赛克斯提埃城	1	直	近似是	1	曲	近似是	近垂直
伊比利亚地区	科尔多瓦城	1	曲	否	1	曲	否	近垂直
	伦蒂尼姆城	1	直	是	1	直	是	垂直
不列颠地区	科尔切斯特城							
	若克斯特城	1	曲	否				

根据不同路网形态在城内的实施情况，罗马时期的地方城址共有八种区划方式。

整体等分式长方格状区划，见于爱琴海地区的科林斯下城[144]、北非的迦太基城和斯贝特拉城、亚平宁地区的科萨下城和马尔扎博托下城、黎凡特地区的阿拉伯菲利普波利斯城、亚细亚地区的希拉波利斯城、伊比利亚的巴埃洛城和意大利卡城（Itálica）、巴尔干半岛的菲利普波利斯下城。

整体不等分式长方格状区划，目前仅见于北非的亚历山大城。

整体等分式方格状区划，见于亚平宁地区的卢纳城、维罗纳城、阿圭莱亚城，高卢地区的特里尔城、奥斯塔城、诺伊斯城、艾米恩斯城、瑞布兰城、布迪格拉城、科洛尼亚·乌匹亚·图拉真城，亚细亚地区的普里埃内下城、米利都城、锡诺普城，巴尔干半岛北部的多瑙河尼可波利斯城、奥古斯塔·图拉真城，不列颠的文塔·西卢鲁姆城、科尔切斯特城，北非的提姆加德城，伊比利亚的巴厄图罗城，黎凡特的大马士革城。这种区划方式相当于中国古代的棋盘格式区划。

整体块状区划的城市包括爱琴海地区的戈尔廷城、北非的毛里塔尼亚凯撒利亚城、不列颠的伦蒂尼姆城、亚平宁地区的库迈城和费伦蒂努姆城。

块状与等分式方格状混合式区划的城址包括亚细亚地区的安条克城、亚平宁地区的奥斯蒂亚城和新法莱利城、黎凡特地区的博斯特拉城、高卢地区的圣贝特朗城和阿尔莱特城，不列颠地区的若克斯特城，北非地区的萨布拉塔城和苏布尔波·玛伊乌斯城。

块状与等分式长方格状混合式区划的城市包括爱琴海地区的塞萨洛尼卡城，亚平宁地区的那不勒斯下城、庞贝城、诺尔巴城，黎凡特地区的埃利亚卡匹托利纳城和巴尔米拉城，高卢地区的巴黎城，北非的大雷普提斯城、杰米拉城、菲利普维尔城、沃吕比利斯城。

块状与不等分式长方格状混合式区划，仅见于巴尔干半岛的菲利普波利斯城。

环状与放射状相结合的路网目前仅在以弗所城与蒂斯德鲁斯城发现了相关迹象。以弗所城周的一圈环城道路遗迹大致围合成近似矩形的形状。蒂斯德鲁斯城的西南角仍存半圈环状道路以及由其向各个不同方向放射而出的道路遗迹,另外,城东也发现了若干条放射状的道路遗迹。

此外,在部分城址内目前仅发现了很小一部分的罗马时期路网遗迹,尚未能对全城的路网形态进行判断。亚平宁地区的弗勒杰莱城和帕埃斯图姆城、爱琴海地区的扎格拉城、亚细亚地区的亚历山大·特洛阿斯城和老底嘉城,高卢地区的奥古斯托顿姆城和阿瑞尔·弗拉维城、巴尔干半岛北部的戴克里先波利斯城和诺瓦城,都属于这种情况。巧合的是,上述这些城里残存的小面积路网遗迹均为等分式方格状路网。

相较于城区形制和规模而言,目前暂未能发现路网形态区划的地域特色或层级秩序。但从大马士革城的情况来看,城内的路网遗迹能明显分为两期,希腊化时期(公元前4世纪左右)的路网为等分式长方格状区划,罗马时期的路网则为等分式方格状区划。[145] 实际上,从保留有长方格状路网遗迹的城市分布及其建城史来看,与罗马统一之前的希腊文化影响范围确实有关联,譬如在亚平宁地区,具备此类路网遗迹的城址往往分布在半岛南部(即所谓的"大希腊"地区)。方格状路网区划几乎未见于爱琴海地区,仅在扎格拉城内发现了极小一片方格状路网区划的遗迹。据此推测,长方格状路网和方格状路网规划在年代序列上可能具有早晚关系,也或者是希腊文化和罗马文化的差异。

关于格状区划与块状区划的设计理念及功能需求,亚里士多德在《政治学》中提及:

> 私人住房的布置,如果按照希朴达摩的新设计,[拟定方正的街衢后,]让各户鳞次栉比,建造整齐的房屋,自然有益于观瞻而

且便利于平时的活动。可是,就战时的保卫而论,我们的要求又恰好相反:古代街巷的参错曲折常使入侵的敌兵无法找到内窜的途径,而闯进城中的陌生人也难以找到他的出路。所以,应该兼取两者的长处:仿照农民栽培葡萄的"[斜畦]密垄",这样就可能制订出对平时和战时两方面都相宜的里巷方案。另一种可以施行的办法是在全市中划出一部分区域来进行整齐的设计[留着其余部分用作有利于巷战的规划]。[146]

亚里士多德在这里提到了四种路网区划的设计方式:第一种即格状路网区划,兼具景观的规整化与生活的便利性;第二种是"参错曲折"即无序的路网区划,适于加强城市的防御性,作战时可在一定程度上阻滞敌方行动;第三种是前两者的结合,即"斜畦密垄"式的路网设计,在格状路网的基础上加入斜路、曲路,可同时满足生活和防御的需求;第四种是模块化的路网规划,类似于今天巴塞罗那市的设计,即在局部区域实施格状路网区划,局部区域则为无序的路网区划,如此则可满足城区不同空间的功能需求。虽然学界对于格状路网区划是否始自希朴达摩存在较大争议[147],亚里士多德提出的路网设计理念是否真的在当时的城址中实施也仍旧存疑,但这段记载对于今人解读罗马帝国早期地方城址的几种路网区划方式却极有启发。当时的路网区划,确实包括全城一体式设计和模块化的分区设计两种形式,格状、块状是两种最为常见的形态。

帝国早期的城市路网还有一类很特殊的形态,就是环状与放射状路网的混合形态,除了极少数的地方城市采用这类设计以外,都城罗马的路网也局部采用了这套设计理念,形成了以13条主干道为轴线的辐射状路网,其间再结合地形以各条次级干道、支路自由连接,另有局部区域采取格状路网区划。这种区划设计的起源和流变,也是有待研究的问题。

（三）城市几何中心

城市几何中心通常是针对有城墙或城界明确的城市而言，大致位于城区最中心的位置，与城区周边界线的距离大致相等。城市几何中心不同于城市功能中心区（或核心区）的概念，后者指的是由于政治、商业、宗教、交通等各种因素而具备集聚效应的功能性区域，是城市交通、资源和人口流动的焦点。几何中心与功能中心区可能重合，也可能不重合。罗马帝国早期的大部分地方城市内，城区的几何中心并不存在特殊的功能区或建筑，或者换句话说，城区的核心区往往不在几何中心的位置上。但也有部分城市，几何中心与功能中心区重合。

其中最常见的情况是城区几何中心为广场，如爱琴海地区的科林斯城、雅典城、亚细亚地区的安条克城[148]、普里埃内下城、阿芙罗狄西亚城、北非的迦太基城、提姆加德城，巴尔干半岛的伊斯科斯城，高卢地区的圣贝特朗城、艾米恩斯城、瑞布兰城、罗珀杜努姆城，不列颠地区的文塔·西卢鲁姆城、若克斯特城，亚平宁半岛的帕埃斯图姆城、弗勒杰莱城、卢纳城、那不勒斯下城、阿圭莱亚城等，都有几何中心。

另外有少数几座城市，几何中心为军事性质的建筑，如兰拜西斯和诺伊斯的城中心为军团指挥部。特里尔与阿拉伯菲利波利斯的城中心均为一座长方形的建筑遗址，锡尔切斯特的城中心则是带有院落的建筑遗址，其形制都应该不是广场，而是某类具有特定功能的建筑。

城区几何中心即作为政治中心的广场，这类城址既有帝国时期沿用的与希腊文化具有深厚关系的旧城，也有在地中海西部地区新建的规整型新城。几何中心是军事建筑的城址，几乎都属于后一种情况。

（四）城市朝向

前文曾论及，大部分罗马城市都以主干道为轴线进行设计，那么主干道的朝向在某种意义上可以等同于城市的朝向，其设计理念也就成了学术界关于罗马城市规划理念的讨论焦点之一。

近年有学者以两条主干道的走向为标准，对意大利的38个罗马城市进行了细致而全面的分析，认为它们在城市朝向的规划理念上可明显分为两类。第一类城市的横向大道走向接近于太阳在至日（solstice）的方向，至于是日出还是日落的方向，由于古代地平线的概念并不明确，因此暂时不得而知，唯一能够确认的是诺尔巴城的横向大道在走向上与夏至日落的方向一致。第二类城市的主干道接近于正方向，与正方向之间的偏差一般不超过10度。有学者进一步推测，或许有些城市与古罗马历法中某些特定节日里日出的方向有关，有学者还提出，可能与城市创始人诞辰当天的日出方向有关（众多文献和铭文表明，罗马帝国的重要公共建筑都以营建者或其家族的重要纪念日为节庆）。[149] 埃斯特班考察了北非迦太基城的朝向，发现其主干道走向亦与至点的太阳运行方向吻合，不过也不排除是受到地形影响的巧合，因为海岸的垂线恰好就与至日的太阳轨迹一致，而迦太基城的横轴线大道恰恰正是垂直于海岸线。[150] 在伊比利亚半岛的部分罗马城市中也能观察到类似的现象，即主干道走向与夏冬二至日的日出或日落方向一致，或与古罗马重要节庆日的日出或日落方向一致。[151]

但也有学者结合维特鲁威的《建筑十书》等文献，分析意大利、不列颠、法国和德国的罗马新建城址或军事营地的布局与周边自然环境状况，认为其朝向设计与季风风向有关，原则是尽量避免冬季的季风穿城而过，而夏季的季风则能造成对流。[152]

总的来说，大部分学者都认为在有主干道或中轴线设计的罗马城市里，城市朝向也是存在规划性的，而规划的依据，学界也普遍认同应是与自然因素有关。但在具体细节方面，则存在着争议。观点不外乎两派，一派认为城市朝向的设计纯粹与太阳运行轨迹或季风风向等自然因素有关，另一派则认为应是政治与自然因素的叠加。

（五）小结

罗马帝国早期的地方城址中，主干道、中轴线、路网形态、几何中心区和城市朝向是能比较明显观察到的几种规划理念，而且始建或重建年代越晚的城市，越接近帝国边境的城市，呈现出的规划性似乎越强。高卢、不列颠以及亚平宁北部的矩形城址，如奥斯塔、诺伊斯、瑞布兰、文塔·西卢鲁姆、卢纳、维罗纳等城，往往同时有中轴线、方格状路网、正方向等若干种规划设计。

除了上述几种规划理念外，当时可能还存在其它的一些规划手段，譬如意大利的费伦蒂努姆城，南城门、西北门与东北门之间的连线恰好是一个等边三角形[153]，这显然是有意为之的设计，但具体的设计理念是什么，有无更多的城址采用了类似的设计，仍待进一步的研究。

五、世俗性公共建筑

古代地中海世界的城市除了有宗教意义的神庙以外，世俗性公共建筑往往是资源投入最多、人口集聚效应最明显、最具景观显示度的建筑类型，尤其是广场，往往是行政、政治宣传甚至城市规划的核心。早在希腊的古风至古典时期，爱琴海周边的城邦发展出了一系列与世俗公共生活需求相关的公共建筑类型，如广场、剧场、音乐厅、体育场（或称运动场）等，随着希腊文化的扩散，这些公共建筑类型也被作为希腊文明的象征，扩散到环地中海区域乃至中亚的城市中。罗马共和国晚期至帝国早期，罗马人也发展出了罗马式广场、公共浴场、角斗场和马戏场等世俗性公共建筑类型，并推向辖内各地，使之成为各地方城市的"标准配置"。戈夫、豪特等学者注意到了伊比利亚地区的世俗公共建筑[154]与城市等级之间的关系。[155]在罗马帝国的其它区域，也有类似情况。因此，以罗马时期的广场、公共浴场、角斗场和马戏场等世俗性公共建筑为对象，可观察到罗马统一地中海以后，是如何以公共建筑为标尺构建地方城市等级体系的。

（一）广场

在环地中海区域，广场有两种主要的类型：一种可音译为"阿格拉"（Agora），一般指非轴对称、不规则布局、以露天空地为中心的开放式公共建筑群；另一种则可音译为"弗朗姆"（Forum），指轴对称、矩形布局、以露天广场为中心的封闭式公共建筑群。"阿格拉"类型的广场多被称为"希腊式广场"，始于公元前8世纪的城市起源阶段，如罗马城的罗马广场、雅典城的"阿格拉广场"。"佛朗姆"类型的广场多被称为"罗马式广场"，始于罗马共和国末期至帝国初期，如罗马城内的几座帝国时期广场、雅典城的罗马广场。部分城市两个广场并存。

各地方城市的罗马式广场在规模上形成了较为明显的层级化差异，按其面积大致可分为三个层级：

第一层级，面积在2万平方米以上。这类城址包括科林斯城、塞萨洛尼卡城、以弗所城、安条克城、菲利普波利斯城、迦太基城、特里尔城、奥斯塔城、希拉波利斯城、迈安德河上的麦格尼西亚城、艾米恩斯城、巴黎城。除了后四座城外，其余皆为行省首府。多数城市的罗马式广场面积在2万—3万平方米之间，但特里尔城的罗马式广场面积超过了6万平方米，迦太基城的罗马式广场面积甚至达到8万平方米以上。

第二层级，面积为1万—2万平方米。这一规格的罗马式广场位于帕埃斯图姆、弗勒杰莱、阿圭莱亚、阿芙罗狄西亚、若克斯特、意大利卡等城内。这些城均为一般性城市。

第三层级，面积在1万平方米以下。大部分一般性城市的罗马时期广场的面积都属于这个层级。行省首府中，只有亚历山大城的罗马时期广场仅有6400平方米，也属于这一层级，可能与该城曾遭受严重破坏有关。

（二）公共浴场

不同于仅有简单洗浴功能的公共浴室或归属于个人所有的私家浴室，公共浴场是罗马时期兴起的"洗浴-健身-休闲"功能一体化的综合性建筑，向城市公众开放，其规模和数量在一定程度上能够反映城市的人口规模。从目前的考古发现来看，罗马帝国早期地方城市城区以内的公共浴场（简称"浴场"）数量形成了梯度差异。

在亚平宁半岛，庞贝城区内有广场浴场、斯塔比亚浴场和中央浴场三座浴场，但至该城在维苏威火山爆发被掩埋时，中央浴场尚未竣工。奥斯蒂亚城、新法莱利城的城区内各有两座浴场。奥古斯塔·普拉托利亚城、那不勒斯城各只发现了一座浴场。

在巴尔干半岛北部，阿拉伯的菲利波利斯城、斯多比城内各有两座浴场，多瑙河的尼可波利斯、戴克里先波利斯、奥古斯塔·图拉真城内各发现一座浴场。

在爱琴海地区，科林斯城内发现了三座浴场，亚克角的尼可波利斯、德洛斯城内各发现一座浴场。

在亚细亚半岛，老底嘉、以弗所、安条克城、帕加马城、米利都城内各发现三座浴场，阿芙罗狄西亚城、拉布朗达城内各有两座浴场，希拉波利斯城（不含拜占庭时期新修的）、亚历山大·特洛阿斯、克律塞城内各发现一座浴场。

在黎凡特地区，杰拉什城内发现了两座浴场，佩特拉城内发现一座浴场。

在北非地区，提姆加德城内发现了八座浴场，苏布尔波·玛伊乌斯城内发现了五座浴场，萨布拉塔城内发现了四座浴场，杰米拉、斯贝特拉城内发现了三座浴场，苏夫图拉、萨布拉塔、奎库尔城内发现了三座浴场，沃吕比利斯、蒂斯德鲁斯、大雷普提斯城内各发现两座浴场，兰拜西斯、迦太基城内发现了一座浴场。

在伊比利亚半岛，意大利卡城内发现了两座浴场，巴厄图罗城内发现了一座浴场。

在高卢地区，特里尔、阿瑞尔·弗拉维城内发现了三座浴场，圣贝特朗城城内发现了两座浴场，诺伊斯、艾米恩斯、昂克尔河畔的里贝蒙特、瑞布兰、巴黎、埃夫勒、阿尔莱特、奥斯塔、科洛尼亚·乌匹亚·图拉真城内各发现一座浴场。

在不列颠地区，锡尔切斯特、若克斯特城内发现了一座浴场。

单就每座城市拥有的公共浴场数量而言，以都城罗马最多，城区内至少有十二座公共浴场。在地中海沿岸的亚平宁半岛、巴尔干半岛、爱琴海地区、黎凡特地区、伊比利亚半岛、不列颠岛等区域，通常来说，行省首府的城区内有一至三座公共浴场，一般城市的城区内部则只有一两座公共浴场。部分城市的城郊（如奥斯蒂亚、庞贝）也有公共浴场，其中庞贝城是个例外，城区内有三座公共浴场，但有一座未竣工。而在北非和亚细亚半岛，则与上述等级序列不同，行省首府的城区内普遍仍是建有一至三座公共浴场，但部分一般城市的城区内拥有的公共浴场数量，则远超常规，如提姆加德城内甚至有八座公共浴场，苏布尔波·玛伊乌斯有五座浴场，萨布拉塔有四座浴场，老底嘉城、帕加马、米利都、苏夫图拉、奎库尔城内也都各有三座浴场。

从考古发现的情况来看，罗马帝国时期似乎形成了城市内部公共浴场数量的等级序列：都城有十座以上，行省首府至多不过三座，大部分区域的一般城市都仅有一两座。北非和亚细亚半岛的一般城市内部的公共浴场数量普遍偏多，可能与当地气候炎热有关，也有可能这两个区域的一般城市在建设公共浴场方面拥有较大的自主性，不过关于其原因，还需要通过深化对建筑规模和年代分期等方面的对比来给出更为合理的阐释。

（三）角斗场和马戏场

在各个地方城市里，角斗场和马戏场的数量一般都是一座。豪特系统梳理了伊比利亚地区帝国早期的角斗场和马戏场，发现角斗场的座席面积（亦即容纳观众人数）、马戏场的面积大致与城市规模呈正比。[156]其它区域可能也有类似情况。

（四）小结

从前面的分析可以看出，各个城市中，罗马式广场的规模、公共浴场的数量（可能还有规模）、角斗场和马戏场的规模与城市的政治等级相关。世俗性公共建筑也有类似的等级序列。都城罗马的世俗性公共建筑类型最全,包括广场、剧场、公共浴场、角斗场、马戏场、音乐厅、体育场、图书馆等八类,且各类的数量都为诸城内同类建筑数量之冠。首府城市拥有的公共建筑类型一般是五至七类,各类型建筑的数量次于都城。一般城市拥有的世俗公共建筑类型一般为三至五类,极少数如帕加马城有六类,各类型建筑的数量最少。

六、空间布局模式

罗马帝国各区域的地形差异甚大,建城时往往配合所在地的地形条件进行功能布局,形成不同的空间布局模式,主要可以分为高地-低地模式、内陆平地-丘陵模式和海滨平原模式三种。

(一)高地-低地模式

这种城市布局模式主要分布在地中海、小亚细亚到中亚的丘陵山地地带,城市选址通常是台地及周边的平地。根据城市范围内台地的数量,还可分为单台地型和多台地型。

1. 单台地型

单台地型的城市数量较多,包括爱琴海地区的科林斯城、塞萨洛尼卡城、戈尔廷城、扎格拉城,亚平宁半岛的库迈城、那不勒斯城、马尔扎博托城、科萨城、阿尔泰纳城、费伦蒂努姆城、诺尔巴城,黎凡特地区的费拉德菲亚城,伊比利亚的塞格布里加城,北非地区的西米图城,亚细亚半岛的普里埃内城、帕加马城、锡诺普城、泽乌玛城、阿索斯城、特奥斯城,巴尔干半岛北部的多瑙河尼科波利斯城、戴克里先波利斯城,甚至中亚地区的一些城市都属于这种模式,譬如阿富汗的阿伊·哈努姆城、贝格拉姆新王城等。下面以保存较完整、布局较具代表性的科林斯城、普里埃内城、多瑙河的尼可波利斯城和阿伊·哈努姆城为例,阐释该类型城市的空间布局特征。

(1)科林斯城[157]

科林斯城位于今希腊伯罗奔尼撒大区科林斯市的西南、泽利阿斯河西岸。该城地处伯罗奔尼撒半岛东北、科林斯湾南岸，正好扼守着这个半岛与阿提卡半岛之间被称为"地狭"的海陆要道。自公元前6500年起，科林斯城所在地便持续有人类活动。[158]据文献所载，科林斯的建城始于公元前750年。但从考古发现来看，下城最早的城墙可能建于公元前7世纪初。[159]城墙范围内年代最早的建筑遗迹则是公元前540年的阿波罗神庙。[160]卫城的城墙则始建于公元前4世纪。[161]公元前44年，科林斯成为罗马殖民地，全称为"荣耀的朱利奥·科林斯殖民地"。凯撒下令对其进行重建。[162]公元前27年，随着亚该亚行省的设立，科林斯成为首府。公元67年，尼禄一度赋予亚该亚自由，但至维斯帕时又设为行省，科林斯则被更名为"朱利奥·弗拉维·奥古斯都·科林斯殖民地"。2世纪时，科林斯的规模达至最大。[163]希腊时期修建的城墙（含卫城城墙）在公元前146年左右被罗马人拆除，现存城墙建于罗马帝国晚期。[164]因此，帝国早期的科林斯并无城墙。

根据相关记载，科林斯城在帝国早期共有四个"百人队"。[165]依照当时城市布局的一般规律，墓葬和别墅多分布在城墙以外。根据前述证据，推测罗马时期科林斯城区的范围大致为东西2265.6米、南北1062米，面积约为2.41平方千米[166]，亦即北至凯利奥托米洛斯山一线（即今科林斯－帕特雷高速公路南侧），南达上科林斯山山脚[167]，东临泽利阿斯河西岸（图三八）。

罗马科林斯城内有两条垂直相交的中轴路。南北向中轴路即"勒凯翁路"，方向为北偏西3度，由向北直通向城外科林斯湾的勒凯翁港而得名。奥古斯都时期的路面为土质，至1世纪后半期才以石灰岩板铺面，两侧设人行道和排水沟（二者约宽2.62米）。路宽7.025—8.4米。[168]

根据考古发掘和年代分期，广场（图三八，1）可能始建于公元前5世纪早期，最初的位置比现存遗址略偏北，在佩热内泉池以北、勒凯翁路以西。[169]目前所见的广场遗址群位于南北中轴路和东西向道路的交点，轴线西南－东北向，建筑样式属于阿格拉（Agora）类型，整体平面不规则，周围无柱廊或围墙等封闭设施，范围一般以周围的纪念建筑为限。遗址群的主体年代为罗马帝国早期，尤其集中于安东尼王朝时期。经复原，至 2 世纪中期前后，广场布局基本固定。中央为近长方形的空地，约长 200、宽 100 米，面积约 0.02 平方千米。空地东部正中为奥古斯都纪念碑，中部偏南为讲坛（Bema）及其两翼的店铺、东隅的圆形纪念建筑，西部有一组神庙：命运女神堤喀神庙（神庙 D）、始祖神维纳斯神庙（神庙 F）、克拉罗斯城[170]的阿波罗神庙（神庙 G）、赫拉克勒斯神庙（神庙 H）、新波塞冬神庙（神庙 J）[171]、神庙 K（2 世纪晚期被拆除）和巴比乌斯[172]纪念建筑。广场空地外围的其它建筑大致呈方形分布。广场北侧建筑群分为三组：西组为西北柱廊及商店、阿波罗神庙、北市；中组为拱门（propylaia）、勒凯翁路会堂、勒凯翁路市场；东组建筑群与中组之间以勒凯翁路相隔，包括佩热内[173]泉池、阿波罗圣域、浴场。广场东侧仅有朱利奥会堂[174]和一座功能不明的建筑。广场南侧为地窖[175]、南柱廊及南会堂。广场西侧自北向南依次为格劳科[176]喷泉和神庙 C、神庙 E 以及一组晚期建筑（即所谓的"法兰克区"[177]）。

在广场建筑群外围的西北角有剧场（图三八，2）、音乐厅（图三八，3），东北角有建于 200 年的勒凯翁路大浴场（图三八，4），东南角的帕纳伊亚原（图三八，5）上发现有 3—4 世纪修建的宅邸，西南角约 500 米外的安纳普罗迦（图三八，6；即今 Ayioi Anargyroi）一带发现有 2—3 世纪修建的宅邸（2 世纪末至 3 世纪初），宅邸以南发现有农神德墨忒尔与科莱[178]神殿（图三八，7）。

城西北角的柯基诺克里斯一带发现有罗马时期的"希尔别墅"（图三八，8）[179]。其东侧的凯利奥托米洛斯山（图三八，9）北部发现有罗马时期的墓葬群[180]及北郊墓地（图三八，10），大量墓葬的年代都是青铜时代至希腊化时代之间，少量为罗马时期。山的东侧依次为医神神庙及勒纳[181]苑（图三八，12）、体育场（图三八，11）和马戏场（图三八，13）、阿芙洛狄忒浴场（图三八，14）[182]、砖瓦及陶器作坊（图三八，15）。在作坊南部发现有罗马时期的墓葬群（图三八，16；即 N. Terrace

Tombs）。作坊的东南方向为角斗场（图三八，17；公元前1世纪建）。

城西南郊的上科林斯山是卫城所在。城西郊发现了一段西南-东北走向的哈德良时期修建的水渠，穿城而入，现存遗迹结束于城内西部的农神与科莱神殿一带。城外北部远郊的勒凯翁港西南侧为勒凯翁路会堂（图三八，18；建于3世纪）。港口的东南发现有罗马时期的建筑基础，但性质不明。

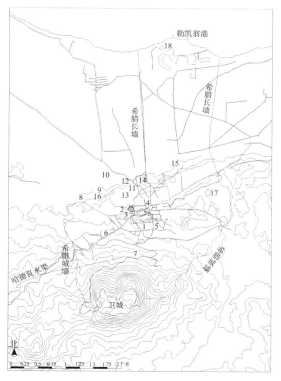

图三八　希腊-罗马时期科林斯城遗迹平面图

（底图来自 Guy D. R. Sanders et al., *Ancient Corinth: A guide to the site and museum*, American School of Classical Studies at Athens, 2018, 7th edition, map.2）

（2）普里埃内城[183]

普里埃内城位于现代土耳其艾登省瑟凯镇的古鲁巴赫村，距今天的爱琴海岸约15公里，在门德斯（土耳其语为 Büyük Menderes

Nehri，古称"Maeander"）河以北、米卡尔（Mycale）山以南。根据帕萨尼亚斯在《希腊志》（或译作《希腊道里志》）中的记载，普里埃内最初是卡里亚人的据点，大概在公元前7世纪以前被爱奥尼亚人和底比斯人占领，其间曾被波斯人占领，后来归属于爱奥尼亚同盟。[184] 公元前4世纪，该城所在的地域归于马其顿帝国治下，公元前2世纪以后属罗马亚细亚行省管辖。

从考古发现来看，目前城址及周边年代最早的遗存为公元前4世纪中期，与文献中所记述的普里埃内城可能并非同一座。希腊化至罗马时期的城址由城墙围合，平面近椭圆形，占地约0.37平方千米，分为卫城和下城（图三九）。

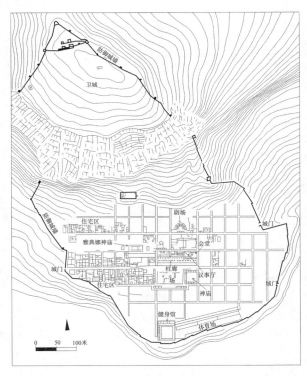

图三九　希腊化至罗马时期普里埃内城遗迹平面图

［底图来自 Charles Gates, *Ancient Cities: The Archaeology of Urban Life in the Ancient Nearest and Egypt, Greece and Rome*, Oxon: Routledge, 2011（2nd edition）, fig.17.5, p.274］

卫城建于台地顶部，较下城中央的广场高出约 75 米，城内除了营房设施外，暂未发现更多的遗迹。

下城实施了规整的方格网状区划，纵向、横向的直路均为正方向。南北向主干道宽约 7.36 米，次级干道约宽 4.4 米。每个"格状区"的尺寸大约是 35.4×47.2 平方米，可容下 4 座宅邸，那么全城可能共有 400 栋宅邸。广场接近下城的几何中心，在露天空地周围分布有柱廊（stoa）[185]、灶神赫斯提亚神庙、祭坛、市场、议事厅（bouleuterion）。广场的西北角为城市雅典娜神庙。下城的北部利用地形差异修建有剧场，最南部则建有健身馆和体育场。

城区的给水设施遗迹主要是路沟与地下陶水管，城北部的台地上可能有其中一处水源。

（3）多瑙河的尼可波利斯城[186]

多瑙河的尼可波利斯城位于多瑙河南岸与哈莫斯山（今斯塔拉山脉）北麓之间，即今保加利亚北部尼基乌普村（Nikiup）以南 3.5 千米、维立科·特尔诺沃镇以北 20 千米的一处名为"斯塔利·尼基乌普"的台地上。罗马时期的台地顶部地势平坦，与今天具有高差起伏的地形不同。城址南边靠近罗西察河（Rositsa）。但古河道的位置比现代河道更靠北，也就是距离城址更近，河床也更宽阔，水流更为和缓。

在城内外的发掘过程中，暂未发现年代早于 1 世纪的文化堆积。城址范围内年代最早的遗迹是城区北部叠压的一处堡垒遗址，年代约为 1 世纪中期，推测可能由当时在这一带活动的色雷斯人修建，目的是居高临下地控制罗西察河的渡口。

据约达尼斯《哥特史》记载，设立尼可波利斯城的起因是为了纪念图拉真战胜萨尔玛提亚人（Sarmatians）。[187] 城市名称即由代表胜利的词根"Nico"和代表城市的词根"polis"组合而成，其官方名称为"多瑙河的乌匹亚胜利之城"（乌皮亚为图拉真家族的姓氏），通常简称为"多瑙河的胜利之城"[188]，极个别文献将其称为"哈莫斯山的胜利之城"。[189] 该城原属色雷斯行省管辖，在该城西北部发现了 136 年所立的色雷斯与下默西亚行省之间的边界界石。在哈莫斯山北麓发现了 187—

197年间的界石，可知在此期间色雷斯行省的北界向南回缩，下默西亚行省的南界则向南扩张，因而尼可波利斯城转而归入下默西亚行省辖域。

根据考古发现，尼可波利斯城的建筑活动时期可分为罗马帝国早期（110—296）、罗马帝国晚期（296—450）、拜占庭早期（450—600）、斯拉夫时期（800—1000）以及近现代（1750年至今）。

帝国早期的尼可波利斯城整体位于台地顶部。城区长约494、宽约524米，占地面积约为0.26平方千米。城墙大概建于175年左右，围合的平面近似矩形，仅东北端略有曲折，现已发现5座城门。城区内的路网呈规整的等分式方格状布局，纵、横干道均为正方向，东西向中轴路宽约12米（图四〇）。

广场位于城区中部偏东的位置，平面呈方形，长约67、宽约85米，面积约5695平方米。广场东侧发现一座长方形建筑，根据出土铭文定名为"特尔莫佩里帕托斯"，含义不甚明确，仅知"peripatos"可能是一种在亚里士多德时代的学院中可供交谈、行走的建筑设施。[190] 该建筑可能建成于2世纪末，其四面各有一个入口，中央大厅类似于会堂的结构，南北两侧开设有小房间，可能作为交谈、交易的场所。城区北部正中为浴场。

目前与给水设施相关的发现主要是城区北部的4条水渠遗迹，水源是自北向西南经过城郊的穆西纳河。台地南侧底部的泉水应当也是罗马时代的水源之一。

城区东南的小城俗称"英国发掘区"，城墙建于拜占庭帝国早期，也就是说，在罗马帝国早期的这片区域属于没有防御设施的地带。经过发掘，可知在建城后不久，即2世纪早期，"英国发掘区"中部进行了土地平整，主要被作为生活和手工业垃圾、可能与城区内建筑活动有关的建筑垃圾的填埋处。150年左右，这一区域内出现了三条南北向的石灰岩板道路、三座私人宅邸、通往东南山谷的鹅卵石路以及通往台地东南边缘的陶水管等。150—175年间的某个时段，即安东尼时代末期，其中的两座私人宅邸被拆除或烧毁，可能与文献中记载的科斯托波奇人（Costoboci）对下默西亚、色雷斯行省的破坏有关。175年修建大城的

附录二　罗马帝国早期的地方城市体系　279

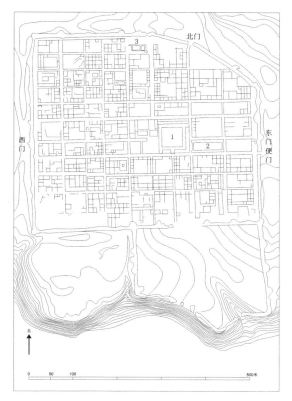

图四〇　罗马帝国早期多瑙河的尼可波利斯遗迹平面图
1. 广场　2. "特尔莫佩里帕托斯"　3. 浴场

［底图来自 Andrew Poulter, *Nicopolis ad Istrum: A Roman, Late Roman, and Early Byzantine City*（*Excavations 1985–1992*）, London: Society for the Promotion of Roman Studies, 1995, fig. 3, p.3］

城墙时，并未将"英国发掘区"包括在内，该区域成为了城郊。3 世纪初，该区域又出现了一座带壁画的别墅，至 3 世纪中期废弃。

（4）阿伊·哈努姆城

位于阿富汗东北部的塔哈尔省，其性质存在着两种主要观点：一种认为是"阿姆河的亚历山大城"[191]，另一种认为该城由基尼斯（Kineas）建造[192]。虽然学界对建造者和具体的建造年代存在不同的意见，但它建成于希腊化时代且受到希腊化文化的强烈影响，这一点却是公认的事实。该城的毁弃年代和原因也难以确定，一般认为至少是在公元前 2 世纪中期之后，或是在公元前 1 世纪或公元前 1 世纪晚期，可能与游牧部落与巴克特里亚的希腊王国之间矛盾的加剧有关。[193] 阿伊·哈努姆城址在阿姆河（古称 Oxus）与科克恰河的交汇地带，地势高出周围的平原约 60 米。通过考古发掘可确定其大致布局：城墙围合的区域呈不规则的三角形；城内发现了穿过北城门直通科克恰河的一条南北向轴线大道，走向与阿姆河平行。整座城址分为上城和下城。上城在东面地势较高的位置，内有防御设施和神庙。下城在西面地势较低的位置，分布有宫殿、剧场、体育馆、神庙等公共建筑，还有私人宅邸（图四一）。[194]

图四一　希腊-罗马时期阿伊·哈努姆城遗迹平面图[195]
1. 宫殿　2. 体育馆　3. 剧场　4. 武库（arsenal）　5. 贵族宅邸
6. 卫城　7. 露天神庙平台　8. 神庙　9. 北城门外的神庙

单台地的高地-低地型城市大多采用上城与下城的布局形式。上城（acropolis）又称"卫城"，是军事防御设施和神圣性公共建筑的所在，主要的建筑群一般分布在台地顶部，与宗教仪式有密切关联的剧场则往往位于台地边缘，利用地形高差建成剧场的阶梯式座席。下城则是世俗生活的空间，建有广场、世俗性公共建筑、住宅等，格状路网及中轴线规划也往往在下城实施。从建城史和位置来看，这种城市模式多见于希腊化时代及以前的爱琴海本土城市或希腊殖民城市，其选址和布局都与希腊文化有着比较密切的关系。

但也有极少数的这种类型城市采用了比较特殊的布局形式，如亚平宁半岛的阿尔泰纳城、巴尔干半岛北部的多瑙河尼可波利斯城，整座城址都位于台地顶部。阿尔泰纳是亚平宁中部、拉齐奥地区的城市，位置便在罗马城东南约40千米的沃尔西山脉中。[196] 尼可波利斯则是1世纪时罗马帝国在边境修建的新城。这二者都与罗马文化关系密切。

2. 多台地型

多台地型的城址较为少见，目前仅见爱琴海地区的雅典城，亚平宁地区的赫拉克莱亚·米诺亚城、阿勒巴·傅千斯城，亚细亚半岛的泰西封城、阿塔科萨塔城、培西努斯，巴尔干半岛北部的菲利普波利斯城，黎凡特地区的佩特拉城、埃利亚卡匹托利纳城。

该类型城市以雅典城较具代表性。雅典城即现代希腊的雅典市中心，所在处是三面环绕山地的地势相对低平之处，西面邻海，其间散布卫城山、战神山（Areiopagos，意为"hill of Ares"，即"战神阿瑞斯之山"）、普尼克斯山等台地。雅典在公元前3000年左右已有人类居住。青铜时代晚期（约公元前13世纪），卫城岗顶部成为迈锡尼人在阿提卡半岛的重要据点之一，建有石城墙，可能还有宫殿，并在岩缝间开凿水渠。公元前7世纪起，城市向山下扩散，形成上城（卫城）和下城的格局。卫城逐渐转变为宗教中心，迈锡尼时期的宫殿在此过程中可能被毁坏，雅典娜祭坛、帕特农神庙、伊瑞克提翁神庙、胜利女神尼基神殿、万神殿、山门等卫城的主体建筑相继建成，并在台地东南边缘修建了酒神剧场。战神山上可能有与法庭有关的建筑。下城则以世俗职能为主。由于雅典城在历史上遭受的破坏较为严重,罗马帝国及以前的遗址(卫城除外)保存得不多,仅对雅典城局部有所了解。此时在卫城西北、战神山北面为广场。公元前5世纪由德米斯托克勒斯修建了城墙(即"德米斯托克利城墙"),围合的平面不甚规则,近似圆形。[197]到罗马帝国初期,卫城和广场内都加入了与元首制度相关的建筑元素。在卫城中加建了奥古斯都与罗马女神小神庙,在卫城西南坡修建了希罗德·阿蒂库斯音乐厅。下城中,在卫城的北面(即希腊时期广场的东面)修建了罗马广场。至哈德良时期,将城墙向西和向东南方向扩建,使雅典城成为一座近似椭圆形的城市,并修建了引水渠,在罗马广场东北修建了图书馆,在城东南修建了奥林匹亚宙斯神庙、哈德良拱门(图四二)。[198]

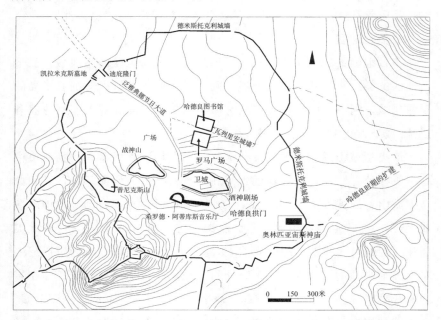

图四二　铁器时代至罗马帝国时期的雅典城遗迹平面图

[底图来自 Charles Gates, *The Archaeology of Urban Life in the Ancient Nearest and Egypt, Greece and Rome*, Oxon: Routledge, 2011(second edition), fig. 14.1, p.230]

迦太基城[199]位于现代突尼斯市郊区，在突尼斯湾的一个海角上。根据维吉尔的《埃涅阿斯纪》所述，该城系由来自推罗的腓尼基人在约公元前814年始建。[200]"迦太基"（Carthago）是拉丁文名称，腓尼基人称之为"Kart-hadasht"（意为"新城"）。由于背靠农业资源优渥的腹地，又控制着海运条件便利的良港，成为腓尼基诸城中最具规模的一个。

但考古发掘表明，迦太基城所在范围内年代最早的遗物是公元前760—前680年左右的希腊陶器，包括埃维亚（Euboea，或译优卑亚）和科林斯两种类型，并无建筑迹象。至公元前8世纪末—前7世纪初，后来的城址中部出现四处墓地，分布在拜尔萨山西南坡、诸侬山，以及这两山以东的德麦克和都莫斯。城南的托菲特一带公元前700年左右起成为祭祀圣地和儿童墓地。[201]这一阶段的聚落遗址暂未发现，有可能是在拜尔萨山上。由于后期破坏严重，迦太基时期的遗迹保存得并不多，其始建时代暂时不明，但显然比文献记载的要晚。公元前146年，罗马占领迦太基后摧毁了城墙、城中心拜尔萨山上的军事设施和医神埃什蒙神庙、城南托菲特的迦太基保护神塔尼特神殿等重要建筑。公元前122年，罗马护民官盖乌斯·格拉古在此建立朱诺尼亚殖民地，对城市进行格状划分（百户区/百人区制度）。帝国时期成为非洲行省治所。公元前44年凯撒下令重建迦太基城，直到公元前29年设朱利亚·和睦·迦太基殖民地时完成。

迦太基城属于罗马时期的遗迹也保存得不多。经过复原，罗马时期的城墙周长超过23英里，平面近似矩形，但北边不规则。城区延续了公元前2世纪的方格状布局。[202]城中心的拜尔萨山（图四三，15）上分布着罗马式的广场、会堂、神庙（卡匹托里尼三主神神庙、谷物女神与和睦女神的圣殿）和奥古斯都家族祭坛等纪念建筑。

公共设施方面，罗马人在城西修建了角斗场（图四三，18），1世纪末在城西南修建了马戏场（图四三，17）。哈德良时期还修建了一座剧场（图四三，11），其北侧可能是建于2世纪末3世纪初的音乐厅（图四三,12）。145—162年在城东南的小海湾上修建了安东尼诺浴场（图四三,3），营建过程中可能填平了城市的一个古老港口。

城东南有两个港口，外面的矩形港口（图四三,7）与里面的圆形港口（图四三,5）相通，船坞遗迹以扇形排列在内部的环形港口周围。

城西北郊发现有蓄水池（图四三,21）。

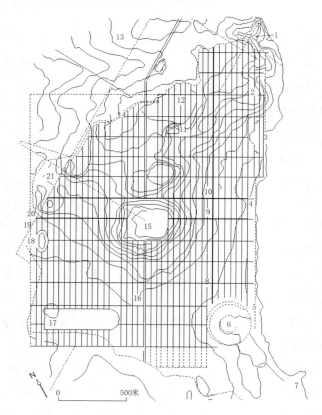

图四三　罗马帝国时期的迦太基城平面图
1. 圣莫妮卡山　2. 阿尔·杰迪德堡（Bordj al-Djedid）3. 安东尼诺浴场　4. 玛尼奥涅区　5. 圆形码头　6. 海军岛（Isolotto dell'Ammiragliato）7. 长方形码头　8. 东十二纵道　9. 横中轴道　10. 北横中轴道　11. 剧场　12. 音乐厅　13. 北百人区　14. 特乌尔夫·埃尔-索尔山（Teurf el-Sour）15. 拜尔萨山　16. 纵中轴道　17. 马戏场　18. 斗兽场　19. 比尔·埃尔-泽恩图（Bir el-Zeitoun）20. 比尔·埃尔-杰巴纳（Bir el-Jebbana）21. 马勒伽蓄水池（Malaga cisterns）

（底图来自 Sabatino Moscati e Alessandro Campus, *Enciclopedia Archeologica: Europa,* Istituto della Enciclopedia Italiana, 2005, fig.646, p.388）

多台地的高地-低地型城市中，有几种不同的布局模式：希腊文化的城市仍采用类似于单台地城市的卫城-下城模式，但卫城仅在城区范围内的一个主要台地上，其它台地可能是一些公共性质的功能建筑所在。迦太基城中则将主要的神庙和代表着世俗政治中心的广场一起建造在了拜尔萨山上，形成了世俗中心与神圣中心的叠合。还有一种比较特殊的模式是亚细亚半岛的培西努城，城区分布在地势相对较低之处，城区周边的四个高地上则是墓地的所在。

（二）内陆平地-丘陵模式

这类城址主要分布在地势较平或起伏较小的平原、高原、丘陵等内陆区域，包括意大利的庞贝、弗勒杰莱、卢纳、新法莱利、明图尔纳、维罗纳、都灵、阿圭莱亚、亚细亚的安条克、米利都、阿芙罗狄西亚城、特洛伊、希拉波利斯、老底嘉、迈安德河上的麦格尼西亚、萨塔拉，高卢的特里尔、奥古斯塔·普拉托利亚、圣贝特朗、诺伊斯、艾米恩斯、昂克尔河畔的里贝蒙特、瑞布兰、巴黎、布迪格拉、奥古斯托顿姆、埃夫勒、阿尔莱特、罗珀杜努姆、阿瑞尔·弗拉维、阿克瓦埃·赛克斯提埃、科洛尼亚·乌匹亚·图拉真，黎凡特的杰拉什、雷萨法、巴尔米拉、哈代拉、博斯特拉、阿拉伯的菲利普波利斯，伊比利亚的科尔多瓦、巴厄图罗、梅里达，不列颠的伦蒂尼姆、文塔·西卢鲁姆、科尔切斯特、锡尔切斯特、若克斯特，巴尔干半岛北部的斯多比、伊斯科斯、达拉-阿纳斯塔希波利斯、拜利斯、奥古斯塔·图拉真、诺瓦、阿布利图斯，北非的提姆加德、杰米拉、特洛帕厄姆、蒂斯德鲁斯、兰拜西斯、沃吕比利斯、塞格布里加、意大利卡等城，以庞贝城最具代表性。

庞贝城位于意大利坎帕尼亚大区那不勒斯湾，在维苏威火山的东南。公元前7世纪末，奥斯坎人在庞贝建城。公元前425—前375年间，萨谟奈人对庞贝旧城进行了扩建。第二次布匿战争时期，城墙再次扩建。共和国晚期到帝国早期对城市局部进行了改建、增修，最终因火山爆发于公元79年被火山灰掩埋，因而留下最具年代标尺的帝国早期城市布局。庞贝城墙围合的形状近似椭圆形。在北面设有五座城门，南面设有三座城门。城内有两横一纵三条主干道,其间以无数的次级干道将城区分割成块状区域和不等分的长方格状区域。除广场周围的街道不太规整外,城内其余街道基本整齐分布。街道的两侧密布宅邸、商店、作坊、酒馆、妓院。

城西南的广场区是公共生活的重要区域,包括希腊-罗马神系的宗教建筑如庞贝维纳斯神庙、阿波罗神庙和朱庇特神庙,帝国崇拜的宗教建筑如公共家神圣所、奥古斯都命运女神神庙、未竣工的维斯帕皇帝神庙,政治功能的建筑如会堂、法院、元老院、城市档案馆、议事厅,经济功能的建筑如市场、仓库,娱乐和卫生功能的建筑如广场浴场、公厕。广场周围立着许多纪念性雕塑,包括历任和在位的皇帝及其家人、城市捐献者的形象。

另一处公共活动区域在城南的三角广场,建筑群包括有埃及神系的伊西斯神庙、一座多立克式神庙(供奉神祇不详)、体育场、角斗士营房,以及一大一小两个剧场。

城东端是角斗场、角斗士营,还有葡萄园和酿酒作坊。从城西北角的赫拉克勒斯门出城的道路两旁分布着墓葬,其间也有密斯特里别墅、西塞罗别墅等贵族别墅(图四四)。[203]

内陆平地-丘陵模式的城址内部地势起伏普遍不大,并未隔绝出单独的神圣空间与军事防御空间,布局类似于上-下城制城市中的下城。城市相对规整,往往建有城墙作为防御设施和城区界线,存在格状、块状等街区规划,以及纵、横主干道和中轴路的规划。

(三)海滨平原模式

爱琴海的亚克角尼可波利斯、德洛斯,亚细亚的以弗所、亚历山大·特洛阿斯,北非的亚历山大、迦太基,黎凡特的滨海凯撒利亚、推罗,西西里的锡拉库赛,亚平宁的帕埃斯图姆、奥斯蒂亚,北非的大雷普提斯、萨布拉塔、菲利普维尔(海滨-平原丘陵)、巴埃洛(海滨-平原丘陵)等都属于海滨平原模式的城市。埃及亚历山大城、德洛斯城是最具代表性的两座。

埃及亚历山大城，位于尼罗河口以西，公元前4世纪由亚历山大修建在马雷奥提斯湖与地中海之间。该城暂未发现属于帝国早期的城墙。城址留存的部分被路网划分为不等分的长方格状布局，其中两条相互垂直的街道相交处为希腊式的广场，周边可能有体育场等公共建筑。城区东北角为托勒密王宫和花园、缪斯神殿（含图书馆），西南角有塞拉匹斯神庙。城区北部临海，与西北方向的法洛斯岛之间有一条1.5公里长的堤道（heptastadion）相连，堤道两侧都有港口，西侧为优诺斯都斯港和基博托斯港，东侧由法洛斯岛东北方向伸出的另一条堤道与城区北面海角伸出的堤道围成大港口和皇家港口。基博托斯港与城南的马雷奥蒂斯湖之间有运河相连。皇家港口亦有一条东南走向的运河与尼罗河相连。[204]

德洛斯城在爱琴海基克拉迪斯群岛的德洛斯岛西海岸，始建于希腊

图四五　希腊-罗马时期埃及亚历山大城遗迹平面图

［底图来自 Charles Gates, *The Archaeology of Urban Life in the Ancient Nearest and Egypt, Greece, and Rome*, Oxon: Routledge, 2011（2nd edition）, fig. 18.8, p.298］

化时代中期，暂未发现城墙，城区正处在东边的山地与西边的爱琴海之间一片地势较为平坦的低地上，基本沿与海岸平行的方向布局。德洛斯广场接近在城中央。公元前2世纪晚期在北面又新建了意大利广场，周围有公共厕所和大量商店。两个广场之间有阿波罗神庙、阿尔忒弥斯神庙、柱廊。广场区的南北两侧都发现了密集的宅邸遗址。城市

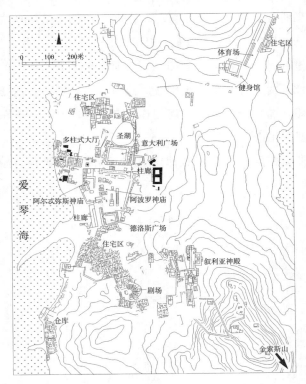

图四六　希腊-罗马时期德洛斯城遗迹平面图

（底图来自 Charles Gates, *The Archaeology of Urban Life in the Ancient Nearest and Egypt, Greece, and Rome*, fig.18.11, p.301）

南部有剧场，东南有叙利亚神殿，西南沿海岸分布有港口和大量仓库，东北有体育馆、健身馆和少量的宅邸遗迹。[205]

海滨平原模式的城市基本都是港口城市，特点是基本未见城墙（也可能是已被破坏），城市整体沿着与海岸平行的方向进行布局，

整体形状不甚规则。虽然在空间规划上与内陆平地模式的城市具有较多相似性,也存在格状路网、城市几何中心为广场等规划方式,但商贸与海运的特点更为浓厚,譬如,此类城市都利用海角或近岸海岛建造若干港口,城内及周边存在仓库、运河等与商业、运输相关的设施。

(四)小结

亚里士多德在《政治学》中将城市防御设施的空间模式与政治体制联系起来:

> 关于城市的设防,各种政体不宜作同样的规划。单独一个筑于高地的卫城[只]适合于寡头政体和君主(一长)政体;平原的防御工事适于平民政体;两者对于贵族政体的城邦就都不相宜,这种政体要有若干同它的地形相符的堡垒。[206]

他在这段话中阐述了不同政体所适宜的防御工事:寡头政体和君主政体(也就是专制政体)适合以高地上的卫城作为防御,平民政体(也就是民主政体或共和政体)适宜采用平原上的防御工事,可能就是城墙,贵族政体(也就是城邦制)适宜以堡垒作为防御工事。他并未详述如此分类的具体原因,但从考古发现来看,他所提及的防御工事的几种类型确实都存在于地中海周边地区。在罗马帝国早期的城市,主要流行前两种类型的防御工事,堡垒到中世纪时较为流行。这段话虽然谈的是防御工事,其实也涉及了城市的空间布局问题。但不同类型的防御工事、不同的城市选址,是否与帝国以前各地的不同政治体制有关,似乎还不能断定。

高地-低地、内陆平地-丘陵、海滨平原等三种城市空间布局模式其实还可以根据地理环境进行细分,某些城市的城区形制可能与空间选址也有关系,譬如,椭圆形城址较多都沿河岸分布。未来随着研究的细化,对相关问题应能有更为深入的认识。

结　语

　　从共和国晚期起，罗马以亚平宁为中心向外拓展疆域，既接管了原先发展程度相对较高的地中海东部区域，也在地中海西部新开拓了诸如高卢、伊比利亚、不列颠等在当时来说发展程度相对较低的区域。在城市数量上呈现东多西少的格局，在城市建设方面则显露出内外二元差异性的现象：在与异族/国的接触地带，也就是帝国的外部边地，以新建或重建城市为主；在统治相对稳定的内部，则以改造旧城为主。不过，对于那些帝国以前的中心城市，即便地处疆域内部，也采取了略有不同的城建策略，譬如，曾是罗马劲敌之政治中心的迦太基城被完全重建，曾是地中海文化中心及希腊化时代之前爱琴海政治中心的雅典城则被扩建。

　　在建新城和改旧城的过程中，帝国治下的城市逐渐建构起以城区规模、广场规模、世俗性公共建筑类型和数量为标尺的四个层级的等级序列：

　　第一层级是都城级。城区面积约为 10 平方千米，广场超过 10 万平方米，世俗性公共建筑类型最多达 8 种，数量最多，以公共浴场为例，共 11 座。

　　第二层级是特大首府型。城区面积约为 4—7 平方千米，广场为 2 万—8 万平方米。世俗性公共建筑类型为 6—7 种，数量其次，公共浴场多为 3 座。

　　第三层级是普通首府型。城区面积约为 2—3 平方千米，广场为 2 万平方米左右。世俗性公共建筑类似于第二层级。

　　第四层级是一般城市型。城区面积为 1 平方千米及以下，广场在 1 万平方米及以下。世俗性公共建筑类型不超过 5 种，一般为 3—4 种。公共浴场除北非外，多为 2 座。

　　这四个层级构成了"都城-特大首府-行省首府-地方城市"的四

级城市序列，随着城市政治级别的递降，城区规模、罗马式广场的面积、世俗公共性建筑的类型和数量也大致呈现自上而下的递减现象，只有极个别的商业型、交通枢纽型城市属于特例。可以说，这种等级序列的核心主要是政治级别。其中，城区规模这一指标也与人口相关，但因为行省首府多为旧城沿用，很可能在选定行省首府时，其既有的规模和人口本身就是考虑因素之一。因此，更关键的指标是，罗马统一后修建的以对称型封闭广场（即"弗朗姆"类型）为中心的大型罗马式世俗公共建筑的规模和数量。

罗马帝国早期的城市以封闭式、规划型为主。地中海东部和西部主要流行的城墙平面形状存在差异，这种差异固然来自防御设施设计理念的不同，可能也源于地域文化的区别。位处地中海中部的亚平宁半岛则并存有东、西部流行的城址类型。

在城市布局方面，部分城市的城区可观察到在主干道、中轴线、路网形态、几何中心区和城市朝向等方面存在规划设计。帝国边地的新建城址，具有高度规划性，往往采用外形规整的矩形平面，集中存在中轴线、方格状路网、正方向等若干种规划设计。

地中海周边三种类型的城市空间布局模式分布往往与自然地形和区域文化传统有关。高地-低地模式的城市一般建于台地及周边，主要分布在帝国以前受到希腊文化影响较深的区域，呈现出神圣空间与世俗空间垂直分布的特点。内陆平地-丘陵模式的布局与高地-低地模式城市中的下城布局类似，但神圣建筑散布于城区内。海滨平原模式的城市往往选址于海角或近岸海岛，建有发达的港口及配套的仓库等设施，商业功能显著，城区更倾向于自由式布局，此类城市主要分布在帝国以前受腓尼基文化影响较深的区域。但这三种不同空间布局模式的城市之间也存在共性，如神圣性和世俗性的公共生活空间都十分发达、生者的空间与死者的空间以城墙或城界相分隔、宗教建筑的无限制性分布、社会等级的隐形隔离、多中心型规划等。有意思的是，作为帝国都城的罗马城，其布局模式并不属于高地-低地型、平原型、沿海型中的任意一种单一模式,而更像是三种模式的集合体。罗马城区的东半部是多台地型的高地-低地式城市,西半部则是平原型城市,而作为卫星城的奥斯蒂亚城则是典型的沿海型城市,因此罗马城更像是这几种布局模式的联合形态,这也充分体现了其作为环地中海区域之中心的地位。

系统分析现存布局较完整的地方城址,可发现罗马帝国早期通过调控城区规模、罗马式公共建筑的数量和规格,形成以政治级别为核心的城市等级序列,同时,在新建或重建城市以及部分旧城中贯彻了原则相似的规划理念,在边地大量修建整体规划型的城市。上述各种现象,显然是经过政策设计并推行的结果,前提条件都是实施者具有对城市整体空间或至少是绝大部分空间的支配权力,而各地的城区内居民亦认同于这种权力,这意味着广域性共识性权力的生成,更意味着这种共识性权力具有的跨文化和跨族群性。

地中海各地之间存在着因自然地形及历史文化传统的差异而造就的不同城市空间布局模式。地中海中部的亚平宁地区各类不同模式的城市共存,且各类城市在此地的占比相对持平。罗马城更是集合了各类空间布局模式的特点。从城市的角度,罗马及其所在的亚平宁地区呈现出对各地域文化的包容与接纳。

通过对不列颠地区[207]的研究可知,罗马帝国的城市部分是基于下行政策所新建或重建,部分则由在地的政治精英主动修建或改造,无论是哪种方式,建城都是地方社会表达对帝国权力及秩序认可的一种方式。城市公共建筑的发达及其在城市等级体系构建中的关键作用,表明罗马帝国试图构建一种通过提供公共服务来增强权力认同感和向心力的秩序。从城市的角度来看,罗马帝国地方治理的逻辑是认可并保持区域性的文化传统,并将治下各区域的文化传统移植至作为政治中心的罗马城,并将其塑造成为地中海世界的文化中心。这些策略虽然是文化多元性的表现,相较而言,却重并存而不重融合、重联合而不重整合,未能真正生成弥合地域及人群文化差异的机制。从城内的建筑和城郊的墓葬来看，各地方城市内的贵族家族流动性不强，往往长时间固守其乡，由是形成牢固的地方势力与传统。上述因素都无形中加剧了各区域间尤其是地中海东部与西部之间的文化差异。从城市等级体系的角度来看，第二、三层级即都城以下的次级政治中心过少。以统治面积与罗马大致相当的汉朝为例，至西汉末，设83郡、20王国、1587县[208]，而罗马最多时也仅设45行省，以此统领上千城市及广阔的乡野，再加上疆域内部的地中海季节性地成为通行阻碍，在远距离权力网络的稳定性和有效性上显然较弱。城市内部宗教空间的无限制散布也将产生对世俗社会的反向影响。当权力基础不稳，宗教又走向一元时，必然会加剧上述一系列自帝国初期便埋下的问题，如地中海东西部的割裂、地方的离心力渐强等。

在引言部分的学术史回顾中，曾提到欧美学术界较少对罗马帝国的城市进行全面的系统性梳理，但整体性的视角在观察区域文化差异及互动、权力运作过程中的结构性差异等问题时，其实更有优势。当然，等级序列只是对罗马帝国早期城市体系开展研究的一个视角，未来可以切入的视角还有很多。例如，从历史学的研究来看，罗马帝国的城市除了政治级别的差异以外，法律地位上也存在差异，主要可区分殖民地（colonia）、自治市（municipium）、同盟市（civitates）等，这三类城市还可依据法律关系、义务、权利等进一步细分。[209]今后可结合文献记载，观察这些法律地位在不同时期和区域是否亦以物化的形式体现在城市的规模和规划中。[210]还可从城市的功能类型出发，分别观察民政型、商业型、交通枢纽型、军事要塞型以及综合型城市之间的分布与差异，以及城市群或城市网络的形成。再者，城市之外还存在大量的村庄（vici）与郊野（pagi），未来可结合相关考古发现探讨罗马时期城市与乡野社会的二元结构体系。最后，早期罗马帝国与亚欧大陆东端的秦汉王朝在城市模式和等级体系其实存在相似之处，都有一个跨地域的大规模整合过程，都建构了以政治为核心的等级体系，但是公元3世纪之后却走向了不同的发展轨迹。对其开展比较研究，将有助于从城市-村落的角度揭示生成不同文明模式和历史路径的驱动力。

注 释

[1] [法]费尔南·布罗代尔著，唐家龙、曾培耿等译:《地中海与菲利普二世时代的地中海世界》，商务印书馆2013年版；[法]费尔南·布罗代尔著，蒋明炜、吕华等译:《地中海考古：史前史和古代史》，社会科学文献出版社2005年版。

[2] 关于"地中海共同体"这一概念的学术史，参见李永斌:《地中海共同体：古代文明交流研究的一种新范式》，《史学理论研究》2020年第6期。

[3] Strabo, *The Geography of Strabo*, Book III. I. 6, with an English Translation by Horace Leonard Jones, London: William Heinemann Ltd, New York: G. P. Putnam's Sons, 1930, pp.208-209.

[4] M. Molinos, *The Archaeology of the Iberians*, Cambridge: Cambridge University Press, 1998; Katina T. Lillios, *The Archaeology of the Iberian Peninsula: From the Paleolithic to the Bronze Age*, Cambridge: Cambridge University Press, 2019.

[5] J. Bujnal, "Approach to the study of the Late Hallstatt and Early La Tène periods in eastern parts of Central Europe: results from comparative classification of 'Knickwandschale'," *Antiquity*, 1991, Vol.65, pp.368-375.

[6] Edouard Fourdrignier, "L'Age Du Fer(Hallstatt-Le Marnien-La Tène," *Bulletin de la Société préhistorique de France*, 1904, T. 1, No.6, pp.207-215; Václav Smrcka, "Social evolution in the Hallstatt-La Tène period," *Acta Univ Carol Med Monogr*, 2009, Vol.156, pp.27-56.

[7] Barry Cunliffe, *The Ancient Celts*, Oxford: Oxford University Press, 2018.

[8] Stanley Casson, *Macedonia, Thrace and Illyria: their relation to Greece from the earliest times down to the time of Philip, son of Amyntas*, Oxford: Oxford University Press, 1926; Arthur J. Evans, *Ancient Illyria: an archaeological exploration*, London & New York : I. B. Tauris, 2006; Julia Valeva, Emil Nankov and Denver Graninger(eds.), *A Companion to Ancient Thrace*, West Sussex: Wiley Blackwell, 2015.

[9] 黄洋、晏绍祥:《希腊史研究入门》，北京大学出版社2009年版。

[10] Charles Gates, *Ancient Cities: The Archaeology of Urban Life in the Ancient*

[11] Charles Gates, *Ancient Cities: The Archaeology of Urban Life in the Ancient Nearest and Egypt, Greece, and Rome*, Oxon: Routledge, 2011 (2nd edition), p.138,152,167; Antonio Sagona and Paul Zimansky, *Ancient Turkey*, New York: Routledge, 2009.

[11] Charles Gates, *Ancient Cities: The Archaeology of Urban Life in the Ancient Nearest and Egypt, Greece, and Rome*, Oxon: Routledge, 2011 (2nd edition), p.153; Benjamin W. Porter, "Assembling the Iron Age Levant: The Archaeology of Communities, Polities, and Imperial Peripheries," *Journal of Archaeological Research*, 2016, Vol.24, pp.373-420.

[12] Maria Eugenia Aubet, *The Phoenicians and the West: Politcs, Colonies and Trade*, trans. Mary Turton, Cambridge: Cambridge University Press, 2001 (2nd edition), pp.6-25.

[13] Charles Gates, *Ancient Cities: The Archaeology of Urban Life in the Ancient Nearest and Egypt, Greece, and Rome*, Oxon: Routledge, 2011 (2nd edition), pp.189-190.

[14] 中国社会科学院考古研究所:《埃及考古专题十三讲》,中国社会科学出版社2017年版,第113—139页。

[15] Maria Eugenia Aubet, *The Phoenicians and the West: Politcs, Colonies and Trade*, trans. Mary Turton, Cambridge: Cambridge University Press, 2001 (2nd edition), pp.187-207.

[16] James Dyer, *Ancient Britain*, London: Routledge, 1997.

[17] [美]芭芭拉·A.萨默维尔著、李红燕译、拱玉书校:《古代美索不达米亚诸帝国》,商务印书馆2015年版;于殿利:《古代美索不达米亚文明》,北京师范大学出版社2018年版。

[18] 让-克劳德·戈尔万著、严可婷译:《鸟瞰古文明:130幅城市复原图重现古地中海文明》,湖南美术出版社2019年版。

[19] Sofia Greaves and Andrew Wallace-Hadrill (eds.), *Rome and the Colonial City: Rethinking the Grid*, Oxbow Books, 2022.

[20] Ray Laurence, Simon Esmonde-Cleary, and Gareth Sears, *The City in the Roman West*, Cambridge: Cambridge University Press, 2011; Charles Gates, *Ancient Cities: The Archaeology of Urban Life in the Ancient Near East and Egypt, Greece, and Rome*, Abingdon: Routledge, 2011; Gareth Sears, *Cities in the Roman World*, Oxford University Press, 2014.

[21] 又称"金字塔城",与王族墓地的祭祀有关,是类似于秦汉时期陵邑的城址。

[22] 公元前20世纪初埃及人在尼罗河沿岸修建的军事要塞之一。

[23] 阿蒙霍特普四世（Amenhotep IV，约前 1353—前 1337 年在位）修建的都城，但他去世后不久，约公元前 1332 年，都城又被迁回了底比斯，阿玛纳城被废弃。

[24] Charles Gates, *Ancient Cities:The Archaeology of Urban Life in the Ancient Nearest and Egypt, Greece, and Rome*, Oxon : Routledge, 2011（2nd edition），pp.78-117.

[25] Charles Gates, *Ancient Cities:The Archaeology of Urban Life in the Ancient Nearest and Egypt, Greece, and Rome*, Oxon : Routledge, 2011（2nd edition），pp.153-166.

[26] Arthur Segal, "Roman Cities in the Province of Arabia," *Journal of the Society of Architectural Historians*, 1981, Vol.40, No.2, pp.108-121; Charles Gates, *Ancient Cities: The Archaeology of Urban Life in the Ancient Nearest and Egypt, Greece, and Rome*, Oxon: Routledge, 2011（2nd edition），pp.136-152; Henry Matthews, *Greco-Roman Cities of Aegean Turkey: History, Archaeology, Architecture*, Istanbul: Ege Yayinlari, 2014.

[27] Charles Gates, *Ancient Cities: The Archaeology of Urban Life in the Ancient Nearest and Egypt, Greece, and Rome*, Oxon: Routledge, 2011（2nd edition），pp.147-166.

[28] Ibid., pp.317-327.

[29] J. Suárez-Padilla, V. Jiménez-Jáimez & J. Caro, "The Phoenician diaspora in the westernmost Mediterranean: Recent discoveries," *Antiquity*, 2021, Vol.95, pp.1495-1510; Javier Martínez Jiménez, "Foundational grids and urban communities in the Iberian Peninsula in antiquity and the Middle Ages," in Sofia Greaves, Andrew Wallace-Hadrill（eds.），*Rome and the Colonial City: Rethinking the Grid*, Oxbow Books, 2022, pp.239-266; Marilyn R. Bierling（translated and edited），*The Phoenicians in Spain: An Archaeological Review of Eighth-Sixth Centuries B.C.E.*, Indiana: Eisenbrauns, 2002; Pieter Houten, *Urbanisation in Roman Spain and Porturgal: Civitas Hispaniae in the Early Empire*, London and New York: Routledge, 2021, pp.22-44.

[30] Luca Cerchiai etc., *Greek Cities of Magna Graecia and Sicily*, Verona: Arsenale Editrice, 2004.

[31] Maria Eugenia Aubet, *The Phoenicians and the West: Politcs, Colonies and Trade*, trans. Mary Turton, Cambridge: Cambridge University Press, 2001

(2nd edition), pp.6-25; Charles Gates, *Ancient Cities:The Archaeology of Urban Life in the Ancient Nearest and Egypt, Greece, and Rome*, Oxon : Routledge, 2011 (2nd edition), pp.197-198.

[32] 杨巨平:《阿伊·哈努姆遗址与"希腊化"时期东西方诸文明的互动》,《西域研究》2007年第1期,第97—98页。

[33] 邵大路:《希腊化时期新建城市研究》,南开大学历史学院2017年博士学位论文。

[34] Guy D. R. Sanders et al., *Ancient Corinth: A guide to the site and museum*, American School of Classical Studies at Athens, 2018, 7th edition, pp.179-180; Rhy Carpenter, Antoine Bon and A. W. Parsons, *Corinth: Results of Excavations*, Vol. III (The Defenses of Acrocorinth and the Lower Town), The American School of Classical Studies at Athens, 1936, pp.44-83.

[35] "主神庙"即同时供奉天神朱庇特、天后朱诺和奥古斯都密涅瓦三位神祇的神庙,2—3世纪初(尤其是安东尼时期)普遍出现于除非洲以外的罗马帝国诸行省,具体论述参见:Josephine Crawley Quinn and Andrew Wilson, "Capitolia," *Journal of Roman Studies*, 2013, Vol.103, pp.117-173.

[36] Javier Martínez Jiménez, "Foundational grids and urban communities in the Iberian Peninsula in antiquity and the Middle Ages", in Sofia Greaves, Andrew Wallace-Hadrill(eds.), *Rome and the Colonial City:Rethinking the Grid*, Oxbow Books, 2022, pp.239-266.

[37] Michael J. Jones, "Cities and Urban Life", in: Malcolm Todd(ed.), *A Companion to Roman Britain*, Blackwell Publishing Ltd., 2004.

[38] Charles Gates, *Ancient Cities: The Archaeology of Urban Life in the Ancient Nearest and Egypt, Greece, and Rome*, Oxon: Routledge, 2011 (2nd edition), p.210.

[39] Rodríguez Hidalgo, J. M. and S. Keay, "Recent work at Italica", in B. Cunliffe and S. Keay(eds.), *Social Complexity and the Development of Towns in Iberia: from the Copper Age to the Second Century AD*, Oxford: Oxford University Press, 1995, pp.395-420.

[40] Giulio Magli, "Non-Orthogonal Features in the Planning of Four Ancient Towns of Central Italy", *Nexus Network Journal*, 2007, Vol.9, No.1, p.80.

[41] Paul MacKendrick, "Roman Town Planning", *Archaeology*, 1956, Vol.9, No.2, p.127; Giulio Magli, "Non-Orthogonal Features in the Planning of

Four Ancient Towns of Central Italy," *Nexus Network Journal*, 2007, Vol.9, No.1, p.72; Charles Gates, *Ancient Cities: The Archaeology of Urban Life in the Ancient Nearest and Egypt, Greece, and Rome*, Oxon: Routledge, 2011 (2nd edition), p.320.

[42] Paul MacKendrick, "Roman Town Planning," *Archaeology*, 1956, Vol.9, No.2, p.129.

[43] P. Arthur, *Naples. from Roman Town to City-State: An Archaeological Perspective*, London: Archaeological Monographs of the British School at Rome 12, 2002.

[44] Charles Gates, *Ancient Cities: The Archaeology of Urban Life in the Ancient Nearest and Egypt, Greece, and Rome*, Oxon: Routledge, 2011 (2nd edition), p.315.

[45] Zbigniew T. Fiema, Jaakko Frösen and Maija Holappa, *Petra—The Mountain of Aaron: The Finnish Archaeological Project in Jordan*, Vol.2, Helsinki: The Nabataean Sanctuary and the Byzantine Monastery, 2016.

[46] Gideon Avni and Guy D. Stiebel (eds.), *Roman Jerusalem: A New Old City*, Portsmouth, Rhode Island: Journal of Roman Archaeology, 2017; Kay Prag, *Excavations by K. M. Kenyon in Jerusalem 1961–1967*, Vol.5, Oxford: Oxbow Books, 2008.

[47] Achim Lichtenberger, Torben Schreiber and Mkrtich H. Zardaryan, "First Results and Perspectives of a New Archaeological Project in the Armenian Capital Artaxata: From Artashes-Artaxias I to Roman Imperialism," *Electrum*, 2021, Vol.28, pp.245-276；阿塔科萨塔自2018年起的发掘成果均按年度公布在"亚美尼亚-德国阿塔科萨塔项目"的网站上，参见：https://www. uni-muenster. de/Archaeologie/forschen/projekte/armeniangermanartaxataproject. html。

[48] Henry Matthews, *Greco-Roman Cities of Aegean Turkey: History, Archaeology, Architecture*, Istanbul: Ege Yayinlari, 2014, p.88.

[49] Giulio Magli, "Non-Orthogonal Features in the Planning of Four Ancient Towns of Central Italy," *Nexus Network Journal*, 2007, Vol.9, No.1, p.72; O. Dally, M. Maischberger, P. Schneider, A. Scholl, "The Town Center of Miletus from Roman Imperial Times to Late Antiquity," in O. Dally, C. Ratté (hrsg.), *Archaeology and the Cities of Asia Minor in Late Antiquity*, Kelsey Museum Publication 6, 2011, pp.81-101.

[50] Henry Matthews, *Greco-Roman Cities of Aegean Turkey: History, Archaeology, Architecture*, Istanbul: Ege Yayinlari, 2014, p.73.

[51] Henry Matthews, *Greco-Roman Cities of Aegean Turkey: History, Archaeology, Architecture*, Istanbul: Ege Yayinlari, 2014, p.258; Marie Saldaña, *Cave and City: A Procedural Reconstruction of the Urban Topography of Magnesia on the Maeander*, A Dissertation for the degree Doctor of Philosophy in Architecture of University of California, 2015.

[52] Fraser Reed, *The Urbes Thraciarum in Late Antiquity: An Archaeological Assessment of the Cities of Thracia from Diocletian to Maurice (284–602)*, University of Edinburgh, Doctor of Philosophy, 2019, pp.80–160.

[53] P. N. Doukellis, "Actia Nicopolis: idéologie impériale, structures urbaines et développement régional," in Evangelos Chrysos (ed.), *Nikopolis I. Proceedings of the First International Symposium on Nikopolis*, Preveza: Municipality of Preveza, 1984, pp.399–406; Ligia Ruscu, "Actia Nicopolis," *Zeitschrift für Papyrologie und Epigraphik*, 2006, Bd.157, pp.247–255.

[54] John M. Camp, *The Archaeology of Athens*, New Haven and London: Yale University Press, 2001; Stavros Vlizos, *Athens During the Roman Period: Recent Discoveries, New Evidence*, Athens: Benaki Museum, 2008.

[55] Edith Mary Wightman (ed.), *Roman Trier and the Treveri*, New York: Praeger Publishers, 1971.

[56] J. Patrich, "Urban Space in Caesarea Maritima, Israel," in T. S. Burns and J. W. Eadie (eds.), *Urban Centers and Rural Contexts in Late Antiquity,* Michigan: Michigan State University Press, 2001, pp.77–110; Mark Alan Chancey and Adam Lowry Porter, "The Archaeology of Roman Palestine," *Near Eastern Archaeology*, 2001, Vol.64, No.4, p.169; Gideon Avni, "'From Polis to Madina' Revisited: Urban Change in Byzantine and early Islamic Palestine," *Journal of the Royal Asiatic Society*, 2011, Vol.21, No.3, pp.301–329.

[57] Pier Giovanni Guzzo, *Pompei: scienza e società: 250 anniversario degli scavi di Pompei*, Milano: Electa, 2001; Eva Cantaloupe e Luciana Jocobelli, *Un Giorno a Pompei: vita quotidiana, cultura, società*, Napoli: Electa, 2003.

[58] Carlo Pavolini, "A Survey of Excavations and Studies on Ostia (2004–2014)," *The Journal of Roman Studies*, 2016, Vol.106, pp.199–236.

[59] M. H. Crawford, Lawrence Keppie, "Excavations at Fregellae, 1978–1984: An Interim Report on the Work of the British Team," *Papers of the British School at Rome*, 1984, Vol.52, pp.21–35; M. H. Crawford, Lawrence Keppie and Michael Vercnocke, "Excavations at Fregellae, 1978–1984: An Interim Report on the Work of the British Team," *Papers of the British School at Rome*, 1985, Vol.53, pp.72–96; Michael H. Crawford, Lawrence Keppie, John Patterson and Michael L. Vercnocke, "Excavations at Fregellae, 1978–1984: An Interim Report on the Work of the British Team," *Papers of the British School at Rome*, 1986, Vol.54, pp.40–68.

[60] Christiane Delplace and Jacqueline Dentzer-Feydey, *L'Agora de Palmyre*, Bordeaux-Beyrouth: Presses de l'Ifpo, 2005; Andrew M. Smith, *Roman Palmyra: Identity, Community, and State Formation*, Oxford: Oxford University Press, 2013.

[61] Martin Schede, *Die Ruinen von Priene*, Berlin: Walter de Gruyter & Co. Berlin, 1964.

[62] Henry Matthews, *Greco-Roman Cities of Aegean Turkey: History, Archaeology, Architecture*, Istanbul: Ege Yayinlari, 2014, p.61.

[63] Ibid., p.120.

[64] Giuseppe Scardozzi, "Integrated Methodologies for the Archaeological Map of an Ancient City and Its Territory: The Case of Hierapolis in Phrygia," in R. Lasaponara, N. Masini(eds.), *Satellite Remote Sensing: A New Tool for Archaeology*, Berlin: Springer, 2011, pp.129–156; Henry Matthews, *Greco-Roman Cities of Aegean Turkey: History, Archaeology, Architecture*, Istanbul: Ege Yayinlari, 2014, p.140.

[65] Sofia Greaves and Andrew Wallace-Hadrill, "Introduction: Decolonising the Roman grid," *Rome and the Colonial City: Rethinking the Grid*, Oxbow Books, 2022, p.242.

[66] Efthymios Rizos, "No Colonies and No Grids: New Cities in the Roman East and the Decline of the Colonial Urban Paradigm from Augustus to Justinian," in Sofia Greaves and Andrew Wallace-Hadrill(eds.), *Rome and the Colonial City: Rethinking the Grid*, Oxbow Books, 2022, p.225.

[67] Michael J. Jones, "Cities and Urban Life," in Malcolm Todd(ed.), *A Companion to Roman Britain*, Blackwell Publishing, 2004, p.165.

[68] R. G. Goodchild, J. B. Ward-Perkins, "The Roman and Byzantine defences

of Lepcis Magna," *Papers of the British School at Rome*, 1953, Vol.21, pp.42-73; J. B. Ward-Perkins, "Town planning in North Africa during the first two centuries of the Empire, with special reference to Lepcis and Sabratha: character and sources," *Mitteilungen des Deutschen Archäologischen Instituts*(*Römische Abteilung*), 1982, Suppl. 25, pp.29-49.

[69] Efthymios Rizos, "No Colonies and No Grids: New Cities in the Roman East and the Decline of the Colonial Urban Paradigm from Augustus to Justinian," in Sofia Greaves and Andrew Wallace-Hadrill(eds.), *Rome and the Colonial City: Rethinking the Grid*, Oxbow Books, 2022, p.220.

[70] A. Ravoisie, *Exploration scientifique de l'Algérie pendant les années 1840. 1841. 1842*, II. Architecture et sculpture, Paris, 1846, taf. 51-55.

[71] Noël Duval, "Sufetula: l'histoire d'une ville romaine de la Haute Steppe à la lumière des recherches récentes," in *L'Afrique dans l'Occident romain*(*Ier siècle av. J.-C. -IVe siècle ap.J.-C.*), Rome: École Française de Rome, 1990, pp.495-536.

[72] J. Panetier, H. Liman, *Volubilis: une cité du Maroc antique*, Paris: Maisonneuve & Larose, 2002.

[73] Oscar Reuther, "The German Excavations at Ctesiphon," *Antiquity*, Vol.3, Issue 12, 1929, pp.434-451.

[74] Achim Lichtenberger and Rubina Raja, "New Archaeological Research in the Northwest Quarter of Jerash and Its Implications for the Urban Development of Roman Gerasa," *American Journal of Archaeology*, 2015, Vol.119, No.4, pp.483-500.

[75] L. Quilici, S. Quilici Gigli, "Sulle mura di Norba," in L. Quilici, S. Quilici Gigli(eds.), *Fortificazioni antiche in Italia età repubblicane*, Rome: "L'Erma" di Bretschneider, 2001, pp.181-244.

[76] Christopher Ratté and R. R. R. Smith, "Archaeological Research at Aphrodisias in Caria(1999-2001)," *American Journal of Archaeology*, 2004, Vol.108, No.2, pp.145-186; Christopher Ratté and R. R. R. Smith, "Archaeological Research at Aphrodisias in Caria, 2002-2005," *American Journal of Archaeology*, 2008, Vol.112, No.4, pp.713-751; Christopher Ratté and Peter D. De Staebler(eds.), *The Results of surveying around Aphrodisias*, Darmstadt/Mainz: Verlag Philipp von Zabern, 2012; Roland R. R. Smith, Julia Lenaghan, Alexander Sokolicek

and Katherine Welch (eds.), *Aphrodisias Papers 5: Excavation and Research at Aphrodisias. 2006–2012 Journal of Roman Archaeology Supplement,* Vol.5, Portsmouth, 2016；该城的区域性系统调查数据库可参见：https://deepblue. lib. umich. edu/handle/2027.42/89604.

[77] Henry Matthews, *Greco-Roman Cities of Aegean Turkey: History, Archaeology, Architecture,* Istanbul: Ege Yayinlari, 2014, p.56.

[78] Henry Matthews, *Greco-Roman Cities of Aegean Turkey: History, Archaeology, Architecture,* Istanbul: Ege Yayinlari, 2014, pp.216-217.

[79] 1932—1939年的安条克城考古发掘资料已数字化，参见 https://ochre. lib. uchicago. edu/antioch/; Andrea U. De Giorgi, *Ancient Antioch: From the Seleucid Era to the Islamic Conquest,* Lightning Source UK Ltd, 2018; Andrea U. De Giorgi, A. Asa Eger, *Antioch: A History,* London: Routledge, 2021。

[80] Henry Matthews, *Greco-Roman Cities of Aegean Turkey: History, Archaeology, Architecture,* Istanbul: Ege Yayinlari, 2014, pp.166-167.

[81] A. Ventura, P. León, C. Márquez, "Roman Córdoba in the light of recent archaeological research," *Journal of Roman Archaeology,* 1998, Suppl. 29, pp.87-108.

[82] J. Sánchez, L. Pérez, "Algunos testimonios de uso y abandono de anfiteatros durante el bajo imperio en Hispania. El caso Segobricense," in J. M. Álvarez Martínez and J. J. Enríquez Navascués (eds.), *El Anfiteatro en la Hispania Romana,* Mérida, 1994, pp.177-186.

[83] Antonio Frova, *Scavi di Luni. Relazione preliminare delle campagne di scavo 1970–1971,* Rome: L'Erma di Bretschneider, 1973.

[84] I. A. Richmond and W. G. Holford, "Roman Verona: The Archaeology of its Town-Plan," *Papers of the British School at Rome,* 1935, Vol.13, pp.69-76.

[85] Goggredo Bendinelli, *Torino Romana,* Torino: G. B. Paravia, 1929.

[86] Patrizia Basso, Diana Dobreva (eds.), "Aquileia: first results from the market excavation and the late antiquity town walls (part one)," *FOLD&R Fasti on Line Documents & Research,* 2020, 482, pp.1-20; Patrizia Basso, Diana Dobreva (eds.), "Aquileia: first results from the market excavation and the late antiquity town walls (part two)," *Fold & R Fasti on Line Documents & Research,* 2020, 483, pp.1-32.

[87] Efthymios Rizos, "No Colonies and No Grids: New Cities in the Roman East and the Decline of the Colonial Urban Paradigm from Augustus to Justinian," in Sofia Greaves and Andrew Wallace-Hadrill (eds.), *Rome and the Colonial City: Rethinking the Grid*, Oxbow Books, 2022, p.228.

[88] Arthur Segal, "Roman Cities in the Province of Arabia," *Journal of the Society of Architectural Historians*, 1981, Vol.40, No.2, p.110.

[89] Arthur Segal, "Roman Cities in the Province of Arabia," *Journal of the Society of Architectural Historians*, 1981, Vol.40, p.111; Efthymios Rizos, "No Colonies and No Grids: New Cities in the Roman East and the Decline of the Colonial Urban Paradigm from Augustus to Justinian," in Sofia Greaves and Andrew Wallace-Hadrill (eds.), *Rome and the Colonial City: Rethinking the Grid*, Oxbow Books, 2022, p.216.

[90] Simon Esmonde Cleary, *The Roman West (AD 200–500): An Archaeological Study*, Cambridge University Press, 2013, p.109.

[91] Philipp Filtzinger, *Arae Flaviae: das römische Rottweil*, Stuttgart: Gesellschaft für Ur-und Frühgeschichte in Württemberg und Hohenzollern, 1995; Margot Klee, *Der Nordvicus von Arae Flaviae: neue Untersuchungen am nördlichen Stadtrand es römischen Rottweil*, Stuttgart: Theiss, 1986.

[92] T. Ivano and R. Ivanov, *Nicopolis ad IstrumI*, Sofia, 1994; Andrew Poulter, *Nicopolis ad Istrum: A Roman, Late Roman, and Early Byzantine City (Excavations 1985–1992)*, London: Society for the Promotion of Roman Studies, 1995.

[93] James Wiseman and Djordje Mano-Zissi, "Excavations at Stobi, 1973–1974," *Journal of Field Archaeology*, 1974, Vol.1, No.1/2, p.119.

[94] Efthymios Rizos, "No Colonies and No Grids: New Cities in the Roman East and the Decline of the Colonial Urban Paradigm from Augustus to Justinian," in Sofia Greaves and Andrew Wallace-Hadrill (eds.), *Rome and the Colonial City: Rethinking the Grid*, Oxbow Books, 2022, p.218.

[95] Efthymios Rizos, "No Colonies and No Grids: New Cities in the Roman East and the Decline of the Colonial Urban Paradigm from Augustus to Justinian," ibid., p.229.

[96] M. Lemke, "The water supply of the legionary fortress Novae (Bulgaria)," in S. Matešić, C. S. Sommer (eds.), *Limes XXIII: Proceedings of the 23rd International Limes Congress Ingolstadt 2015 Akten des 23*, Internationalen

Limeskongresses in Ingolstadt 2015, pp.1015-1023.

[97] Jean-Philippe Carrié and Dominic Moreau, "The Archaeology of the Roman Town of Abritus: The Status Quaestionis in 2012," in L. Vagalinski and N. Sharankov(eds.), *Limes XXII. Proceedings of the 22nd international Congress of Roman Frontier Studies*(*Ruse, Bulgaria, September 2012*), Sofia: NAIM, 2015, pp.601-610.

[98] Giulio Magli, "Non-Orthogonal Features in the Planning of Four Ancient Towns of Central Italy," Nexus Network Journal, 2007, Vol.9, No.1, p.73; Ray Laurence, Simon Esmonde-Cleary and Gareth Sears, *The City in the Roman West*, Cambridge: Cambridge University Press, 2011, p.49.

[99] Ray Laurence, Simon Esmonde-Cleary and Gareth Sears, *The City in the Roman West*, Cambridge: Cambridge University Press, 2011, p.109.

[100] R. Rebuffat, "Jublains: un complexe fortifié dans l'ouest de Gaule," *Revue Archéologique*, 1985, pp.237-256; Ray Laurence, Simon Esmonde-Cleary and Gareth Sears, *The City in the Roman West*, Cambridge: Cambridge University Press, 2011, p.155.

[101] C. S. Lightfoot, "Survey Work at Satala: A Roman Legionary Fortress in North-East Turkey," in Roger Mathews(ed.), *Ancien Anatolia: Fifty Years' Work by the British Institute of Archaeology at Ankara*, London: The British Institute of Archaeology at Ankara, 1998, pp.273-284.

[102] Sofia Greaves and Andrew Wallace-Hadrill, "Introduction: Decolonising the Roman Grid," *Rome and the Colonial City: Rethinking the Grid*, Oxbow Books, 2022, p.11.

[103] P.Crummy, "Colchester(Camulodunum/Colonia Victricensis)," in G. Webster(ed.), *Fortress into City: The Consolidation of Roman Britain First Century AD*, London: Batsford, 1988, pp.24-46; P.Crummy, "The circus at Colchester(Colonia Victricensis)," *Journal of Roman Archaeology*, 2005, Vol.18, pp.267-277.

[104] J. Andrew Dufton, "The long-term aspects of urban foundation in the cities of Roman Africa Proconsularis," in Sofia Greaves and Andrew Wallace-Hadrill(eds.), *Rome and the Colonial City: Rethinking the Grid*, Oxbow Books, 2022, p.193.

[105] David Mattingly, R. Bruce Hitchner, "Roman North Africa: an archaeological review," *Journal of Roman Studies*, 1995, Vol.85, pp.165-213.

[106] Ray Laurence, Simon Esmonde-Cleary, and Gareth Sears, *The City in the Roman West*, Cambridge: Cambridge University Press, 2011, p.31.

[107] E. P.Dimitriadis, "Thessaloniki: 2300 years of continuous urban life," *Ekistics*, 1986, Vol.53, No.316/317, pp.111–120; Γεώργιος Μ. Βελένης (G. M. Velenis), *Τα τείχη της Θεσσαλονίκης από τον Κάσσανδρο ως τον Ηράκλειο*, Thessaloniki: University Studio Press, 1998; Efthymios Rizos, "The late-antique walls of Thessalonica and their place in the development of eastern military architecture," *Journal of Roman Archaeology*, 2011, Vol.24, pp.451–468; Efthymios Rizos, "The late-antique walls of Thessalonica and their place in the development of eastern military architecture," *Journal of Roman Archaeology*, 2011, Vol.24, fig. 1, p.450; Michel Sève, "La Colonnade Des Incantadas À Thessalonique," *Revue Archéologique*, 2013, Nouvelle Série, Fasc.1, pp.125–133.

[108] H. Hurst, "Excavations at Carthage, 1974," *Antiquaries Journal*, 1975, Vol.55, Issue 1, pp.11–40; H. Hurst, "Excavations at Carthage, 1975", *Antiquaries Journal*, 1976, Vol.56, Issue. 2, pp.177–197; H. Hurst, "Excavations at Carthage, 1976," *Antiquaries Journal*, 1977, Vol.57, Issue 2, pp.232–261; H. Hurst, "Excavations at Carthage, 1977–8", *Antiquaries Journal*, 1979, Vol.59, Issue 1, pp.19–49; Henry Hurst, *Excavation at Carthage: The British Mission*, Vol.II 1, Oxford: Oxford University Press for the British Academy and the Institut Naitonal d'Archîeologie et d'Art de Tunisie, 1994; R. Bockmann, H. Romdhane and etc., "The Roman circus and southwestern city quarter of Carthage: First results of a new international research project," *Libyan Studies*, 2018, Vol.49, pp.177–186.

[109] Werner Johannowsky, John Griffiths Pedley and Mario Torelli, "Excavations at Paestum 1982," *American Journal of Archaeology*, 1983, Vol.87, No.3, pp.293–303; Ernesto de Carolis, *Paestum: A Reasoned Archaeological Itinerary*, Torre del Greco: T&M, 2002.

[110] Bruno d'Agostino.Francesca Fratta, and Valentina Malpede (eds.), *Cuma: Le fortificazioni, Vol.1, Lo scavo, 1994–2002, AION Annali di Archeologia e Storia Antica Quaderni 15*, Naples: Luì, 2005; Bruno d'Agostino and Marco Giglio (eds.), *Cuma: Le fortificazioni, Vol.3, Lo scavo, 2004–*

2006, AION Annali di Archeologia e Storia Antica Quaderni 19, Naples: Direzione Regionale per i Beni Culturali e Paesaggistici della Campania, 2012.

[111] Elizabeth Fentress, *Cosa V: An Intermittent Town. Excavations 1991–1997*, Ann Arbor: The University of Michigan Press, 2004.

[112] Fabiana Battistin, "Space Syntax and buried cities: The case of the Roman town of Falerii Novi (Italy)," *Journal of Archaeological Science: Reports 35*, 2021, p.5.

[113] Jotham Johnson, *Excavations at Minturnae. Vol.I: Monuments of the Republican Forum*, Philadelphia: University of Pennsylvania Press, 1935; Jotham Johnson, *Excavations at Minturnae. Vol.II: Inscriptions*, Philadelphia: University of Pennsylvania Press, 1933.

[114] B. S. Rodgers, "Eumenius of Augustodunum," *Ancient Society*, 1989, Vol.20, pp.249–266; Ray Laurence, Simon Esmonde-Cleary, and Gareth Sears, *The City in the Roman West*, Cambridge: Cambridge University Press, 2011, p.241.

[115] Roland Prien, Christian Witschel, *Lopodunum Ⅶ*, Stuttgart, 2020.

[116] P.Gros, *Gallia Narbonensis: Eine römische Provinz in Südfrankreich*, Mainz: Zabern, 2008, pp.45–57.

[117] Simon Esmonde Cleary, *The Roman West, AD 200–500 (An Archaeological Study)*, Cambridge University Press, 2013, p.109.

[118] Landschaftsverband Rheinland, Rheinisches Landesmuseum Bonn (Hrsg.), *Reihe Colonia Ulpia Traiana*, Köln: Rheinland-Verlag; Ursula Heimberg, Anita Rieche, *Die römische Stadt: Colonia Ulpia Traiana: Planung-Architektur, Ausgrabung*, Köln: Rheinland-Verlag, 1986; Brita Jansen, Ch. Schreiter, M. Zelle, *Die römischen Wandmalereien aus dem Stadtgebiet der Colonia Ulpia Traiana*, Mainz: P.von Zabern, 2001.

[119] Efthymios Rizos, "No Colonies and No Grids: New Cities in the Roman East and the Decline of the Colonial Urban Paradigm from Augustus to Justinian," in Sofia Greaves and Andrew Wallace-Hadrill (eds.), *Rome and the Colonial City: Rethinking the Grid*, Oxbow Books, 2022, p.214.

[120] K. Kaltschev, "Das Befestigungssystem von Augusta Traiana-Beroe (heute Stara Zagora) im 2. -6. Jh. u. Z.," *Archaeologia Bulgarica*, 1998, Vol.2.3, pp.88–107.

[121] Ray Laurence, Simon Esmonde-Cleary, and Gareth Sears, *The City in the Roman West*, Cambridge: Cambridge University Press, 2011, p.52.

[122] Pierre Sillières, *Baelo Claudia: une cité romaine de Bétique*, Madrid: Casa de Velázquez, 1995.

[123] Kyle Cathie, *Londinium: The History of the Ancient Roman City that Became London*, Charles River Editors, 1998; Richard Hingley, Christina Unwin, *Londinium: A Biography: Roman London from its origins to the fifth century*, Bloomsbury Academic, 2018.

[124] Rhy Carpenter, Antoine Bon and A. W. Parsons, *Corinth: Results of Excavations*, The American School of Classical Studies at Athens, 1936; Donald Engels, *Roman Corinth: An Alternative Model for the Classical City*, Chicago and London: The University of Chicago, 1990, pp.16-21; Guy D. R. Sanders et al., *Ancient Corinth: A guide to the site and museum*, American School of Classical Studies at Athens, 2018, 7th Edition, pp.134-138; David Gilman Romano, "City Planning, Centuriation, and Land Division in Roman Corinth: Colonia Laus Iulia Corinthiensis & Colonia Iulia Flavia Augusta Corinthiensis," *Corinth*, 2003, Vol.20, p.285.

[125] Jane E. Francis and George W. M. Harrison, "Gortyn: First City of Roman Crete," *American Journal of Archaeology*, 2003, Vol.107, No.3, pp.487-492.

[126] Charles Gates, *Ancient Cities: The Archaeology of Urban Life in the Ancient Nearest and Egypt Greece and Rome*, Oxon: Routledge, 2011（2nd edition）, p.301.

[127] Ibid., pp.297-299.

[128] P-A. Février, "Notes sur le développement urbain en Afrique du Nord, les exemples comparés de Djemila et de Sétif," *Cahiers Archéologiques*, 1964, Vol.14, pp.1-47; P-A. Février, *Djemila*, Algérie, 1968.

[129] J. B. Ward-Perkins, "Town planning in North Africa during the first two centuries of the Empire, with special reference to Lepcis and Sabratha: character and sources," *Mitteilungen des Deutschen Archäologischen Instituts（Römische Abteilung）*, 1982, Suppl. 25, pp.29-49.

[130] M. A. Alexander, A. Ben Abed-Ben Khader and etc., *Corpus des mosaïques de Tunisie. 2.1. Thuburbo Majus, Les mosaïques de la région du forum*, Tunis: Institut National d'Archéologie et d'Art, 1980; A. Ben Abed-

Ben Khader, M. Ennaifer and etc., *Corpus des mosaïques de Tunisie*. 2.2. *Thuburbo Majus, Les mosaïques de la région des grands thermes*, Tunis: Institut National d'Archéologie et d'Art, 1985.

[131] Cécile Dulière et Hédi Slim, *Thysdrus* (*El Jem*), Tunis: Institut national du patrimoine en collab, 1996.

[132] Charles Gates, *Ancient Cities: The Archaeology of Urban Life in the Ancient Nearest and Egypt, Greece, and Rome*, Oxon: Routledge, 2011 (2nd edition), p.191.

[133] Mark Alan Chancey and Adam Lowry Porter, "The Archaeology of Roman Palestine," *Near Eastern Archaeology*, 2001, Vol.64, No.4, p.192.

[134] N. Duval, "Topographie et urbanisme d'Ammaedara (actuellement Haïdra, Tunisie)," *Aufstieg und Niedergang der Römischen Welt II*, 1982, 10.2, pp.633-671.

[135] Johnny Devreker et al., *Excavations in Pessinus: The so-Called Acropolis*, Academia Press, 2003; V. Özkaya, A. Coşkun, M. Benz, Y. S. Erdal, L. Atıcı, F. S. Şahin, "Körtik Tepe 2010 Kazısı," *Kazı Sonuçları Toplantısı 33*, 2011, 2012, pp.315-338.

[136] A. Badie, R. Sablayrolles and J.-L. Schenck, *Saint-Bertrand-de-Comminges I: Le Temple du Forum et le Monument à Enceinte Circulaire*, Toulouse: Études d'Archéologie urbaine, 1994; P. Aupert, R. Monturet, *Saint-Bertrand-De-Comminges II: Les Thermes du Forum*, Toulouse: Études d'Archéologie urbaine, 2001.

[137] Ray Laurence, Simon Esmonde-Cleary, and Gareth Sears, *The City in the Roman West*, Cambridge: Cambridge University Press, 2011, p.152.

[138] Ibid., p.153.

[139] Didier Busson, *Paris, A Roman City: Archaeological Guides to France*, Paris: Editions du Patrimoine, 2003.

[140] Ray Laurence, Simon Esmonde-Cleary, and Gareth Sears, *The City in the Roman West*, Cambridge: Cambridge University Press, 2011, p.157.

[141] Ilaria Giovagnorioa, Daniela Usai and etc., "The environmental elements of foundations in Roman cities: A theory of the architect Gaetano Vinaccia," *Sustainable Cities and Society*, 2017, Vol.32, pp.42-55.

[142] Ross Burns, *Origins of the Colonnaded Streets in the Cities of the Roman East*, Oxford: Oxford University Press, 2017, pp.1-2.

[143] Ibid., pp.249-289.

[144] 科林斯城的路网并无太多发现，其路网复原意见参考：David Gilman Romano, "City Planning, Centuriation, and Land Division in Roman Corinth: Colonia Laus Iulia Corinthiensis & Colonia Iulia Flavia Augusta Corinthiensis," *Corinth*, 2003, Vol.20, p.289。

[145] Ross Burns, *Damascus, a History*, London: Routledge, 2005, pp.31–44; Danielle Pini, Didier Repellini, et al., *Mission Report（World Heritage Committee/ UNESCO）—Ancient City of Damascus*, Paris: UNESCO, 2008.

[146] [古希腊] 亚里士多德著、吴寿彭译：《政治学》，商务印书馆1970年版，第413—414页。

[147] Alfred Burns, "Hippodamus and the Planned City," *Historia: Zeitschrift für Alte Geschichte*, 1976, Bd. 25, H. 4, pp.414-428.

[148] 该城有两个广场，一个是罗马以前就已存在的"阿格拉"（Agora）式广场，另一个是形成于罗马时期的瓦伦蒂斯广场。位于城区几何中心的是瓦伦蒂斯广场。

[149] Giulio Magli, "On the orientation of Roman towns in Italy," *Oxford Journal of Archaeology*, 2008, Vol.27, No.1, pp.63–71.

[150] César Esteban, "Temples and astronomy in Carthage," *Uppsala Astronomical Observatory Reports*, 2003, Vol.59, pp.135–142.

[151] A. Rodríguez-Antón, A. C. González-García & J. A. Belmonte, "Astronomy in Roman Urbanism: A Statistical Analysis of the Orientation of Roman Towns in the Iberian Peninsula," *Journal for the History of Astronomy*, 2018, Vol.49, Issue 3, pp.363-387.

[152] G. Vinaccia, *Il Problema dell'Orientamento nell'Urbanistica dell'Antica Roma*, Roma: Istituto di Studi Romani, 1939; Ilaria Giovagnorioa, Daniela Usai and etc., "The environmental elements of foundations in Roman cities: A theory of the architect Gaetano Vinaccia," *Sustainable Cities and Society*, 2017, Vol.32, pp.42-55.

[153] Giulio Magli, "Non-Orthogonal Features in the Planning of Four Ancient Towns of Central Italy," *Nexus Network Journal*, 2007, Vol.9（1）, p.80.

[154] 作者的原文称其为"纪念建筑"（monument），实际上就是角斗场、马戏场等世俗性公共建筑。

[155] B. Goffaux, "Promotions Juridiques et Monumentalisation des Cités Hispano

Romaines," *Saldvie*, 2003, Vol.3, p.144; Pieter Houten, *Urbanisation in Roman Spain and Portugal: Civitas Hispaniae in the Early Empire*, London & New York: Routledge, 2021, p.176.

[156] Pieter Houten, *Urbanisation in Roman Spain and Portugal: Civitas Hispaniae in the Early Empire*, London & New York: Routledge, 2021, pp.180-186.

[157] Henry S. Robinson and Saul S. Weinberg, "Excavations at Corinth, 1959," *Hesperia: The Journal of the American School of Classical Studies at Athens*, 1960, Vol.29, No.3, pp.225-253; Henry S. Robinson, "Excavations at Corinth, 1960," *The Journal of the American School of Classical Studies at Athens*, 1962, Vol.31, No.2, pp.95-133; C. de Grazia and Charles Kaufman Williams II, "Corinth 1976: Forum Southwest," *Hesperia: The Journal of the American School of Classical Studies at Athens*, 1977, Vol.46, No.1, pp.40-81.

[158] John C. Lavezzi, "Prehistoric Investigations at Corinth," *Hesperia: The Journal of the American School of Classical Studies at Athens*, 1978, Vol.47, No.4, pp.402-451.

[159] Rhy Carpenter, Antoine Bon and A. W. Parsons, *Corinth: Results of Excavations*, Vol. III (The Defenses of Acrocorinth and the Lower Town), The American School of Classical Studies at Athens, 1936, pp.80-82.

[160] T. J. Dunbabin, "The Early History of Corinth," *The Journal of Hellenic Studies*, 1948, Vol.68, p.62.

[161] Guy D. R. Sanders et al., *Ancient Corinth: A guide to the site and museum*, American School of Classical Studies at Athens, 2018, 7th Edition, pp.134-138.

[162] T. J. Dunbabin, "The Early History of Corinth," *The Journal of Hellenic Studies*, 1948, Vol.68, pp.59-69; Guy D. R. Sanders et al., *Ancient Corinth: A guide to the site and museum*, American School of Classical Studies at Athens, 2018, 7th Edition, pp.18-19.

[163] Donald Engels, *Roman Corinth: An Alternative Model for the Classical City*, Chicago and London: The University of Chicago, 1990, pp.16-21; David Gilman Romano, "City Planning, Centuriation, and Land Division in Roman Corinth: Colonia Laus Iulia Corinthiensis & Colonia Iulia Flavia Augusta Corinthiensis," *Corinth*, 2003, Vol.20, pp.279-301.

[164] Guy D. R. Sanders et al., *Ancient Corinth: A guide to the site and museum*, American School of Classical Studies at Athens, 2018, 7th Edition, pp.179-180; Rhy Carpenter, Antoine Bon and A. W. Parsons, *Corinth: Results of Excavations*. Vol. III (*The Defenses of Acrocorinth and the Lower Town*), The American School of Classical Studies at Athens, 1936, pp.44-83.

[165] 古希腊、罗马时期城市的基层单位，一般指 32×15 actus 或 240 iugera 的一个方形区域。F. Castagnoli, *Orthogonal Town Planning in Antiquity*, translated from the Italian by Victor Caliandro, Cambridge: The MIT Press, 2021, pp.96-121.

[166] David Gilman Romano, "City Planning, Centuriation, and Land Division in Roman Corinth: Colonia Laus Iulia Corinthiensis & Colonia Iulia Flavia Augusta Corinthiensis," *Corinth*, 2003, Vol.20, p.285.

[167] 上城建于古希腊时期。

[168] Harold North Fowler, Richard Stillwell, *Corinth: Results of Excavations*, Vol.I (Introdction, Topography, Architecture), The American School of Classical Studies at Athens, 1932, pp.135-141; Guy D. R. Sanders et al., *Ancient Corinth: A guide to the site and museum*, American School of Classical Studies at Athens, 2018, 7th Edition, pp.104-106.

[169] F. E. Winter, "Ancient Corinth and the History of Greek Architecture and Town-Planning: A Review Article," *Phoenix*, 1963, Vol.17, No.4, pp.275-292.

[170] 克拉罗斯城（Klaros）位于亚细亚爱奥尼亚的克勒芬（Colophon）附近，在今土耳其境内。在古希腊神话中，底比斯的盲人先知迪瑞西亚斯（Tiresias）之女曼托（Manto）曾在此修建阿波罗的神谕圣殿。

[171] 1世纪中期的旧波塞冬神庙至2世纪晚期被拆除，在原址上修建了新波塞冬神庙及赫拉克勒斯神庙。

[172] 巴比乌斯，全名为克奈乌斯·巴比乌斯·菲利努斯（Cnaeus Babbius Philinus），是生活在公元1世纪的营造司和祭司。

[173] 佩热内（Peirene）是古希腊神话中海神波塞冬的爱人之一。

[174] 会堂内陈列有朱利奥-克劳狄奥家族的奥古斯都、盖伊奥及路其奥兄弟、尼禄等人的雕塑，意味着该会堂可能与皇帝崇拜有关。

[175] 该建筑内出土大量饮食器具，可能与餐馆或酒馆有关。

[176] 格劳科（Glauke）是古希腊神话中科林斯王克瑞翁（Creon）的女儿、取

得金羊毛的英雄伊阿宋（Jason）的第二任妻子。

[177] 13世纪，法兰克人占领并控制了伯罗奔尼撒（当时被称为Morea），科林斯城内也有这一时期的建筑遗迹，故被称为"法兰克区"。Charles Kaufman Williams, "Frankish Corinth: An Overview," *Corinth*, 2003, Vol.20, pp.423-434.

[178] 科莱是一种非附属型的少女雕像。

[179] 所谓"希尔别墅"因发掘者T. L. 希尔得名，建筑内部发现了马赛克地面、牧牛人在树下吹长笛的壁画、带酒神头像的圆形嵌板。

[180] 20世纪30年代首次发掘了若干座室墓（chamber tomb），但详细资料并未披露。60年代发掘了7座室墓和70座单人墓穴（individual graves），年代从公元前1世纪至公元6世纪。参见F. O. Waagé, "An Early Helladic Well near Old Corinth," *Commemorative Studies in Honor of Theodore Leslie Shear* (*Hesperia Suppl. 8*)，1949, pp.415-422.

[181] 勒纳（Lerna）是伯罗奔尼撒半岛的一处地名，多泉水多沼泽，是神话中赫拉克勒斯杀死的勒纳九头蛇居住之地，也是传说中地下世界的入口。

[182] 这个名称并非古称，而是19世纪以来的称呼。

[183] Martin Schede, *Die Ruinen von Priene*, Berlin: Walter de Gruyter & Co. Berlin, 1964; Charles Gates, *Ancient Cities: The Archaeology of Urban Life in the Ancient Nearest and Egypt, Greece, and Rome*, Oxon: Routledge, 2nd edition, 2011, pp.273-278; Hadeel Al-Sabbagh and Manar Gorgees, "The Spatial Organization of Ancient Greece Cities, Case study: Priene City from Hellenistic period (Third Century BC)," *IOP Conference Series: Materials Science and Engineering 603 (2019) 052011*, IOP Publishing, 2019, pp.1-10.

[184] "The Ionians who settled at Myus and Priene, they too took the cities from Carians...but the people of Priene, half Theban and half Ionian...The people of Priene, although they suffered much at the hands of Tabutes the Persian and afterwards at the hands of Hiero, a native, yet down to the present day are accounted Ionians."［定居在美乌斯和普里埃内的爱奥尼亚人，是从卡里亚人手中取得的城市……但普里埃内的人口，半是底比斯人半是爱奥尼亚人……普里埃内人，虽然他们曾先后在波斯的塔布特斯和本地的希罗手下承受太多，但至今他们仍被称为爱奥尼亚人。］Pausanias, *Description of Greece*, Book Ⅶ. Ⅱ. 10, translated by W. H. S. Jones, Harvard University Press, 1960, pp.178-179.

[185] 柱廊这类建筑结构内一般有法庭、政府机构、商店，可能还有小神殿，并且是会面和闲谈的场所，冬雨夏阳的遮蔽处。Charles Gates, *Ancient Cities: The Archaeology of Urban Life in the Ancient Nearest and Egypt, Greece and Rome*, Oxon: Routledge, 2nd edition, 2011, p.275.

[186] T. lvano.and R. Ivanov, *Nicopolis ad Istrum I*, Sofia, 1994; Andrew Poulter, *Nicopolis ad Istrum: A Roman, Late Roman, and Early Byzantine City（Excavations 1985-1992）*, London: Society for the Promotion of Roman Studies, 1995.

[187] "在这里（注：诺瓦），他（注：克尼瓦）被伽鲁斯将军成功地挡住了，只好转而攻击尼科波利斯（Nicopolis），一座位于亚特卢斯（Jatrus）河畔的著名城镇，是图拉真皇帝在击败萨尔马特人之后，特意为纪念这次胜利而建造的。当德基乌斯皇帝意外地突然抵达的时候，克尼瓦立即解围，并率部撤回不远处的海穆斯（Haemus）山区。"（[拜占庭]约达尼斯著、罗三洋译注:《哥特史》，商务印书馆2012年版，第70页）萨尔玛提亚是生活在巴尔干东部和南俄的一支人群。

[188] "Istrum"为多瑙河下游河段的古称（达契亚语或色雷斯语为Istros，拉丁语为Ister）的派生形式。上游河段则被称为"Donaris"（达契亚语或色雷斯语）或"Danubius"（拉丁语）。

[189] Ptolemy, *Geography*, Ⅲ.I.1.7. 但尚未发现其它文献中这样称呼，可能是因为多瑙河比哈默斯山更有地理指示意义。

[190] Katya Mandoki, "Playing peripatos: Creativity and abductive inference in religion, art and war," *Semiotica*, 2019, Vol.2019, No.230, pp.369-387.

[191] H. Sidky, *The Greek Kingdom of Bactrba*, University Press of America, New York, 2000, p.132; 杨巨平:《阿伊·哈努姆遗址与"希腊化"时期东西方诸文明的互动》，《西域研究》2007年第1期，第97—98页。

[192] P. M. Fraser, *Cities of Alexander the Great*, Oxford Clarendon Press,1996, pp.154-156, 转引自 Bryn Mawr, Classical Review 97.4. 25, http://ccat.sas. upenn. edu/bmcr/1997/97.04.25. html。

[193] 杨巨平:《阿伊·哈努姆遗址与"希腊化"时期东西方诸文明的互动》，《西域研究》2007年第1期，第103—105页。

[194] Paul Bernard, *An Ancient Greek City in Central Asia*, on *Scientific American*, Vol.246, 1982, pp.148-159; 杨巨平:《阿伊·哈努姆遗址与"希腊化"时期东西方诸文明的互动》，《西域研究》2007年第1期，第99页。

[195] 经改制，底图来自 Paul Bernard, "An Ancient Greek City in Central Asia", *Scientific American*, 1982, Vol.246, p.156。

[196] Thomas Ashby, Jr. and George J. Pfeiffer, "La Civita near Artena in the Province of Rome," *Supplementary Papers of the American School of Classical Studies in Rome*, 1905, Vol.1, pp.87−107.

[197] John M. Camp, *The Archaeology of Athens*, New Haven and London: Yale University Press, 2001, pp.11−16.

[198] Stavros Vlizos, *Athens During the Roman Period: Recent Discoveries, New Evidence*, Athens: Benaki Museum, 2008.

[199] H. Hurst, "Excavations at Carthage, 1974," *Antiquaries Journal*, 1975, Vol.55, Issue 1, pp.11−40; H. Hurst, "Excavations at Carthage, 1975," *Antiquaries Journal*, 1976, Vol.56, Issue 2, pp.177−197; H. Hurst, "Excavations at Carthage, 1976," *Antiquaries Journal*, 1977, Vol.57, Issue 2, pp.232−261; H. Hurst, "Excavations at Carthage, 1977−8," *Antiquaries Journal*, 1979, Vol.59, Issue 1, pp.19−49; Henry Hurst, *Excavation at Carthage: the British Mission*, Vol.Ⅱ.1, Oxford: Oxford University Press for the British Academy and the Institut Naitonal d'Archîeologie et d'Art de Tunisie, 1994; R. Bockmann, H. Romdhane etc., "The Roman circus and southwestern city quarter of Carthage: First results of a new international research project," *Libyan Studies*, 2018, Vol.49, pp.177−186.

[200] "An old city, held by Tyrian settlers, Carthage faced the far-off Italian Tiber's mouth..." Virgil, *The Aeneid*, translated by Edward McCrorie, The University of Michigan Press, p.17.

[201] "托菲特"一词可能来自希伯来语"topheth"，字面意思是"鼓"或"燃烧之地"，指的是一个开放性的祭祀场所。有学者认为这些儿童是作为献祭的人牲。关于托菲特区域儿童墓地和儿童献祭的争议，参见 P.Smith, L. Stager, I. Greene & G. Avishai, "Cemetery or sacrifice? Infant burials at the Carthage Tophet: Age estimations attest to infant sacrifice at the Carthage Tophet," *Antiquity*, 2013, Vol.87, Issue 338, pp.1191−1199。

[202] 城内仍留存了一小块迦太基时期的格状区遗迹。

[203] Pier Giovanni Guzzo, *Pompei: scienza e società: 250 anniversario degli scavi di Pompei*, Milano.Electa, 2001; Eva Cantaloupe e Luciana Jocobelli, *Un Giorno a Pompei: vita quotidiana, cultura, società*, Napoli: Electa, 2003.

[204] Charles Gates, *Ancient Cities: The Archaeology of Urban Life in the Ancient Nearest and Egypt, Greece, and Rome*, Oxon: Routledge, 2011 (2nd edition), pp.297-299.

[205] Ibid., pp.299-303.

[206] [古希腊]亚里士多德著、吴寿彭译:《政治学》,商务印书馆1970年版,第413—414页。

[207] Michael J. Jones, "Cities and Urban Life," in Malcolm Todd (ed.), *A Companion to Roman Britain*, Blackwell Publishing Ltd., 2004.

[208] 周振鹤:《西汉政区地理》,人民出版社1987年版。

[209] 罗马的地方城市制度十分复杂。譬如,在行省首府中,还区分出司法行省首府(conventus iuridicus),指举行行省总督的司法活动、审判活动的城市和地区,有较高的政治和经济地位。参见Orietta Dora Cordovana, "Conventus," in *The Encyclopedia of Ancient History*, John Wiley & Sons Inc. 2015。

[210] Jonathan Edmondson, "Cities and Urban Life in the Western Provinces of the Roman Empire, 30 BCE–250 CE," in David S. Potter (ed.), *A Companion to the Roman Empire*, Blackwell Publishing Ltd., 2006.

附录三

比较的视角：
亚欧大陆中西部的都城模式

"帝国"是一个政治学上的概念，最初起源于拉丁文"imperium"，意为至高无上的权力。目前学术界的共识是，帝国是在极广阔地域内由不同地区或属国组成的等级秩序体系，存在掌握最高权力的统治者，有多元化的文化、语言、族群和宗教。[1]基于此种定义，公元前6世纪起，亚欧大陆逐渐出现世界性的帝国，疆域辽阔，人群或族群构成复杂，由君主、皇帝或元首进行统治。至公元前1世纪，罗马以地中海为中心建立了跨越欧、亚、非三洲的帝国，对此后的历史格局影响深远。这些帝国的都城既有新建者，亦有改建者，与新的制度和社会形势相适应，出现了新的特征。为了更好地理解帝国都城罗马的空间布局模式在亚欧大陆诸帝国体系中的特性与共性，下面以波斯帝国、帕提亚（安息）帝国、马其顿帝国和孔雀帝国的都城为例进行比较分析。

一、波斯帝国都城

学界一般认为波斯帝国（即阿契美尼德王朝）始于公元前550年左右，居鲁士二世、冈比西斯二世父子先后攻灭米底王国、吕底亚王国、新巴比伦王国和埃及王国，其后大流士一世又攻占色雷斯，帝国疆域拓至最大。公元前330年左右，波斯帝国被亚历山大大帝灭亡。

波斯帝国包括了现伊朗、伊拉克、阿富汗等多国领土，其极盛时期将巴尔干半岛北部、亚细亚半岛、黎凡特和北非东部等地中海东岸地带以及两河流域、伊朗高原皆囊括其内，并一度扩张到中亚、印度河流域、高加索地区，地跨亚欧非三洲。[2]

波斯帝国有五大都城。帕萨尔加德是公元前590年（或前580年）居鲁士继承安善国[3]王位时的都城。大约公元前550年，居鲁士占领了米底王国的都城埃克巴塔纳，后来将之作为夏都。大约公元前539年征服新巴比伦王国后，巴比伦城成了帝国西部的都城。[4] 从冈比西斯二世（约前530—前522年在位）开始，苏萨（Susa）成为帝国都城。大流士一世（约前522—前486年）时期，修建了波斯波利斯作为都城。这几座都城中，巴比伦、埃克巴塔纳、苏萨均系沿用旧城，帕萨尔加德和波斯波利斯则为波斯帝国时期新建。[5]

帕萨尔加德城始建于公元前6世纪，位于伊朗法尔斯省北部的达希－迪·穆尔噶卜草原，海拔约1900米，周围环绕山脉。目前暂未发现整座都城的城墙，主要的建筑分布在一块不甚规则的东北－西南走向的狭长地带上，总占地面积约1.6平方千米，整体地势东北高西南低。

城东北部的山丘上为塔勒塔克，是一处由规整石块垒砌而成的15米高的平台，可能始建于公元前6世纪居鲁士大帝在位时，在他公元前530年去世的时候尚未竣工，后被废弃。由于在后来的波斯波利斯城存在类似形制的建筑结构，推测这可能是计划用来容纳宫殿、神庙等大型建筑的台基。

城中部为宫殿区，似乎呈西北－东南走向的矩形布局。宫殿区的东部和中部是大片的园林区，南边是R门，西南与西北方向分别是S宫和P宫。S宫可能是举行公共仪式的场所，也即是类似于"朝宫"的功能。P宫是未完全竣工的建筑。

宫殿区的东北方向为14米高的石质塔楼建筑，当地人俗称"所罗门监狱"。塔楼的功能存在有火神庙、陵墓、金库、授勋塔或登基仪式场所等各种争议。[6]

城西南角的穆尔加布平原上分布着居鲁士陵（图四七）。[7]

埃克巴塔纳原为米底王国的都城，自居鲁士起便被作为夏都和国库。城址可能在现代伊朗的哈马丹，地处奥瓦德山东麓，海拔约1800米。目前怀疑可能是城址所在的范围内有莫沙拉、特尔·哈格玛塔纳和桑-俄瑟（Sang-eŠīr）三座山丘，但迄今发现的与阿契美尼德时期有关的遗存并不多。在特尔·哈格玛塔纳丘上发现了米底和阿契美尼德时期的泥砖墙、柱基、雕塑等，推测可能属于高等级的建筑。1920年代初

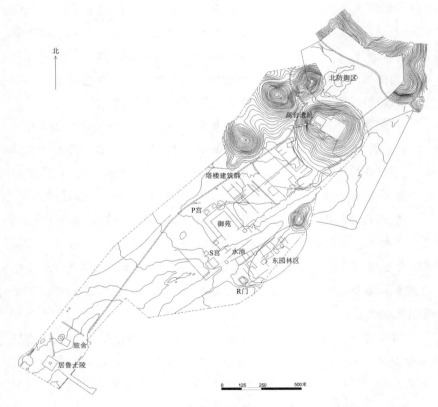

图四七　阿契美尼德时期的帕萨尔加德城遗迹平面图
（底图来自 S. Gondet, K. Mohammadkhani *et al*., "Field Report on the 2016 Archaeological Project of the Joint Iran-France Project on Pasargadae and its Surrounding Territory", *International Journal of Iranian Heritage Studies*, 2018, Vol.1-2, fig.15）

发现的两批窖藏中包含有阿塔薛西斯二世（前404—前359）的石碑，出土信息已丢失，推测原始出土地点可能也是在这座土丘上。桑-俄瑟丘上的石狮雕塑年代存在较大争议，主要有阿契美尼德、帕提亚、亚历山大三派意见。[8]

巴比伦位于今伊拉克巴格达南边的幼发拉底河岸，可能始建于青铜时代[9]，后发展成为城邦、王国都城，至公元前539年左右成为波斯帝国的都城之一。由于早年的考古发掘主要关注新巴比伦时期的遗迹，因此只能主要依靠希罗多德和克特西亚斯的记载来对阿契美尼德时期的城市布局进行复原。根据博伊的复原方案，这一时期的巴比伦城墙有内外两圈城墙，外城城墙（Osthaken）为双重墙，仅围护在幼发拉底河东岸的内城之外，平面近三角形，围合的面积约0.9平方公里。外城最北端的幼发拉底河东岸为夏宫。内城城墙亦为间距约7.2米的双重墙，平面呈长方形，设有塞米勒米斯（传说中的亚述女王）门、尼尼微门、迦勒底（Chaldaeans）门、贝尔门（或马尔杜克门）和基斯（Kis）门（或扎巴巴门，Zababa）等至少五座城门，城墙外有护城河。幼发拉底河将内城一分为二，目前发现的主要建筑均集中于东岸。王宫（Südburg）位于城北。城中心为巴比伦主神马尔杜克[10]的塔庙（ziqqurrat Etemenanki）和神殿（Esagil），神殿西侧的幼发拉底河上建有一座石桥。内外城中均发现了连接幼发拉底河的运河（图四八）。[11]

苏萨城位于伊朗西南胡齐斯坦平原的西北边缘，扎格罗斯山下，底格里斯河以东约250公里，在卡鲁恩河、卡尔黑河与迪兹河之间。自公元前4000年沿用至公元13世纪，苏萨原为埃兰王国的都城，公元前6世纪中期被阿契美尼德王朝作为其低地之都，主要的建筑活动在大流士一世和阿尔塔薛西斯二世（前404—前359）在位年间。城西北部仍残存有泥砖城墙遗址。西南角是卫城，山门建于大流士一世时期。卫城内的北端是防御堡垒（château），南部则有早至埃兰时期的高台、神庙和墓葬遗迹，包括宁胡尔萨格（苏美尔-阿卡德宗教体系中的母神）神庙、印舒希纳克（埃兰时期的主神）庙、舒特鲁克-纳洪特二世（新埃兰国王，公元前717—前699年在位）庙、先知丹尼尔墓等。卫

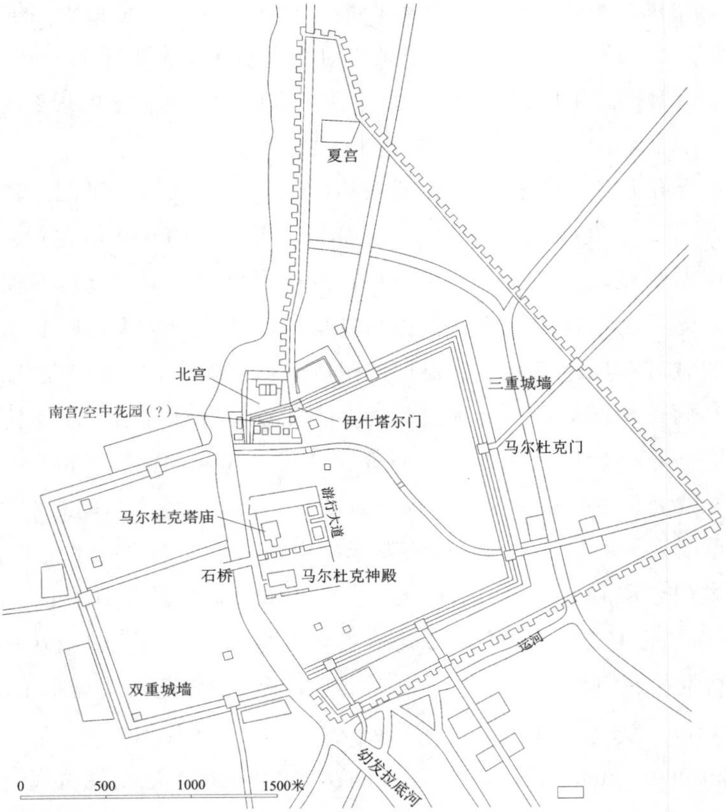

图四八　阿契美尼德时期巴比伦城遗迹平面图

[底图来自 R. J. van der Spek, "Multi-ethnicity and ethnic segregation in Hellenistic Babylon", in T. Derks, & N. Roymans (eds.), *Ethnic Constructs in Antiquity: The Role of Power and Tradition*, Amsterdam: Amsterdam University Press, 2009, fig. 2, p.105]

城之下的东北部是皇城城门，也建于大流士一世时期。皇城内最北部是大流士一世时期修建的宫殿群，形成北朝南寝的格局，北部的阿帕达纳宫即朝宫，南部的哈迪什宫或塔恰拉宫为寝宫，东北角还有印舒希纳克庙。皇城内的东南角发现有塔楼建筑。在皇城外的肖尔河西岸是阿尔塔薛西斯二世宫，其中也包括有阿帕达纳宫和寝殿。皇城外的东部似乎是所谓的"工匠城"（图四九）。[12]

图四九　阿契美尼德时期的苏萨城遗迹平面图

[底图引自 Prudence O. Harper, Joan Aruz, Françoise Tallon (eds.),
The Royal City of Susa: Ancient Near Eastern Treasures in the Louvre,
New York: The Mesopolitan Museum of Art, 1992, Fig. 3, p.xvii]

波斯波利斯可能是与苏萨城相对应的高地之都[13]，位于法尔斯省设拉子东北的马尔乌达什，在帕萨尔加德的西南方向，两城之间的直线距离为40千米。波斯波利斯城由大流士始建于公元前515年，占地面积约0.5平方千米，东北高西南低，分为上城、中城和宫城三部分。上城主要发现了防御设施。中城似为陵墓区。宫城修建之前先垫高山体、以岩石和鹅卵石填洼地、修建排水系统、筑造人工高台（或称Takht）并建造边墙。拉赫马特山坡大约12.5公顷的区域皆被平整。宫殿群都建于人工高台之上。宫城的主门开在西北角，名为"万国之门"，门内

324　罗马：永恒之城早期的空间结构

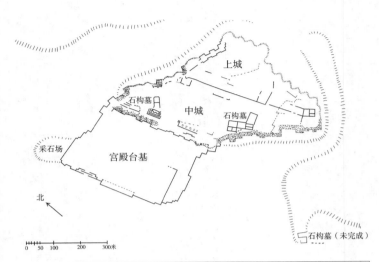

图五〇　阿契美尼德时期的波斯波利斯城遗迹平面图

1. 主楼梯 2. 万国之门 3. 石池 4. 阿帕达纳宫东楼梯 5. 阿帕达纳宫主厅 6. 阿帕达纳宫北楼梯 7. 双头狮石柱头 8. 百柱厅庭院 9. 未竣工的城门 10. 三十二柱厅 11. 战车库（？） 12. 御马厩 13. 百柱厅 14. 中央宫殿北楼梯 15. 中央宫殿主厅 16. 中央宫殿庭院 17. 阿帕达纳宫南建筑群 18. 大流士宫 19. 大流士宫西楼梯 20. 大流士宫南院 21. H宫 22. 薛西斯宫西楼梯 23. 薛西斯宫庭院 24. 薛西斯宫中厅 25. 薛西斯宫南门廊 26. G宫 27. D宫 28. 王后宫北院 29. 王后宫中厅 30. 王后宫房间 31. 珍宝库 32. 排水沟 33. 石井 34. 阿尔塔薛西斯三世墓（？）35. 东塔楼之一 36. 北塔楼之一 37. 东北塔楼

（底图来自 Ali Mousavi, *Persepolis: Discovery and Afterlife of A World Wonder*, Boston/Berlin: De Gruyter, 2012, fig. 1.1, p.11）

南侧有石池。宫城内的建筑分为东西两部分：西部由北至南为阿帕达纳宫（即朝宫）、大流士宫（即塔恰拉宫）、薛西斯宫（即哈迪什宫）、王后宫（即哈来姆宫）以及一些未能辨明性质的基址。东部由北到南依次为未完成的城门、百柱厅。百柱厅的东侧为三十二柱厅、战车库、御马厩）、珍宝库。薛西斯宫在地势最高处，珍宝库在地势最低处。[14]

二、帕提亚帝国都城

帕提亚帝国又称安息帝国，由阿尔沙克一世建于公元前247年。弗拉特斯一世（约前176—前171年在位）、米特里达梯一世（约前171—前138年在位）相继将疆域拓至最广，西达两河流域，东抵阿姆河，北至里海，南至波斯湾，覆盖今天的叙利亚、伊拉克、伊朗等国及土耳其东部。公元前1世纪起成为罗马的劲敌。一般认为帕提亚帝国于公元224年左右被波斯萨珊王朝取代。[15]

帕提亚最早的都城[16]可能在赫卡托匹洛斯。"赫卡托匹洛斯"是希腊人的称呼，可能即中国文献记载中的"番兜城"。城址仍未发现，推测可能在今伊朗德黑兰的附近。[17]

米特里达梯一世统治期间，在埃克巴塔纳、塞琉西亚、泰西封及尼萨城都修建过宫殿。

埃克巴塔纳延续了波斯帝国时期的功能，仍被作为避暑离宫。[18]目前该城范围内属于帕提亚时期的遗迹不多，莫沙拉丘顶部发现的长方形堡垒可能属于这个时期，桑-俄瑟丘附近发现有公元前1世纪至公元1世纪的帕提亚墓地。[19]

塞琉西亚原为塞琉古王朝的都城，公元前2世纪时帕提亚人抢占了其东部的土地后在底格里斯河东岸的泰西封设立营地。塞琉西亚与泰西封仅一水之隔，主要被作为帝国的冬都。[20]两城均位于伊拉克巴格达的东南，帕提亚时期可能建有城墙，但布局不详。[21]

尼萨是帕提亚时期修建的新城，位于今土库曼斯坦阿什哈巴德西北的科佩特山下。遗址包括旧尼萨（公元前1世纪时更名为密特拉达特克尔特）和新尼萨，分别位于现代巴吉尔村的东部和西部。关于这两处城址的关系，一般认为新尼萨是非皇室的居住区和墓葬区，而旧尼萨是宫城或安息皇室的仪式中心。[22]新尼萨受破坏较严重，曾发现了帕提亚时期的墓葬。

旧尼萨城整体位于台地顶部，泥砖砌造的城墙平面围合呈不规则形状，目前的发现主要是城内的几组大型建筑物。北组建筑包括西侧的方形建筑（图五一，1）和东侧的葡萄酒仓库（图五一，2），两座建筑间有一定间距，建筑轴线的朝向不同。方形建筑的功能不明，其内发现了约40件雕刻希腊神话和人物场景的象牙来通，以及包含希腊或中亚因素的小型金属人像、大理石人像。方形建筑的东南角还有一处建筑遗存，似乎有庭院，但具体情况暂不详。中组建筑包括南边的带方形大厅的建筑（图五一，4）和东北角建筑（图五一，3）。带方形大厅的建筑边长42米，有大型的四柱式中央大厅，保留有石柱础、木柱干等建筑遗存，墙面仍留存有壁龛及雕塑。大厅的三侧是房间，北侧为廊道。南组建筑包括疑似塔楼结构（图五一，5）、带圆形大厅的建筑（图五一，6）和"红色建筑"。"塔楼"的中央为巨大的方形砖砌结构，周围环绕走廊，附近散布一些帕提亚人物的壁画残块。在早期调查时，"塔"顶仍有小柱式建筑的遗迹，现已无存。"塔楼"的功能和性质仍不清楚。带圆形大厅的建筑平面呈方形，边长30米，内部为直径17米的圆形大厅，发现有米特拉达梯一世的头像等雕塑残块，可能是一个具有神圣意义的场所。城东部有四个呈南北向排列的蓄水池。"红色建筑"中有一个方形大厅，部分房间的墙面残留有紫色灰泥，木结构上残余金箔痕迹，地面涂有紫色和赭色。该建筑可能与某种仪式有关（图五一）。[23]

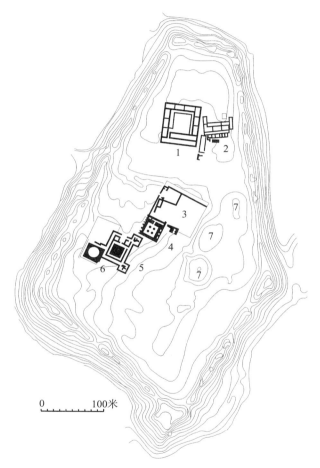

图五一　帕提亚时期旧尼萨城遗迹平面图
1. 大型方形建筑　2. 葡萄酒仓库　3. 东北角建筑　4. 带方形大厅的建筑
5. 类塔楼结构　6. 带圆形大厅的建筑　7. 古代蓄水池

（底图来自 V. N. Pilipko, "Excavations of Staraia Nisa,"
Bulletin of the Asia Institute, 1994, Vol.8, fig. 1, p.102）

三、马其顿帝国都城

马其顿帝国，亦称亚历山大帝国（前336—前323年）。亚历山大的东征将其版图拓至欧亚非三大洲，东起葱岭与印度河平原，南至波斯湾并包括埃及，西到色雷斯和希腊，北抵黑海及阿姆河，但随着亚历山大的猝然离世，帝国很快崩溃。[24]一般认为帝国的都城为公元前5世纪以后的马其顿王国都城佩拉。

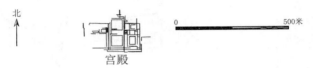

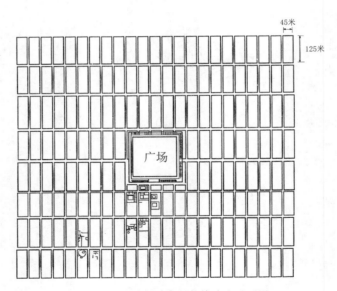

图五二　马其顿时期佩拉城遗迹平面图

（底图来自 Bibi Saint-Pol, "Plan of the city of Pella, capital of the Macedonian kingdom," https://upload.wikimedia.org/wikipedia/commons/4/4b/Plan_Pella-de.svg, 2023-09-27）

佩拉位于今希腊塞萨洛尼卡的西北，城区占地约 4 平方公里。佩拉遗址的范围内有两个主要的卫城。东边的一个被叠压在今佩拉·帕拉伊亚镇下。西边的卫城所在地大部分属私人所有，可发掘处发现的城墙和神庙等建筑遗迹都属于亚历山大以后的时代。下城城区的路网呈长方格状区划，路面下设有引水的陶水管。城区中央为广场。王宫在城区北面。迄今尚未发现城墙或剧院等大型建筑，主要对住宅区进行了发掘。[25]

亚历山大曾计划将巴比伦作为都城，并开启了翻修和新建的工程，但由于猝然离世，计划终止。希腊化时期的巴比伦城与新巴比伦时期和阿契美尼德时期相差不大，大部分建筑仍继续沿用，但可能经过了外观的改建，如王宫建筑的屋顶被换成了希腊风格的瓦。城市布局最显著的改变在于马尔杜克塔庙和神殿的毁坏，以及在内城东北新建的希腊式剧场、内城以内出现若干条纵横交错的直道。[26]

四、孔雀帝国都城

公元前 321 年，旃陀罗笈多·孔雀率军赶走马其顿人，推翻难陀王朝，建立了孔雀王朝。阿育王（前 303—前 232 年）在位时达到极盛，统一了除半岛南端以外的印度全境。北起喜马拉雅山南麓，南至迈索尔，东抵阿萨姆西界，西达兴都库什山，皆并入孔雀帝国版图。[27]

帝国都城华氏城位于现代印度比哈尔邦东部、恒河南岸的巴特纳。大约在公元前 6 世纪，该城所在地已有一个名为纳加拉的城镇，摩揭陀国阿阇世王（？—前 461 年）时期修筑城墙，优陀耶（约前 460—前 444 年在位）时将都城由王舍城迁至此地。孔雀王朝亦以其为都。华氏城的考古调查与发掘开展的时间较早，但披露的信息较为零星，尚未能够复原其完整布局。

在巴特纳的柯赫提·帕哈里、图希曼迪和玛哈拉吉坎等几个地点都发现了双排木梁遗迹，每根木梁的直径 46—50 厘米。在拉姆普尔和巴哈杜尔普尔都发现了木质排水沟遗迹。在布拉迪巴格、洛哈尼普尔、戈桑坎同时发现有双排木梁及木质排水沟遗迹。[28]根据麦加斯梯尼在《印度记》中的描述，华氏城周围环绕巨大的木栅栏，三面有护城河，北面为恒河。[29]由此推测，双排木梁和木排水沟遗迹很可能与护城河、木栅栏等防御设施有关。前述各地点大致覆盖了一个西北-东南走向的近长方形区域。利用奥维地图进行测量，该区域的面积大致为5平方公里，其中相距最远的两个地点的直线距离将近5公里。若按照麦加斯梯尼所述，北面以恒河为界，则实际范围可能远大于这些数据。

在西南方向的库姆赫拉尔地点，发现笈多时代（约4—6世纪）的砖墙之下叠压着约30厘米厚的灰烬层，灰烬层则叠压着八排间距规则的磨光石柱残块，推测这可能是早于笈多时代的也就是孔雀王朝时期的柱式大厅，形制类似于波斯波利斯城的大厅，毁坏时间可能在公元前2世纪—前1世纪的巽伽王朝。大多数学者认为该建筑可能是阿育王时期召集第三次佛教会议的议事厅。在库姆赫拉尔、洛哈尼普尔还分别发现有阿育王柱残块。[30]

结　语

公元前6世纪至公元3世纪亚欧大陆西部和中部先后出现波斯、帕提亚（安息）、马其顿、孔雀等几个可定义为"帝国"的政权，对所在地域的历史进程和后世格局影响深远。都城作为当时的政治中心，是不同帝国秩序和文明模式的缩影，也是它们的物质化呈现。通过对这几个帝国的都城遗址进行分析，我们可从比较性的视角来加深对本书研究对象罗马城的理解。

从都城数量来看，可分为多都制和单都制。波斯帝国、帕提亚帝国皆为多都制，先后有数个都城并存。巴哈多利和米里认为阿契美尼德王朝延续了古代近东的"政治游牧"模式，实行的是游都制，其深层次的逻辑是为了加强统治者与辖内不同地域的臣民之间的联系，也就是说,真正的"皇庭"是经常性移动的,帕萨尔加德、埃克巴塔纳、巴比伦、苏萨和波斯波利斯都只是统治者在不同地域的仪式场所和政治宣传中心。[31]帕提亚帝国前后也有五个都城,但遗迹都保存得相对较差,尼萨城也仅存旧尼萨即皇室仪式中心的部分,尚难以断定这几个都城是属于"游都制"、季节性迁都还是替代性的迁都。马其顿帝国、孔雀帝国为单都制。不过,亚历山大时曾对巴比伦城进行翻修,计划将其作为马其顿帝国的都城,但由于帝国很快崩溃,计划未来得及实施。因此,从严格意义上来说,只有孔雀帝国才是真正的单都制。

这些都城中,考古证据相对较多的是阿契美尼德王朝的帕萨尔加德、巴比伦、苏萨、波斯波利斯,帕提亚帝国的尼萨,马其顿帝国的佩拉,孔雀帝国的华氏城。目前在帕萨尔加德城、佩拉城周围尚未发现城墙或其它防御设施。苏萨、波斯波利斯、尼萨均存在城墙。巴比伦城和华氏城则具有复合型的防御设施,前者为壕沟加多重城墙,后者为壕沟加木栅栏。上述城址大部分均为单城制,只有巴比伦为重城制。巴比伦的外城近似三角形,未完全囊括内城,仅围护了内城在幼发拉底河东岸的部分。内城近似矩形,城北为宫城。

从空间结构来看,帕萨尔加德、苏萨、波斯波利斯、佩拉城均为高地-低地型的城市,但功能布局有较大的差异。帕萨尔加德、波斯波利斯城的高处为军事防御设施,低处则分布宫殿群等建筑。苏萨城的高处为神圣空间,低处为宫殿区。佩拉城的上城虽未发掘,由其现存布局推测应是希腊式传统城市,有宗教和防御功能的空间;下城则为世俗空间,城内为格状区划,中心区为广场,王宫在下城北部。旧尼萨城为台地型城市,仅分布在台地顶端,城内可能主要是与宫殿或仪式、宗教相关的建筑。但由于新尼萨城尚未经发掘,尼萨城整体的情况还不甚明确。巴比伦和华氏城皆为平原型城市。阿契美尼德时期的巴比伦外城内最北边为离宫所在,内城中心区为宗教建筑,其它已发现的建筑多与皇室相关,但到马其顿时期,中心区的宗教建筑被毁,并在内城东北角新建了希腊式剧场,并在内城进行了希腊式的路网规划。

纵观亚欧大陆中西部的帝国都城，除了考古材料不足的几座外，波斯帝国、帕提亚帝国的都城多属于宫城性质，规划时首要考虑防御性和仪式性，周边大多未发现属于一般居民的活动空间。其中，巴比伦城的防御性和规整性尤其突出，在规划时宗教中心与世俗权力中心并重。马其顿帝国的都城则延续一般希腊城市的模式，但因为帝国持续时间太短，亚历山大也曾有计划以巴比伦为都，因此不足以说明问题。

相较而言，罗马城是一种较为特殊的模式：在地形上，涵盖了台地、丘陵、山谷、平地、海滨等各类地形，属于综合型的空间布局；在人口构成及空间分布上，自皇族、贵族至平民、奴隶阶层均居住在城内，等级空间大致垂直分布，属于宫城与郭城的集合体；在防御性上，在奥勒良城墙修建之前的时段，罗马城本身的防御性相对较弱（在帝国早期，罗马城周边的城市可能形成了拱卫之势）；在功能空间分布上，规划性略弱，城市大部分区域呈现自然发展的趋势，形成宗教、皇权、政治宣传、经济轴心、交通枢纽的多元中心格局。

注　释

[１] 俞可平：《帝国新论》，《清华大学学报（哲学社会科学版）》2022年第2期。
[２] [美]A. T. 奥姆斯特德著，李铁匠、顾国梅译：《波斯帝国史》，上海三联书店2010年版；周启迪：《波斯帝国史》，北京师范大学出版社2017年版；李零：《波斯笔记》，生活·读书·新知三联书店2019年版。
[３] 安善（Anshan/Anzan）原是埃兰人（Elamite）在公元前2700年—前8世纪时在伊朗法尔斯西部建立的王国。埃兰王国灭亡后，阿契美尼德王朝在埃兰旧址建立了新的政权，铁伊斯佩斯（Teispes，约公元前675—前640年在位）袭用旧国名，自称"安善王"。他去世后，安善国一分为二（另一国称波斯），冈比西斯即居鲁士之父为安善王。目前学界一般认为设拉子西北的玛岩（Malīān/Malyan）遗址应即安善所在。参见 J. R. Alden, K. Abdi, A. Azadi, G. Beckman, and H. Pittman, "Fars Archeology Project 2004: Excavations at Tal-e Malyan," *Iran*, 2005, vol.43, pp.39–47.
[４] David Gordon Lyon, "Recent Excavations at Babylon," *Harvard Theological*

Review, 1918, Vol.11, Issue 3, pp.307-321; L. W. King, "Excavations at Babylon," *The Burlington Magazine for Connoisseurs*, 1915, Vol.26, No.144, pp.244-245, 248-250; E. Unger, *Babylon*, Berlin, 1931; Marc van de Mieroop, "Reading Babylon," *American Journal of Archaeology*, 2003, Vol.107, No.2, pp.257-275; Heather D. Baker, "Reconstructing Ancient Babylon: Myth and Reality," *The Canadian Society for Mesopotamian Studies La Société canadienne des études mésopotamiennes*, 2019, Vol.14, pp.15-27.

[5] D. T. Potts(ed.), *A Companion to the Archaeology of the Ancient Neareast*, West Sussex: Wiley-Blackwell, 2012, pp.939-940.

[6] H. Sancisi-Weerdenburg, "The Zendan and the Ka'bah", in H. Koch and D. N. McKenzie(eds.), *Kunst und Kultur der Achämenidenzeit und ihr Fortleben*, Berlin, 1983, pp.145-151.

[7] E. Herzfeld, "Pasargadae. Aufnahmen und untersuchungen zur persischen archaeologie," *Klio*, 1908, Vol.8, pp.1-68; E. Herzfeld, "Bericht über die Ausgrabungen von Pasargadae 1928," *Archäologische Mitteilungen aus Iran*(journal of the British Institute of Persian Studies), 1929, Vol.1, pp.4-16; David Stronach, "Excavations at Pasargadae: First Preliminary Report," *Iran*, 1963, Vol.1, pp.19-42; David Stronach, "Excavations at Pasargadae: Second Preliminary Report," *Iran*, 1964, Vol.2, pp.21-39; David Stronach, "Excavations at Pasargadae: Third Preliminary Report," *Iran*, 1965, Vol.3, pp.9-40; David Stronach, *Pasargadae. A report on the excavations conducted by the British Institute of Persian Studies from 1961 to 1963*, Oxford: Clarendon, 1978; A. Sami, *Pasargadae. The Oldest Imperial Capital of Iran*, Shiraz, 1956; R. Boucharlat, "Pasargadae," *Iran*, 2002, Vol.40, pp.279-282; David Stronach, *Pasargarde*, Cambridge University Press, 2008.

[8] R. H. Dyson, "Iran, 1956," University Museum Bulletin 21/1 (University of Pennsylvania), Philadelphia, 1957, pp.27-39; S. Nadjamabadi and G. Gropp, "Mittelalterliche Arabische Quellen zum Löwen von Hamadan-Ekbatana," *Archäologische Mitteilungen aus Iran*, 1968, N. S. 1, pp.123-128; W. Kleiss, "Bericht über Erkundungsfahrten in Iran im Jahre 1971," *Archäologische Mitteilungen aus Iran*, 1972, N. S.5, pp.135-242; M. Azarnoush, "Survey of Excavations in Iran. Hamadan," *Iran*, 1975, Vol.13, pp.181-182; Asghar Mohammad Moradi, Alireza Saboori Fard & Fatemeh Nassabi, "A Historical

[9] 目前尚未能证实。由于地下水位过高，考古发掘仅能揭露早至新巴比伦王国时期的遗存。

Study of Ekbatana Hill and a Glance at its Rehabilitation," *Journal of Asian Architecture and Building Engineering*, 2008, Vol.7, No.2, pp.147–154.

[10] 有时简称"贝尔"（Bel）。古希腊语和拉丁语文献也将该神称为宙斯·贝洛斯（Zeus Belos）或朱庇特·贝洛斯（Jupiter Belos），因此有些欧洲学者亦称这座神庙为"宙斯·贝洛斯神庙"。

[11] T. Boiy, *Late Achaemenid and Hellenistic Babylon*, Leuven: Peeters Publishers & Department of Oriental Studies, 2004, pp.66–72.

[12] Prudence O. Harper, Joan Aruz, Françoise Tallon(eds.), *The Royal City of Susa: Ancient Near Eastern Treasures in the Louvre*, New York: The Mesopolitan Museum of Art, 1992, pp.215–219; Jean Perrot, John Curtis, *The Palace of Darius at Susa: The Great Royal Residence of Achaemenid Persia*, I. B. Tauris, 2013; Katrien De Graef, Jan Tavernier(eds.), *Susa and Elam. Archaeological, Philological, Historical and Geographical Perspectives*, Leiden & Boston: Brill, 2013.

[13] 关于波斯波利斯城的性质，有仪式之城、天体观测城、要塞、高地都城等各种说法，参见 Ali Mousavi, *Persepolis: Discovery and Afterlife of A World Wonder*, Boston/Berlin: De Gruyter, 2012, pp.52–56。笔者认为该城规模宏伟、设施齐全，建筑类型与苏萨城相类，故采信高地都城一说。

[14] Ali Mousavi, *Persepolis: Discovery and Afterlife of a World Wonder*, Boston/Berlin: De Gruyter, 2012, pp.10–51; Alireza Askari Chaverdi and Pierfrancesco Callieri, *Persepolis West(Fars, Iran): Report on the Field Work Carried Out by the Iranian-Italian Joint Archaeological Mission in 2008–2009*, Oxford: British Archaeological Reports, 2017; Emad Matin, "The Achaemenid Settlement of Dashtestan(Borazjan): A View from Persepolis," *East and West*, 2020, Vol.n. s. 1（60）, No.2, pp.333–364.

[15] 王新中、冀开运：《中东国家通史·伊朗卷》，商务印书馆 2002 年版，第 96—109 页。

[16] 也有学者认为最早的都城应是由阿尔沙克一世所建的达拉（Dārā）城，位置不详。

[17] J. Hansman, "The measure of Hecatompylos," *Journal of the Royal Asiatic Society*, 1981, Vol.113, Issue 1, pp.3–9.

[18] Strabo, *The Geography of Strabo*, Book XI. XIII. 6, with an English Translation by Horace Leonard Jones, London: William Heinemann Ltd, New York: G. P.Putnam's Sons, 1930, pp.308-309; Tacitus, Annales 15.31.

[19] R. H. Dyson, "Iran, 1956," *University Museum Bulletin* 21/1 (University of Pennsylvania), Philadelphia, 1957, pp.27-39; S. Nadjamabadi and G. Gropp, "Mittelalterliche Arabische Quellen zum Löwen von Hamadan-Ekbatana," *Archäologische Mitteilungen aus Iran*, 1968, N.S. 1, pp.123-28; W. Kleiss, "Bericht über Erkundungsfahrten in Iran im Jahre 1971," *Archäologische Mitteilungen aus Iran*, 1972, N.S. 5, pp.135-242; M. Azarnoush, "Survey of Excavations in Iran. Hamadan," *Iran*, 1975, Vol.13, pp.181-182; Asghar Mohammad Moradi, Alireza Saboori Fard & Fatemeh Nassabi, "A Historical Study of Ekbatana Hill and a Glance at its Rehabilitation," *Journal of Asian Architecture and Building Engineering*, 2008, Vol.7, No.2, pp.147-154.

[20] D. T. Potts(ed.), *A Companion to the Archaeology of the Ancient Neareast*, West Sussex: Wiley-Blackwell, 2012, p.1004.

[21] Oscar Reuther, "The German Excavations at Ctesiphon," *Antiquity*, Vol.3, Issue 12, pp.434-451.

[22] A. Invernizzi, "Arsacid Dynastic Art," *Parthica*, 2001, Vol.3, pp.133-157; V. N. Pilipko, "The Central Ensemble of the Fortress Mihrdatkirt: Layout and Chronology," *Parthica*, 2008, Vol.10, pp.33-51.

[23] V. N. Pilipko, "Excavations of Staraia Nisa," *Bulletin of the Asia Institute*, 1994, Vol.8, pp.101-116; D. T. Potts(ed.), *A Companion to the Archaeology of the Ancient Nearest*, West Sussex: Willey-Blackwell, 2012, pp.1005-1007.

[24] [英]保罗·卡特里奇主编，郭小凌、张俊等译：《剑桥插图古希腊史》，山东画报出版社2005年版；黄洋、晏绍祥：《希腊史研究入门》，北京大学出版社2009年版。

[25] Ch. J. Makaronas, "Pella: Capital of Ancient Macedonia," *Scientific American*, 1966, Vol.215, No.6, pp.98-105; Photios Petsas, "New Discoveries at Pella—Birthplace and Capital of Alexander," *Archaeology*, Vol.11, No.4, 1958, pp.246-254; M. Lilimpaki-Akamati, "Pella, la nouvelle capitale," in S. Descamps-Lequime(éd.), *Au royaume d'Alexandre le Grand: la Macédoine Antique*, Paris: Louvre éditions, 2011, pp.270-272; P. Chrysostomou, "Le palais de Pella," in S. Descamps-Lequime(éd.), *Au royaume d'Alexandre le*

[26] T. Boiy, *Late Achaemenid and Hellenistic Babylon*, Leuven: Peeters Publishers & Department of Oriental Studies, 2004, pp.73-98.

[27] 林承节:《印度史》,人民出版社 2004 年版。

[28] L. A. Waddell, *Discovery of the exact site of Asoka's classic capital*, Calcutta: Bengal secretariat Press, 1892; L. A. Waddell, *Report on the excavations at Pātaliputra (Patana)*, Calcutta: Bengal secretariat Press, 1903.

[29] E. A. Schwanbeck (fragments ed. By), *Megasthenes's Indica*, Bonn, 1846; J. W. McCrindle, *Ancient India as Described by Megasthenes and Arrian*, Calcutta: Thacker, 1877.

[30] Babu Purna Chandra Mukharji, *Report on the Excavations on the ancient sites of Pataliputra in 1896-97*, Norderstedt: Hansebooks, 2017; B. P.Sinha and Lala Aditya Narain, *Pāṭaliputra Excavation. 1955-1956*, Patna: Directorate of Archaeology and Museums, 1970; Vinay Kumar Gupta, "Pataliputra," in Dilip K. Chakrabarti and Makkhan Lal, *The Texts, Political History and Administration Till c. 200 BC*, New Delphi: Aryan Books International, 2014, pp.593-598; A. S. Altekar and Vijayakanta Mishra, *Report on Kumrahar excavations. 1951-1955*, Patna: K. P. Jayaswal Research Institute, 1959; Om Prakash Prasad, "Glimpses of Town Planning in Patalputra (C 400 B.C. - A.D. 600)," *Proceedings of the Indian History Congress*, 1984, Vol.45, pp.111-120; Sraman Mukherjee, "New province, old capital: Making Patna Pataliputra," *The Indian Economic & Social History Review*, 2009, Vol.46, Issue 2, pp.241-279.

[31] Ali Bahadori & Negin Miri, "The So-called Achaemenid Capitals and the Problem of Royal Court Residence," *Iran*, 2021, https://www.tandfonline.com/doi/figure/10.1080/05786967.2021.1960881?scroll=top&needAccess=true&role=tab.

附录四

丝绸之路西段的发端：公元3世纪以前地中海的丝绸消费及丝织业考

公元前4世纪末，亚历山大大帝的东征逐渐开启了中亚地区的希腊化时代。公元前2世纪，汉武帝"凿通"西域。虽然此前亚欧大陆的两端之间已有零散及分段式的民间交流，但官方有规划、有组织的举措才真正造就欧亚大陆东西两端贸易与交流的频繁化和规模化。中国的丝绸作为这条通道上最受欢迎也是能带来最大利益的商品之一，也为这条贸易与交流之途带来了至今耳熟能详的名称——丝绸之路。

丝绸之路的开辟毕竟不是一夕之功，考察丝路开辟以前及丝路开辟之初，大陆彼端后来最大的丝绸消费市场——地中海地区——的丝织业和丝织物消费等问题，有助于我们了解丝绸之路开辟的原始动因和完整过程。

一、地中海地区发现的前丝路时代丝织物

以往国内学者较少专门研究丝绸西传的问题，由于丝织物难以保存和辨认，从实物角度的探讨更是稀缺。[1]国外从事相关问题专门研究的学者也不多，主要以艾琳·古德为代表。据古德在1995年所发表论文中的统计，环地中海发现的西汉以前的丝织物遗迹共有十处[2]，

按照年代的先后顺序，分别是：

1. 埃及德尔麦地那陵墓的一具女性木乃伊头发上缠有丝束。木乃伊的年代应为第二十一王朝（约公元前11—前10世纪）。后来经过一系列科技手段的鉴定和成分分析，能确认丝束是一种蚕丝纤维[3]，但古德怀疑这是20世纪一次文保行为的残留物。[4]

2. 土耳其戈尔迪翁出土了弗里吉亚时期的织物，其绝对年代大约为公元前700年。[5]这些织物大多有起口（starting border），可能是以立式经编机（vertical warp-weighted loom）织成。在部分出土的羊毛狭缝挂毯（slit tapestry weave）残片中，可观察到其中使用的黑线是丝线。一些碳化的纤维仍可观测到丝胶。[6]

3. 德国巴登-符腾堡州荷米歇尔墓地的6号墓内发现有丝织物，年代属于铁器时代早期（即哈尔施塔特文化D1期，约公元前700年）。在女性墓主身上的丝织物中仍能辨认出一些浅色的刺绣纹样。最初的报告称其是不带丝胶的中国蚕丝。[7]后来古德通过氨基酸成分分析和电子显微镜扫描等手段，认为这些织物虽然是丝绸，但似乎并非来自中国。[8]也就是说，可能是野蚕丝。

4. 2000年在荷米歇尔-斯贝克豪墓地17号墓发现多件丝织物。[9]经检测，其中一件疑似为枯叶蛾（Pachypasa otus）蚕丝。此外，这些织物中还有一件是以丝线刺绣的羊毛织物。[10]

5. 土耳其马尼萨省的萨迪斯（Sardis）遗址属于公元前6世纪的地层中出土一颗珠子。最初的报道称在珠子中发现了一根丝线，后来又改称安哥拉山羊毛。[11]古德认为，由于缺乏明证，而且报告中纤维的直径小于10微米，这是蚕丝纤维才能达到的细度，而羊绒纤维的细度一般在13—19微米之间，因此仍不能排除是丝。[12]

6. 德国霍克道夫-埃伯丁根一座公元前6世纪晚期的墓葬出土了一些织物。在1970年代发掘后的公开出版物中并未提及有丝织物的发现，仅提及该墓出土的一些毛织物与荷米歇尔6号墓所出的丝织物有同样的技术特征。[13]直到80年代，怀尔德才意识到这个遗址出土的织物中可能也包括丝织物。[14]

7. 意大利锡耶纳的丘西小镇出土的一件陶瓮内发现了钙化的埃特鲁里亚织物。海斯称组织结构呈现经纬交织的形态，是一种轻薄的平衡编织[15]丝织物。[16]在美国新泽西州的纽瓦克博物馆收藏的一件埃特鲁里亚青铜碗中也观测到了疑似丝织物留下的"假变形"[17]痕迹。[18]

8. 在希腊雅典凯拉米克斯墓地的35-HTR73号墓室内发现了平纹细纱（fine gauze plain-woven silk）残片、带红色刺绣的未染色平纹丝织物（undyed plain-woven silk fabric with red embroidery）以及一小束红色丝线（a skein of red-dyed silk thread）。经鉴定，均为家蚕丝（Bombyx mori），包含丝胶，年代为公元前5世纪晚期。[19]1995年左右，古德的研究团队对凯拉米克斯的织物进行氨基酸成分分析，确认其是蚕丝，不过认为其中似乎掺杂了野蚕丝。[20]2011年，马加里蒂等几位学者应用环境扫描电镜（ESEM）和傅里叶变换显微红外光谱仪（FTIR）对这些织物进行重新分析，声称其中并不存在丝绸，反而发现了树皮纤维和疑似棉花纤维。[21]但同年，古德对其中的一件米白色衣料进行了丝蛋白检测后，认为是野蚕丝。[22]

9. 据多位学者提及，在卢森堡奥特里尔发现过公元前5世纪的丝织物，但未有更多细节。[23]

10. 亚美尼亚的托普拉卡莱可能也发现了丝织物。[24]

上述与丝织物可能有关的发现，除去奥特里尔、萨迪斯和托普拉卡莱等披露信息过少的三处以外，欧美学术界对其它七处的性质和产地还存在较大争议。

解决丝绸产地问题的关键在于对蚕丝纤维的形态、结构，以及丝织物织造技法的判断。[25]但丝织品属于有机物，不易保存，往往难以开展精确的分析。古德倾向于认为，土耳其戈尔迪翁、德国荷米歇尔和霍克道夫等三处所出的织物应是野蚕丝织物，技术和风格类似，而意大利丘西发现的织物极有可能是从中国辗转传入的桑蚕丝织物。[26]至于雅典凯拉米克斯所出的织物性质，学界存在较大争议。马加里蒂等认为是树皮及棉花，古德则认为是丝。不过，他们都更偏向于纤维形态和组织结构的测定，似乎较少关注织造技法，若按最初的报道，凯拉米克斯织物使用了平纹织法，这应是典型的中国本土技法。此外，新的检测距最初的发现已经相隔40年，保存条件会否对检测结果产生影响，也未见有更细致的分析和交代。因此，仍不宜以最新的检测结果贸然否定当时发掘者的判断。近年来随着稳定同位素、蛋白组学分析、丝素蛋白快速检测法等一系列前沿的方法技术陆续应用在纺织考古领域，未来应能有更多的发现和更精确的认识。

二、罗马以前的地中海本土丝织业考辨

虽然目前丝绸实物层面的发现稀少且充满争议性，但中国和地中海的古文献里却不乏关于早期中国丝绸西传的记载。因此，欧美学界仍旧多认为在欧洲发现的公元6世纪之前的丝绸均产自中国，但也有一派观点认为在中国的丝织物和桑蚕传入之前，地中海周边早在青铜时代便已经存在本土的野蚕丝织业。[27]他们的证据主要来自考古发现的遗物和出土文献，以及传世文献中的相关记载。

首先是考古发现。环地中海陆续出土了一些与青铜时代丝织业相关的间接性证据，其出土地点主要集中在爱琴海地区，遗物类型包括蚕茧、图像等。

蚕茧 希腊锡拉岛（今圣托里尼岛）的亚克罗提利遗址中发现了公元前16世纪的钙化枯叶蛾（Pachypasa otus）茧。[28]这种蛾也属于绢丝昆虫，主要取食松、柏、栎等，都是地中海周边常见的树种。但帕纳吉奥塔克普鲁亦承认，其年代存疑。[29]

飞蛾图 爱琴海地区的青铜时代晚期常见一种"蝴蝶"图像。这类图像的流行范围很广，主要分布在米诺斯文明晚期和迈锡尼文明的遗址中，材质包括戒指、印章、宝石、金器、短剑和壁画[30]，图像非常强调其翅膀上的圆斑。尤其典型的是迈锡尼的三号竖穴（shaft）墓中出

土的一件金天平，两个秤盘和吊坠上均有"蝴蝶"图。[31]然而，沃伦提出，与"蝴蝶"同出的一种圆形图像可能是"茧"[32]，二者共出的图像与米诺斯文明的生死观有关。这一观点获得认可之后，部分研究者逐渐注意到，这类昆虫身体多被表现得既粗且短，触角顶端也无蝴蝶常见的膨大，并不像过去的定名"蝴蝶"，而更像是飞蛾甚至是蚕蛾。欧洲本地的孔雀蛾（Saturnia pyri）正是以其带有圆形斑点的翅膀而著称，这种特征与过去定名为"蝴蝶"的图像特征正好吻合。[33]

摇树图 米诺斯文明的图像中常可见到一种"摇树"（tree-shaking）仪式的场景：一位仪式参与者弯腰伏在大口缸（pithos）上，而另一位则将一棵树的枝叶拉下来。此类场景中有时也会出现"蝴蝶"、蜻蜓和茧。沃伦认为这可能代表了生产丝的过程，"摇树"正是在搜集野蚕茧。[34]

船队图 希腊锡拉岛亚克罗提利遗址（正是发现蚕茧的遗址）的壁画中，描绘了六艘大型载人船只和一艘载货船只从港口启航的场景。所有船上都有一个"星形徽记"和一些动物徽记，包括狮子、鸟和"飞蛾"。1号船的船首有一只飞蛾，2号船的船首和桅杆处都各有两只飞蛾。[35]

人物图 亚克罗提利遗址壁画中，女性人物往往在外套底下穿着一种半透明质感的衣物。[36]

除了实物以外，有学者认为，青铜时代的出土文献里也有可能涉及丝织业的记述，主要见于克诺索斯王宫出土的线性文字 B 泥版。[37]

例如泥板 Lc525：

原文：se-to-ja: wa-na-ka-te-ra cloth+TE 40 wool 200[+tu-na-no CLOTH 3 WOOL[nn]

英文译文：From Se-to-ja: Forty edged cloths of royal type, 200+ measures of wool; Three cloths of tu-na-no type, several hundred measures of wool.[38]

中文译文：据 Se-to-ja：40 件王室类型的镶边衣服，200 余度量的羊毛；3 件"tu-na-no"类型的衣服，数百度量的羊毛。

基伦认为，泥板中多处出现的"羊毛"往往是"衣服"的4—7倍不等。[39] 这可能反映了当时不同织物的价值。那么，换算一下的话，不容易发现，"tu-na-no"应该是一种极昂贵的衣料。

又如泥版J693：

原文：ri-no/re-po-to 'qe-te-o' ki-to BRONZE ? I[sa-pa? 2 I e-pi-ki-to-ni-ja BRONZE I

英文译文：Fine linen, of the tribute:a tunic=1 kg of bronze...a Sa-pa=45 g（of bronze）. Over-shirt（s）=1 kg of bronze...[40]

中文译文：进贡的精细亚麻布：1件束腰外衣等于1公斤青铜……1件"Sa-pa"等于45克（青铜）。罩衫（们）等于1公斤青铜……

由于单件亚麻衣物不太可能达到1公斤的重量，所以这里可能也是用青铜作为等价物。对比之下，也可得知"sa-pa"应该也是一种价值很高的衣服。

这些昂贵衣服的面料目前并不得知。有学者提出，很有可能就是野蚕丝，即对应泥板文书中的"ki-to"一词。[41]

传世文献中的证据相对更为明确一些。公元前5世纪到公元1世纪的文献中相继提到阿莫吉衣、科斯衣和庞比衣三类衣物，由其描述来看，应该都是野蚕丝所制服装，都具有价值高昂、质地轻透的特质。后两类应是同一种。

阿莫吉衣（Amorgian） 古希腊剧作家阿里斯托芬在写于公元前411年的《吕西斯特拉特》（*Lysistrate*）中提到一种名为"阿莫吉"的服装，具有"透明"的质感。[42] 普拉托在一封书信中托收信人交给柯比斯的女儿们"三件七腕尺长的上衣，不是那种昂贵的阿莫吉衣，而是普通的西西里亚麻布衣"。[43] 关于"阿莫吉"为何物，主要有三种意见：一是从阿莫吉斯岛的某种植物里提取的红颜料，二是某种香草类植物，三是阿莫吉斯岛出产的亚麻所制织物。里希特经过考证，排除了前两种意见的可能性，并认为阿莫吉斯岛的生态环境并不适于亚麻生长，由此推断"阿莫吉"很可能是野蚕丝。[44]

附录四　丝绸之路西段的发端：公元3世纪以前地中海的丝绸消费及丝织业考　　343

科斯衣（Coae vestes）　据亚里士多德的《动物志》记载，在小亚细亚南岸的科斯岛上，一位名叫庞菲拉的女子首先发明了拆解蚕茧、取丝、纺丝、织布的方法：

> 有一种特大的蛆，它具有类似角的构造，其它方面也有异于普通的蛆，从这种蛆变形，先为一蠋（蚕），继为"庞比季"（茧蛹），继又为"尼可达卢"（蛾）；这生物在六个月内经历所有这些"变态"。有一班妇女解开这些生物的茧，缫成线，再由这样的线制成织物。相传柯斯岛上柏拉底奥的女儿，名为庞菲拉者，第一个创造了丝织法。[45]

虽然亚里士多德对具体的生产细节语焉不详，但是从这段描述来看，已经是蚕丝的生产无疑。若其描述为实，那么"科斯衣"应当是以野蚕丝所制之衣。直到公元前1世纪，罗马帝国的诗人仍然常常提起这种服装，从他们的描述中可以看到当时"科斯衣"是女性服饰，具有衣料透明的特质。例如普罗佩提乌斯在《哀歌集》中写道：

> 任你想把我变成什么，我都适宜。/你给我穿上科斯服饰，我会成为温柔的少女，/若你给我穿上长袍，谁不会承认我是男子？我会变身为一名优雅的少女/当我穿上托加长袍/我会变身为一名男性的公民。[46]

贺拉斯也在《讽刺诗集》中描述道：

> 透过科斯衣可以看到其赤裸般的躯体/在你的眼中呈现出的是她那诱人身体的每一处构造。[47]

庞比丝衣（Bombyx）　从老普林尼的描述看来，这类服装应是

"科斯衣"的别称。它以丝蚕所吐之丝制成，也具有半透明的特质。

> 这类昆虫完全以不同的方式生长。幼虫体型较大，有两根奇特的触角。首先发育成毛虫，接着是蚕虫（bombylis），然后变成蚕蛾（necydalus），六个月后变成丝蚕。这些昆虫像蜘蛛一样织网，产出用以制作昂贵女装的"庞比丝"（bombyx）。科斯岛的帕姆菲尔是帕拉特的女儿。正是她发明拆开丝网并纺丝成线的技艺；实际上，在制作女装使其在若隐若现间更突显女性魅力的技艺方面，她亦功不可没。[48]

马提雅尔（1世纪）如此形容："庞比丝衣下女子光泽的躯体／如同清溪间历历可数的卵石。"[49]

由文献的描述可见，时人认为这三类衣服都产于爱琴海地区的岛屿，而这些岛恰恰有适宜野蚕生长的植被——榉树、椤树和橡树等。这些衣服都有透明或半透明的质地，这正是丝织物的特征。科斯衣和庞比丝衣的衣料来源都与蚕有关。

由于上述考古发现和文献记载的存在，有相当一部分的欧美学者认为早在青铜时代晚期，爱琴海地区的米诺斯人、迈锡尼人已经对野蚕有所认识，并且可能已经发展起了早期的野蚕丝织业。这种丝织业在爱琴海地区缓慢而零星地开展，直到公元1世纪也仍存在。

但希尔德布兰特提出了不同的观点，他从文献学的角度，认为亚里士多德《动物志》里关于科斯岛的庞菲拉发明缫丝方法的相关记述应是后人增补的结果。环地中海发现的与早期野蚕丝相关的考古证据也都是间接性的，未能形成证明当地存在野蚕丝生产的证据链。[50]目前来看，地中海周边地区关于早期野蚕丝的相关考古发现确实非常有限，某些出土的丝织物实物被经过重新鉴定后，其性质受到了质疑，而蚕茧、图像都属于旁证性质。譬如锡拉岛蚕茧的出土，姑且不论其年代尚受到怀疑，就算年代确实为公元前16世纪，那么单单是蚕茧的存在，也不足以证明当时的人便懂得利用野蚕丝并掌握获取野蚕丝的技术。至于图像证据，通过"蚕－蛹－蛾"并存的图像来推测原先认为的"蝴蝶"实际为"蛾"，并结合"摇树图"等其它佐证来说明青铜时代的希腊地区存在以昆虫的变态发育来映射生死状态转变的观念，这样的推测有一定道理。但问题是，沃伦等学者作出如此推测的论据中，其中一件关键的文物（亦即有"蚕－蛹－蛾"图像的宝石）是瑞士收藏家里奥·门茨的私人藏品，且其年代被断为公元前1世纪[51]，其年代和来源都具有不确定性，其余的图像证据就更是有些牵强。克诺索斯王宫出土的泥板文书中提及的昂贵衣料是否即野蚕丝，也需要更多的证据。传世文献里的记载，正如希尔德布兰特的辨析，罗马以前关于野蚕丝的记述多少有存疑之处，真正较为确定的关于野蚕丝的记载直至罗马时期才出现。

再者，欧美学者提出的这些证据还存在一个时间上的非连续性问题。蚕茧、图像、出土文献等实物证据都属于公元前16至前12世纪的青铜时代，大部分的丝织品实物则集中于公元前6世纪至前5世纪这一时段，而传世文献涉及的年代则从公元前5世纪至公元1世纪，其间存在较大的时间缺环。假如地中海早就发展出了本土的野蚕丝织业，为何此后基本呈现湮没无闻的状态？而公元前6至前5世纪正是古典学中所谓的"东方化时代"（亦称"古风时代"），这一阶段地中海周边与近东地区取得了频繁的交流，中国丝绸也在此时开始了西传之路，至希腊化时代，东西方的接触更多，而这一阶段开始涌现关于地中海本土野蚕丝的记载，这种现象也值得深思。

虽然荷米歇尔－斯贝克豪17号墓中出现了疑似枯叶蛾蚕丝，但仍未能确认。总之，在罗马以前，地中海是否存在本土的野蚕丝织业，仍然是悬而未决的问题，至少在当前的证据下，还不能确认。

三、罗马帝国以前丝绸东来的问题

那么，罗马帝国以前在地中海出现的丝织物来自何方呢？从目前的材料来看，可能有印度和中国两个主要源头。

先说印度，这很可能是部分在地中海发现的野蚕丝的原产地。这一判断目前有较多科技考古的证据支撑。2009年，古德等学者通过对印度河流域出土的公元前2500年左右的三件织物进行分析，确认它们应该是野蚕丝。哈拉帕遗址出土的两件似乎分别产自琥珀蚕（Antheraea assamensis）和印度柞蚕（Anthraea mylitta）两种不同的柞蚕属蚕蛾。而查努达罗遗址的野蚕丝可能产自印度柞蚕或蓖麻蚕（Philosamia spp.），若产自后者，或即所谓的"蓖麻蚕丝"（Eri Silk）。在该遗址所出的野蚕丝中还观察到了疑似脱胶的工艺痕迹以及一定的卷曲性。[52]最近又有学者开发了一种基于质谱技术的蛋白质组学分析方法，据称能够区分蚕丝产自哪个种属的蚕蛾。他们应用这种方法对叙利亚巴尔米拉古城发掘出土的蚕丝纤维（年代在公元前1世纪至公元2世纪之间）进行了分析，认为这是一种印度柞蚕所产的野蚕丝。[53]虽然在家蚕丝（桑蚕丝）起源于中国这一点上，学界几无异议，但野蚕丝的起源，却存在多种可能性。目前看来，印度或许存在本地起源的野蚕丝，事实上，直至唐代玄奘写作《大唐西域记》时，当时的印度人仍穿着野蚕丝衣。[54]印度野蚕丝可能在罗马帝国早期传到了黎凡特地区。不无巧合的是，希腊与罗马文献记载中被怀疑与野蚕丝织物有关的阿莫吉衣、科斯衣等，产地都在靠近黎凡特地区的岛屿上。

再来说中国。涉及中国丝绸西传的问题，则有些复杂。一般认为，最初从中国传出的可能是桑蚕丝线。在印度德干高原中北部的内瓦萨发现了一座约公元前1500—前1050年之间的儿童墓，随葬的铜珠饰内仍残留有线，据检测，是丝线和树皮的混合物。[55]虽然检测报告称其为"天然丝"[56]，不过并未明确说明是否桑蚕丝，但欧美学界多将其作为中国丝绸最早外传的证据。可作为旁证的是，塔里木盆地发现了公元前1000年来自印度的棉纺织品[57]，与内瓦萨的丝线年代大致相当，或许意味着中国内陆经塔里木盆地与印度取得交流的可能性，但上述证据都不充分。比较肯定的是桑蚕丝织物成品的西传大概始于公元前6—前5世纪，也就是相当于东周时期。俄罗斯阿尔泰共和国境内的巴泽雷克石冢墓群中既有来自中国的平纹织物、几何纹双色织锦、蔓草鸟纹刺绣丝织品，也有产于西亚的细密羊毛织物，其中的双色织锦与马厂楚墓所出极为类似。[58]当时的西传路径主要是所谓的"草原丝绸之路"，内地的丝绸通过河西走廊转运到北方的草原游牧部族中，地中海沿岸的桑蚕丝绸则可能通过与欧洲中西部的贸易辗转获得。

虽然中国早在新石器时代就已有桑蚕丝，但不排除早期也有本土的野蚕丝。通过文献记述，可知两汉时仍有地区利用野蚕茧为蚕絮，相关产业甚至形成了一定规模。[59]此外，研究者通过形貌观察和红外光谱等测试，发现新疆营盘和费尔干纳盆地的蒙恰特佩所出织物中都有家蚕丝纤维，也有疑似野蚕丝的纤维。赵丰怀疑后者也有可能是新疆地区的桑蚕食用野桑叶，故而导致所产之丝质量不如内地通常的家蚕丝。[60]因此，佩格勒提出，环地中海区域的早期野蚕丝也有可能来自中国。[61]

目前在地中海周边发现的早期丝织物里，可能既有野蚕丝也有家蚕丝。这使得对其来源的讨论变得格外复杂。这些织物究竟是来自中国还是印度，成了需要重新思考的问题。[62]这些可能性使得地中海丝织物的原产地研究成为了极具挑战性的课题。

当然，也有学者持更为激进的态度，认为地中海周边发现的罗马帝国以前的"丝织物"均无法证实，也就不存在所谓的罗马以前的丝绸东来问题。[63]古德则提出了早期丝绸三大区域集群的概念：中国、蒙古、西伯利亚以桑蚕丝为主，偶见柞蚕丝[64]；中亚、南亚以柞蚕丝为主；地中海周边则以枯叶蚕丝为主。[65]但这些观点都没有说服力，而且不同学者、不同技术路径的检测结果之间也还未能达成一致。因此，关于地中海本地是否存在枯叶蚕丝手工业这个问题，下结论还为时尚早。

要解决上述争论，确认地中海周边早期织物的性质和产地，需要更多科技手段的介入以及更大范围内的数据比对才能够解决。近年的稳定同位素考古、中国丝绸博物馆研发的"丝素蛋白快速检测（胶体金法）试剂盒"等，应当都能为讨论早期丝绸传播的问题带来更可信也更坚实的基础。

四、罗马时期的赛里斯丝织物

如果说，罗马以前的丝绸东来问题尚未能达成较好的共识。那么对罗马帝国时期中国丝绸也就是"赛里斯织物"的传入，学术界并无异议。

在丝绸实物的发现方面，罗马帝国东部的杜拉-欧罗普斯城址、巴尔米拉城址都出土了3世纪的中国丝绸，安提农和帕纳波利斯遗址出土的丝织品虽非中国风格，但其丝线是否来自中国，仍有待检测。[66]

在罗马帝国时期的碑文中，出现了大量与丝绸产业有关的职业。[67]那不勒斯普措里出土的1世纪希腊语碑文中出现了"丝织工"（sirikopoios）这一与丝绸有关的职业。不过这个工种可能并不涉及丝绸生产，而只是用外来的现成丝线制作织物。[68]罗马以及周边的蒂沃利、伽比（Gabii）等地发现的1—2世纪拉丁文墓碑上也出现了掌丝衣者（siricaria）[69]、丝织工督察（siricario）[70]、丝绸商（negotiator sericarius）[71]等职业。从伽比城的丝绸商奥鲁斯·普鲁提乌斯·埃帕弗洛狄图斯的墓志铭内容来看，经营丝绸生意使他财力雄厚，甚至能出资修建神庙，并在神庙举行落成仪式时给城内所有市议员（decurionibus）、皇帝官员（VIviris Augustalibus）、商人发钱。[72]叙利亚的贝鲁特出土的2—3世纪的希腊文墓志铭中则提到了犹太"丝绸商"（σιρηκάριος / sirekários）。[73]这些与丝绸相关的专门职业的出现，侧面反映了当时丝绸在帝国内部的流行。

还有学者举出一些旁证，那便是罗马帝国时期流行的托加袍。他认为野蚕丝的色泽普遍偏褐，中国的桑蚕丝则色泽白亮，更易染色，因此才能见到如罗马时期雕塑上那般色彩多样的托加袍。当然，他也审慎地表示，人物雕塑的衣服与现实中的衣服未必能完全对应，而且当时全真丝的衣服极其罕见，很可能是用亚麻或羊毛掺入桑蚕丝制衣。[74] 而庞贝附近斯塔比亚（今斯塔比亚海堡）的阿里亚纳别墅卧室中编号为"W26"的"弗洛拉"或"春天"壁画，图像中的女性人物身上明显穿着一层透明质的衣物，臂间也挽着一条透明质的织物。[75] 有人怀疑此即丝绸。[76]

传世文献中更是大量出现所谓的"赛里斯织物"。"赛里斯"这一名称据说源自《印度记》。此书由公元前4世纪担任波斯宫廷医生的希腊人克特西亚斯所作。文献所载的赛里斯人，常以各种光怪陆离的形象出现，带有神异的色彩。

> 据传闻，赛里斯人和北印度人身材高大，甚至可以发现一些身高达十三肘尺的人。他们可寿逾二百岁。（公元前4世纪，克泰夏斯）[77]

> 赛里斯人（自己告诉我们）高于常人，红发蓝目，声音粗犷，不轻易与外人交谈。特使叙述的其余内容与我们的商人们所说的相差无几，即（我们的商人的）商品被放置河的对岸，也就是赛里斯人出售的商品旁边，如果赛里斯人对（我们的商人）用来交换的商品满意的话，就会将它们带走。（1世纪，老普林尼《自然史》）[78]

> 赛里斯人甚至可达三百岁的高龄。……有人说整个赛里斯民族以喝水为生。（2世纪，卢西安《论高寿者》）[79]

然而对于罗马人来说，比赛里斯人更神秘的是赛里斯织物。公元前30年，诗人维吉尔最早在《田园诗》中提到"赛里斯人从他们那里的树叶上采集下了非常纤细的毛（lana）"。[80] 博物学家老普林尼也在公元1世纪中期成书的《自然史》里记录了赛里斯织物的生产过程："（赛里斯）这一民族以他们森林里所产的毛（lanicio）而名震遐迩。他们向树木喷水而冲刷下树叶上的白色绒毛，然后再由他们的妻室来完成纺线和织布这两道工序。"[81]在包括"洛布古典丛书"（Loeb Classical Library）在内的几个英文对照本中，都将"lana"或"lanicio"对译为"wool"或"woollen"，此后，赛里斯织物产自"羊毛树"的说法流传甚广。但从古拉丁文献中的语境来看，这两个词虽常用作"羊毛"之义，但有时也泛指细软毛发，可能不宜贸然与"羊毛"等同。[82]

由于"羊毛树"一词的盛行，过去通常认为，这种"缺乏常识"的记载可能出于早期罗马作者们对桑蚕产丝过程的无知，就像他们对赛里斯人高寿、蓝眼红发、身材巨大的描述一样，属于想象的加工。如果只将"lana/lanicio"译作一般的绒毛，那么就会发现维吉尔、老普林尼的描述并非无稽之谈。

在记载了"毛树"说法的同一本著作《自然史》中，老普林尼也详细记录了丝蚕从虫至蛾再至茧的蜕变过程[83]以及缫丝方法：

> 据说科斯岛上亦有丝蚕（Bombyeas）。此处潮湿的土壤，为柏树、笃蓐香树、梣树和橡树被雨打落的花朵孕育了新生。起初，它们像是裸露的小蝴蝶，但很快，由于无法忍受严寒，它们舍弃了浓毛，裹上厚厚的外壳以抵御严冬。它们用粗糙的足部来回摩擦树叶表面，接着用爪子压紧，随后将其拉长并悬挂在树枝间，精心梳理。最后，它们绕成一个密封的巢，用来裹住自己的身体。人们将"巢"采回放在陶容器中，并将其置于温暖的环境，饲以麸皮……蚕茧开始形成，经水浸泡后变得柔韧，随后便能用芦苇秆抽剥出线。……亚述丝蚕（Assyria tamen bombyee）的生产，我们如今都交给了女人们。[84]

从这段描述可见，虽然老普林尼对丝蚕产丝的过程语焉不详或有穿凿附会之辞，但不至于完全一无所知而需要臆造。考诸文献，"毛树"的说法在地中海周边地区可能由来已久,且与"丝绸"并无关系。公元前7世纪的亚述铭文中便提到当时王宫的花园中栽有"生长绒毛的树"(Column Ⅶ,11.53-57)[85],并由专人"修剪生长绒毛的树,将毛扯碎以制作衣物"(Column Ⅷ,11.60-64)[86]。而在老普林尼的记述中,也出现了"亚述丝蚕"的称呼。公元前5世纪,古希腊的希罗多德在《历史》中也写道:"那里(印度)还有一种长在野生的树上的毛,这种毛比羊身上的毛还要美丽,质量还要好。印度人穿的衣服便是从这种树上得来的。"[87]生活在公元前1世纪至公元1世纪的希腊人斯特拉波在《地理志》中转引了一些较早时间段的古希腊文献,如此描述印度的情况:

> 树木结出累累果实;植物的根,尤其是大芦苇的根,具有一种甜味,这种甜味来自天生,也来自"沸腾";因为雨水及河水,皆因阳光而炙热。埃拉托色尼(约公元前275—前194年)的意思似乎是,其他人称水果或果汁"成熟",当地人却称为"沸腾",并将其主要原因归为如同被火加热后的美味。也正因如此,他补充道,能够被制成车轮的树枝繁茂生长,有些树上则长出绒毛。尼阿库斯(Nearchus,生活于公元前4世纪)说,他们的华衣就是用这种毛制成的,马其顿人则将其作为床垫和马鞍的填充物。以自某种树皮取得的干燥亚麻制作的丝绸也是其中一类。[88]

维吉尔和老普林尼对赛里斯织物来源的描述与此非常相似,区别只在于:希腊的作者们清楚地知道这些"毛树"产自印度,维吉尔和老普林尼却将其产地当成了赛里斯。

目前年代最早的棉线和棉布均发现于印度河流域,其中,棉布出土于摩亨佐·达罗遗址,年代约为公元前3000—前2750年。大约在哈拉帕时期(约公元前2500—前1900年),印度河流域的人们驯化了棉花。[89]此后,棉布成为当地常见的织物。从新近的研究看,大致在 7200 年前，以色列约旦河谷的特尔·沙夫地区就出现了来自印度河流域的野生棉花纤维遗迹，其中一些还有染色痕迹，可能被用作与服装、绳索相关的某种人工制品。[90] 也就是说，早在这一阶段，地中海东岸的黎凡特地区就可能与南亚的印度河流域之间存在联系。亚历山大东征以后，地中海周边的人群更是对印度地区有了一定程度的了解。据此推测，希腊语文献中的"毛树"原本应该是指印度的棉花。而棉花从外观来看，也更接近羊毛。但拉丁语文献中，则显然混淆了印度的棉花与中国的丝绸，因此才有了张冠李戴的产自"毛树"的赛里斯织物。另外有相当一部分人，则认为丝绸是以树皮制成，例如斯特拉波提及的尼阿库斯。这种误解一直到 2 世纪时也仍有市场，包撒尼雅斯就在《希腊志》中驳斥了丝绸产自树皮论，详见下文。

丝绸传入罗马之后，最普遍的用途是制成衣裳。起初，丝质衣物被视为女性专属。当然，也有不少男性无法抗拒丝绸。据塔西佗在《编年史》中的记载，公元 1 世纪提比略皇帝在位时，元老院爆发了一次激烈的辩论。

> 在元老院的下一次会议上，针对市民的奢华风习，前任执政官 Q. 哈特里奥、前任行政长官屋大维奥·弗朗托声称应颁令禁止以黄金制造餐具，禁止男子穿着有轻佻之嫌的丝绸（ne vestis serica vestis serica viros foedaret）……加鲁斯·阿西努斯则持反对意见。他认为，随着帝国的强大，私人财富增长，旧风俗亦应随之改易。……提比略也说，当前还不是矫正风俗的时候，如果公民有道德败坏处，他将提出纠正之策。[91]

这次辩论的焦点是时人的奢华风习，其中之一便是男性穿着丝绸。保守的元老们提出，应当颁令禁止。一位持反对意见的元老认为国家富强时不应干涉个人喜好，他因此获得了提比略皇帝和大多数元老的支持。但卡里古拉却因穿着丝衣而被史家指摘。"他（卡里古拉）在穿衣着鞋以及其它服饰方面不仅不像一个罗马人或一个罗马公民，而且常常不像一个男子汉，甚至不像一个凡人。……有时穿着丝绸女袍……"[92] 苏维托尼乌斯言下之意，颇以其有"异装癖"之嫌疑。老普林尼对男性穿着丝衣的现象也不无嘲讽："由于丝线在夏天极其轻薄，男人们穿着丝衣也并不感觉羞愧。我们这个时代如此堕落，人们连穿一件胸衣、一件外套也会觉得太重。"[93]

不过，上述记载也透露出在公元1世纪前半期，丝绸服装虽是女服，但男性穿着丝绸也已经比较普遍，尽管不少保守者对此风仍有微词，却有越来越多的罗马贵族逐渐接受这一风习。丝绸的风行已是大势所趋。

公元2世纪，包撒尼雅斯在《希腊志》中首次将"赛里斯织物"与昆虫联系起来，指丝线实际产自一种被希腊人称为"赛儿"（sere）的虫子。

> 至于赛里斯人用来制作衣装的那些丝线，并非得自树皮，而另有来源。在他们国内生存有一种小动物，希腊人称之为"赛儿"，而赛里斯人则以其他名字相称。这种小动物比最大的金甲虫还要大两倍。某些特征与在树上织网的蜘蛛相似，且如蜘蛛般也有八足。赛里斯人制造了冬夏咸宜的小笼来饲养这些虫子。它们将会产出一种缠绕于足上的细丝。在头四年，赛里斯人一直用黍喂食，但到了第五年——因为他们知道这些笨虫活不了多久了，便改用绿芦苇来饲养。对于这些虫子来说，这是所有饲料中最好的。它们贪婪地吃着这种芦苇，一直到胀破了肚子。人们就能在它们的尸体内部找到大量丝线。[94]

虽然这种说法仍不太确切，但可以看到"赛里斯织物"概念渐渐明晰，以及生产原理渐为罗马人所知的端倪。至4世纪时尤里安皇帝在位时,"丝绸和艺术织物的铺张用途增加了"。[95]虽然仍有人混淆"毛树"与丝绸的关系,但丝绸在古罗马社会中已经广为流行。[96]历史上的丝绸之路虽然时通时断,作为商品的丝绸在长时段内却是商贾们横跨亚欧大陆开展贸易的最主要动力。

注 释

[1] 2011年以前国内学术界关于丝绸西传问题的研究参见:陈文涛:《早期丝绸西传若干问题初探——以西方古典文献为视角》,华东师范大学2011年硕士学位论文;段渝:《古代中印交通与中国丝绸西传》,《天府新论》2014年第1期;赵丰编:《丝绸之路:起源、传播与交流》,浙江大学出版社2015年版;赵丰:《锦程:中国丝绸与丝绸之路》,黄山书社2016年版。

[2] Irene Good, "On the question of silk in pre-Han Eurasia," *Antiquity*, 1995, Vol.69, pp.959-968.

[3] G. Lubec, J. Holaubek, C. Feldl and etc., "Use of silk in ancient Egypt," *Nature*, Vol.362, 25(1993).

[4] Irene Good, "The Archaeology of Early Silk," *Textile Society of America Symposium Proceedings*, 2002, p.388.

[5] R. S. Young, "The Gordion Campaign of 1957: Preliminary Report," *American Journal of Archaeology*, 1958, Vol.62, pp.139-154; L. Bellinger, "Report on some textiles from Gordion," *Bulletin of the Needle and Bobbin Club*, 1962, Vol.46, pp.4-33.

[6] R. Ellis, "The textile remains," in Kodney S. Young, *Three great early tumuli（The Gordiori Excavation Final Report I）*, Philadelphia（PA）: University Museum Monograph, 1982, p.298.

[7] Hans-Jürgen Hundt, "Gewebefunde aus Hallstatt:Webkunst und trachtr in der Hallstattzeit," *Kreiger und Salzherren: Hallstattkulturim Ostalpenraum*, Mainz: Verlag des Römisch-Germanisches Zentralmuseums, 1970, pp.53-71; Hans-Jürgen Hundt, "On Prehistoric Textile Finds," *Jahrbuch Römisch-Germanisches Zentralmuseum*, 1971, Vol.16, Mainz: Romisch-Germanisches Zentralmuseum, pp.59-71.

[8] Irene Good, "Strands of Connectivity: Assessing the Evidence for Long Distance Exchange of Silk in Later Prehistoric Eurasia," in Toby C. Wilkinson, Susan Sherratt and John Bennet（eds.）, *Interweaving Worlds: Systemic Interactions*

in Eurasia, 7th to 1st Millennia BC, Oxford and Oakville: Oxbow Books, 2011, p.219.

[9] B. Arnold, "Abschließende Untersuchungen in einem hallstattzeitlichen Grabhügel der Hohmichele-Gruppe im 'Speckhau', Markung Heiligkreuztal, Gemeinde Altheim, Landkreis Biberach," in B. Arnold, M. L. Murray and S. A. Schneider(eds.), Archäologische Ausgrabungen in BadenWürttemberg, Stuttgart, Konrad Theiss Verlag, 2000, pp.67-70.

[10] Irene Good, "Strands of Connectivity: Assessing the Evidence for Long Distance Exchange of Silk in Later Prehistoric Eurasia," in Toby C. Wilkinson, Susan Sherratt and John Bennet(eds.), Interweaving Worlds: Systemic Interactions in Eurasia, 7th to 1st Millennia BC, Oxford and Oakville: Oxbow Books, 2011, p.219.

[11] C. H. Greenewalt, "Report of the Sardis Campaign of 1986," Bulletin of the American Schools of Oriental Research. Supplement Studies, 1990, No.26, pp.137-177.

[12] Irene Good, "On the question of silk in pre-Han Eurasia," Antiquity, 1995, Vol.69, p.966.

[13] Hans-Jürgen Hundt, "Die Textilien im Grab von Hochdorf," in J. Biel (ed.), Der Keltenfiirst von Nochdorfi Stuttgart: Konrad Theiss Verlag, 1985, pp.107-114; U. Körber-Grohne & H. Küstler, Hochdorf. I, Stuttgart: Konrad Thciss Verlag. 1985.

[14] J. P. Wild, "Some early silk finds in Northwest Europe," The Textile Museum lournal, 1984, Vol.23, p.17.

[15] 平衡编织（balanced weave）是一种具有更高织物密度（即"每英寸纱线数"，Ends Per Inch, 通常简写为"EPI"）的平纹织物，通常经纱和纬纱等量（也称为平衡量）。

[16] J. Hayes, "Some Etruscan textile remains in the Royal Ontario Museum," in V. Gervers(ed.), Studies in textile history, Toronto: Royal Ontario Museum, 1977, p.144.

[17] "假变形"（pseudomorph）一般指金属等无机材质的器物表面残留有织物、草木等痕迹的现象，古德认为可作为判断织物遗迹的依据之一。参见 Irene Good, "Archaeological Textiles: A Review of Current Research," Annual Review of Anthropology, 2001, Vol.30, pp.215。

[18] D. Carroll, "An Etruscan textile in Newark," American Journal of Archaeology,

1973, Vol.77, p.335.

[19] Hans-Jürgen Hundt, "On Prehistoric Textile Finds," *Jahrbuch Römisch-Germanisches Zentralmuseum*, 1971, Vol.16, Mainz: Romisch-Germanisches Zentralmuseum, pp.65-71.

[20] Irene Good, "On the question of silk in pre-Han Eurasia," *Antiquity*, 1995, Vol.69, p.966.

[21] Christina Margariti, Stavros Protopapas, Vassiliki Orphanou, "Recent analyses of the excavated textile find from Grave 35 HTR73, Kerameikos cemetery, Athens, Greece," *Journal of Archaeological Science*, 2011, Vol.38, Issue 3, pp.522-527.

[22] Irene Good, "Strands of Connectivity: Assessing the Evidence for Long Distance Exchange of Silk in Later Prehistoric Eurasia", in Toby C. Wilkinson, Susan Sherratt and John Bennet(eds.), *Interweaving Worlds: Systemic Interactions in Eurasia, 7th to 1st Millennia BC*, Oxford and Oakville: Oxbow Books, 2011, p.219.

[23] E. Barber, *Prehistoric textiles*, Princeton: Princeton University Press, 1991, p.32.

[24] C. F. Lehmann-Haupt, *Armenien einst und jetzt: Reisen und Forshungen* II (2), Berlin: Behr, 1931; A. L. Oppenhem, "Essay on overland trade in the first millennium BC," *Journal of Cuneiform Studies*, 1967, Vol.21, p.253.

[25] 野蚕丝多为短纤维，而桑蚕丝是连续的长纤维。在织造技术上，唐代之前，运用的主要基本组织都是平纹组织，所有的起花织物组织也均由平纹组织衍生而来或内含平纹规律，并无真正的斜纹组织。参见赵丰《中国丝绸通史》，苏州大学出版社2005年版，第18—19页。

[26] Irene Good, "On the question of silk in pre-Han Eurasia," *Antiquity*, 1995, Vol.69, pp.966-967.

[27] Agata Ulannowska, "Textile production in Aegean glyptic: Interpreting small-scale representations on seals and sealings from Bronze Age Greece," in Susanna Harris, Cecilie Brøns, Marta Żuchowska (eds.), *Textiles in Ancient Mediterranean Iconography*, Oxbow Books, 2022, pp.19-40.

[28] Eva Panagiotakopulu, P.Buckland, P.Day and etc., "A lepidopterous cocoon from Thera and evidence for silk in the Aegean Bronze Age," *Antiquity*, 1997, Vol.71, Issue272, pp.420-429.

[29] Eva Panagiotakopulu, *Archaeology and Entomology in the Eastern Mediterranean:*

Research into the history of insect synanthropy in Greece and Egypt, British Archaeological Repors, No.836, Archaeopress, pp.86-94.

[30] A. J. Evans, *The Palace of Minos 2*, London: Macmillan, 1928; John P.Younger, "Aegean seals of the Late Bronze Age: Masters and workshops Ⅲ," *Kadmos*, 1983, Vol.22, pp.109-136; J. H. Betts, 1984, "The sealstones and sealings," in M. Popham et al. (ed.), *The Minoan Unexplored Mansion*, text: 187-196, London: British School at Athens, 1984, Supplementary Vol.17; Agata Ulanowska, "Textile production in Aegean glyptic: Interpreting small-scale representations on seals and sealings from Bronze Age Greece," in Susanna Harris, Cecilie Brøns, Marta Zuchowska(eds.), *Textiles in Ancient Mediterranean Iconography*, Oxbow Books, 2022, pp.19-39.

[31] A. J. Evans, *The Palace of Minos 3*, London: Macmillan, 1930.

[32] P. Warren, "Of Baetyls," *Opuscula Atheniensia*, 1990, Vol.18, pp.193-206.

[33] V. Nazari and L. Evans, "Butterffies of Ancient Egypt," *Journal of the Lepidopterists Society*, 2015, Vol.69.4, pp.242-267; Agata Ulanowska, "Textile production in Aegean glyptic: Interpreting small-scale representations on seals and sealings from Bronze Age Greece," in Susanna Harris, Cecilie Brøns, Marta Zuchowska(eds.), *Textiles in Ancient Mediterranean Iconography*, Oxbow Books, 2022, pp.19-39.

[34] P. Warren, "Of Baetyls," *Opuscula Atheniensia*, 1990, Vol.18, pp.193-206.

[35] L. Morgan, *Theminiature Wallpaintings of Thera: a Study in Aegean Culture and Iconogmph*, Cambridge: Cambridge University Press, 1987.

[36] M. Ventris & J. Chadwick, *Documents in Mycenean Greek*, Cambridge: Cambridge University Press, 1973.

[37] Ibid., 1973; J. T. Killen, "The Knossos Lc(Cloth)Tablets," *University of London Institute of Classical Studies*, 1966, Vol.13, pp.105-109.

[38] Eva Panagiotakopulu, P.Buckland, P.Day and etc., "A lepidopterous cocoon from Thera and evidence for silk in the Aegean Bronze Age," *Antiquity*, 1997, Vol.71, Issue 272, p.427.

[39] J. T. Killen, "A Problem in the Knossos Lc(1)(Cloth)Tablets," *Hermathena*, 1974, No.118, pp.82-90.

[40] Eva Panagiotakopulu, P.Buckland, P.Day and etc., "A lepidopterous cocoon from Thera and evidence for silk in the Aegean Bronze Age," *Antiquity*,

1997, Vol.71, Issue 272, p.428.

[41] M. Ventris & J. Chadwick, *Documents in Mycenean Greek*, Cambridge: Cambridge University Press, 1973, p.554; Y. Duhoux, "Les contacts entre Mycéniens et Barbares d'après le vocabulaire du Linéaire B," *Minos*, 1988, Vol.23, pp.75–83.

[42] "在于我们诱人的胭脂和透明的衬衣。"原文为"amorgian",译者译作"衬衣"。[古罗马]阿里斯托芬著、张竹明译:《吕西斯特拉特》开场,载《古希腊悲剧喜剧全集》第七卷《阿里斯托芬喜剧(下)》,译林出版社2007年版,第157页。

[43] "And to the daughters of Cebes three tunics of seven cubits, not made of the costly Amorgos stuff but of the Sicilian linen." Plato, "Letters. XIII. 363a," in R. G. Bury (translated by), *Plato*, Cambridge: Harvard University Press; London, William Heinemann Ltd., 1966.

[44] Gisela M. A. Richter, "Silk in Greece," *American Journal of Archaeology*, 1929, Vol.33, No.1, pp.27–29.

[45] [古希腊]亚里士多德著、吴寿彭译:《动物志》,商务印书馆1979年版,第230—231页。

[46] [古罗马]普罗佩提乌斯著、王焕生译:《哀歌集》,华东师范大学出版社2010年版,第363页。原文为"Indue me Cois, fiam non dura puella: meque virum sumpta quis neget esse toga?"

[47] "Cois tibi paene videre est/ut nudam, ne crure malo, ne sit pede turpi;/metiri possis oculo latus." Horace, "Satyrarum libri. Book I. II. 101–102," in C. Smart (ed.), *The Works of Horace*, Philadelphia: Joseph Whetham, 1836.

[48] 本书作者自译,原文参见 Pliny, *Natural History*, Book XI. XXVI. 76, with an English translation by H. Rackham, London: Harvard University Press, 1967, pp.478–479。

[49] "femineum lucet sic per bombycina corpus, calculus in nitida sic numeratur aqua." Martial, *Epigrams*, Book VIII. 68.7–8, edited and translated by D. R. Shackleton, Harvard University Press, 1993, pp.218–219.

[50] Berit Hildebrandt, "Silk Production and Trade in the Roman Empire," in Susanna Harris, Cecilie Brøns, Marta Żuchowska (eds.), *Textiles in Ancient Mediterranean Iconography*, Oxbow Books, 2022, pp.34–50.

[51] M. Davies & K. Kathirithamby, *Greek insects*, London: Duckworth, 1986.

[52] I. Good, J. M. Kenoyer, and R. H. Meadow, "New Evidence for Early Silk in the Indus Civilization," *Archaeometry*, 2009, Vol.51, No.3, pp.457-466.

[53] Boyoung Lee, Elisabete Pires, A. Mark Pollard, James S. O. Mccullagh, "Species identification of silks by protein mass spectrometry reveals evidence of wild silk use in antiquity," *Scientific Reports*（2022）12: 4579.

[54] "其所服者，谓憍奢耶衣及氎布等。憍奢耶者，野蚕丝也。"玄奘、辨机撰，季羡林等校注:《大唐西域记校注》卷二，中华书局2000年版，第176页。

[55] A. N. Gulati, "A note on the early history of silk in India," in J. Clutton Brock, Vishnu-Mittre, AN Gulati（eds.）, *Technical Reports on Archaeological Remains III*, Poona/Pune: Deccan College Post Graduate and Research Institute, 1961, pp.53-59; Lotika Varadarajan, "Silk in Northeastern and Eastern India: The Indigenous Tradition," *Modern Asian Studies*, 1988, Vol.22, No.3, p.566.

[56] "Natural Silk"这一术语通常指未脱胶的丝绸。参见 A. A. Askarov, *Sapallitepa*, Tashkent: FAN, 1973, pp.133-134。

[57] J. P. Mallory and Victor H. Mair, *The Tarim Mummies: Ancient China and the Mystery of the Earliest Peoples from the West*, London: Thames and Hudson, 2000, p.212.

[58] 鲁金科:《论中国与阿尔泰部落的古代关系》，《考古学报》1957年第2期；赵丰:《锦程：中国丝绸与丝绸之路》，黄山书社2016年版，第38—48页；S. I. Rudenko, *Der Zweite Kurgan von Pasyryk*, Verlag Kultur und Fortschiritt, Berlin, 1951; S. J. Rudenko, *Frozen tombs of Siberia*, Berkeley: University of California Press, 1970.

[59] 《后汉书·光武帝纪上》记载:"初，王莽末，天下旱蝗，黄金一斤易粟一斛；至是野谷旅生，麻尤尤盛，野蚕成茧，被于山阜，人收其利焉。"

[60] 赵丰:《锦程：中国丝绸与丝绸之路》，黄山书社2016年版，第146—148页。

[61] R. S. Peigler, "Diverse Evidence that Antheraea Pernyi（Lepidoptera: Saturniidae）is entirely of sericultural origin," *Tropical Lepidoptera Research*, 2012, Vol.22, pp.93-99.

[62] J. Mark Kenoyer, "Textiles and trade in South Asia during the Proto-Historic and Early Historic Period," in Berit Hildebrandt and Carole Gillis（eds.）, *Silk: Trade and Exchange along the Silk Roads between Rome and China in Antiquity*, Oxford: Oxbow Books, 2017, pp.7-26.

[63] Lise Bender Jørgensen, "The question of prehistoric silks in Europe," *Antiquity*, 2013, Vol.87, Issue 336, pp.581-588.

[64] 西伯利亚乌可克（Ukok）附近发现了一座女性贵族墓，年代大致与巴泽雷克同时。墓主所着的上衣，经检测，为野蚕丝质。参见 J. Han, "Background to UNESCO Preservation of the Frozen Tombs of the Altai Mountains Project and Perspectives for Transboundary Protection through the World Heritage Convention," in *Preservation of the Frozen Tombs of the Altai Mountains*, Available online: http://whc.unesco.org/uploads/news/documents/news-433-1.pdf. Accessed 1st January 2010.

[65] Irene Good, "Strands of Connectivity: Assessing the Evidence for Long Distance Exchange of Silk in Later Prehistoric Eurasia," in Toby C. Wilkinson, Susan Sherratt and John Bennet(eds.), *Interweaving Worlds: Systemic Interactions in Eurasia, 7th to 1st Millennia BC*, Oxford and Oakville: Oxbow Books, 2011, pp.219-222.

[66] Thelma K. Thomas, "Perspectives on the wide world of luxury in later Antiquity: silk and other exotic textiles found in Syria and Egypt," in Berit Hildebrandt and Carole Gillis(eds.), *Silk: Trade and Exchange along the Silk Roads between Rome and China in Antiquity*, Oxford & Philadelphia: Oxbow Books, 2017, pp.96-133.

[67] Berit Hildebrandt, "Silk Production and Trade in the Roman Empire," in Berit Hildebrandt and Carole Gillis(eds.), *Silk: Trade and Exchange along the Silk Roads between Rome and China in Antiquity*, Oxford & Philadelphia: Oxbow Books, 2017, pp.73-95.

[68] Z. Kádár, "Serica. Le rôle de la soie dans la vie économique et sociale de l'empire romain, d'après des documents écrits. Les Ier et IIe siècles," *Acta Classica Universitatis Scientiarum Debreceniensis*, 1967, Vol.3, p.91；也有学者怀疑该铭文的年代应是4—5世纪，参见 K. Ruffing, "Die berufliche Spezialisierung," in Handel und Handwerk, *Untersuchungen zu ihrer Entwicklung und zu ihren Bedingungen in der römischen Kaiserzeit im östlichen Mittelmeerraum auf der Grundlage der griechischen Inschriften und Papyri*(*Pharos 24*), Rahden/Westfalen., 2008, p.745。

[69] "Thymele/Siricaria of Marcela."［狄美尔，麦琪拉的掌丝衣人。］*CIL* 6, 9892; "...Data•sericar(ia)..."［……达塔•掌丝衣人……］*CIL* 6, 9891.

[70] *CIL* 14, 3711.

[71] Ibid., 2793.

[72] Jörg Rüpke, *From Jupiter to Christ. On the History of Religion in the Roman Imperial Period*, translated by D. M. B. Richardson, Oxford: Oxford University Press, 2014, pp.27-28.

[73] W. H. Waddington, *Inscriptions grecques et latines de la Syrie: Recueillies et expliquées*, Paris: Didot, 1870, p.443.

[74] Cecilie Brøns, Amalie Skovmøller and Jean-Robert Gisler, "Colour-Coding the Roman Toga: The Materiality of Textiles represented in Ancient Sculpture," *Antike Kunst*, 2017, 60. Jahrg, pp.55-79.

[75] B. Bergman, "The Art of Frescoes at Stabiae," in *Stabiano.Exploring the Ancient Seaside Villas of the Roman Elite*, Castellammare di Stabia: Nicola Longobardi Editore, 2004; G. Bonifacio, A. M. Sodo, *Stabiae: Guida Archeologica alle Ville*, Castellammare di Stabia: Nicola Longobardi Editore, 2001; D. Camardo, *La Villa di Arianna a Stabiae. Stabiae dai Borbone alle ultime scoperte*. Castellammare di Stabia: Nicola Longobardi Editore, 2001; D. Camardo, *Villa Arianna. Stabiae risorge. Sguardo retrospettivo agli scavi archeologici degli anni '50*, Castellammare di Stabia: Nicola Longobardi Editore, 1991; V. Sampaolo, *La Villa di Arianna a Stabia. La pittura pompeiana*, Milano.Electa Editore, 2009.

[76] 中国国家博物馆:《文化交融共生 互利共赢:"无问西东——从丝绸之路到文艺复兴"展》,《装饰》2018年第8期,第55页。

[77] [法]戈岱司编、耿昇译:《希腊拉丁作家远东古文献辑录》,中华书局1987年版,第1页。

[78] Pliny, *Natural History*, Book Ⅵ. XXIV. 88, with an English translation by H. Rackham, London: Harvard University Press, 1967, pp.404-405.

[79] [法]戈岱司编、耿昇译:《希腊拉丁作家远东古文献辑录》,中华书局1987年版,第55页。

[80] "quid nemora Aethiopum molli canentia lana, velleraque ut foliis depectant tenuia Seres?" Virgil, *Virgil. Georgics*, Book Ⅱ. 120, with an English Translation by H. Rushton Fairclough, London: William Heinemann, 1861, pp.124-125.

[81] 笔者自译,原文参见 Pliny, *Natural History*, Book Ⅵ. XX, with an English translation by H. Rackham, London: Harvard University Press, 1967, pp.378-379。

［82］P. G. W. Glare（ed.）, *Oxford Latin Dictionary*, Oxford: Oxford University Press, 2012（2rd edition）, p.1099.

［83］即前文涉及"庞比丝衣"时所引用的描述，参见 Pliny, *Natural History*, Book XI. XXVI. 76, with an English translation by H. Rackham, London: Harvard University Press, 1967, pp.478-481。

［84］笔者自译，原文参见 Pliny, *Natural History*, Book XI. XXVIII, with an English translation by H. Rackham, London: Harvard University Press, 1967, pp.478-479。

［85］铭文的英译为："A great park, like one on Mt. Amanus, wherein were included all kinds of herbs, and fruit-trees, and trees, the products of the mountains and of Chaldea, together with trees that bear wool（or, fleeces）, I planted beside it（i. e., beside the palace）." L. W. King, "An Early Mention of Cotton: the cultivation of gossypium arboreum or tree-cotton in Assyria in the seventh century B.C.," *Society of Biblical Archaeology*, 1909, Vol.8, p.340.

［86］铭文的英译为："The miskannu-trees and cypresses that grew in the plantations, and the reed-beds that were in the swamp, I cut down and used for work, when required, in my lordly palaces. The trees that bear wool（or, fleeces）they sheared, and they shredded it for graments." L. W. King, "An Early Mention of Cotton: the cultivation of gossypium arboreum or tree-cotton in Assyria in the seventh century B.C.," *Society of Biblical Archaeology*, 1909, Vol.8, p.340.

［87］［古希腊］希罗多德著、王以铸译：《历史》，商务印书馆1959年版，第242页。

［88］Strabo, *The Geography of Strabo*, Book XV. I. 20, with an English Translation by Horace Leonard Jones, London: William Heinemann Ltd, New York: G. P. Putnam's Sons, 1930, pp.30-33.

［89］A. N. Gulati, A. J. Turner, "1-a note on the early history of cotton," *Journal of the Textile Institute Transactions*, 1929, Vol.20, No.1, T1-T9.

［90］Li Liu, Maureece J. Levin, Florian Klimscha, Danny Rosenberg, "The earliest cotton fibers and Pan-regional contacts in the Near East," *Frontiers in Plant Science*, 2022, Vol.13, 1045554.

［91］现有中文译本与原文之义略有参差，此段为笔者自译，原文参见 Tacitus, *Annales ab excessu divi Augusti*, II. 33, Oxford: Clarendon Press, 1906。

［92］［古罗马］苏维托尼乌斯著，张竹明、王乃新、蒋平等译：《罗马十二帝王传》

第四卷《盖乌斯·卡里古拉传》LXII，商务印书馆2000年版，第184页。

[93] 笔者自译，原文参见 Pliny, *Natural History*, Book XI. XXVII, with an English translation by H. Rackham, London: Harvard University Press, 1967, pp.478-479。

[94] Pausanias, *Description of Greece*, Book VI. 26.6-7, with an English Translation by W. H. S. Jones and etc., Cambridge: Harvard University Press, 1918.

[95] Ammianus Marcellinus, *Rerum Gestarum*, Book XXII. 4, with An English Translation by John C. Rolfe, Cambridge: Harvard University Press, London: William Heinemann Ltd., 1935-1940, p.201.

[96] "There is an abundance of well-lighted woods, the trees of which produce a substance which they work with frequent sprinkling, like a kind of fleece; then from the wool-like material, mixed with water, they draw out very fine threads, spin the yarn, and make sericum, formerly for the use of the nobility, but nowadays available even to the lowest without any distinction." [（赛里斯）有着大量光线充足的灌木丛，树上会洒落一种类似羊毛的物质；而后（赛里斯人）用这羊毛状的物体与水混合，便能抽出极细的线，然后纺纱，制成丝绸。丝绸以前是贵族使用的，但现在即便是最底层的人也可以使用，没有任何区别。] Ammianus Marcellinus, *Rerum Gestarum*, Book XXIII. 6, with An English Translation by John C. Rolfe, Cambridge: Harvard University Press, London: William Heinemann Ltd., 1935-1940, p.388.

译名对照表*

（按汉语音序排列）

A

阿波罗圣域	Peribolos of Apollo
阿布利图斯	Abritus
阿布鲁佐	Abruzzo
阿阇世王	Ajatashatru
阿尔·杰迪德堡	Bordj al-Djedid
阿尔德阿	Ardea
阿尔吉列托路	Argileto/Argriletum
阿尔沙克一世	Arsaces I
阿尔莱特	Arelate
阿尔诺河	Fiume Arno/Arnus
阿尔泰纳	Artena
阿非利加行省	Africa Proconsularis
阿芙罗狄西亚	Aphrodisias
阿格拉	Agora
阿格里真托	Agrigento
阿圭莱亚	Aquileia
阿卡德	Akkad
阿凯亚	Achaea
阿克斯丘	Arx
阿克瓦埃·赛克斯提埃	Aquae Sextile
阿夸切托萨·劳伦提纳	Acquacetosa Laurentina
阿奎丹高卢行省	Gallia Aquitania
阿拉伯的菲利普波利斯	Philippopolis of Arabia

---

* 本书非翻译作品，为方便读者查找，本表以中文在前、外文在后的方式排列。

阿拉伯佩特拉行省	Arabia Petraea
阿勒巴·傅千斯	Alba Fucens
阿勒巴诺	Albano
阿勒莫河	Almo
阿勒希厄提努斯湖	Lacus Alsietinus
阿里亚纳别墅	Villa Arianna
阿玛纳	Amarna/el-Amarna/Akhetaten
阿莫吉斯岛	Amorgos
阿姆河	Oxus
阿姆河的亚历山大	Alexandria Oxiane
阿姆吉斯岛	Amorgos
阿尼奥河	Anio
阿尼俄涅河	Aniene
阿尼恰纳仓库	Horrea Aniciana
阿诺河	Arno
阿帕达纳宫	Apadana
阿普利亚	Apulia
阿瑞尔·弗拉维	Arae Flaviae
阿萨姆	Assam
阿什哈巴德	Ešqābād
阿索斯	Assos
阿塔科萨塔	Artaxata
阿特拉斯山脉	Atlas Mountains
阿特里米努姆	Atriminum
阿特利特	Atlit
阿瓦德	Arwad / Arados
阿夏诺的拉洛米塔	La Romita di Asciano
阿伊·哈努姆	Ai Khanum
阿育王柱	Ashokan Pillar
埃德塔尼	Edetani
埃夫勒	Vieil-Evreux
埃克巴塔纳	Ecbatana
埃拉托色尼	Eratosthenes
埃兰	Elam

埃利亚卡匹托利纳	Aelia Capitolina
埃热克斯山	Eryx
埃什蒙	Eshmun
埃特鲁里亚	Etruria
埃特鲁里亚学	Etruscology
埃特鲁斯坎	Etruscan
埃维亚（优卑亚）	Euboea
埃文蒂诺山	Aventino
艾尔欧若	El Oral
艾登	Aydın
艾米恩斯	Amiens
艾米利阿纳仓	Horrea Aemiliana
爱奥尼亚	Ionia
爱美莎	Emesa
安卡拉	Ankara
安纳普罗迦	Anaploga
安提农	Antinoë
安提波利斯	Antipolisi
安条克	Antiochia
安西拉	Ancyra
安兹奥	Anzio
昂克尔河畔的里贝蒙特	Ribemont-sur-Ancre
奥古斯塔·普拉托利亚	Augusta Praetoria Salassorum
奥古斯塔·图拉真	Augusta Traiana
奥古斯托顿姆	Augustodunum
奥鲁斯·普鲁提乌斯·埃帕弗洛狄图斯	Aulus Plutius Epaphroditus
奥斯特里亚·德·奥萨	Osteria dell'Osa
奥斯蒂亚	Ostia
奥斯蒂亚·阿特尔尼	Ostia Aterni
奥特里尔	Altriei
奥瓦德山	Alvand

B

巴埃洛	Baelo

巴比伦尼亚	Babylonia
巴厄图罗	Baetulo
巴尔米拉	Palmyra
巴尔奇克	Balchik
巴哈杜尔普尔	Bahadurpur
比哈尔	Bihār
巴吉尔	Bagir
巴克特里亚（大夏）	Bactria
巴利阿里群岛	Balearic Islands
巴斯特塔尼	Bastetani
巴特纳	Patna
百花山	Monte de'Fiori
百室丘	Centocelle
拜尔萨山	Byrsa Hill
宝水温泉	Acqua Preziosa
暴行原	Campus Sceleratus
贝迪卡	Baetica
贝格拉姆	Begram
贝拉洞	Grotta Bella
贝拉尔迪葡萄园	Vigna Belardi
贝拉维斯塔	Bellavista
贝鲁特	Beirut
本都	Pontus
比布鲁斯	Byblos
比尔·埃尔-杰巴纳	Bir el-Jebbana
比尔·埃尔-泽恩图	Bir el-Zeitoun
比哈尔邦	Bihar
滨海凯撒利亚	Caesarea Maritima
波波利的圣卡里斯托	San Callisto di Popoli
波尔多港	Porto
波尔图尼姆	Portunium
波尔图斯	Portus
波河	Fiume Po
波斯波利斯	Persepolis

伯罗奔尼撒	Peloponnese
博恰	Boccea
博斯特拉	Bostra
布迪格拉	Burdigala
布亨	Buhen
布拉迪巴格	Buladibagh
布拉齐阿诺湖	Lago di Bracciano
布伦杜希姆	Brundusium

C

查努达罗	Chanudaro
长堡	Castello di Lunghezza
城堡郊野	Prati di Castello
城郊	suburbium
城区	urbis
城市大道	Via Urbana
赤陶	terrcotta
戳印纹陶	Ceramica Impressa
翠贝拉	Cibele

D

达尔马提亚	Dalmatia
达拉-阿纳斯塔希波利斯	Dara-Anastasiopolis
达奇亚	Dacia
达希-迪·穆尔噶卜	Dasht-i Murghab
大玛特	Magna Mater
大希腊地区	Magna Graecia
大雷普提斯	Leptis Magna
大希腊	Magna Graecia
戴克里先波利斯	Diocletianopolis
德比亚尔	del Villar
德尔麦地那	Deir al Medina
德干高原	Deccan Plateau
德洛斯	Delos
德麦克	Dermech

德米斯托克勒斯	Themistokles
德齐玛	Decima
堤喀	Tyche
狄安娜-贝亚维斯塔文化	Cultura di Diana-Bellavista
迪兹河	Diz
第勒尼安海	Tyrrhenian Sea
第勒尼安人	Tyrrhenians
第勒尼伊人	Tyrrhenoi
蒂涅罗山	Monte Tinello
蒂斯德鲁斯	Thysdrus
蒂沃利	Tivoli
都灵	Torino
都莫斯	Douimes
斗兽场谷	Valle del Colosseo
杜拉-欧罗普斯	Dura-Europos
多利克	Doliche
多瑙河的尼可波利斯	Nicopolis ad Istrum
多瑙河的胜利之城	Nicopolis Ad Istrum
多瑙河的乌匹亚胜利之城	Oulpia Nikopolis Pros Istron

E

俄奎伊	Equi
俄利奥波利斯	Heliopolis
俄斯奎里纳区	Esquilina
俄斯奎里诺山	Esquilino
恩波利昂	Emporion
恩科米城	Enkomi

F

法尔萨拉	Pharsalus
法尔斯	Fārs
法尔涅塞家族	Farnese
法古塔丘	Fagutal
法利希	Falisci
法洛斯	Pharos

梵蒂冈山 Monte Vaticani
非洲居民区 Quartiere Africano
非洲卡匹提斯巷 Vicus Capitis Africae
菲库勒阿 Ficulea
菲利吉安努姆 Phrygianum
菲利普波利斯 Philippopolis
菲利普维尔 Philippeville
腓力士人 Philistines
腓尼基人 Phoenician
费德涅 Fidene
费卡纳 Ficana
费拉德费亚 Philadelphia
费伦蒂努姆 Ferentino
佛萨切西亚 Fossacesia
弗拉米尼奥郊野 Prata Flaminia
弗拉特斯一世 Phraates I
弗勒杰莱 Fregellae
弗雷杰内 Fregene
弗里吉亚人 Phrygian
弗利纳俄湖 Lacus Furrinae
弗洛拉或春天（壁画） Flora o Primavera

G

伽比 Gabii
伽里埃诺 Gallieno
伽列拉 Galera
盖乌斯·格拉古 Gaius Gracchus
高德斯 Gades
高卢-比尔及行省 Gallia Belgica
戈尔迪翁 Gordion
戈尔廷 Gortyn
戈桑坎 Gosainkhand
格里多亚角 Cape Gelidonya
公共水池 piscina publica

公共浴场	thermae
公共浴室	balneum
宫城	Büyükkale
沟式墓	trench grave
古代晚期	Late Antiquity
古典时代	Classical Period
古风时代	Archaic Period
古鲁巴赫	Güllübahçe
古尼亚	Gournia
瓜达尔基维尔河	Guadalquivir River
广场谷	Valle del Foro
国家神殿	national shrine

H

哈代拉	Haïdra
哈迪什宫	Hadish
哈尔施塔特文化	Hallstatt Culture
哈拉帕	Harappa
哈来姆宫	Harem
哈马丹	Hamadān
哈莫斯山	Haemus Mountains
哈莫斯山的胜利之城	Nicopolis ad Haemum
哈图沙	Hattusa / Boğazköy
海边的普拉提卡	Pratica di Mare
海军岛	Isolotto dell'Ammiragliato
河对岸区	Trastevere
荷米歇尔	Hohmichele
荷米歇尔-斯贝克豪	Hohmichele-Speckhau
赫卡托匹洛斯	Hecatompylos
赫库兰尼姆	Herculaneum
黑洞	Grotta Oscura
黑塞哥维那	Hercegovina
胡姆斯	Homs
胡齐斯坦	Khuzistan

胡由克　　　　　　　　　　höyük
扈从阶层　　　　　　　　　retinue-serving
花园山　　　　　　　　　　Collis Hortulorum
华氏城　　　　　　　　　　Pataliputra
灰泥土文化　　　　　　　　Terramare Culture
霍克道夫-埃伯丁根　　　　　Hochdorf-Eberdingen

J

基博托　　　　　　　　　　Kibotos
基克拉迪斯群岛　　　　　　Cyclades
吉安尼克罗山　　　　　　　Gianicolo
吉乌图娜泉　　　　　　　　Fonte di Giuturna
加迪尔　　　　　　　　　　Gadir
加尔巴仓库　　　　　　　　Horrea Galbes
加尼库伦姆山　　　　　　　Janiculum
迦南人　　　　　　　　　　Canaanites
迦太基　　　　　　　　　　Carthago
健康丘　　　　　　　　　　Collis Salutaris
杰拉什　　　　　　　　　　Gerasa
杰米拉　　　　　　　　　　Djemila
旧尼萨　　　　　　　　　　Staraia Nisa / Staraia Nisa
旧希望女神区　　　　　　　Spes Vetus

K

卡迪兹　　　　　　　　　　Cadiz
卡蒂尼亚诺　　　　　　　　Catignano
卡俄利蒙提姆区　　　　　　Caelimontium
卡俄鲁勒乌斯泉　　　　　　Fons Caeruleus
卡尔黑河　　　　　　　　　Karkheh
卡洪　　　　　　　　　　　Kahun
卡拉布里亚　　　　　　　　Calabria
卡里纳俄丘　　　　　　　　Carinae
卡里亚人　　　　　　　　　Caria
卡列伊阿俄　　　　　　　　Careiae
卡鲁恩河　　　　　　　　　Kārūn River

卡帕多齐安	Cappadocian
卡帕涅勒区	Capanelle
卡匹托利尼丘	Capitoline
卡普阿	Capua
卡普斯	Capus
卡斯利努姆	Casilinum
卡斯提伊奥涅	Castiglione
卡沃山	Monte Cavo
凯尔特伊比利亚语族	Celtiberian
凯拉米克斯	Kerameikos
凯利奥托米洛斯山	Cheliotomylos
凯撒毛里塔尼亚行省	Caesariensis Mauretania
凯撒森林	Nemus Caesarum
坎帕尼亚大区	Campania
坎匹多伊奥山	Campidoglio
坎塔布利安	Cantabrian
柯比斯	Cebes
柯赫提·帕哈里	Chhoti Pahari
柯基诺克里斯	Kokkinocrysi
柯提亚阿尔卑斯行省	Alpes Cottiae
科迪尼葡萄园	Vigna Codini
科尔多瓦	Córdoba
科尔切斯特	Colchester
科尔索大道	Via del Corso
科克查河	Kokcha
科拉提亚	Collatia
科莱	Kore
科里纳区	Collina
科林斯	Corinth
科罗波利市	Corropoli
科洛尼亚·乌匹亚·图拉真	Colonia Ulpia Traiana
科佩特山	Kopet-Dagh
科萨	Cosa
科斯托波奇人	Costoboci

克里斯匹大道	Via Crispi
克列塔山	Monti di Creta
克特西亚斯	Ctesias
库尔提乌斯湖	Lacus Curtius
库尔提乌斯泉	Fons Curtius
库勒斯城	Cures
库迈	Cuma/Cumae
库姆赫拉尔	Kumhrar
夸德拉罗区	Quadraro
奎尔奎图拉努斯山	Mons Querquetulanus
奎里那勒山	Quirinale
奎里努斯丘	Collis Quirinus
昆克塔郊野	Prata Quincta

L

拉波特	La Botte
拉霍亚	La Hoya
拉鲁斯提卡	La Rustica
拉玛摩尔塔	La Marmotta
拉比齐	Labici
拉丁姆	Latium
拉赫马特山	Kuh-e Rahmat
拉玛伊阿纳	La Magliana
拉姆普尔	Rampur
拉森纳	Rasenna
拉斯纳	Rasna
拉塔伊亚洞	Grotta Lattaia
拉特拉诺	Laterano
拉特纳文化	Cultura di La Tène
拉提阿里斯丘	Collis Latiaris
拉文纳	Ravenna
拉文宁	Lavinium
拉伊丝葡萄园	Vigna Lais
拉朱斯提尼阿纳	La Giustiniana

译名对照表　375

兰拜西斯	Lambaesis
朗格多克–鲁西永区	Languedoc-Roussillon
老底嘉	Laodicea
老罗马区	Romavecchia
勒凯翁路	Road Lechaion
雷萨法	Resapha
雷亚蒂诺原	Campo Reatino
里奥·门茨	Leo Menz
里米尼	Rimini
里纳多尼	Rinaldone
利波里文化	Cultura di Ripoli
利玛利亚池	Piscina Limaria
卢纳	Luna/Luni
吕底亚人	Lydian
吕西亚人	Lycian
绿山	Monteverde
伦蒂尼姆	Londinium
罗卡布鲁纳	Roccabruna
罗马方城	Rome Quadrata
罗马盐场	Campus Salinarum romanarum
罗珀杜努姆	Lopodunum
罗西察河	Rositsa
洛哈尼普尔	Lohanipur
洛里亚纳仓库	Horrea Lolliana

M

马尔凯大区	Marche
马尔马拉海	Sea of Marmara
马尔默	Marmo
马尔乌达什	Marvdasht
马尔西	Marsi
马尔扎博托	Marzabotto
马拉加	Málaga
马勒伽蓄水池	Malaga cisterns

马雷奥蒂斯湖	Lake Mareotis
马尼萨	Manisa il
马特鲁	Maṭrūḥ
玛尔提尼阿诺湖	Lago Martignano
玛哈拉吉坎	Maharajkhand
玛尼奥涅区	Quartiere Magnone
玛乌罗山	Monte Maulo
迈安德河上的麦格尼西亚	Magnesia on the Maeander
迈利	Mylae
迈索尔	Mysore
麦加斯梯尼	Megasthenēs
曼塔纳	Mentana
梅里达	Mérida
梅塞塔高原	Meseta Central
美西亚	Mysia
门德斯河	Menderes
孟菲斯	Memphis
米卡尔山	Mount Mycale
米利都	Miletus
米森农	Misenum
米特里达梯一世	Mithradates I
特拉达特克尔特	Mithradatkert
明图尔纳	Minturnae
魔鬼之椅	Sedia del Diavolo
摩亨佐-达罗	Mohenjo-daro
摩揭陀国	Magadha Kingdom
摩拉瓦河	Morava River
摩提亚	Motya
摩泽尔河	Moselle
莫利塞	Molise
莫洛·德梅斯基迪亚	Morro de Mezquitilla
莫沙拉山	Moṣallā
穆尔加布	Murghab
穆尔奇亚城	Murcia

穆尔奇亚谷	Valle Murcia
穆奇阿里斯丘	Collis Mucialis
穆西纳河	Musina River

N

那巴泰阿王国	Nabataean Kingdom
纳加拉	Nagara
纳利葡萄园	Vigna Nari
内瓦萨	Nevasa
尼阿波利斯	Neapolis
尼基乌普	Nikiup
尼凯亚	Nikaia
涅维伊森林	Boschi Nevii
宁胡尔萨格	Ninhursag
纽瓦克	Newark
努米齐乌斯河	Numicius
诺尔巴	Norba
诺拉	Nora
诺里库姆	Noricum
诺曼图姆	Nomentum
诺娜塔区	Tor di Nona
诺奇亚	Norchia
诺瓦	Novae
诺伊斯	Neuss

O

欧俄阿	Oea
欧菲杜斯河	Aufidus
欧菲乌斯泉	Lacus Orphe
欧列塔尼	Oretani
欧匹奥丘	Oppio

P

帕埃斯图姆	Paestum
帕加马	Pergamon

帕拉蒂姆丘	Palatium
帕拉蒂诺桥	Ponte Palatino
帕拉蒂诺区	Palatina
帕拉蒂诺山	Palatino
帕勒斯特里纳	Palestrina
帕里奥利山	Monti Parioli
帕隆巴拉·萨宾	Palombara Sabine
帕纳波利斯	Panopolis
帕纳伊亚原	Panayia Field
帕诺尔莫斯	Panormos
帕萨尔加德	Pasargadae
帕特尔诺	Paterno
帕特雷	Patras
帕特里奇乌斯巷	Vicus Patricius
帕特里兹-萨索·弗巴拉洞	Grotta Patrizi-Sasso Fubara
帕提亚	Parthia
帕西努斯	Pessinus
派尔吉	Pyrgi
潘菲利亚	Pamphilia
潘诺尼亚	Pannonia
庞贝城	Pompei
培西努	Pessinus
佩拉	Pella
佩拉·帕拉伊亚	Pella Palaia
佩雷齐亚山	Monte Pellecchia
佩热内泉池	Piscina Peirene
佩斯卡拉	Pescara
佩特拉	Petra
佩特罗尼亚溪	Petronia stream
皮恩扎	Pienza
皮勒塞特人	Peleset
皮齐奥尼洞	Grotta dei Piccioni
皮亚纳洞	Pozzi della Piana
平齐奥山	Pincio

普措利	Pozzuoli/Puteoli
普恩特·塔布拉斯	Puente Tablas
普拉俄涅斯特	Preneste/Praeneste
普拉托	Plato
普拉俄涅斯提纳大道	Via Praenestina
普里埃内	Priene
普罗佩提乌斯	Propertius
普罗旺斯–阿尔卑斯–蔚蓝海岸区	Provence-Alpes-Côte d'Azur
普尼克	Pnyx
普伊格·德·拉·瑙	Puig de la Nao
普措里	Puteoli

Q

七丘之城	Septimontium
齐奥匹乌斯庄	Pagus Triopius
齐斯匹乌斯丘	Cispius
齐托里奥山	Monte Citorio
奇尔切奥山	Monte Circeo
切尔芬尼亚	Cerfennia
切尔韦泰里	Cerveteri
切利奥山	Celio/Caelian
切托纳山	Monte Cetona
青铜门巷	Vicus Portae Raudusculanae
丘西	Chiusi

R

荣耀的朱利奥·科林斯殖民地	Colonia Laus Iulia Corinthiensis
瑞布兰	Jublains
若克斯特	Wroxeter

S

撒尔特亚诺	Sarteano
萨巴提努斯湖	Lacus Sabatinus
萨包迪亚湖	Lago di Sabaudia
萨布拉塔	Sabratha

萨迪斯	Sardis
萨克西姆峰	Saxum
萨谟奈人	Samnite
萨索文化	Cultura di Sasso
萨索-费奥拉诺文化	Cultura di Sasso-Fiorano
萨塔拉	Satala
萨特里库姆	Satricum
塞迪丰蒂	Settifonti
塞尔瓦的圣玛利亚	San Maria in Selva
塞格布里加	Segobriga
塞拉达尔托文化	Cultura di Serra D'Alto
塞琉西亚	Seleucia
塞玛路斯丘	Cermalus
塞米勒米斯	Semiramis
塞浦路斯	Cyprus
塞萨洛尼卡	Thessalonica
塞特维拉·迪圭多尼亚	Setteville di Guidonia
塞伊阿纳仓库	Horrea Seian
赛里斯	Seres
三彩陶	trichrome pottery
桑-俄瑟	Sang-eŠīr
桑库斯峰	Collis Sanqualis
色雷斯	Thrace
瑟凯	Söke
山顶堡垒	Oppidum
上科林斯山	Acrocorinth
上日耳曼行省	Germania Superior
设拉子	Shiraz
神圣大道	Via Sacra
圣安吉罗城	Città San Angelo
圣奥莫波诺	San Omobono
圣贝特朗	Saint Bertrand
圣岛	Isola Sacra
圣克里索高诺教堂	Basilique San Crisogono

圣劳伦佐	San Lorenzo
舒特鲁克-纳洪特二世	Shutruk-Nahhunte II
斯多比	Stobi
斯弗尔扎·凯撒利尼广场	Piazza Sforza Cesarini
斯卡卢利坡	Clivus Scauri
斯夸尔齐阿勒利桥	Ponte di Squarciarelli
斯拉米斯	Slamis
斯塔比亚	Stabiae
斯塔拉山脉	Stara Planina
斯塔利·尼基乌普	Stari Nikiup
斯特利蒙河	Strymon River
四方之城	Four Regions
苏布尔波·玛伊乌斯	Thuburbo Maius
苏布拉努斯坡	Clivus Suburanus
苏布拉区	Subura
苏夫图拉	Sufetula
苏美尔	Sumer
苏萨	Susa
所罗门监狱	Zendān-e Soleymān

T

塔巴尔	Tabal
塔尔奎利尼的大罗马	La grande Roma dei Tarquinii
塔尔奎尼亚	Tarquinia
塔拉戈纳	Tarragona
塔兰托	Tarentum
塔勒塔克	Tall-e Takht
塔尼特	Tanit
塔恰拉宫	Tachara
台伯岛	Isola Tiberina
台伯河	Fiume Tevere
泰拉莫	Teramo
泰西封	Ctesiphon
特奥斯	Teos
特尔·哈格玛塔纳山	Tell Hagmatana

特尔·沙夫	Tel Tsaf
特尔莫佩里帕托斯	Thermoperipatos
特哈达·拉别哈	Tejada la Vieja
特拉希墨涅湖	Lake Trasimene
特雷塔大道	Via Trenta
特里尔	Trier
特洛帕厄姆	Tropaeum
特洛伊	Troy
特米尼	Termini
特斯塔齐奥山	Monte Testaccio
特乌尔夫·埃尔-索尔山	Teurf el-Sour
提布尔	Tibur
提姆加德	Timgad
廷吉塔纳毛里塔尼亚行省	Tingitana Mauretania
图斯克拉纳区	Tuscolona
图斯克罗	Tuscolo
图希曼迪	Tulsimandi
推罗	Tyre
托尔·斯帕卡塔	Torre Spacata
托尔·维加塔	Tor Vergata
托尔法-阿鲁米俄勒山区	Tolfa-Allumiere Hills
托尔托雷托的匹亚纳齐奥	Pianaccio del Tortoreto
托菲特	Tophet
托里克拉	Torricola
托灵皮埃特拉	Torrimpietra
托伦蒂诺	Tolentino
托普拉卡莱	Toprak Kale
托斯卡纳	Toscana
托斯卡诺斯	Toscanos

W

王舍城	Rajagrha
维多利亚·艾玛努埃勒二世大街	Corso Vittorio Emanuele II
维多利亚·艾玛努埃勒二世广场	Piazza Vittorio Emanuele II

维尔勾泉	Fontana Virgo
维拉布洛	Velabro/Velabrum
维勒特里	Veletri
维立科·特尔诺沃	Veliko Turnovo
维利亚山	Velia
维罗纳	Verona
维米那勒山	Viminale
维米那勒原	Campus Viminalis
维纳斯山	Monte Venere
维纳斯神庙	Venus Genetrix
维泰博	Viterbo
维图洛尼亚	Vetulonia
维伊	Veii
维伊奥	Veio
维伊奥山	Monte Viglio
文塔·西卢鲁姆	Venta Silurum
翁布里亚	Umbria
沃尔西山	Volscian
沃吕比利斯	Volubilis
乌尔奇	Vulci
乌加里特	Ugarit / Rash Shamra
乌拉尔图人	Urartian
乌亚斯特雷特	Ullastret
乌鲁布伦	Uluburun

X

西顿	Sidon
希尔别墅	Shear Villa
西米图	Simittu
西奈半岛	Sinai Peninsula
希伯来人	Hebrew
希拉波利斯	Hierapolis
昔兰尼加行省	Cyrenica
锡拉库塞	Siracusa

锡诺普	Sinop
下日耳曼行省	Germania Inferior
先维拉诺瓦文化	Proto-Villanovan Culture
肖尔河	Shaur
小埃文蒂诺山	Piccolo Aventino
小科德塔	Minore Codeta
新法莱利	Falerii Novi
新尼萨	New Nisa / Novaia Nisa
兴都库什山	Hindu Kush
叙利亚行省	Syria

Y

亚得里亚海	Mare Adriatico
亚该亚行省	Achaea
亚克角的尼可波利斯	Actia Nicopolis
亚克罗提利	Akrotiri
亚历山大	Alexandria
亚历山大·特洛阿斯	Alexandria Troas
亚美尼亚	Armenia
亚述	Assyria
亚特卢斯河	Jatrus
盐路大道	Via Salaria
耶路撒冷	Jerusalem
伊比利亚半岛	Iberian Peninsula
伊利里亚	Illyria
伊内斯特里亚斯	Inestrillas
伊斯科斯	Oescus
伊斯基亚	Ischia
伊维萨岛	Ibiza
以弗所	Ephesus
意大利卡	Itálica
银匠斜路	Clivo Argentario
银塔广场	Largo Argentina
印舒希纳克	Inshushinak

优诺斯都斯	Eunostos
优陀耶	Udayin / Udayabhadra
犹大王国	Kingdom of Judah
犹大行省	Iudaea
约旦河	Jordan River

Z

泽利阿斯河	Xerias
泽乌玛	Zeugma
扎格拉	Zagora
扎格罗斯山	Zagros
旃陀罗笈多·孔雀	Chandragupta Maurya
战神山	Areiopagos
战神原	Campo Marzio
朱利奥·弗拉维·奥古斯都·科林斯殖民地	Colonia Iulia Flavia Augusta Corinthiens
朱利亚·和睦·迦太基殖民地	Colonia Iulia Concordia Carthago
朱诺尼亚殖民地	Colonia Junonia
主神庙	Capitolia
诸依山	Junon
棕彩陶器	Brown Painted-Incised

后　　记

　　距离第一次到罗马城，已经过去了十五年。

　　但是我还记得第一次见意大利导师 Daniele Manacorda 先生是在意大利国家考古博物馆的"掷铁饼者"雕塑旁边，也记得他和我说：你要写罗马城，你知道吗，这是一座"永恒之城"。什么是永恒之城呢？就是五十年前你来看它，它是这个样子的；五十年后你再来，它还是这个样子的。

　　彼时的我，虽然已在考古专业学习多年，但学习是学习，生活是生活。研究罗马，不一定代表我喜欢生活在罗马。在现实生活面前，我其实还不太能感受到这座老城的魅力。满街破旧的建筑，虽然很有岁月洗炼过的氛围，或者说得再奇妙些，你甚至能注视那凯撒和奥古斯都曾注视过的山丘与阶石。但是那永远不能扩建和改变的不平整的石子路啊，我拖着笨重的行李箱在路上走的时候，手被震得发酸，轮子磕在石头上的声音也叫人心烦。有时还会遇到追着我锲而不舍骂上几条街的极端人士，那路就显得更难行了。在孤独的异国求学生涯里，我甚至一度觉得灰心丧气：这座城保存了这么多的遗址，我要什么时候才能看得完啊？看完了大概也理解不了，理解了也写不出什么呀！其间辛苦与困惑，大凡求学者，皆有经历。所幸后来也算是略有所得。

　　虽然期望是"不悔少作"，但事实上，随着研究经历渐长，回望时，总能发现自己当时的种种失误与肤浅，甚至羞于翻开旧作。但是有时候，私心里也会为自己开解——就像我们研究一个时代，总要从那个时代的背景出发，那么研究本身，也是逐渐随积累与成长而成熟的过程吧。人的眼界与能力也会有时段的局限性，只要当时的努力已经足够，也算是不负年华了。

不过回想起来，曾经还是被文字的粉饰和物质的表面遮蔽。在《长安城与罗马城——东西方两大文明都城模式的比较研究》一书中，纠缠于材料的梳理，在推导结论时，惯性地被一些"常识"拖着前行。当时只看到罗马城有多个功能中心，在考古遗址平面图中，皇族、贵族、平民的居住区相互嵌错，于是直接而简单地将之归结为分权制的表现。又何况，奥古斯都建广场，因为购置不到足够的土地而建了个缺角的广场。——这，不也是权力受到制约的物化表现么？但渐渐地，回头细想时，开始怀疑自己以往的认识，也忍不住怀疑那些欧洲学者告诉我的"常识"。如果说罗马广场名义上还是所有公民的共同活动空间，元老贵族、皇帝、平民，莫不可享之，那为何要拆议院、换冠名，暗搓搓地将这个中心置换为皇帝家族的"私有象征"？如果说，皇帝的权力受到制约，为何"七丘之城"几乎每个丘的山顶最终都会填满皇帝的私产？忽然想起刚到罗马的那个雨季，房东太太告诉我，台伯河边低洼的地方积水很深，想起比弗利山的豪宅，想起那些一街之隔的富人区与贫民窟，灵光乍现，是啊，他们将一切处理得如此隐蔽，又怎能不被迷惑？如果说礼法、祖宗是中国古人言必依托的本源，读史书时需得从引经据典的话语中分辨说话者真实的意图，那么"罗马元老院与人民"，又何尝不是戴在独裁者头上的冠冕，附着在他们言辞间的标榜？从房东太太那低洼处积水的话语，想起青铜时代到铁器时代早期的罗马人都还居住在山丘顶部，直到公元前7世纪山下的沼泽排干后才扩散到低地。于是，结合了罗马城的地形，横着剖一道，竖着剖一道，再看看建筑的分布，自以为发现了一些其实很简单又很隐蔽的奥秘。一座山，从山顶到山下，便是从皇族、贵族至平民的垂直分布。而所谓的"公共空间"，充斥着以暗喻手法与皇族关联的象征意义，也并不曾被皇族、贵族之外的阶层真正共享。罗马城内，又何尝不是等级有序、贵贱有别？从一座城，而至千百座城，如果摆脱了西方告诉我们的，只用自己的眼睛和逻辑去梳理，更会发现，哪里有什么纯粹的"分权"，罗马帝国广阔的辖域内，又何尝没有发生过类似于

"匿名城"的统一的城市改造与建设行为。只是，正如他们政治宣传政策的柔性和隐蔽性，一切不那么显明而已。

流年不可谓不如水，距离初见罗马时，转眼就是十五年。后来也常常回去，果如 Manacorda 先生所说，看不出太多的改变。十五年间，可能人事全非，罗马城却还是我初见时的那个样子。我也开始渐渐去想，为什么这座城不会死？所有研究的缘起，最初也许不过是想要解答一个好奇的疑问。也许我最终也没有解决"永恒之城"的奥秘，但或者也找到了一些至少让自己信服的缘由。

年过四十，生老病死接踵而来。辗转挣扎于生死离别间，我惶恐于生命的短暂，又忧惧离别的漫长，只有在沉下心来做研究时，才能暂离那些泥尘的困扰与茫惑。我曾是怀着诗意的少年，至今也仍想从远隔两千年的异乡，窥得那些曾存在的生命的芬芳。

感谢我的父亲。我一直觉得，是他的灵魂太轻盈了，沉重的肉身不足以载负。尽管他已离开这个世界，但他就像那些永恒存在的事物一样永恒。这是他离开后，我写的第一本书，还是要认真地献给这位缺席的读者。

感谢我的老师赵化成。成书之际，正是他缠绵病榻之时。很希望他能像以往的每一次一样，消失一段时间，又笑呵呵地出现，说我又治好了。三十年抗了五种癌，仍求知问学，非一般人能有的心志与勇气。这么多年，从老师那里学到的，早已超越了知识的层面，还有他那不停追问与探究的活力，敢于推翻老师甚至是推翻自己见解的只认学理的勇气。他曾经希望我只用一分精力去研究外国考古，最终还是要回到战国秦汉的本业来。但心存疑问，驱驰我不得不去寻找解释。不过最终的原点，还是想依照老师的希望，回到我们的过去。我们古代的城市"崇方"，有中轴线和棋盘格式的设计。可是这些特征，正如在附录二中提到的，在遥远地中海的古代城市里，也有啊。那么，到底什么才是我们独一无二的特色呢？或者，这些形式上的相似，内核上又真的相似么？又或者，这些相似的形式有早有晚，存在一个或若干共有的起源吗？再有，如果东西方历史曾有一段时间并轨齐肩的相似，为何后来又走向不同的路径？我或许无法解答如此宏阔的问题，那么能不能从城市这些当时人们生活的空间里，窥得些许的奥秘呢？一切对异乡的了解，都是为了更好的自知。

感谢刘志扬老师，虽然我们隔行如隔山。他却每次见面都会重重地勉励我。感受到鼓励之余，又暗暗想，考古学能为别的学科做些什么呢？能为解读历史或人类的物质文化做些什么呢？考古学的不可替代处，又在哪里呢？刘老师和我聊人类学的万物互联与人物相生，忽然悟到，物质被创造出来的一刻，便附着了人类的有意识与无意识。而考古学，正是由物出发，鉴别这些有意识与无意识，理解并解释人与物之间的双向互动，包括历时的、影响至今的互动，从而参与到人类社会的完整建构中去。

感谢校友、商务印书馆编审谢仲礼老师。感谢研究中所引用到的一切成果。感谢家人与朋友。

感谢罗马的"永恒"，哲理性地抚慰了这些年我关于消逝的困惑。没有关系，即便逝去的，也不会真的消失。如果有人纪念，就是永恒。

2023 年 9 月，广州